新文京開發出版股份有限公司

NEW WCDP　新世紀・新視野・新文京 ─ 精選教科書・考試用書・專業參考書

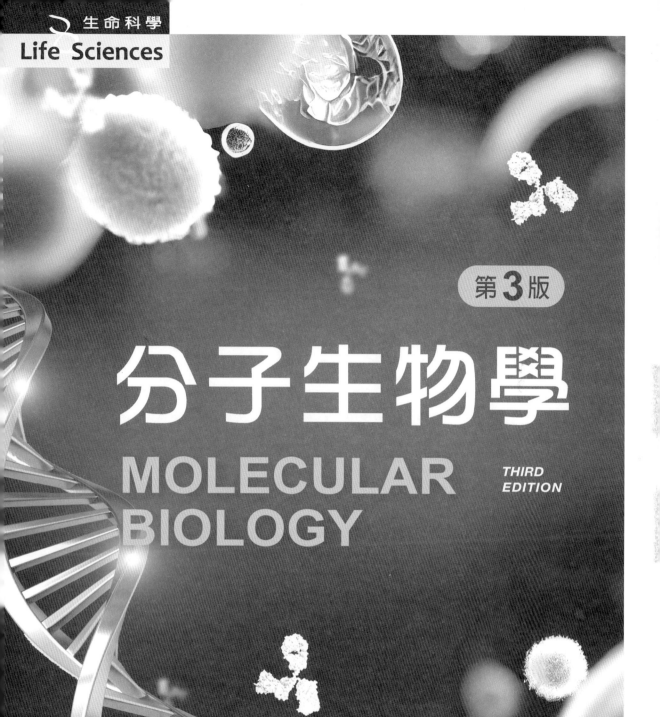

生命科學
Life Sciences

第3版

分子生物學
MOLECULAR BIOLOGY
THIRD EDITION

曾哲明｜編著

國家圖書館出版品預行編目資料

分子生物學／曾哲明編著. － 第三版. － 新
北市： 新文京開發出版股份有限公司，
2023.06
面； 公分

ISBN 978-986-430-933-7（平裝）

1. CST: 分子生物學

361.5 112008890

分子生物學（第三版） （書號：B294e3）

編 著 者	曾哲明
出 版 者	新文京開發出版股份有限公司
地　　址	新北市中和區中山路二段 362 號 9 樓
電　　話	(02) 2244-8188（代表號）
F A X	(02) 2244-8189
郵　　撥	1958730-2
初　　版	西元 2008 年 12 月 13 日
第 二 版	西元 2017 年 2 月 1 日
第 三 版	西元 2023 年 6 月 20 日

　　生命現象的傳統定義包含新陳代謝、生長、生殖、感應等四大要素，分子生物學之目的即是從生命體內具有的分子，闡釋複雜多樣卻完美整合的生命現象。不過有別於生物化學，分子生物學起源於古典遺傳學，後續的研究才發現，主導性狀遺傳的DNA分子，也是主宰生命的關鍵，DNA的遺傳訊息以轉錄作用傳遞給RNA，RNA再經由核糖體輔助的轉譯作用，將核苷酸攜帶的遺傳密碼翻譯成胺基酸序列，胺基酸構成的蛋白質不但是生命個體主要的結構分子，且幾乎驅動了所有生理與生化反應。時至今日，次世代DNA定序技術已在生物學被廣泛應用，從病毒、細菌、酵母菌到哺乳動物、人類基因體的解碼，所累積之大量數據，已經遠超出人腦的記憶、註解與分析能力，故現代的分子生物學研究，已經與電腦數據庫及特殊演算法的程式軟體密不可分，網路成為學習與研究分子生物不可缺的工具，不過本書提供了初學者上網前必備的基本知識。第三版分子生物學增加了近十年來相關文獻與數據庫的資料，部分內容做了大幅增補與修正，尤其是近年來基因組學與蛋白組學的快速發展，經由人類全基因研究(GWAS)，以及針對基因與其產物（蛋白質）的深入註解(annotation)，發現或確認了多種人類基因，本書增加了相關基因的特性、調控，以及其蛋白產物的功能與交互作用，同時概略闡述部分基因及蛋白與分子醫學、癌症研究的相關性。第三版的另一特色是增加了第13章「分子生物學研究方法簡介」，以利啟蒙者能以本書為基礎，銜接已融入日常保健與醫學診療的生物科技，故第三版大幅提升了深度與廣度。本書之附圖及索引也做了編修與增補，參考文獻依據近十年內的相關期刊論文全面整編。分子生物學可歸類於基礎科學的學門之一，面對網路資訊大爆發，人工智慧逐漸取代人腦的時代，仍然期望學子們能打好分子生物學理論與概念的基礎，再投入生物技術與分子醫學的學習與研發。

曾哲明　謹識

作者簡介
About the Author

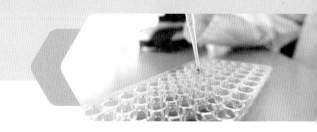

曾 哲 明　Jerming Tseng

學歷

美國俄亥俄州立大學(The Ohio State University)微生物研究所博士
美國俄亥俄州立大學(The Ohio State University)微生物研究所碩士
輔仁大學生物系學士

經歷

醫學論文編譯公司　學術總監
彰化基督教醫院實驗動物中心　研究員兼主任
國立台灣師範大學生物學系　教授
國立台灣師範大學生物學系　副教授
美國俄亥俄州立大學　講師
Children's Hospital, Columbus, OH (USA)　血液腫瘤科研究員
美國俄亥俄州立大學微生物系　助教
長庚紀念醫院過敏免疫科　助理研究員
中央研究院植物研究所　助理

著作

免疫學（第四版）
分子生物學（第三版）

目 錄
Contents

Molecular Biology

掃描　參考文獻

Molecular Biology

01
CHAPTER

DNA與染色體的結構

1-1 🔬 分子生物學的里程碑

　　生物學源於人類對生命現象的好奇。從精、卵結合，新生命呱呱落地，到接續的新陳代謝、生長、生殖、感應與適應，最後老化、凋零、死亡，歧異中含有共通的準則，複雜中具有不變的規律。生命現象是否有主導者？宗教家從形而上的角度切入，試圖提出具有說服力的答案；而分子物學家則經由一系列嚴謹設計的實驗與邏輯推論，逐步解開生命的奧祕。學習分子生物學的第一步，先要了解這門學問的緣起、演進與最新的進展。

🔍 ■ 古典遺傳學

　　分子生物學的源起是為了解答一個問題：「使親代特徵遺傳給子代的關鍵分子是什麼？」，1856~1863年間，奧地利一所修道院的僧侶孟德爾(Gregor Johann Mendel)在修道院旁的小菜圃做了一連串的豌豆遺傳實驗，詳細觀察親代特定性狀（如種子顏色、種皮、植株高度等）在子代占有的比例，從中找出規律後，提出兩個遺傳法則：

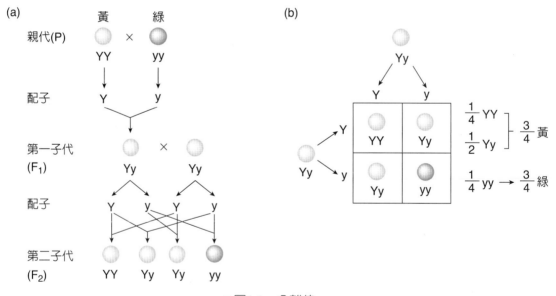

■ 圖1-1　分離律。

1. **分離律**(principle of segregation)：每一種可遺傳的性狀皆由一對遺傳因子所決定，個體產生配子（精子或卵子）時，這一對遺傳因子會分離並分別由不同配子攜帶，精、卵結合逢機進行，產生攜帶有一對遺傳因子的受精卵，其中一個遺傳因子來自精子，另一個來自卵子（圖1-1a）。當兩種不同性狀的遺傳因子配對時（如黃色種子的Y與綠色種子的y在子代配對成Yy），只有其中一種性狀（外表特徵）會表現出來，如種

子呈黃色，此黃色的遺傳因子稱為顯性(dominant)；反之綠色的遺傳因子性狀被隱藏了，故稱為隱性(recessive)（圖1-1b）。

2. **獨立分配律**(principle of independent assortment)：每個配子皆攜帶許多不同性狀的遺傳因子，而A性狀的遺傳因子並不會要求必須與B性狀的那一個遺傳因子共處（圖1-2）；換言之，在分離、分配至配子時，不同性狀的遺傳因子之間是獨立的，不相互影響，如圖1-2的範例，F2產生的配子中，就可能出現4種組合(RY、Ry、rY、ry)，授粉後產生的合子(zygote)所攜帶的遺傳因子，也可以有不同組合，遺傳因子之間互不干擾。

　　孟德爾開啟了遺傳學的大門，不過直到1900年，三位歐洲的生物學家(Hugo de Vries、Carl Correns、Erich von Tschermak)才分別在三個獨立的實驗室，證明了孟德爾的遺傳法則確實普遍存在於生物族群中（孟德爾已在1884年過世）。1882年，德國細胞學家Walther Flemming觀察到細胞核中的絲狀物質，並將之稱為「染色體(chromosome)」；1903年，由Sutton及Boveri提出「染色體遺傳學說」，認為精細胞及卵細胞中的遺傳物質就是染色體，而孟德爾描述的遺傳因子就在染色體上。

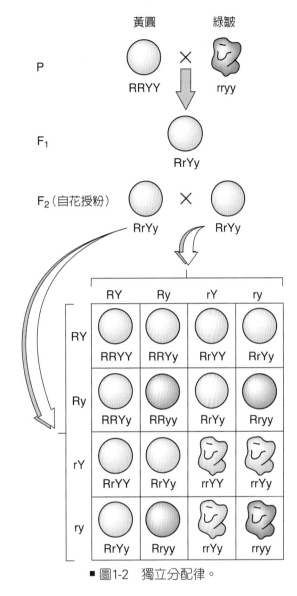

■ 圖1-2　獨立分配律。

　　1909年，丹麥的植物學家Wilhelm Johannsen將孟德爾所說的遺傳因子稱為**基因**(gene)，分子生物學最基本的專有名詞就是「基因(Gene)」。其他經常會提到的名詞與概念如下：

- **基因座**（locus；複數為loci）：基因在染色體上的位置。
- **對偶基因（等位基因）**(allele)：在同源染色體相同基因座上的不同基因形式，一對同源染色體的特定基因座上，會有兩個對偶基因，分別來自精子（或雄性孢子及卵（雌性孢子），可能相同，也可能不同。

- **同源染色體**(homologous chromosome)：在體細胞(somatic cell)中成對存在，分別來自精子與卵子，攜帶決定相同性狀的基因組。

- **基因型**(genotype)：決定某一特定性狀的基因形式。

- **外表型**(phenotype)：基因表現產生的性狀。

- **基因表達**(gene expression)：基因表達遺傳訊息的過程，攜帶遺傳訊息（基因）的分子為DNA，基因要充分表達其性狀，必須轉錄為RNA，再轉譯成蛋白質。

- **顯性對偶基因**(dominant allele)：當一對同源染色體兩個對偶基因不同時，其中一個主導外表型的呈現，稱為「顯性基因」。

- **隱性對偶基因**(recessive allele)：當一對同源染色體兩個對偶基因不同時，其中一個基因外表型被隱藏，稱為「隱性基因」。

- **同型合子**(homozygous)：當決定某一特定外表型的兩個對偶基因完全相同時，稱為「同型合子」；如AA基因型。

- **異型合子**(heterozygous)：當決定某一特定外表型的兩個對偶基因彼此不相同時，稱為「異型合子」；如Aa基因型。

- **基因體**(genome)：某物種生物體細胞中所含的整套基因稱為基因體；如人類基因體泛指人體細胞中所有能遺傳給後代的基因。

　　美國科學家Thomas Morgan在二十世紀初期針對果蠅遺傳的研究，發現某些遺傳現象並不完全遵循孟德爾遺傳法則，他的研究使遺傳學又邁進一大步：(1)他提出**性聯遺傳基因**(sex-linked gene)的概念，發現某些性狀基因的表達與性別有關，某些對偶基因位於**性染色體**(sex chromosome)上；(2)他發現某些基因是成群遺傳給子代，即形成**連鎖群**(linkage group)，造成連鎖的原因是這些連鎖基因皆位於同一對染色體上，連鎖群的現象使某些基因無法遵守獨立分配律；(3)連鎖現象有時也會被破壞，原因是同源染色體在減數分裂的聯會過程中，產生互換現象(cross-over)，造成基因的**重組**(recombination)（圖1-3）。Morgan於1933年獲得諾貝爾生理醫學獎。

　　另一項遺傳學的重要里程碑是發現某些遺傳因子是可移動的。美國遺傳學家Barbara McClintock觀察玉米顆粒的顏色遺傳，提出玉米具有某種移動型遺傳元素的假說，這些移動型元素能影響其他基因的突變率，故稱之為**控制元素**(controlling elements)。McClintock的假說到1960年代才被細菌的基因研究者證實，科學家發現細菌具有移動型遺傳元素，稱之為**轉位子**(transposon)。McClintock在1983年獲得諾貝爾生理醫學獎，此時已高齡81歲。

　　1940年左右，美國的生化學家George Beadle及Boris Euphrussi的突變果蠅實驗，以及Beadle與Edward Tatum的突變麵包黴(*Neurospora crassa*)實驗（圖1-4），證明基因的

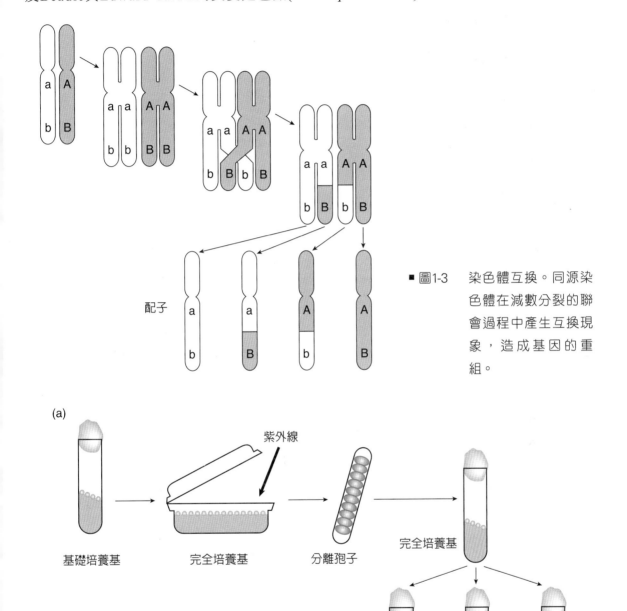

■ 圖1-3　染色體互換。同源染色體在減數分裂的聯會過程中產生互換現象，造成基因的重組。

■ 圖1-4　Beadle與Tatum的突變麵包黴(Neurospora crassa)實驗。

功能主要是攜帶著合成蛋白質（酵素）的訊息；Beadle與Tatum隨後提出了「一基因－一酵素」假說(one gene-one enzyme thoery)，不過在細胞內攜帶基因的大分子是什麼？是蛋白質還是核酸？基因又如何「指導」蛋白質的合成？在當時並沒有令人滿意的解答。

主宰遺傳的分子

　　1869年，瑞士化學家Johann Miescher從白血球的細胞核中，分離出一種大分子物質，並命名為**核素**(nuclein)；Miescher的學生Richard Altman隨後以化學技術純化出「核素」，並發現這是一種酸性大分子，故將核素更名為**核酸**(nucleic acid)；核酸有兩大類，即**核糖核酸**(ribonucleic acid; **RNA**)及**去氧核糖核酸**(deoxyribonucleic acid; **DNA**)，1920~1930年之間，科學家證明DNA可在所有生物的細胞核中發現，而且這種大分子皆位於染色體上；不過DNA在染色體上有何作用？仍舊沒有答案。1928年，英國醫生Fred Griffith將平滑型(smooth form)（S型；具有莢膜，能干擾白血球的殺菌功能，有致病力）肺炎鏈球菌（*Streptococcus pneumonia*；當時被稱為*Pneumococcus*）加熱殺死之後，混合粗糙型(rough form)（R型；不具有莢膜，無致病力）肺炎鏈球菌，一起打入老鼠體內，結果導致老鼠死亡。他發現R型菌在老鼠體內皆變成了S型菌，他將之稱為**轉型**(transformation)（圖1-5）；推論已被殺死的S型菌釋放了某種物質，改變了R型菌的外表型。1944年，美國勒克菲勒大學的Oswald Avery、Colin MacLeod及MacLyn McCarty

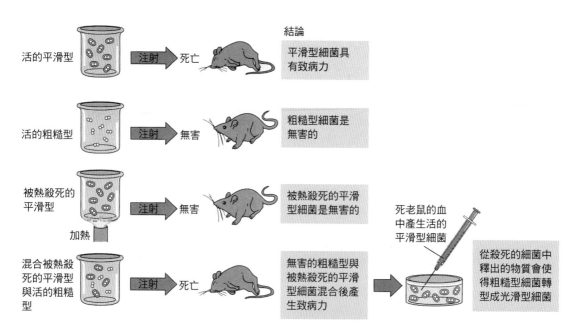

■ 圖1-5　　Fred Griffith肺炎鏈球菌轉型的實驗。圖片來源：簡春潭等(2007)．*生物學（第二版）*．新北市：新文京。

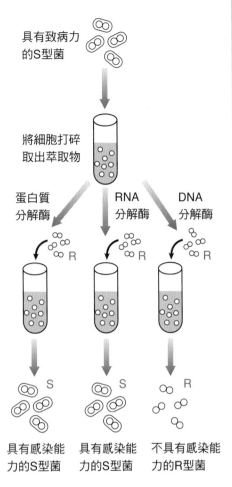

■ 圖1-6　Oswald Avery、Colin MacLeod及MacLyn McCarty以Fred Griffith的實驗模式為基礎，推論造成R型菌轉型的物質應該是DNA的實驗。

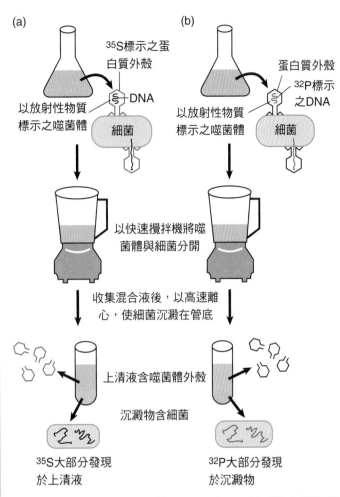

■ 圖1-7　Alfred Hershey及Martha Chase以感染大腸桿菌的T2噬菌體為實驗材料，直接證明DNA攜帶遺傳訊息的實驗。

以Fred Griffith的實驗模型為基礎，將S型菌打破，製成細胞萃取液(cell lysate)，分裝至三個試管，分別以DNA分解酶、RNA分解酶及蛋白質分解酶進行分解處理，再與R型菌混合，發現只有DNA分解酶那一組無法使R型菌轉型為S型（圖1-6）；推論造成R型菌轉型的物質應該是DNA。1952年，美國紐約冷泉港Carnegie Laboratory of Genetics病毒學家Alfred Hershey及Martha Chase，以感染大腸桿菌的T2噬菌體(T2 phage)為實驗材料，利用^{35}S放射性元素標定T2的蛋白質，^{32}P標定T2的DNA，再分別感染細菌，發現細菌分裂增殖產生的子代具有^{32}P，而^{35}S在實驗過程中已經被清除（圖1-7）；此實驗直接證明

進入細菌體負責傳遞遺傳訊息的是DNA。至此，科學家已能確認DNA是遺傳訊息的攜帶者，是主宰生物性狀的分子。

　　1944~1952年間，美國哥倫比亞大學的Erwin Chargaff分析許多物種之DNA分子，發現同一物種的個體間，DNA分子中腺嘌呤(adenine; **A**)、鳥嘌呤(guanine; **G**)、**胸腺嘧啶**(thymine; **T**)、胞嘧啶(cytosine; **C**)等四種鹼基(base)所占的比值皆一致，且A與T所占的比值相近，C與G相近；1953年，英國科學家Rosalind Franklin在英國皇家學院(King's College) Maurice Wilkins的實驗室做研究員，經過長期的努力，作出DNA晶體的X光繞射圖，在英國劍橋大學的James Watson與Francis Crick參考了Chargaff及Franklin等人的研究成果，以及Franklin作出的X光繞射圖，建構了DNA的三度空間構造模型，判斷DNA應該是逆雙股螺旋構造，且A與T成對，C與G成對，每0.34 nm有一對嘌呤－嘧啶鹼基，每3.4 nm螺旋結構轉一圈（圖1-8），Watson與Crick於1953年在Nature雜誌第171卷發表了第一篇對DNA分子結構看法的文章，題目是 "Molecular structure of nucleic acid: A structure for deoxyribose nucleic acid"。DNA結構的確認，使科學家得以闡釋DNA的功能，建構了**中心規範**(central dogma)概念，即DNA指導RNA的合成，稱為**轉錄**(transcription)，RNA隨後指導蛋白質的製造，稱為**轉譯**(translation)，而來自親代的遺傳訊息則順著DNA→RNA→蛋白質的方向流傳，表現出各種特定的性狀，主宰一切生命現象的進行。整體而言，分子生物學就是以實證科學與邏輯推理為基礎，詳細探討此遺傳訊息的流傳與表達。1961年，Sydney Brenner、Francois Jacob及Matthew Meselson發現了**傳訊RNA** (messenger RNA; mRNA)，mRNA是遺傳訊息流傳過程中最關鍵的訊息傳遞者。1961~1966年間，美國科學家Marshall Nirenberg及Gobind Khorana以體外（試

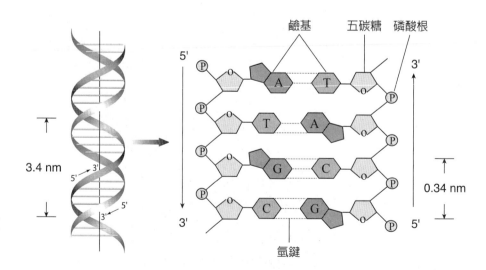

■ 圖1-8　　James Watson與Francis Crick建構的DNA三度空間構造模型。DNA分子為逆雙股螺旋構造，且A與T成對，C與G成對，每0.34 nm有一對嘌呤－嘧啶鹼基，每3.4 nm螺旋結構轉一圈。

管內）蛋白質合成系統，逐步的確定核苷酸序列與胺基酸間的對應關係，確定每三個核苷酸對應一種胺基酸，如UUU對應苯丙胺酸(phenylalanine)，AAA則對應離胺酸(lysine)等，即每三個核苷酸構成一個密碼子(codon)。Nirenberg等人的成就使科學家得以解讀DNA及mRNA分子中的遺傳密碼。

▶ 延伸學習　　　　　　　　　　　　　　Extended Learning

RNA 的世界 (RNA world)

　　RNA在遺傳訊息的角色與DNA同等重要，隨著多種不同功能的RNA被陸續發現，愈多證據顯示地球上最先出現的遺傳物質是RNA，形成RNA的世界。其實現在也有多種病毒是以RNA為遺傳物質，包括流感病毒(influenza virus)、愛滋病的免疫缺乏病毒(human Immunodeficiency virus)等。RNA不只是經由轉錄及轉譯，將DNA的遺傳訊息表現在蛋白質的胺基酸序列上，RNA與蛋白質組成核糖核酸蛋白(ribonucleoprotein; RNP)，參與多種重要的催化反應，而RNA中負責催化反應的分子不是蛋白質，而是具酵素活性的RNA酵素(ribozyme)，1989年，Sidney Altman與Thomas Cech由於對Ribozyme研究的貢獻，獲得了諾貝爾生理醫學獎。此外許多以前被認為是無編碼、無意義的RNA，近年來證明對轉錄及轉譯具有很重要的調控功能，且參與對抗病毒感染。數十億年前的RNA為地球的生命啟蒙，現在仍然是生物體維持生命現象的關鍵分子。

🔍 ▶ 遺傳工程世代的來臨

　　1970年代的分子生物學，在理論與技術相輔相成之下快速發展。1970年，Hamilton Smith發現了第一種能辨識並切割DNA特定序列的*Hind* II核酸內切酶(*Hind* II endonuclease)，這類酵素又稱為**限制酶**(restriction enzyme)，因為這種酵素只限定切斷某一種寡核苷酸序列。1971年美國史丹佛大學的Paul Berg將環狀的SV40病毒(S40 virus) DNA以限制酶切割後，再將兩條SV40 DNA以DNA**接合酶**(DNA ligase)接成雙倍體的重組SV40 DNA。1973年，Stanley Cohen與Herbert Boyer將帶有不同抗生素拮抗基因的環狀pSC101質體(pSC101 plasmid)分別以*Eco*RI切割，隨後將這兩段線狀DNA以DNA接合酶接合成帶有雙拮抗基因的環狀DNA，成功的組合成**重組DNA** (recombinant DNA)，為分子生物研究帶來關鍵技術，也為爾後蓬勃發展的遺傳工程及生物技術奠下基石（參閱第13章）。由DNA→RNA→蛋白質的基因表達途徑稱為中心規範，不過1971年美國哥倫比亞大學癌症研究所的Sol Spiegelman分離出Avian Myeloblastosis Virus (AMV)反轉錄酶(reverse transcriptase)，成功的以Moloney sarcoma virus (MSV)的RNA為模板，合成了與RNA核苷酸序列互補的DNA (complementary DNA; cDNA) (RNA→DNA)，且成功

的以cDNA-RNA雜合反應(cDNA-RNA hybridization)證明彼此的互補關係，也修正了中心規範，直到現今的生物技術研發，反轉錄酶與cDNA仍扮演關鍵角色。

1975年及1977年分別發展出遺傳工程另外兩項重要技術：(1) 1975年由Edward Southern以電泳與雜合技術（DNA與帶有放射性的DNA探針結合）配合運用，發展出**南方轉漬法**(southern blotting)，用以辨識特定的DNA；科學家隨後發展出RNA-DNA雜合技術，並稱之為**北方轉漬法**(northern blotting)；(2) 1977年由Allan Maxam與Walter Gilbert利用對嘌呤與嘧啶不同的化學切割法，發展出辨認核苷酸序列的技術，而在同一年，Frederick Sanger與其同事也以四種螢光標記的2,3-雙去氧核苷酸類構物(ddNTP)，分別加入DNA合成反應的四根試管，合成反應會在A、T、C或G點終止DNA複製，再以電泳技術依據長度的差異，將新合成之DNA片段分離，從而以四根試管加入的ddNTP判讀核苷酸序列（參閱第13章）。即使目前高效能、高通量(high throuput)的**DNA定序儀**(DNA sequencer)，也仍然依據Sanger定序法(Sanger scquencing method)的原理設計與操作。

1978年Genentech生物技術公司的研究團隊，正式公布研發成功DNA重組技術產生的人類胰島素，1980年6月開始進行臨床實驗，由於DNA重組胰島素的研發成功，Genentech股票在1980年10月15日開市的短短20分鐘，從美金35元漲到美金89元，創下美國股市的歷史紀錄。1982年，DNA重組B型肝炎疫苗核准上市，是1796年Edward Jenner研發第一種抗天花疫苗以來，最關鍵性的突破，使疫苗的製造擺脫了對細胞與病原體的依賴。1985年，Kary Mullis發表了**聚合酶連鎖反應**(polymerase chain reaction; PCR)技術，能將極微量的DNA在數小時內放大到足以被分析的數量（參閱第13章），PCR技術很快的被廣泛應用在生物醫學的每一個領域，以及疾病檢驗、犯罪偵查等範疇，為分子生物技術帶來突破性進展，Mullis因而在1993年獲得諾貝爾化學獎。

基因轉殖技術從1980年代萌芽，1990年代開花、結果。基因轉殖技術(transgenic technology)是以特殊技術將外來基因於宿主胚胎期即植入胚胎細胞中，此外來基因隨著胚胎細胞增殖而複製，使發育、出生、成長的宿主個體中，每個細胞皆攜帶有此段外來基因。基因轉殖技術使分子生物技術從試管發展到活體，使外來基因的表達成為實驗動物的外表型之一，甚至能使外來基因的表達，只侷限在某一種器官或組織中(tissue-specific transgene expression)。基因轉殖技術在1980年代成功的在動物（主要是老鼠）及植物上進行，此後在山羊、牛、魚、雞、豬身上皆有成功的例子。基因轉殖技術也為植物育種技術帶來革命性的突破，經過基因轉殖育種成功的農作物，已經進入我們的消費市場。1997年，蘇格蘭愛丁堡Roslin研究所研究員Ian Wilmut及Keith Campbell發表了一篇成功複製羊的論文，他們以綿羊乳房細胞之細胞核，植入移除細胞核的受精卵中，

再以電極刺激細胞分裂，初期的胚胎隨後植入代孕母羊子宮後，成功產下一隻基因型及外表型與提供乳房細胞的綿羊完全相同的小羊，這項研究成果無疑是生物技術史上重要的里程碑。1998年，日本近畿大學的Yukio Tsunoda及Yoko Kato也發表了成功複製牛的技術，隨後的數年間，複製成功的動物包括豬、鼠、山羊、猴等多種動物。更重要的是**核移植技術**(nuclear transplantation)的應用，可有效的產生基因轉殖動物，加速畜產的品種改良與醫療用蛋白（如凝血因子等）的量產。

基因體的解碼

1990年，美國由James Watson 領導的團隊，啟動一項**人類基因體計畫**(Human Genome Project; HGP)，將人類含3.3×10^9個核苷酸的基因體定序出來，預定花費15年的時間、30億美元完成。這項計畫最先由美國主導，隨後陸續有英國、德國、日本、法國及中國等國團隊的加入，包含20個研究群。受到HGP的激勵，多種生物的基因體陸續被定序完成，如John Venter及Hamilton Smith於1995年完成流感嗜血桿菌(*Hemophilus influenzae*)及生殖道黴漿菌(*Mycoplasma genitalium*)等兩種細菌基因體的定序；André Goffeau等人於1996年發表釀酒酵母菌(*Saccharomyces cerevisiae*)基因體的序列；1997年大腸桿菌(*Escherichia coli*)基因體定序完成；1998年由數個研究團隊完成線蟲(*Caenorhabditis elegans*; *C. elegans*)基因體定序（*C. elegans*是目前分子生物學、細胞學及胚胎發生學研究的重要材料）；2000年，Celera團隊的Mark Adams與Eugene Myers等人發表了果蠅(*Drosophila melanogaster*; fruit fly)基因體的序列，深具遺傳學的歷史意義；同年也在多國科學家的努力下，完成阿拉伯芥(*Arabidopsis thaliana*)基因體的定序（阿拉伯芥由於植株小、繁殖快、基因體只有120 Mb左右，成為研究植物分子生物學的好材料）。

1998年，由John C. Venter領導的Celera Genomics生物技術公司團隊(Celera Genomics company)，利用高通量的核苷酸定序儀器及電腦系統，以超越國際團隊的速度，加入人類基因體定序的行列，此時國際人類基因體定序聯盟(International Human Genome Sequencing Consortium; IHGSC)才完成約10%基因體的定序，Celera團隊的研究成果促使HGP加快腳步，Celera Genomics只用了9個月完成2.91×10^9bp的核苷酸定序，IHGSC也在15個月內完成剩下的基因體定序。在HGP跨國團隊與Celera團隊的協同合作之下，這項工作在2000年的6月23日，由美國總統及英國首相正式宣布，人類基因體的定序工作大致完成，並分別於2001年發表正式報告。Francis S. Collins（IHGSC的主持人）及John C. Venter皆同意將人類DNA核苷酸序列公告於相關學術網站，免費提供研究者參閱(www.ncbi.nlm.nih.gov/genome/guide; www.ensembl.org)。

以人類這本「生命之書」而言，光是核苷酸序列就可寫滿200本五百頁電話簿，不過這是一本以ATCG排列的密碼寫成的書，需要極用心的去解碼，且如此龐大的資訊，如何儲存、處理、分析、比對，就是一門大學問，故早在1990年代中期，一項新的生物學領域——「**生物資訊學**」(Bioinformatics)因而產生（參閱第13章）。生物資訊學者利用特殊設計的資料處理軟體，匯整、比較、分析來自基因體定序產生的資訊，最重要的工作是從全基因體上億的鹼基序列中，找出散布其間的基因（能表達蛋白質或RNA的片段）、共識序列(consensus sequence)、突變與轉位序列，建構出特定基因編碼的mRNA及蛋白質胺基酸序列，並加以註解(annotation)，這項工作主要包含物種之間基因體的比較，**表達序列標籤**(expression sequence tag; EST)的比對，以及尋找編碼蛋白質的**開放讀框**(open reading frame; ORF)來完成。基因經過系統性的分析，可從三方向註解：(1)細胞結構成分(cellular component)；(2)生物反應途徑(Biological process)；(3)分子功能(molecular function)。

▶ 延伸學習 　　　　　　　　　　　　Extended Learning

表現序列標籤 (Expression Sequence Tag; EST)

　　表達序列標籤(EST)來自既有的cDNA庫存(cDNA library)，為任意選出的cDNA3'-端約200~500 nt長的核苷酸序列，一方面3'-導向合成的cDNA來自具有3'-聚腺苷尾端(poly(A) tail)的mRNA，是基因轉錄與處理後的典型mRNA，能代表活化的基因；一方面3'-端的核苷酸序列具有獨特性，可視為某特定基因的簽名特徵(signature)。如1991年Adams研究團隊從人腦細胞建構的cDNA庫存，任意選出cDNA克隆(cDNA clones)定序，衍生出600個EST，利用EST（基因標籤）找出了337個尚未被辨識的新基因。以肝臟細胞而言，原生質中經常含有約30,000種的RNA，考慮多種基因轉錄的RNA經過替代型剪接，或來自不完全轉錄，在肝細胞中應該不會有相同數量的活化基因，EST來自完整轉錄的mRNA，能正確標記肝細胞基因體中活化的基因，當然EST標記的基因還包括協同表達基因、結構性基因（又稱為持家基因；house-keeping gene），以及環境誘導與疾病相關的基因，故EST隨物種、組織、年齡、健康狀態、環境條件而有差異。目前最完備的核苷酸序列數據庫為GenBank，EST數據庫在GenBank中自成一個部門(division)，稱為the database of Expressed Sequence Tags (http://www.ncbi.nlm.nih.gov/dbEST)，dbEST涵蓋超過140個物種，累積超過5千萬個EST，其中來自人類細胞的約占40%以上，人類基因體超過20,000個基因中，dbEST至少能標定16,000個基因。

延伸學習　　　　　　　　　　　　　　　Extended Learning

開放讀框（Open Reading Frame; ORF）

　　不論是真核細胞或原核細胞基因，如果產生的RNA能被轉譯成蛋白質，則其首尾皆有特殊的序列，如轉譯起始點的三個核苷酸〔又稱起始密碼子(initiation codon)〕經常是ATG（在mRNA上則是AUG），從ATG開始，每三個核苷酸組成一個讀框(reading frame)，依序往下判讀，直到轉譯終止碼的出現，在mRNA上的轉譯終止碼為UAA、UAG或UGA。如果能在基因體序列中找到轉譯的首尾密碼子，則此DNA片段稱為一個開放讀框(ORF)。目前許多被辨識出來的ORF仍然不知道其功能。如果某讀框頻頻遭遇終止碼，則此讀框稱為閉鎖讀框(blocked reading frame)。

🔍 後基因體時代

　　後基因體時代的來臨，科學家接踵而來的任務是進一步探究所有基因的構造與功能、基因表達的調節機制，以及所有基因產物（包括蛋白質與RNA）的結構、組合、轉運與功能，而終究能闡釋胞器、細胞、器官乃至整個生物體所有的性狀與生命現象，故基因體的定序只是生命探索的另一個起點，這些探討有關大分子功能、結構與組合的學問，稱為整合生物學(integrative biology)、系統生物學(systemic biology)、結構基因組學(structural genomics)、蛋白組學(proteomics)等，John Fenn、Koichi Tanaka及Kurt Wüthrich等人即由於研發利用核磁共振(nuclear magnetic resonance; NMR)分析大分子三維結構有卓越成就，於2002年獲得諾貝爾化學獎。包括政府機構及私人企業，近年來皆為後基因體時代的重點領域，投入大量的人力及資源。傳統的蛋白質純化、結晶、X光繞射技術（1960年代沿用至今）、膠片電泳定序分析法（gel electrophoresis; Maxam& Gilbert及Sanger定序法皆需要用到膠片電泳分析），受到操作樣本數及反應速率的限制，已經不符高通量生物學研究的需求，自動化、精簡化、多樣本同步化成為後基因體世代研究研發的必要條件。以下簡述後基因體時代的重點領域：

I. 微陣列

　　隨著基因體的定序與多數已知基因核苷酸序列被確認，生物晶片(biochip)的研發腳步更加快速。在1980年代，科學家以玻璃材質的顯微鏡玻片為底板，將DNA或寡核苷酸附著在玻片上面，以進行DNA雜合(hybridization)反應，然後以顯微鏡觀察樣本反應後的呈色。1990年代後，基材換成更有附著效率的矽晶片或高分子聚合物，理論上在12.8×12.8 cm^{2}面積的基板上，最多可以負載數千到數萬個DNA或寡核苷酸焦點，且能

同時間進行DNA雜合反應，故不論是從事生物醫學研究或臨床病理檢驗，利用生物晶片的特性可同時分析數千種基因的表現，或過濾數千種病原體。目前最廣為使用的生物晶片包括寡核苷酸微陣列(oligonucleotide chip)及DNA微陣列(DNA microarray)（或稱DNA晶片）（參閱第13章）。

II. 單核苷酸多型性

後基因體時代另一項研究重點為單核苷酸多型性(single nucleotide polymorphism; SNP)。從人類基因體序列中，科學家發現人類族群間，存在有至少8.47×10^7個SNP。SNP意指人類族群中，不同個體在基因體DNA序列上同一個核苷酸位置，具有核苷酸的變異（多型性），此單一核苷酸的多型性如果發生在與基因結構及表現無關的位置上，對個體並無影響；反之，此變異如果發生在與基因結構及表現有關的序列上，則將依SNP的所在位置，對個體產生不同程度的影響。一項更具體的人類族群基因變異研究是「1,000基因體計畫」(1,000 Genomes Project Consortium)，這項2008年啟動的計畫目的在揭露人類單套基因(haplotype)，在各種族群間存在的變異，包括DNA多型性(polymorphism)。多型性與突變的差異，在於某特定多型性變異，必須在族群中有超過1%的頻率(frequency)，而不是只發生在少數個體，截至2015年已經收集超過2,500位個體的基因體核苷酸序列，發現8.47×10^7個SNP、3.6×10^6個嵌入(insertion)或缺失(deletion)有關的變異，以及約6萬個DNA結構的變異（如複製、移位等）。人類族群基因變異在人體生理、遺傳性狀（遺傳疾病）、腫瘤形成的關連性，以及對病原體的免疫力與對藥物的敏感性等方面所扮演的角色為何？是二十一世紀生物醫學研究者渴望解答的問題，有關SNP的議題還會在後續章節討論。

III. 次世代定序

次世代定序(next generation sequencing; NGS)是近十年來不斷進步、不斷有所突破的領域，NGS是以人類基因體為基礎發展出來的新策略，除了原先無選擇性的全基因體研究(genome-wide association study; GWAS)，NGS還能特別針對外顯子(exon)定序（外顯子將在下一章詳述），全外顯子定序(whole exome sequencing; WES)範圍可以是基因體所有編碼基因，稱為外顯體(exome)，目前依據外顯子定序所建構的數據庫包括Exome Aggregation Consortium (ExAC)及NHLBI GO Exome Sequencing Project (ESP)等，自成一個領域稱為外顯組學(exomics)。以ExAC為例，此數據庫收集超過6萬位受測者的外顯體定序資料，使用者可從中找出特定疾病相關的外顯子序列，運用特殊演算法的軟體，比較各種疾病間或與健康個體間的變異，當然也可以輕易辨識出不同族群間外顯子序列的歧異，找出不同族群之間，某些疾病頻率與發生率迥異的遺傳基礎。其他NGS如以轉錄體(transcriptome)為基礎的RNA-seq，分析轉錄體中mRNA的連續變化、mRNA轉

錄後修飾的差異、某基因突變或剔除後對整個轉錄體的影響等；ChIP-seq則針對基因體表觀修飾(epigenetic modification)的全面定序與分析，表觀修飾又稱為後生修飾，意指在不改變DNA序列下，改變或影響基因的表達，表觀修飾與多種癌症與遺傳關係密切，將會在其他章節中詳述。陸續研發的次世代定序可視為NGS version 2.0，近年來三世代DNA定序技術(NGS version 3.0)也已經商品化，有關次世代與三世代定序的演進與相關技術，可參閱第13章。

IV. NGS的應用

NGS的廣泛應用，帶動了另一項嶄新的領域－精準醫學(precision medicine)。精準醫學的核心概念就是客製化醫學(customized medicine)或個人化醫學(personalized medicine)，即依據病患某些關鍵基因、分子及細胞功能，決定預防與治療手段或藥物（參閱附錄十）。幾乎所有國際級大藥廠，皆投入這個研究領域，而醫師是否能「精準」的用藥，需要參考NGS所獲得的數據。早期DNA定序的標本量需要達到微克(μg; 10^{-6} g)，次世代的定序技術則可處理皮克(pg; 10^{-12} g)單位的量，從傳統福馬林－石蠟組織切片樣本，取出細胞樣本定序，已經不是問題，產前基因檢驗已經可從母親的血液中取得胎兒DNA，不需要做羊膜穿刺，甚至能做到單細胞基因體定序。這使得早期癌症診斷的精準度大為提高，DNA層級的危險因子(risk factor)與預後因子(prognostic factor)的檢測，也將會是檢驗科的常規選項，當然需要輔以特殊軟體與完備的數據庫。

病原體的全基因定序數據也有大幅的增長，臨床檢驗感染源，不論此感染源（病毒或細菌）是否能離體培養，皆能以微量的樣本，經由NGS技術輔以病原體(pathogens)的目標基因數據庫，辨識病患的致病原，尤其是同時用在感染兩種以上病原體的病患，更能精準地辨識病毒、細菌或寄生蟲的品系與變種，尤其近十餘年來逐漸被重視的總基因體分析(Metagenomics)技術，著眼在含有多種微生物的檢體（如呼吸道、腸道檢體），分析微生物群體(microbial community)的微生物種類、功能與交互作用。當然NGS的結果還需經由醫師的臨床症狀診斷、病患的疾病史加以確認。病原體正確的基因定序還能提供多項研究，如病原體對藥物（如抗生素）的拮抗性(drug resistance)，致病品系(pathogenic strain)，由於NGS能做多樣本的平行操作，故可用於大樣本數的流行病學研究。基於臨床醫學、藥學、生態、演化等微生物相關研究與應用的需求，微生物組學(microbiomics)也自成一個研究領域，當然運用NGS做診斷也有其限制，如在DNA檢體分析時可能受到病患自己DNA（可能高達99%）的干擾，檢體處理的無菌技術如有瑕疵，則與病患無關的微生物汙染很難排除。

包括實質固態腫瘤(solid tumor)及血液腫瘤(hematological neoplasm)的診斷，NGS技術已逐漸被廣泛運用，原因是NGS具有同時分析多樣本的優點，故能完整的、全面

性的、靈敏的比較正常與腫瘤細胞之間DNA序列的變異，且無論是生物採樣(biopsy)或切片樣本，只要取得少量樣本即可進行。以癌症診斷而言，分析重點包括致癌基因(oncogene)、腫瘤抑制基因(tumor suppressor gene)、預後因子基因的單核苷酸多型性(single-nucleotide polymorphism; SNP)、點突變(point mutation)、單核苷酸變異(single-nucleotide variant)、基因融合或重組(gene fusion/ rearrangement)，以及重複序列拷貝數變異(copy number variation)，這些在腫瘤細胞基因體內具有的突變統稱為腫瘤突變負載(tumor mutational burden)。同樣的數據分析結果也用在癌症治療上，新一代的標靶治療已經不侷限在致癌蛋白或腫瘤抑制蛋白，而是將標靶直接指向導致細胞轉型的突變基因，或表達異常的基因，不過腫瘤突變負載相對高的癌症患者，在治療效果及預後都不佳，可提供臨床上之參考。某些腫瘤在某一個突變點或基因異常的頻率偏高，自然成為診斷與治療某一腫瘤的突變特徵(mutational signature)，目前收集各種癌症突變特徵的數據庫中，最完備的是英國Sanger研究中心的The Catalogue of Somatic Mutations in Cancer (COSMIC)，針對癌細胞中被發現的突變加以標示／註解，並依據突變種類分為12類，有助於精準醫學的診斷與治療(https://cancer.sanger.ac.uk/cosmic)。

　　人類基因體的解碼，勢必為人類帶來嶄新的世代。最直接受益的應該是生物醫學領域，利用人類基因圖譜中豐富的資訊，科學家將能很快的發展出更有效的疫苗、更精確快速的診斷、個體化設計的藥物及更安全有效的治療，與人類疾病相關的基因，可從The Online Mendelian Inheritance In Man網站中的資料庫獲得相關資料(www.ncbi.nlm.nih.gov/omim/)。然而無可否認，人類對自己的認識可說甚為膚淺。許多疾病仍找不出病源（如全身性紅斑性狼瘡、某些惡性腫瘤等），更值得注意的是，遺傳訊息、基因調控與思考、記憶、行為之間的關聯，更是知之甚少。如1996年出生的桃莉羊(Dolly)，其染色體端粒比同年齡的羊短，5歲半即罹患羊族群少見的骨性關節炎(osteoarthritis)，於2003年因罹患肺癌死亡。主導複製羊研究的Ian Wilmut就曾經發表文章公開反對複製人。由此觀之，只掌握了遺傳的關鍵分子，解讀了遺傳訊息，即無限制的去修補基因、篩選新生命、複製生命體，其後果將無法預期與掌控。

1-2　去氧核糖核酸(deoxyribonucleic acid; DNA)的結構

　　細胞中的大分子有四大類，即醣類、脂質、蛋白質與核酸，以構造而言，最複雜的應該是蛋白質，因為蛋白質是由20種胺基酸以不對稱、不規則的形式串聯而成的，胺基酸數量各異，且以特定的三維結構存在，蛋白分子還會彼此聚合成複合體，故當Linus

Pauling（1954年諾貝爾化學獎得主）分析蛋白質結構後，認為攜帶遺傳訊息的大分子是蛋白質。不過經由1950年代初期多位科學家的努力，終於確認核酸才是遺傳訊息的編碼者。

核苷酸

核酸的基本構造單元是**核苷酸**(nucleotide triphosphate; NTP)，核苷酸以一個五碳糖分子(ribose)為本體，五碳糖的1'位接一個含氮鹼基(nitrogen-containing base)，5'位接連一個磷酸(phosphate)（圖1-9），如果5'位未接連磷酸，則稱為**核苷**(nucleoside)。細胞中有兩種核酸，一種稱為**核糖核酸**(ribonucleic acid; RNA)，其核苷酸的五碳糖2'位接OH功能基；另一種核酸稱為**去氧核糖核酸**(deoxyribonucleic acid; DNA)，因為其核苷酸的五碳糖2'位上接H原子，與OH基相較少了一個氧原子。兩種核酸的另一項差異是含氮鹼基種類的不同，RNA所含的含氮鹼基為**腺嘌呤**(A)、**鳥嘌呤**(G)、**尿嘧啶**(uracil; U)、**胞嘧啶**(C)等四種（圖1-10）；而DNA的含氮鹼基為腺嘌呤(A)、鳥嘌呤(G)、**胸腺嘧啶**(thymine; T)、胞嘧啶(C)（圖1-10）。（請特別注意嘌呤與嘧啶每個骨架原子的編碼，因為對碳原子的位置的熟悉，有利於爾後對核酸構造與功能的闡釋）。

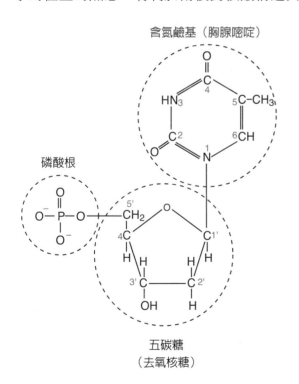

■ 圖1-9　核苷酸的基本結構。

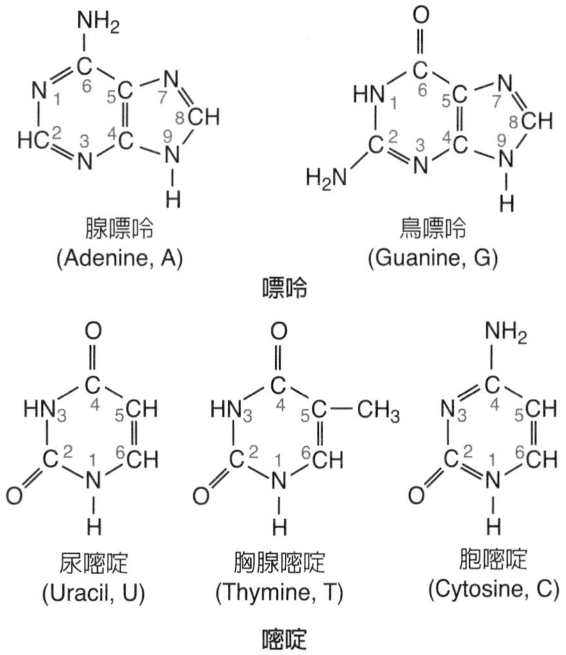

含氮鹼基（胸腺嘧啶）

磷酸根

五碳糖（去氧核糖）

腺嘌呤
(Adenine, A)

鳥嘌呤
(Guanine, G)

嘌呤

尿嘧啶
(Uracil, U)

胸腺嘧啶
(Thymine, T)

胞嘧啶
(Cytosine, C)

嘧啶

■ 圖1-10　含氮鹼基的基本構造。腺嘌呤(A)、鳥嘌呤(G)、胸腺嘧啶(T)、胞嘧啶(C)及尿嘧啶(U)。

表1-1　核苷酸組成的命名

嘌呤與嘧啶 Purine & Pyrimidine	核苷Nucleoside (base＋ribose)	核苷酸Nucleotide (base＋ribose＋phosphate)
腺嘌呤Adenine (A)	腺苷 Adenosine	腺苷酸 Adenylate
鳥嘌呤Guanine (G)	鳥苷 Guanosine	鳥苷酸 Guanylate
胞嘧啶 Cytosine (C)	胞苷 Cytidine	胞苷酸 Cytidylate
胸腺嘧啶Thymine (T)	胸腺苷 Thymidine	胸腺苷酸 Thymidylate
尿嘧啶Uracil (U)	尿苷 Uridine	尿苷酸 Uridylate

　　腺嘌呤在6'位接NH_2，在1'位為N原子，能與相對的嘧啶形成2個氫鍵；而鳥嘌呤在6'接O原子，在1'為NH基，NH_2則接在2'位，故鳥嘌呤能與相對的嘧啶之間形成3個氫鍵（圖1-11）。尿嘧啶可視為嘧啶的基本構造，2'位及4'位皆連接O原子，使3'位為NH基，

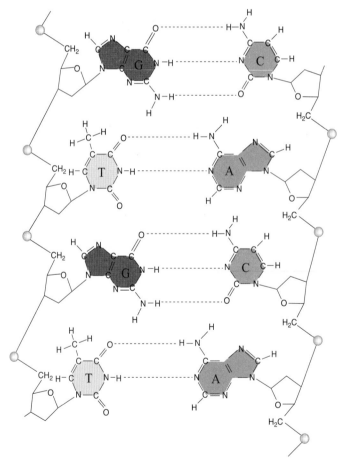

■ 圖1-11　華生－克立克鹼基配對(Watson-Crick base pair)：腺嘌呤(A)與胸腺嘧啶(T)或尿嘧啶(U)形成兩個氫鍵；鳥嘌呤(G)能與相對的胞嘧啶(C)形成三個氫鍵，小圓球代表連接前後核苷的磷酸根。

故利用3'及4'位與腺嘌呤形成2個氫鍵；胸腺嘧啶構造與尿嘧啶相似，只在5'位多接一個甲基(–CH$_3$)，故也可利用3'位及4'位與腺嘌呤形成2個氫鍵；胞嘧啶在4'接NH$_2$基，由2'、3'、4'等位分別與鳥嘌呤形成3個氫鍵（圖1-11）。這種嘌呤與嘧啶的特殊配對結構稱為**華生－克立克鹼基配對**(Watson-Crick base pair)。

🔍 ▎ DNA 的分子結構

　　DNA分子的骨架由五碳糖及其磷酸根所構成，五碳糖的1'位接合嘌呤與嘧啶，5'位接合磷酸根，而3'位則接合下一個磷酸根；換言之，磷酸根扮演黏接頭的角色，以**雙磷酯鍵**(phosphodiester bond)分別連接上下兩個核苷。依據複製及轉錄過程而言，DNA是有極性的，即由5'端向3'端的方向延伸，不過兩條股線的方向相反（見圖1-8），這種逆平行的組合使DNA在複製時產生困擾（這一部分將在第10章中詳細討論）。依據5'→3'方向性，DNA的雙股以右手定則螺旋延伸，直徑約2 nm，每0.34 nm有一對鹼基，螺旋結構約每3.4 nm轉一圈（平均為3.32 nm，即33.2 Å，參考表1-2），每一鹼基對因氫鍵的形成而呈平面，不過每一層鹼基對之間差約36°，故DNA每轉一圈(360°)，約有10個鹼基對〔base pair (bp)；DNA長度的單位〕（見圖1-8）。雖然嘌呤與嘧啶在同一平面上相配對，與骨架大約成直角(–1.2°)，不過兩種含氮鹼基接合五碳糖的位置並非位於同一軸線上，而是彼此呈一定角度（見圖1-11），雙股間距的不對稱導致螺旋結構上形成**主凹溝**(major groove)與**副凹溝**(minor groove)（圖1-12），此結構與DNA－蛋白質交互作用有關（這一部分將在第6章中詳細討論）。

　　Watson與Crick所描述的DNA為DNA的鈉鹽結晶，其中含相當高的水分（約92%），這種結構稱為**B型DNA** (B form DNA)，為DNA存在於細胞中最主要的構造，不過在其他物理化學環境下，DNA會以其他雙股結構存在。如果降低DNA含水量至75%，則DNA結構會較為緻密，稱為A型DNA (A form DNA)，嘌呤－嘧啶配對與骨架不再能保

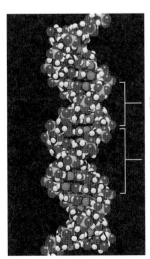

副凹溝

主凹溝

■ 圖1-12　DNA的分子結構。DNA分子的骨架由五碳糖及其磷酸根所構成，由5'端向3'端的方向延伸，兩條股線的方向相反。雙股間距的不對稱導致螺旋結構上形成主凹溝與副凹溝。圖片來源：簡春潭等(2007)・*生物學（第二版）*p.217・新北市：新文京。

持直角（呈+19°），每轉一圈約有11個鹼基對，螺旋結構每2.46 nm (24.6 Å)轉一圈（表1-2），除了在試管內的低水高鹽狀態下之外，DNA-RNA雜合及RNA-RNA雙股分子的結構也呈類似**A型DNA**結構（表1-2）。某些含有特殊嘌呤與嘧啶交互排列序列的DNA，呈現特殊的左手定則螺旋結構，常見的是一段由d(GC)n（例如－GCGCGCGCGC－）構成的序列，約每12個含氮鹼基繞一圈，每圈長度約4.56 nm (45.6 Å)，因為整個DNA伸長且呈拉鍊(zigzag)外觀，故稱為**Z型DNA** (Z form DNA)（表1-2）。雖然Alexander Rich研究群在1979年是在試管中發現Z型DNA，不過這段特殊結構的DNA有時會出現在基因體中，稱為GC小島(GC island)，屬於易於被甲基化(methylation)的位置，與基因表達的調節和DNA的表觀修飾有密切的關係（這一部分將在第6章中詳細討論）；此外，某些調節基因表達的蛋白質也具有接合Z型DNA片段的功能。在特殊情況下，DNA會組成一小段三股複合體，如DNA重組過程或寡核苷酸調解基因表達的過程等。Karst Hoogsteen在1959年解析了由三股DNA組成的複合體構造，穩定的三股DNA發生在聚嘌呤–聚嘧啶配對的片段，此片段能附上一段短的DNA單股分子，此單股分子的序列如為d(CT)n，則會形成以下結構：

```
      C T C T C T C T C T C T C T
5'- A G A G A G A G A G A G A G A G A G A G A G –3'
3'- T C T C T C T C T C T C T C T C T C T C T C –5'
```

　　三股DNA中的三個重疊鹼基以氫鍵形成穩定配對，這種結構稱為Hoogsteen base triplets。

表1-2　各種主要DNA結構的特徵

類　型	A型DNA	B型DNA	Z型DNA
螺旋型	右　旋	右　旋	左　旋
每繞一圈之鹼基數 　結晶態 　纖維態	10.7 11	9.7 10	12 －
每繞一圈之螺旋高度(Å)	24.6	33.2	45.6
股線半徑(Å)	25.5	23.7	18.4
每一層鹼基間之距離(Å) 　結晶態 　纖維態	2.3 2.6	3.3 3.4	3.7 ＝
鹼基與骨架形成之角度	+19°	－1.2°	－9.0°
形成之條件	相對低水分、高鹽度環境；DNA-RNA雜合體及RNA-RNA雙股分子	相對高水分、低鹽度環境；大部分活細胞內之DNA雙股分子	d(GC)n序列之DNA片段

註：表中的數據是不同來源DNA的平均值；d(GC)n是deoxy-polyGC序列的縮寫（例如－GCGCGCGCGC－）。

　　總之，DNA在活細胞中的形態是多變化的，絕不是像一條條絲線，其形態會依特殊的核苷酸序列、附著在DNA的蛋白質及進行複製、轉錄、重組等功能而彎曲、打開、伸長或斷裂，這些DNA結構上的重要變化，將在隨後的章節中討論。

DNA 熔解現象及其意義

　　DNA最早被探討的特性之一就是**DNA熔解現象**(DNA melting)，或稱之為**DNA變性**(DNA denaturation)，即在高溫之下，DNA的兩條股線會解離開來，變成單股的DNA分子。如果測量DNA檢體對260 nm波長光的吸收值（以**光密度**(optical density; OD)表示，簡稱OD），可發現雙股DNA與單股DNA的吸收值不同，所以當DNA隨著溫度的逐漸增高而熔解時，雙股DNA逐漸變成單股，260 nm波長光的OD值(OD_{260})也會逐漸增高，達到某一臨界溫度時，OD_{260}值會顯著上升，形成S型曲線，此現象稱為**增色轉換**(hyperchromic shift)。由縱座標可判斷出50% DNA被熔解時的OD值，相對應的溫度則稱為**熔解溫度**(melting temperature; T_m)（圖1-13）。

　　Paul Doty與 Julius Marmur等人在1950年代末期的研究，發現不同物種DNA的Tm值皆有差異（表1-3），在標準緩衝食鹽水(standard saline-citrate solution; SSC)中，T_m值大致在80℃與100℃之間，而且與其DNA分子中GC所占的比例有關，不同生物DNA的G-C鹼基對含量約從26%到74%不等，如生草分枝桿菌(*Mycobaterium phlei*)的G+C為73%，T_m值為96.5℃；大腸桿菌(*Escherichia coli*)的G+C為51%，T_m值為90.5℃；肺炎鏈球菌(*Streptococcus pneumoniae*)的G+C為42%，T_m值減少為85.0℃；而T4噬菌體的G+C為34.5%，T_m值只有83.5℃。

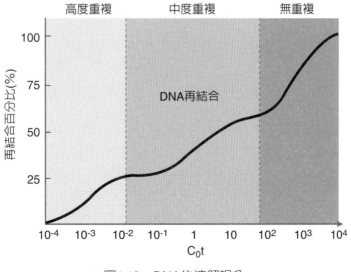

■ 圖1-13　DNA的熔解現象。

表1-3　物種間雙股DNA T_m值的變化

物　種	T_m值($^\circ$C)
腺病毒(Adenovirus)	89.5
大腸桿菌(*Escherichia coli*)	90.5
肺炎鏈球菌(*Streptococcus pneumoniae*)	85.0
念球菌（真菌）(*Cryptococcus neoforrmans*)	86.6
釀酒酵母菌(*Saccharomyces cerevisiae*)	84.0
菸草染色體(Tobacco chromosome)	84.0
菸草葉綠體(Tobacco chloroplast)	86.0
牛胸腺(Calf thymus)	86.5

　　DNA熔解時的溶液酸鹼值（pH值）與離子強度（ionic strength，相當於無機鹽濃度）也顯著影響T_m值，故一般研究所呈現的T_m值，皆來自生理食鹽水之離子強度(SSC)、pH值約7.0的狀態下獲得的實驗結果。大致上每改變1個pH單位，T_m值會降低約40°C；每相差10倍（1個log值），T_m值會降低約20°C，如Paul Doty等人就發現，肺炎鏈球菌〔當時稱為肺炎雙球菌(*Diplococcus pneumoniae*)〕DNA如果在低離子強度加EDTA的磷酸鹽緩衝液中，其T_m值可由SSC中的85°C降為64°C。

　　如果將熔解成單股的DNA分子置於逐漸降溫的環境，則DNA股線會緩慢的再結合成雙股結構，此現象也稱為**DNA復性**(DNA renaturation)，DNA復性的速率與其序列的重複程度有關，如果某一段DNA序列不斷重複數萬次，則再結合時能遭遇互補序列的機率，必定比完全沒有重複拷貝的序列高。有關DNA復性與重複程度間的關係，將在下一章中詳述。

　　熔解溫度雖然是西元1950年前的發現，但是DNA熔解卻是現代分子生物實驗室每天皆在應用的原理，如南方轉漬法、北方轉漬法、聚合酶連鎖反應(PCR)等，皆與DNA變性及復性有關；尤其是PCR技術，每一次循環皆涉及雙股DNA的解離，以及探針DNA與模板DNA的再結合，由於來源不同的DNA T_m值不同，故預先將操作溫度調到最佳代(optimize)是很重要的。

環狀 DNA

　　原核細胞的基因體具有雙股環狀DNA，而真核細胞的染色體DNA是線狀的，不同細胞中的**粒線體**(mitochondria)與**葉綠體**(chloroplast)也具有自己的環狀DNA，由於粒線體與葉綠體具有某些原核細胞的特徵，故科學家推論粒線體與葉綠體可能在真核細胞演化的早期，進入（或感染）真核細胞，隨後與宿主細胞形成共生的關係，且進一步退化成宿主細胞的胞器，此學說稱為**內共生學說**(endosymbiotic theory)（圖1-14）。

環狀DNA並不是如鬆開的橡皮筋一樣一圈圓圓的，而是像扭轉過或綁緊帶口的橡皮筋，呈纏繞捲曲結構，稱為**超纏繞**(supercoil)（圖1-15）。超纏繞有兩種纏繞方向，順時

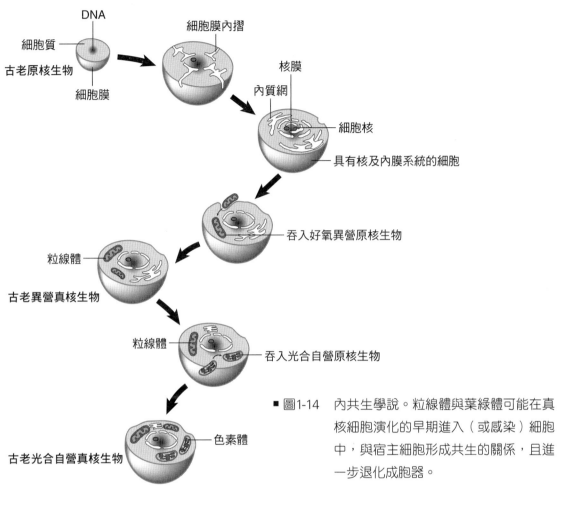

■ 圖1-14　內共生學說。粒線體與葉綠體可能在真核細胞演化的早期進入（或感染）細胞中，與宿主細胞形成共生的關係，且進一步退化成胞器。

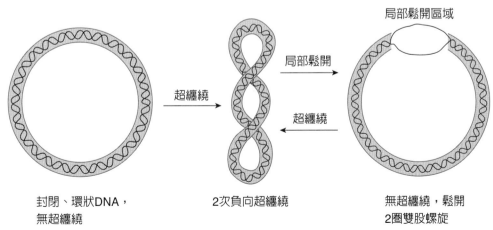

■ 圖1-15　DNA分子的超纏繞結構。

針方向轉稱為正向超纏繞（positive supercoil；如+2 supercoil），逆時針方向轉稱為負向超纏繞（negative supercoil；如–1.6 supercoil），一般環狀DNA分子以負向超纏繞存在。而科學家以三種參數描述DNA的纏繞結構：

1. **交錯數**(linking number; L)：DNA兩條股線在空間交錯的總次數。如果兩個DNA分子完全一樣，只有交錯數不同，則兩者稱為**局部異構物**(topological isomer)。

2. **旋轉數**(twisting number; T)：兩雙股DNA股線彼此相互交錯的次數。如B型DNA大約每10 bp交錯2次。

3. **扭轉數**(writhing number; W)：雙股的DNA三維結構（3D結構）間彼此相互交錯的次數。即計算DNA分子中可觀察到的超纏繞數。

三種參數間的關係可以下列公式表示（ΔL代表交錯數的變化值，以此類推）：

$$\Delta L = \Delta W + \Delta T$$

環狀DNA皆盡量保持能使其結構最穩定的L值，故任何DNA重組、複製、轉錄或蛋白質與DNA作用過程中，對T值所造成的改變（即鬆開DNA的雙股螺旋結構），皆會導致W值的改變；如DNA複製時必須鬆開部分的DNA雙股螺旋，DNA為了彌補T值的減少（如$\Delta T = -2$），則複製區段的下游即會形成2個正向超纏繞($\Delta W = +2$)。一個完全鬆弛，無超纏繞的DNA分子，W＝0，故L＝T，此時的L稱為L_0；參數σ值(sigma value)代表特別交錯差數(specific linking difference)：

$$\sigma = \frac{\Delta L}{L_0}$$

由於沒有進行複製與轉錄的DNA分子，T值是不會變的，即$\Delta T = 0$，所以L的改變(ΔL)來自超纏繞的改變，即ΔW，故此時的σ值相當於某DNA分子的超纏繞密度(supercoil density)。超纏繞的改變過程必須切斷DNA股線，如大腸桿菌具有兩種重要的局部結構異構酶，即**局部異構酶I** (topoisomerase I; Topo I)及**局部異構酶II** (topoisomerase II; Topo II)，後者又稱為**解環酶**(gyrase)。Topo I先切斷其中一條股線，完整的單股線通過斷裂股的缺口後鬆開纏繞，再重新銜接起來，此過程使$\Delta W = +1$，L值隨著增加1，即趨向於減少負向超纏繞的數量，此酵素反應過程不需要提供額外的能量（圖1-16）；解環酶的機制有所不同，酵素反應過程中必須完全切斷雙條股線，讓另一條完整雙股線通過缺口，以解開超纏繞，隨後斷裂的雙條股線再重新銜接起來，此過程使$\Delta W = -2$，L值隨著減少2，即趨向於增加負向超纏繞的數量，此酵素反應過程需要提供額外的能量（圖1-17）。

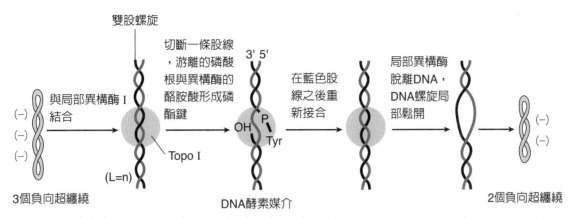

■ 圖1-16　局部異構酶I (Top I)的催化機制。先切斷其中一條股線，另一條單股線通過斷裂股的缺口後鬆
　　　　　開纏繞，再重新銜接起來，此過程趨向於減少負向超纏繞的數量，不需要提供額外的能量。

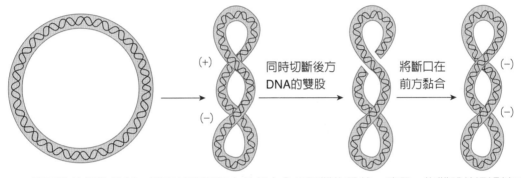

■ 圖1-17　解環酶的催化機制。酵素反應過程中必須完全切斷雙條股線，讓另一條雙股線通過缺口後解
　　　　　開超纏繞，再重新銜接起來，此過程趨向於增加負向超纏繞的數量，需要提供額外的能量。

▶ 延伸學習　　　　　　　　　　　　　　　　　　　　　　　Extended Learning

局部異構酶I的催化機制簡述

　　局部異構酶I先造成DNA骨架的磷酯鍵斷裂，斷裂後形成的自由態磷酸根則以酵素催化位中的酪胺酸(tyrosine) OH基鍵結，使自由態磷酸根暫時被固定；待完整股線通過缺口之後，酵素催化位再協助斷裂的股線癒合。如果自由態磷酸根是5′端磷酸根，則此局部異構酶屬於A型異構酶；如果自由態磷酸根是3′端磷酸根，則此局部異構酶屬於B型異構酶；大腸桿菌所具有的局部異構酶皆為A型異構酶。

1-3 🔬 從DNA到染色體

DNA是主宰細胞結構與功能的分子，細胞也藉助於DNA，將主導這些性狀的訊息傳承給子代。不過，DNA正確結構的維持，以及其功能的充分表現，需要許多周遭分子的協助，這些分子包括RNA及多種特殊功能的蛋白質。以結構而言，原核細胞的DNA是以無懸浮端的環狀DNA存在，與周邊之蛋白質構成**類核區**(nucleoid)，類核區沒有膜的構造加以包圍，其中約80%為DNA，其他為RNA與少量的蛋白質，由於細菌細胞如大腸桿菌約只有2 μm的長度，而其DNA總長約1,300 μm，故DNA要被適當的包裝在類核區中，勢必要經過高度的**纏繞**(coil)及形成**套環**(loop)，研究發現細菌DNA確實具有許多超纏繞(supercoil)，平均每100 bp有一個超纏繞；且大約有近百個套環，每個套環大約有10~40 kb的長度（kb為kilobase的簡稱，即1,000個鹼基對，是描述DNA長度最常用的單位）（圖1-18）。維持這些DNA結構的物質應該是類核區中的蛋白質，目前尚未確定哪些蛋白質參與維持DNA的局部結構，只發現基因*hupA*、*hupB*所編碼的**HU蛋白**(HU protein)，以及**H1蛋白**（H1 protein；又稱為H-NS 蛋白）可能與細菌DNA的緊縮與彎曲結構有關，H-NS蛋白分子量為15.6 KD，每個大腸桿菌細胞中約含20,000個H-NS分子。如果以Feulgen染色法針對DNA染色，可清楚辨識類核區，故細菌DNA與維持其構造的蛋白質物質稱為**細菌染色體**(bacterial chromosome)。細菌染色體未必位於細胞的中央，有時可見部分細菌染色體延伸出去，可能這部分具有高度活化的基因；在細菌細胞循環的某一段時期，部分細菌染色體也可能附著於原生質膜內緣。在電子顯微鏡下，某些細菌細胞含有一個以上的類核區。

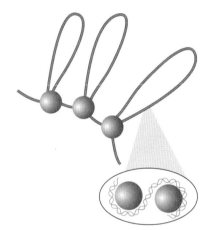

■ 圖1-18　細菌環狀DNA具有大約近百個套環，每個環大約有10~40kb的長度，畫成套環只是易於了解，事實上套環中雙股DNA皆纏繞在特殊蛋白分子上，以維持這些DNA的3D結構。

🔍 ▶ 核體 (nucleosome) 的結構與組合

真核細胞中的DNA則被包裝在有膜的構造內，此構造稱為細胞核(nucleus)。以人類而言，細胞核內含46條長短不一的線狀DNA分子（22對體染色體加上XY性染色體），DNA總長約1.1公尺(3.2×10^9 bp)，包裝在平均直徑約6 μm的細胞核中，所以更需要高度的纏繞與套環，線狀DNA片段與蛋白質複合體組成染色質(chromatin)，是直徑約10~11 nm的纖維結構，在細胞間期（interphase；介於兩次細胞分裂之間的時期）時，散布在

細胞核的核質(nucleoplasm)之中，當細胞進入細胞週期(cell cycle)後，DNA進行複製（S期，S phase），隨後進入有絲分裂的階段（M期，M phase）（圖1-19），此時染色質進一步纏繞緊縮(condensation)，經染色處理之後，在光學顯微鏡之下的分裂前期(prophase)細胞中清晰可見，稱為染色體(chromosome)，染色體到分裂中期(metaphase)最完整，複製完成的染色體，排列於細胞的赤道線上，相較於原先的長度，染色體中的DNA被壓縮約一萬倍。如以人類第10號為例，充分展開的DNA長度約46 mm，不過在有絲分裂過程中，可濃縮成長度約6.3 μm的染色體，裝填率(packing ratio)約7,300倍。

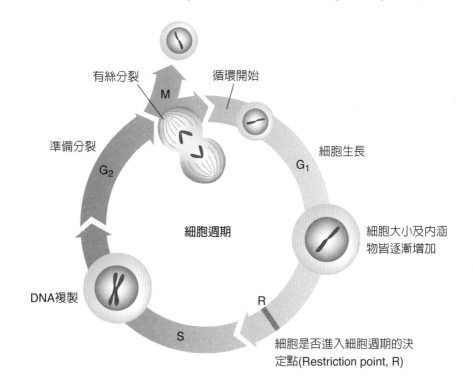

■ 圖1-19 細胞週期：當細胞進入細胞週期後，DNA進行複製（S期），隨後進入有絲分裂的階段（M期），介於分裂完成至下一個S期的時期稱為間隙1期(Gap 1; G_1 phase)；介於S期至M期的時期稱為間隙2期(Gap 2; G_2 phase)。

　　染色質主要由一連串的構造單元所組成，這些單元稱為**核體**(nucleosome)（圖1-20）。每個核體平均含200 bp長的DNA，約146 bp纏繞在一個由**組蛋白**(histone)組成的核心，核心與下一個核心之間的DNA稱為**連結段**(linker)，連結段的長度因物種的不同而異，從8 bp至114 bp不等。DNA以－1.65負向超纏繞(negative supercoil)附在核體上，核心上的DNA為10.17 bp/turn，而游離態的DNA為10.5 bp/turn，顯然被壓縮了。DNA纏繞核心約兩圈後，繼續延伸至下一個核體。組蛋白有五種，附著於連結段上的組蛋白為

組蛋白1 (histone 1; H1)，核心則含有四種組蛋白，即組蛋白2A (H2A)、組蛋白2B (H2B)、組蛋白3 (H3)及組蛋白4 (H4)，每種各2個，故核心由8個組蛋白分子組合而成。組蛋白是演化上相對保守(conservative)的蛋白質（即在低等與高等物種細胞中所含的組蛋白，胺基酸序列的變化不大），分子量在8,000~20,000 KDa之間，胺基酸中含20~30%為帶正電荷的離胺酸(lysine)與精胺酸(arginine)等鹼性胺基酸，故組蛋白能與帶負電荷的DNA分子相互結合。

H1蛋白分子量約為21.5 KDa，在種與種之間變異較大，在組織之間也有多種變異型，如鳥類紅血球的核體就含有H1變異蛋白，稱為H5蛋白。H1蛋白與

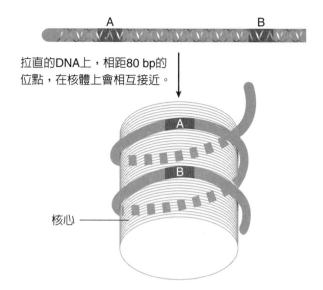

■ 圖1-20　核體結構。核體含有平均約146 bp長的DNA，以−1.65負向超纏繞局部結構，圍繞在一個由組蛋白組成的核心，核心由8個組蛋白分子組合而成，即H2A、H2B、H3及H4，每種各2個。

纖維狀染色質結構在細胞分裂期的緊縮現象有關（即從直徑11 nm的染色質纖維，濃縮成直徑30 nm的染色體纖維）。

組蛋白2A (H2A)及組蛋白2B (H2B)分子量分別為14 KDa及13.77 KDa，不論是組合組蛋白核心，或是參與基因表現的調節，H2A及H2B皆以H2A-H2B雙倍體(H2A-H2B dimer)的形式存在。

組蛋白H3(H3)及組蛋白H4(H4)分子量分別為15.4 KDa及11.34 KDa，在組蛋白核心中，兩者以H3-H4雙倍體的形式存在，兩套H3-H4雙倍體[(H3-H4)$_2$; H3-H4 dimer]外圍附著兩套(H2A-H2B)，構成八倍體核心。所有組蛋白二級結構(2°structure)皆有三個α螺旋，NH$_2$端（簡稱N端，N-terminal）及COOH端（簡稱C端，C-tenminal）皆各有不規則的尾端，這些尾端富含正電荷的鹼性胺基酸，且與組蛋白的功能息息相關，尤其含20~35個胺基酸的N端，很容易以共價鍵接上不同的功能基，賦予組蛋白特定的功能。

組蛋白基因（包括H1、H2A、H2B、H3、H4）呈群聚(cluster)座落於第7對染色體上，整套的組蛋白基因群聚緊鄰在一起，在單套基因體上約有20~40個拷貝。核體無可避免的會干擾DNA的複製及DNA的轉錄，複製DNA的位置，雙股DNA需要分開，形成稱為複製叉(replication fork)的構造（DNA複製將在第十章詳述），目前的證據顯示，

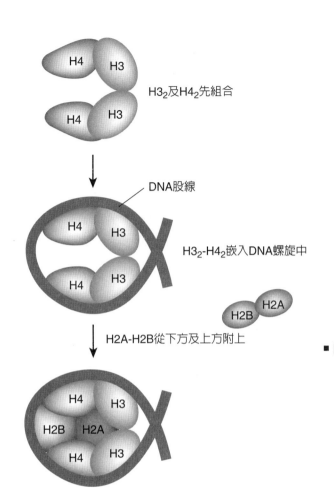

H3₂及H4₂先組合

DNA股線

H3₂-H4₂嵌入DNA螺旋中

H2A-H2B從下方及上方附上

■ 圖1-21　DNA的複製過程中核體的形成。在 DNA複製叉到達之前，組蛋白核心會暫時脫離DNA股線，分解成 (H2A-H2B)及(H3-H4)雙倍體，待複製叉完成DNA複製後，由(H3-H4)₂雙倍體先置入，再附上兩組(H2A-H2B)，恢復核體結構。

在DNA複製叉(replication fork)到達之前，組蛋白核心會暫時脫離DNA股線，分解成 (H2A-H2B)及(H3-H4)雙倍體，待複製叉完成DNA複製後，約在複製叉點離開600 bp之後，由(H3-H4)₂雙倍體先置入，再附上兩組(H2A-H2B)，恢復核體結構，此過程需要添加新合成的組蛋白（圖1-21），故在S期，細胞必須合成大量的組蛋白。核體組合是依照既定的步驟進行的，首先H3及H4要被**乙醯化**(acetylation, CH₃CO⁻)，且組成雙倍體，乙醯化的H3-H4置入超纏繞的DNA股線後，H2A-H2B雙倍體隨即由(H3-H4)₂兩側加入核心（圖1-21）。組合的過程需要某些因子的協助，主要包括**染色質組合因子–1** (chromatin assembly factor 1; CAF-1)及抗靜止因子–1 (anti-silencing function-1; ASF-1)，CAF-1及ASF1在DNA複製開始時，就被徵召到複製DNA的位置，CAF-1會與新合成的乙醯化 (H3-H4)₂形成複合體，並協助其置入DNA股線的超纏繞結構；ASF1與CAF-1相互作用，協助新組合的核體轉移到複製叉後新合成的DNA上。染色質結構與組蛋白的化學修飾與基因的表觀調控關係密切，將在第6章詳述。

▶ 延伸學習　　　　　　　　　　　　　　　Extended Learning

組蛋白的變異型

　　除了H4之外，H2A、H2B及H3皆有變異型，如H2A.X在多細胞真核生物的細胞核中，可以多到10~15%，H2A.X在DNA受到損傷時會被磷酸化（活化態），隨後參與DNA的修補，召集DNA修補因子，也能參與DNA的重組；H2A.Z則具有防止異染色質(heterochromatin)（具有較緊縮的局部結構，其中之基因呈靜止狀態）蔓延到真染色質(euchromatin)（具有較疏鬆的局部結構，其中之基因呈活化狀態）區域的功能，且有鬆開染色質局部結構，促進基因轉錄的作用。H3.3是真核細胞中主要的H3變異型，其實在酵母菌細胞中，H3.3是核體中主要的組蛋白，在基因轉錄後核體重組時，H3.3會取代原先的H3，成為新核體一部分，不過如人類細胞中，H3.3只占細胞核中組蛋白的一小部分。

▶ 延伸學習　　　　　　　　　　　　　　　Extended Learning

核體上的 DNA

　　為了探討核體上的DNA，科學家將大鼠(rat)細胞核核質分離之後，利用微球菌核酸酶(micrococcal nuclease)切割DNA，結果最先產生長度205 bp的DNA片段，隨著反應時間增長，DNA片段繼續縮短為165 bp，最後產生長度146 bp的片段。推論這146 bp的片段受到組蛋白核心的保護，使其不被微球菌核酸酶所切割。此長度在物種之間頗為一致，不過由於連結段的DNA長度不一，故每個核體所涵蓋的DNA長度，從真菌的154 bp到海膽精細胞的260 bp不等。由1997年Timothy Richmond等人完成的核體結晶構造顯示，DNA約纏繞組蛋白核心兩圈（圖1-22）。

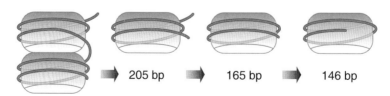

205 bp　➡　165 bp　➡　146 bp

■ 圖1-22　核體DNA的長度。利用微球菌核酸酶(micrococcal nuclease)依序切割DNA，最後產生長度146 bp的片段。

染色質與染色體的結構

　　染色質(chromatin)結構疏鬆與緻密程度，受到離子強度(ionic strength)的影響，在離體實驗環境下，可以用無機鹽濃度加以控制，如在1 mM NaCl之下的染色質呈直徑約11 nm的鬆散纖維；如果鹽濃度增加至5 mM NaCl，核體開始較規律的排列；當鹽濃度增加至100 mM NaCl時，染色質結構明顯的緻密化，形成直徑約30 nm的纖維，核體排列近似電磁圈(solenoid)，每轉一圈含約6個核體（圖1-23）；此外，研究結果也顯示，H1組蛋白在此緻密化結構的形成過程中，扮演關鍵角色。

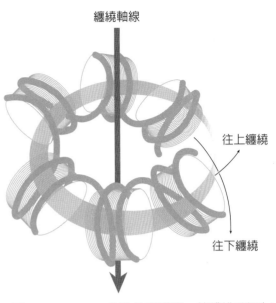

纏繞軸線

往上纏繞

往下纏繞

■ 圖1-23　230 nm的染色質纖維，核體排列近似電磁圈，每轉一圈含約6個核體。

　　染色質在間期(interphase)時是散布在細胞核中，以直徑約11 nm的纖維存在，只有在電子顯微鏡下才能辨識出來，細胞進入有絲分裂或減數分裂前期(prophase)時，染色質開始緊縮，在適當的染色之下，可在顯微鏡下見其身影，此時染色質緊縮成30 nm的纖維，隨後進一步以特殊區段附著於蛋白質構成的支架(scaffold)上，這些特殊區段稱為**支架結合區段**(scaffold-associated region)，或稱為**基質附著區段**(matrix attachment region; MAR)，未附著於支架的部分則形成套環(loop)。經過此高度纏繞摺疊之後，產生細胞分裂中期(metaphase)的染色體，每個姊妹染色體(sister chromatid)直徑約為700 nm（圖1-24）。此高層次纏繞結構的維持還需要依賴稱為染色體結構維護因子(structure maintenance of chromosome; SMC)的協助，SMC是一群功能類似的蛋白質，構成SMC家族。細胞分裂中期染色體可清晰見到中節(centromere)及端粒(telomere)，依據中節的位置劃分為長臂（代號q）及短臂（代號p）（圖1-25），圖1-25為人類X染色體在有絲分裂中期時的示意圖，經過適當的染色之後，可見許多明暗相間的帶，稱為G帶(G-bands)（圖1-25），大型染色體可以多到10個G帶。進一步分析其DNA序列，發現G帶內的DNA，GC對的比率偏低；反之，帶間區DNA的GC對比率較高，且多數的基因位於帶間區。某些間期細胞的染色體還會多絲化(polytenization)，染色後呈現多色帶的染色聚合體，經常發生在果蠅唾液腺組織的細胞中，果蠅的多絲體(polytene)可呈現約5,000條色

帶，所形成的染色體稱為多絲染色體(polytene chromosome)。產生的原因是染色質複製之後，新染色質並未與原染色質分開，而且多條新合成的染色質彼此平行排列，當染色質緊縮成染色體後，在顯微鏡下呈現巨大斑紋狀的染色體影像，寬度約在0.05~0.5 μm之間。某些染色體的特殊結構，可顯示此區段具有高度表現的基因，如某些多絲染色體區段會呈現膨脹(puff)的現象，顯示這區段的基因處於高度表現狀態。另一種特殊結構的染色體稱為燈刷染色體(lampbrush chromosome)，普遍存在於兩生類(amphibian)及鳥類細胞進行減數分裂時，是兩條同源染色體聯會(chiasmata)過程中呈現的構造，綿密的細絲狀結構從主染色體股線伸展出來，看似一把刷燈罩的刷子，這也顯示此區段的基因處於高度轉錄狀態。

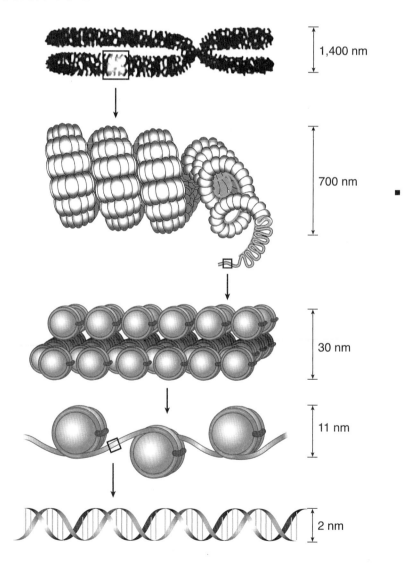

■ 圖1-24 由染色質纖維到染色體。染色質在間期時以直徑約11 nm的纖維存在，細胞進入有絲分裂或減數分裂前期時，染色質開始緊縮成30 nm的纖維，隨後進一步以支架結合區段（基質附著區段）附著於支架，未附著於支架的部分則形成套環。經過此高度纏繞摺疊之後，產生細胞分裂中期的染色體，每個姊妹染色體直徑約為700 nm。

　　某些部分的染色體所攜帶的基因，大部分處於活化或高度轉錄狀態，這部分染色體稱為真染色質(euchromatin)；反之則為異染色質(heterochromatin)，異染色體早在1928年就被發現，不論是細胞間期或細胞分裂過程中，皆呈現較緊縮的局部結構，其中之基因呈靜止狀態或不含基因，經常充滿著核苷酸重複序列，這部分的DNA也在DNA複製期(S phase)的較晚期複製。異染色質主要存在於細胞核周邊，以及染色體中節及端粒（參考圖1-25），這些部分的染色體稱歸類為結構性異染色質(constitutive heterochromatin)，某些小部分染色體經轉移或重組而移到鄰近異染色質的位置，則異染色質區會擴張到新移入的片段，使這部分的染色體轉換為異染色質，稱為兼性異染色體(facultative heterochromatin)。異染色質涉及其中的基因甲基化(methylation)與核體的組蛋白低度乙醯化(hypoacetylation)，這部分會在第6章詳述。

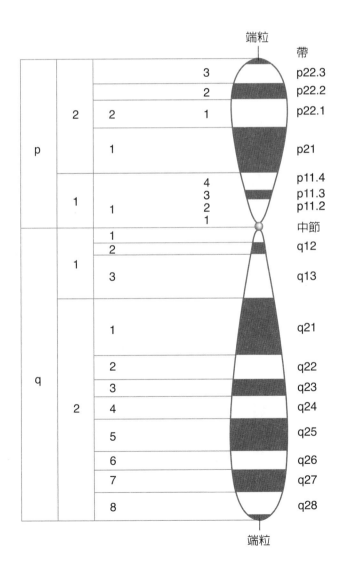

■ 圖1-25　人類X染色體在有絲分裂中期時的示意圖。依據中節的位置劃分為長臂（代號q）及短臂（代號p），經過適當的染色之後，可見許多明暗相間的帶，稱為G帶，G帶依據其所在位置命名，如g24代表此G帶在長臂第2區的第4分區。

Molecular Biology

02
CHAPTER

基因體的結構與特性

2-1 基因

原核細胞基因

從結構的觀點而言，編碼蛋白質的基因皆含有**開放讀框**(open reading frame; ORF)，以及**5'端側翼**(5'-flanking sequence)上的**啟動子**(promoter)、**3'端側翼**(3'-flanking sequence)上的**終止子**(terminator)，和兩端側翼上主要的**調控元素**(regulatory elements)，調控元素是一段DNA上的寡核苷酸序列，往往是特定**轉錄因子**(transcription factor)的接合位（圖2-1）。轉錄起始點標示為＋1，但是＋1位並不是轉譯的起始點，轉譯的**啟始碼(start codon)**在DNA層級為ATG，轉錄的**傳訊RNA** (messenger RNA; mRNA)上則為AUG；而轉譯的**終止碼(stop codon)**在DNA層級為TAG、TGA、TAA，轉錄的mRNA上則為UAG、UGA、UAA。當然某些基因並未編碼蛋白質，故不會轉錄mRNA，而是轉錄產生**核糖體RNA** (ribosomal RNA; rRNA)、**轉送RNA** (transfer RNA; tRNA)，或某些具有特殊功能的小核RNA(small nuclear RNA; snRNA)、微RNA (microRNA; miRNA)、無編碼RNA (non-coding RNA; ncRNA)等。

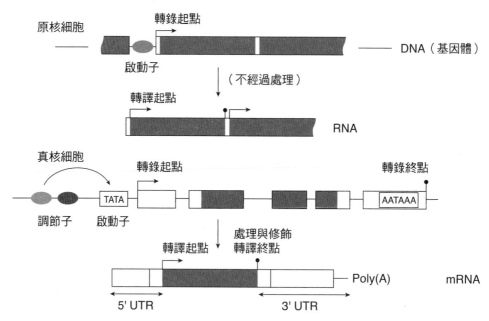

■ 圖2-1　典型的蛋白質編碼基因。從結構的觀點而言，編碼蛋白質的基因皆含有開放讀框、5' 端側翼上的啟動子、3' 端側翼上的終結子，和兩端側翼上主要的調控元素。UTR代表未轉譯區 (untranslational region)

　　如果以功能的角度來界定，則必須從**互補群**(complementation group)的觀念加以闡釋。實驗過程中，攜帶某突變點P的*E. coli*突變株，植入一個含有突變點Q的質體（細菌染色體DNA外的小型環狀DNA），如果突變株的外表型恢復為野生型(wild type)，則兩突變點並不在同一互補群中（圖2-2a）。設若具有突變點Q的質體無法使突變株恢復為野生型，則這兩個突變點屬於相同的互補群（圖2-2b）；換言之，圖2-2b中的突變點P與突變點Q影響同一個性狀，即位於同一個**作用子**(cistron)（有的書稱之為順反子），如果其中只有一個cistron發生突變，則另一個正常的cistron可以互補上。作用子的概念是美國微生物學家Seymour Benzer於1957年提出來的，目的在找出決定某性狀的基因。

　　原核細胞的基因編碼序列是連續性的，並未受到非編碼序列的干擾，故基因中的核苷酸序列與蛋白質的胺基酸間，有一對一的相對應關係，稱為**協同線性關係**(colinear)；反之，除了低等真核細胞生物的基因外，真核細胞基因的ORF普遍具有非編碼序列的干

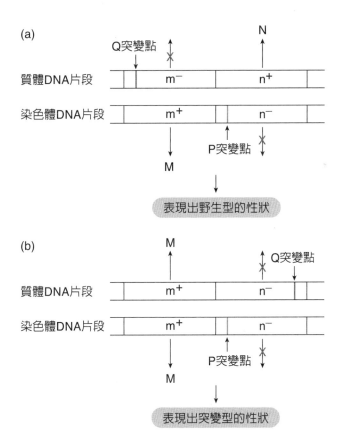

■ 圖2-2　突變基因的互補實驗。實驗過程中，攜帶某突變點P的大腸桿菌突變株，植入一個含有突變點Q的質體：(a)如果突變株的外表型恢復為野生型，則兩突變點並不在同一互補群中；(b)設若突變株仍舊保持突變的外表型，則這兩個突變點屬於相同的互補群；換言之，突變點P與突變點Q位於同一個作用子，或稱位於同一個基因上。

擾，稱為**插入子**(intron)，編碼區段則稱為**外顯子**(exon)，可見具有插入子的基因與蛋白質序列就不存在協同線性關係（圖2-3）。事實上全基因體定序(WGS)發現，人類基因體中只有約1%是編碼蛋白質的序列（外顯子），插入子占了24%。

原核細胞基因的另一特色是組成**操縱組**(operon)，操縱組包括一種以上的基因，共用一個啟動子，故基因的表現受相同的調控元素所管制，這種調控元素又稱為**操作子**(operator; O)（請勿將操作子與作用子混淆）。當催化RNA聚合的酵素接合在啟動子之後，轉錄反應從+1位開始，持續往下游（3'的方向）進行，經過操縱組的所有基因，直到遭遇終結子才完成轉錄，結果產生一條涵蓋多種基因訊息的mRNA，稱為**聚作用子RNA** (polycistronic RNA)，由於各基因有自己的轉譯啟始碼與終止碼，故此mRNA可轉譯成數種蛋白質（圖2-4）（操縱組將第3章詳述）。操縱組的設計，一方面能善加利用原核細胞基因體有限的空間，一方面使細菌在短時間內，能同時表達多種基因，以配合其快速生長的需求（大腸桿菌最快每30分鐘左右即分裂一次）。

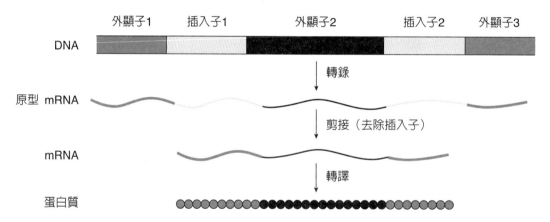

■ 圖2-3　真核細胞基因普遍具有非編碼序列的插入子，以及具有編碼區段的外顯子，這種基因與蛋白質序列不存在協同線性關係。

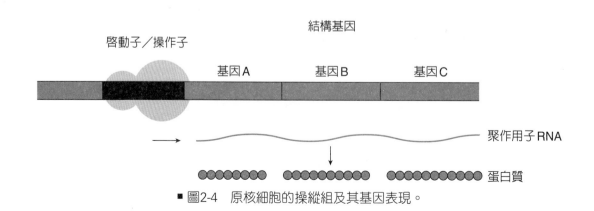

■ 圖2-4　原核細胞的操縱組及其基因表現。

真核細胞基因

　　真核細胞基因的結構，大致上與原核細胞基因相似，與原核細胞最主要的差異是沒有操縱組的構造，故基因只編碼單一蛋白質，稱為**單作用子**(monocistron)。另一顯著差異是插入子的存在，插入子在低等真核細胞生物如釀酒酵母菌的基因中較為少見，只占約4%左右，不過大多數真核細胞生物基因皆含有插入子，果蠅只有17%的基因沒有插入子，而哺乳動物的基因中只有約6%沒有插入子。以哺乳動物的基因而言，插入子與外顯子的數目因基因種類的不同，存在很大的差異，哺乳動物基因平均約7~8個外顯子，長度約100~200 bp，插入子則較長，大多超過1 Kb。1977年，P. Sharp與R. J. Roberts等兩個獨立研究室，利用電子顯微鏡觀察第二型腺病毒(adenovirus 2)的單股DNA與mRNA雜合(hybridization)的影像，發現DNA產生3個與RNA無法互補的區段，這些區段呈現套環凸出(looping out)的現象，此實驗稱為R套環試驗(R-looping experiment)（圖2-5），直接證明了插入子的存在。

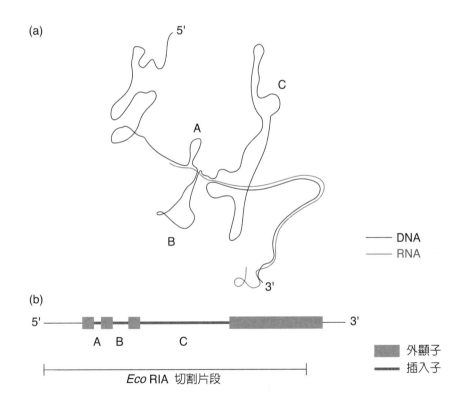

■ 圖2-5　R套環試驗證明真核細胞基因為不連續序列。Sharp等人觀察第二型腺病毒的單股DNA與mRNA雜合的影像，發現DNA產生3個與RNA無法互補的套環凸出區，這些區段應該是無編碼序列。

當基因進行**初步轉錄**(primary transcript)，產生**原型mRNA** (pre-mRNA)時，插入子與外顯子同時被轉錄下來，故原型mRNA必須經過剪接(splicing)的動作，將插入子切除，再將切口接合起來，此時的mRNA只含外顯子，mRNA還要經過適當修飾後，才經由特殊機制經過核孔，離開細胞核進入原生質中，以進行轉譯反應（圖2-6）。cDNA是**互補DNA** (complementary DNA; cDNA)的簡稱，是以mRNA為模板，利用**反轉錄酶** (reverse transcriptase; RT)合成的雙股DNA；插入子在mRNA成熟過程中已經被切除，故cDNA只具有外顯子核苷酸序列（圖2-7）。此觀察結果也間接證明插入子的存在。此外，科學家發現某些在基因DNA股線存在的**限制酶切割位**(restriction site)，在cDNA上並不存在。

真核細胞基因的5'端側翼(5'-flanking sequence)除了啟動子之外，還具有比原核細胞複雜的調控元素，對基因表現有正向調控者稱為促進子(enhancer)，對基因表現有負向調控者稱為靜止子(silencer)，某些基因的調控元素也存在於插入子或3'端側翼中。mRNA的修飾主要是在5'端添加一個帽子（5帽，5' capping），而3'端則經過適當切割後，加上一條長度約200~250 nt〔nucleotide (nt)，RNA的長度單位〕的聚腺苷尾部[poly (A)$_n$ tail]（圖2-6），故真核細胞基因的3'端側翼中還具有特殊的訊號序列（如AATAAA；mRNA上則為AAUAAA），以利負責修飾3'端的酵素辨識、切割與合成聚腺苷。

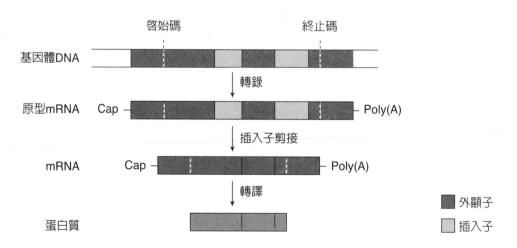

■ 圖2-6　原型mRNA的修飾。原型mRNA必須經過剪接將插入子切除，再接合外顯子使成熟的mRNA只含外顯子，mRNA 5'端及3'端還要經過適當修飾後，才具有成熟mRNA的功能。

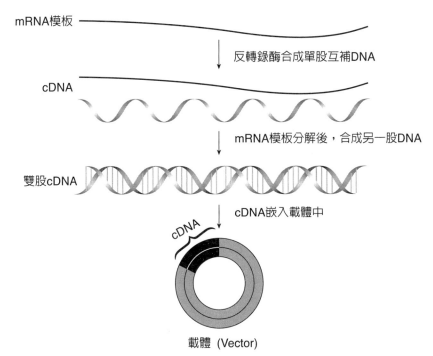

mRNA模板

反轉錄酶合成單股互補DNA

cDNA

mRNA模板分解後，合成另一股DNA

雙股cDNA

cDNA嵌入載體中

cDNA

載體 (Vector)

■ 圖2-7　cDNA是以mRNA為模板，利用反轉錄酶合成的雙股DNA，故cDNA只具有外顯子核苷酸序列。

插入子與外顯子的演化特性

外顯子(exon)是編碼蛋白質的基因片段，故功能相同或相近的基因，其外顯子的序列有很高的相似度，但是在插入子及**5'端非轉譯序列**(5'-untranslated sequence; 5'-UT)與**3'端非轉譯序列**(3'-untranslated sequence; 3'-UT)則有較大的變異。外顯子的變異經常來自**點突變**(point mutation)，即單一鹼基對突變，根據鹼基改變所造成的影響，大致可分為兩類：

1. 更換位(replacement site)：這類位置在基因中平均占75%。鹼基改變所造成的胺基酸序列改變，有時會造成很顯著的影響，如第11對染色體短臂上的β球蛋白基因中，有一組編碼由GAA突變為GTA，導致轉譯的蛋白質第6個胺基酸由正常的麩胺酸(glutamine; Glu)變成纈胺酸(valine)，就會引起鐮型紅血球貧血症(sickle-cell anemia)（圖2-8）。有時胺基酸的更換是中性的，不影響蛋白質3D結構及功能，此突變在演化過程中也會被保留下來，這種情形稱為保守性替換(conservative substitution)。有時胺基酸的更換，反而對蛋白質的功能或分子的穩定度產生有利的影響。

正常人 β 球蛋白基因(HbA)

核苷酸序列	CTG	ACT	CCT	GAA	GAG	AAG	TCT	編碼股
胺基酸序列	Leu	Thr	Pro	Glu	Glu	Lys	Ser	
	3			6			9	

鐮型紅血球貧血症患者突變的 β 球蛋白基因(HbS)

核苷酸序列	CTG	ACT	CCT	GTA	GAG	AAG	TCT	編碼股
胺基酸序列	Leu	Thr	Pro	Val	Glu	Lys	Ser	
	3			6			9	

■ 圖2-8　鐮型紅血球貧血症患者的 β 球蛋白基因。β 球蛋白基因中的GAA編碼突變為GTA，導致轉譯的蛋白質第6個胺基酸由正常的麩胺酸變成突變基因的纈胺酸。

2. 寧靜位(silent site)：有時單一鹼基對的改變並不改變其編碼的胺基酸，編碼相同胺基酸的密碼子稱為同義密碼子(synonym codon)（詳見第8章），故由一種同義密碼子轉變成另一種同義密碼子，並不會改變胺基酸序列。這類位置在基因中平均占25%，在演化產生的變異程度遠比更換位來得高，因為這類突變沒有天擇的壓力。

假設大分子序列的演化維持一定的分歧速率(rate of divergence)，則依據種與種之間基因序列的分歧程度(divergence)（如粒線體基因序列）與相同蛋白質〔如細胞色素C (cytochrome C)〕的胺基酸變異程度，可經過數學模式推論出兩物種分歧的大致時間點，稱為演化時鐘(evolutionary clock)，產生1%分歧度所需的時間稱為一個單位演化期(unit evolutionary period; UEP)，科學家估計粒線體DNA核苷酸每一百萬年發生2%左右的更換；血紅素估計每三百五十萬年更換一個胺基酸。

▶ 延伸學習　　　　　　　　　　　　　　Extended Learning

　　估計人類血紅素的α球蛋白(α-globin)與β球蛋白(β-globin)基因，約四億五千萬年前由同一祖先基因(ancient gene)演化出來，到現在兩種球蛋白胺基酸序列有約50%歧異度，故每百萬年的分歧速率為0.11%，每9.09百萬年產生1%分歧度，故UEP值為9.09。同理，人類血紅素的γ球蛋白(γ-globin)約在一億九千萬年前從β球蛋白變異而來，到現在兩種球蛋白胺基酸序列有約27%的歧異度，故每百萬年的分歧速率為0.14%，UEP值為7.14。

　　插入子的核苷酸如果發生改變，或因為刪除部分DNA片段，或嵌入(insertion)一段DNA，會造成插入子長度的改變，但是並不影響mRNA序列與蛋白質序列，故在基因之間插入子的長度變異較大，而外顯子的長度較為一致。

除了突變之外，插入子與外顯子在演化上還有另一基本課題，即插入子是否早先已經存在？還是原始未被干擾的連續基因序列隨後嵌入插入子？前者稱為**插入子先置模式**(intron early model)，後者稱為**插入子後設模式**(intron late model)。由既有的例證顯示，插入子先置模式的可能性較大，理由如下：

1. 對完全連續的基因序列而言，任何演化時間軸線上頻繁的突變，皆可能造成對基因功能無法忍受的傷害，因為基因如果整條是外顯子，則任何突變皆會對蛋白質序列造成不同程度的影響。此外，由於減數分裂前期產生染色體重組的比例可能在1%以上，如果完全連續的基因序列遭遇重組，其完整性可能隨即被破壞，可見完全連續的基因序列並不符合演化上的需求。

2. 插入子兩端的外顯子核苷酸具有序列訊息，使負責刪除插入子、剪接mRNA的酵素易於辨識（詳見第7章），如果原始未被干擾的連續基因序列隨後嵌入插入子，則這些干擾基因的DNA片段並不會帶來剪接mRNA的核苷酸序列訊息。

3. 許多蛋白質是由數個功能區(functional domain)所組成，例如與免疫細胞功能有關的膜蛋白，許多具有一個以上的**類免疫球蛋白功能區**(immunoglobulin-like domain; Ig-like domain)，又如與發炎時血管變化有關的**選擇素**(selectin)，其分子結構就含有**類表皮生長因子功能區**(epidermal growth factor-like domain; EGF-like domain)及**類糖接合素功能區**(lectin-like domain)，多種具有蛋白質分解酶功能的血清蛋白，皆具有絲胺酸蛋白酶功能區(serine protease domain)。有趣的是，每一個功能區大多由一個完整的外顯子編碼，如M型免疫球蛋白(IgM)重鏈具有四個類Ig功能區，在IgM基因中就可找到四個外顯子與其對應（圖2-9）。這種安排顯示每一個外顯子在演化過程中，可

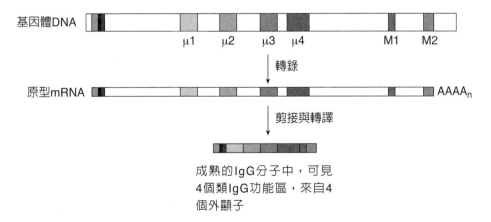

■ 圖2-9　IgG基因中四個外顯子與其四個類Ig功能區對應。每一個功能區大多由一個完整的外顯子編碼，如IgG重鏈具有四個類Ig功能區，則在IgG基因中就可找到四個相對應的外顯子。

獨立的複製、轉移與組裝，只要其5'端與3'端的核苷酸序列訊息存在，則此編碼功能區的外顯子，就能經由mRNA指導蛋白質的合成，使蛋白質構造具有特定的功能區。此現象顯示，外顯子在演化過程中嵌入基因，不連續的散布在開放讀框中，被外顯子中斷的非編碼序列就是插入子。

2-2 基因體

基因體(genome)泛指能主宰個體性狀（外表型），且將此性狀遺傳給子代的完整基因結構。無疑的，DNA是構成基因體的主要分子，貯存大量遺傳訊息，且經由中心規範(central dogma)的規則，指導基因的表現。不過，DNA的包裝、複製、修補與功能的調控，則有賴許多酵素及結構蛋白的協助。結構上，DNA與組蛋白組成染色質，染色質在細胞分裂時緊縮成染色體。基因體在種與種之間存在有很大的歧異度，從DNA的長短、染色體的結構與數量等，皆有很大的差異。

🔍 C 值的矛盾性

單套染色體基因體的DNA分子具有的核苷酸鹼基對總數稱為C值(C-value)，種與種之間C值差異很大，攜帶DNA的染色體數量也有所不同（表2-1）。如人類(*Homo sapiens*)單套染色體的DNA共含有約3.2×10^9 bp，故人類基因體的C值為3.2×10^9，這些核苷酸鹼基對分別位於23條染色體上，體細胞含雙套染色體，故細胞核中含有23對（46條）染色體，其中有一對是性染色體，故男性來自父系的一套為22＋Y，來自母系的一套為22＋X。與人類比較，屬於真菌界的釀酒酵母菌(*Saccharomyces cerevisiae*)基因體則只有1.2×10^7 bp，即C值為1.2×10^7，不過這些核苷酸分別位於16條染色體上。

分析各物種基因體間的C值，會發現兩項矛盾：

1. 為何C值大小與實際編碼的基因數不成比例？如果蠅基因體C值為1.8×10^8，估計含13,601個編碼基因，這些核苷酸鹼基對只分別位於4條染色體上；而線蟲基因體C值為9.7×10^7，約為果蠅的1/2，但是估計含18,424個編碼基因，比果蠅多30%，分別位於6條染色體上。阿拉伯芥基因體C值為1.19×10^8，估計含25,498個編碼基因，依據Telomere-to-Telomere (T2T) Consortium於2022年發表的數據，人類基因體C值為3.055×10^9，估計含19,969個蛋白編碼基因，比阿拉伯芥基因體還少。

表2-1 代表性物種的基因體大小比較表

物　種	C值(bp)	估計之基因數（蛋白編碼基因）	單套染色體數
人類（*Homo sapiens*；哺乳動物）	3.2×10^9	19,969	23
小鼠 (*Mus musculus*)	2.73×10^9	24,278	20
非洲爪蟾（*Xenopus laevis*；兩生類）	3.1×10^9	20,000~21,000	18
雞（*Gallus gallus*；鳥類）	1.2×10^9	20,000~23,000	39
果蠅（*Drosophila mlanogaster*）	1.8×10^8	13,601	4
線蟲（*Caenorhabditis elegans*）	1.0×10^8	19,735	6
水稻（*Oryza sativa* L. ssp. *japonica*）	3.91×10^8	39,083	12
玉米（*Zea mays*；單子葉被子植物）	2.13×10^9	40,789	10
阿拉伯芥（*Arabidopsis thaliana*；雙子葉被子植物）	1.33×10^8	27,583	5
釀酒酵母菌（真菌）(*Saccharomyces cerevisiae*)	1.2×10^7	6,273 (S288c strain)	16
大腸桿菌（*Escherichia coli*）	4.67×10^6	4,288	1
dsDNA virus (Vaccina)	187,000	＜300	－
ssRNA virus (TMV)	64,00	4	－
Viroids (PSTV RNA)	359	0	－

註 1.GRC38h: Genome Reference Consortium Human Build 38; 2. Telomere-to-Telomere (T2T) Consortium.

2. 為何C值大小與物種個體的複雜度不成比例？如小麥(*Triticum aestivum*)基因體的C值估計為1.6×10^{10}，約為人類基因體的5倍大，不過小麥個體性狀的複雜度，並不比人類高。如水稻（C值為4.2×10^8）、玉米（C值為2.5×10^9）等經濟作物，C值也都很高，水稻的C值大約是阿拉伯芥的4倍，但是基因數約為阿拉芥的1.5倍。有人詳細分析後認為，造成這項C值矛盾的原因可能是這些穀類的基因體含有高比例的重複序列，如小麥基因體約有90%是重複序列，其中有70%為**轉位元素**(transposable elements)（詳見第12章），玉米基因體中轉位元素占約2/3，水稻基因體中轉位元素則只占22%。不過人類基因體也有40~48%為重複序列所占有，其中有40%是轉位元素，故重複序列並不是這項C值矛盾的唯一解答。

🔍 ▶ 原核細胞及病毒基因體

　　大腸桿菌(*Escherichia coli*)是典型的原核生物，基因體有4.64×10^6 bp，約為釀酒酵母菌的1/3，卻含有4,288的基因，平均每1,000 bp就有一個基因，很少非編碼的序列，而

且沒有任何重複序列，沒有插入子的干擾，是相對緻密的基因體。顯然低等細胞必須充分利用有限的基因體，以編碼足夠的蛋白質，應付維持生命現象（新陳代謝、生長、生殖、適應等）的需求；相較於真核細胞，原核細胞及病毒基因體普遍存在基因編碼區重疊的現象，甚至在同一個編碼區，以轉錄的方向區分兩種基因產物，目的也是要充分利用基因體。

大型的病毒如**疫苗病毒**(vaccinia virus)的C值為1.87×10^5 bp，含約300個基因；小型的病毒如**菸草鑲嵌病毒**(tococco mosaic virus; TMV)的C值為6.4×10^3 bp，只編碼4個基因，MS-2細菌噬菌體的遺傳訊息在單股DNA上，含3,569個核苷酸，也只有編碼4個基因；能引起馬鈴薯病變的類病毒(potato spindle tuber viroid; PSTV)是一種有感染性、能自我複製的植物病原體，其基因體C值為359 bases，未編碼任何蛋白質，不過PSTV的RNA本身具有自我切割的酵素活性，可歸類為**核酸酵素**(ribozyme)。

具有感染能力的分子還包括一種稱為prion的蛋白粒，可引起羊搔癢症(scrapie disease)、狂牛症(med cow disease)等，Prion蛋白粒還與人類的庫賈氏症(Creutzfeldt-Jakob syndrome)及庫魯症(Kuru syndrome)等有關。Prion不能稱作是生命體，無自我遺傳與繁殖能力，其基因（*PrP*基因）在動物的基因體中存在，於正常中樞神經細胞中表現，產物是一種分子量28 KDa的水溶性醣蛋白，簡稱PrP^c（c代表cellular），此蛋白質可輕易被蛋白酶分解；不過PrP^{c}會轉變成PrP^{sc}（sc代表scrapie），這種形式對蛋白酶具有很強的抗性，PrP^{sc}的大量沉積會造成中樞神經細胞的退化與病變。

🔍 ▶ 真核細胞基因體

真核細胞生物基因體所具有的特性皆很相似，演化上最低階的真核細胞生物應該是真菌界（又稱菌物界）的生物，以釀酒酵母菌為例，基因體有1.2×10^7 bp，估計含6,273個基因（基因數依照品系及定序方式而異），其中含約5,400個編碼蛋白質的ORF，140個rRNA基因，40個**小核RNA** (small nuclear RNA; snRNA)基因，275個tRNA基因。ORF約占整個基因體的70%，平均每2 Kb就有一個基因，相較於其他真核生物，釀酒酵母菌的基因密度已經相當高了，且基因中只有5具有插入子，可說基因體也做了充分的利用。

人類基因體的DNA含約3.2×10^9 bp，2001年2月，J. C. Venter的Celera Genoimics生物技術公司團隊(Celera Genimics company)僅以9個月的時間，完成2.91×10^9 bp的核苷酸定序，隨後與F. S. Collins主持的國際人類基因體定序聯盟(International Human Genome Sequencing Consortium; IHGSC)，分別在*Science*及*Nature*發表了接近完整的人類基因體核苷酸序列，涵蓋了超過90%的真染色質；2004年，IHGSC進一步將定序範圍

涵蓋超過99%的真染色質，達到99.999%準確度，而且將原先約15萬個未能定序的間隙縮減到剩下341個；2007年，J. C. Venter的團隊發表了人類個體完整的雙套染色體DNA序列。人類基因體相對的複雜，主要的特性如下：

1. 多數基因編碼序列皆有插入子的干擾（占24% DNA），真正參與編碼的序列（外顯子）約只占基因體的1.1~1.5%，共有231,667個，平均每個基因有10.4個外顯子，當然有某些基因是沒有插入子的，有些基因如肌肉細胞中表現的titin基因含有363個外顯子。

2. 除了ORF之外，多數DNA（約75%）為非編碼沙漠帶(deserts of noncoding DNA)，或稱為垃圾DNA (junk DNA)。不過，這種思考方向純屬誤導，因為這些非編碼DNA中有40~48%是重複序列，此部分將在下一節中討論。此外，DNA轉錄產生的RNA，不一定編碼蛋白質，如RNA酵素、微RNA (micro RNA; miRNA)等，將在隨後章節中詳述。

3. 依據2005年IHGSC的數據顯示，人類基因體含22,287個基因座，其中已知的基因有19,438個，預測的基因有2,188個，其餘為未知功能的ORF。這些基因轉錄出34,214種多肽鏈(polypeptide)，平均每個基因產生1.54種轉錄產物。某些序列具有部分ORF的特徵，不過缺少啟動子，或缺少5'端側翼或3'端側翼上的主要調控元素，無法正常轉錄，或者無法剪接的插入子序列中存在終止碼，無法合成有功能的蛋白質，此類序列稱為**偽基因**(psudogene)。產生偽基因的原因，應該來自基因複製的不完整，或複製後發生突變所致。如在小鼠基因體中，甘油醛–3–磷酸脫氫酶(GAPDH)基因就有400個偽基因，其中至少有100個原來具有功能。

4. 近年來科學家建議的**轉錄體**(transcriptome)，與基因體的數量確實有所不同，同一個基因可利用外顯子的不同組合，即**替代型剪接**(alternative splicing)，產生一種以上的轉錄產物；此外，經由**RNA編輯**(RNA editing)使C轉變為U，常會產生終止碼（UAA、UGA或UAG），造成轉錄產物的改變。基因的轉錄是動態的，在特定組織中，並非每個基因皆處於活化狀態；換言之，多數基因具有組織特異性表現，或稱為**異位表現**(ectopic expression)，故依據特定組織細胞mRNA所建構的EST（參考第1章的延伸學習專欄），數量與種類就因組織而異。細胞中每一種mRNA分子的平均數量稱為豐富度，以雞的輸卵管細胞為例，細胞中含有約100種豐富度高的mRNA（豐富型mRNA），每一種mRNA約有1,000個mRNA分子，輸卵管細胞含有大於10,000種豐富度低的mRNA（稀少型mRNA），每一種稀少型mRNA在細胞中約只有10個mRNA分子，其中約90%稀少型mRNA普遍存在於其他組織細胞中，可見這些稀少型mRNA編碼的蛋白是所有細胞所必需的，不受外在因素的誘導或抑制，故稱為持家基

因(house-keeping gene)或結構基因(constitutive gene)。在分析基因調節的實驗中，管家基因的表現量是很有用的參考值。

5. 基因體含有相當數量的CpG重複序列，約60%的基因皆具有CpG區，長度約400~500 bp，約85%位於+1位前後（−500到+1500 bp）的範圍，故基因分布較密的區域，CpG 區較多；反之，基因少的片段CpG序列較少。CpG很容易被甲基化，CpG的C如果被甲基化，此基因會被抑制或失去活性，如女性X染色體中有一條失去活性，相信與 CpG甲基化有關。如果CpG未被甲基化，則其下游的基因處在活化態，故此位置如能被HpaII限制酶(HpaII)（辨識序列為無甲基化的CCGG）所切割，代表此位置附近有活化的基因，這類位置只占所有CpG區的1~2%，故稱之為茫茫基因海中的CpG島 (CpG island)。

6. 染色體內及染色體間含產生重組與移位(translocation)，基因重組的比例在不同染色體上各有不同，如第13對染色體相對穩定，而女性的第12及第16對染色體則很容易有重組現象。

7. 人類基因體約有1,300個基因帶有突變的DNA序列，大致分為三大類：(1)點突變、異常剪接、調節失常；(2)小段缺失、小段嵌入；(3)大片段缺失、大片段嵌入。

8. 單核苷酸多型性(single nucleotide polymorphism; SNP)在基因體中大量存在，目前在人類族群已經發現約8千多萬個SNP，全基因體分析(Genome-wide association study; GWAS)發現許多SNP與疾病間具有顯著相關性：

(1) 某些SNP已被證明是癌症的危險因子，如位於EGFR基因內插子的SNP rs2981582，是乳癌的危險因子，EGFR基因 含有SNP rs2981582會增加表達水平，EGFR參與了雌激素(estrogen)相關的乳癌腫瘤生長(estrogen-related breast carcinogenesis)。

(2) 正常狀況下，不同基因座的A與B兩個對偶基因會以孟德爾的獨立分配律遺傳給子代，稱為連鎖平衡(Linkage equilibrium; LE)，研究數據顯示某些疾病（如癌症、遺傳疾病等）相關基因的SNP(A)，與不同基因座的SNP(B)，在第一子代並不依循獨立分配律，產生連鎖不平衡(Linkage disequilibrium; LD)現象，即此SNP與疾病相關的變異基因，彼此具有遺傳鎖性，故與SNP相關的LD，在醫學研究上是頗受重視的課題。

(3) SNP可能也與藥物對個體間藥物有效性(efficacy)的差異有關，如SSTR4 基因含有的SNPrs2567608 (AA)及EPHA7基因含有的SNPrs2278107 (TT)在同一個LD群組 (block)中，具有這兩種SNP的大腸直腸癌患者，會降低化療對癌症的控制率。

目前國際間已組成SNP聯盟(http://snp.csh1.org)，SNP數據最完備的是隸屬NCBI的dbSNP網站(ttps://www.ncbi.nlm.nih.gov >snp)，大量的辨識與人類疾病有關的SNP。與SNP有密切關係的研究是人類單套型圖譜(human haplotype map)，每個單套型具有特定的SNP組合，因為單套型是以孟德爾遺傳法則傳給後代，除非基因發生重組，或因點突變而改變SNP，否則來自父系與母系的整組SNP單套型是不會改變的，從此觀點也不難理解，人類族群中含有特定SNP的單套型並不是無限多，國際單套型圖譜計畫(International Hapmap Project; http://www.hapmap.org/)及1,000基因體計畫(1,000 Genomes Project Consortium)等跨國團隊，收集了來自2,504人的基因體，涵蓋26個人類族群，目前正積極的展開辨識人類基因體變異的工作，尤其對SNP在人類族群中的頻率與遺傳模式，能做深入的研究。

9. 除了編碼蛋白質的基因之外，基因體還含有mRNA、rRNA、tRNA及snoRNA等RNA基因；此外，還含有許多已知及未知功能的微RNA (microRNA)。rRNA及tRNA的基因都有多重拷貝，稱為**多重呈排重複**(multiple tandem repeat)序列，如真核細胞的rRNA基因就有數百個拷貝，聚集在**核仁**(nucleolus)的區域，大量存在的rRNA基因使真核細胞產生的rRNA量占總RNA量的80~90%；人類的tRNA基因有622個，其中編碼20種胺基酸所需的tRNA基因共448個（圖2-10）。

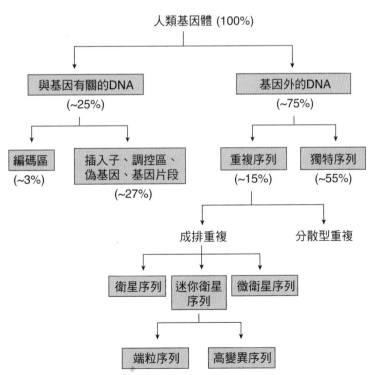

■ 圖2-10　人類基因體的組成。基因體除了少數編碼蛋白質的基因之外，還含有mRNA、rRNA、tRNA及snoRNA等RNA基因；與基因無關的序列占大多數，其中含有許多已知及未知功能的重複序列。

連鎖不平衡

連鎖不平衡(linkage disequilibrium; LD)在生物醫學領域中，無疑是個重要的課題，LD是指在不同基因座的A與B兩個對偶基因在族群中未能自由任意組合，彼此存在相關性。不同基因座的A與B兩個對偶基因頻率(P_A及P_B)，如果未受任何干擾或天擇壓力(selection pressure)，依據孟德爾的獨立分配律（參閱第一章），應該不彼此影響而任意組合(random combination)。Rainard B. Robbins在1918年發表了他的觀察，發現某些對偶基因組合，在第一子代並不依循獨立分配律，於是他以D值代表A與B兩個對偶基因在族群中的組合頻率與任意組合頻率相差的距離，$D = P_{AB} - (P_A \times P_B)$，$P_{AB}$為任意頻率，$P_A$及$P_B$則分別代表兩個對偶基因在族群中的真實頻率。如果兩個對偶基因是任意組合，當然D值＝0，如兩個對偶基因呈現非任意組合現象(LD)，則D值會大於或小於0，一般會在-0.25~0.25之間。Robbins隨後發現D值不是代代相傳不變的，如果發生染色體互換(crossover)或重組(recombination)，則D值會產生改變，他將重組率以c值代表，將D修飾為D (1-c)，經過t代遺傳之後，D修飾為$D (1-c)^t$，故經過多代遺傳之後，D值會趨近於0，也就是A與B兩個對偶基因愈來愈接近任意組合，此時稱為連鎖平衡(linkage equilibrium, LE)。

1968年Hill與Robertson提出以r^2值代表LD的量化值，即A與B兩個對偶基因背離連鎖平衡(LE)的程度，$r^2 = D^2/[P_A(1-P_A) \times P_B(1-P_B)]$，目前有關LD的研究皆採用$r^2$值代表LD的程度，$r^2$值皆大於0。如某幾個基因的多型性（如SNPs）在遺傳給子代時，可能與某些性狀（如肥胖）或疾病（如大腸直腸癌、乳癌），存在連鎖不平衡現象(LD)，即某些SNP與疾病相關的基因變異，彼此具有遺傳關聯性。例如某些位於染色體6q25的SNP與乳癌相關之變異基因存在連鎖不平衡現象，$r^2 > 0.5$顯示此SNP與某變異基因LD很高，$r^2 < 0.2$顯示此SNP與某變異基因LD相對低。

2-3 基因體中的重複序列

基因複製現象

明顯具有片段複製現象的序列占人類基因體約5.3%，推論應該在四千萬年前開始陸續被複製，複製的結果往往形成**基因群聚**(gene cluster)，如α球蛋白(α-globin)及β球蛋白(β-globin)基因就是典型的基因群聚（圖2-11），這些基因統稱為**基因家族**(gene family)，人類基因體含有約15,000種基因家族，基因家族大多來自基因複製，多重呈排重複(multiple tandem repeat)來自複製發生錯誤或DNA重組，形成基因群聚。基因家

族的成員往往具有相同數量的插入子與外顯子，如球蛋白基因家族皆有3~4個插入子。某些複製片段包含特殊**功能區**(functional domain)的編碼序列，如免疫球蛋白功能區(immunoglobulin domain)等，或者是模組(motif)的編碼序列，如DNA接合模組(DNA-binding motif)等，具有這些複製片段的基因編碼轉譯的蛋白質，其部分胺基酸序列相似度很高，也具有類似的功能，故將這些基因也歸類為相同的基因家族，如*src*激酶基因家族(*src* gene family)、轉錄因子*rel*家族(*rel* family)、免疫球蛋白超家族(immunoglobulin superfamily)等。

　　大多數真核細胞生物的基因體皆含兩個不可缺的基因群聚，分別是構成染色體核體的組蛋白基因群聚(histone gene cluster)及核糖體RNA (rRNA)基因群聚。由於每個細胞都要製造大量的蛋白質，故rRNA在基因群聚的大量轉錄下，可以占細胞中所有RNA的80到90%。核糖體RNA (ribosmal RNA; rRNA)基因群聚主要是28S-5.8S-18S rRNA基因成排重複（在酵母菌細胞中為18S, 25S and 5.8S，如圖2-12），含有rRNA基因群聚的染色體是構成核仁(nucleolus)的主要結構，故成為「核仁組織者」(nucleolar organizers)，除此之外，核仁還有核糖蛋白顆粒(ribonucleoprotein particles)組成核仁之顆粒外層(granular cortex)，與核質(nucleoplasm)做區隔。

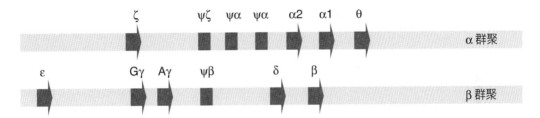

■ 圖2-11　α球蛋白及β球蛋白基因的群聚。有明顯存在片段複製現象的序列占基因體約5.3%，複製的結果往往形成基因群聚。（Ψ代表偽基因）

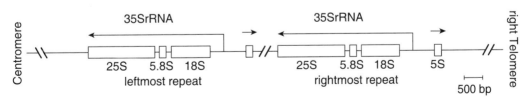

■ 圖2-12　酵母菌細胞核仁中的rRNA基因群聚。rRNA基因群聚位於第12號染色體上，圖中可見28S-5.8S-18S rRNA基因成排重複。

　　直屬同源性(orthology)意指來自兩不同物種的蛋白分子，在胺基酸序列上具有同質性（相似度），且功能相似，推論源於相同的祖先蛋白(a common ancestor)。同源基因（orthologous genes或orthologs）指在演化過程中，功能與DNA序列被保留(conservation)的基因，即不同物種間，某基因來自同一原始基因。由於在演化上，這種現象很普遍，故可利用其他物種（X物種）已知功能的基因序列，尋找另一物種（Y物種）基因體中序列同質性高的ORF，如果某未知功能之ORF與此X物種某基因有直屬同質性，則判斷此ORF的基因可能為同源基因，具有類似結構與功能，這種判定ORF為何種基因的工作，是對基因的註解(annotation)重點之一，以分子生物的實驗操作而言，稱為動物多物種轉漬技術(zoo blot)，即利用演化保留性高的外顯子DNA片段為探針(probe)，同時與多個物種DNA做南方轉漬實驗(southern blotting)，以廣泛搜尋同源基因；南方轉漬法是以放射性標示之DNA片段為探針，與樣本DNA雜合(hybridization)的技術。當然對基因的註解，也可透過某些蛋白質家族特殊的模組(motif)或功能區(domain)序列來進行，註解重點除了預測並確認編碼基因之外，還包括其蛋白結構的特性、在細胞或胞外的區位、參與的生理、生化反應等。目前在網路上的某些資料庫就具備這類功能，這是蛋白組學(proteomics)的主要課題，這類研究可利用的工具主要是是隸屬NCBI的BLAST網站(http://www.ncbi.nlm.nih.gov/blast)（BLAST全名為Basic Local Alignment Search Tool）。GenBank也是完備的基因貯存數據庫，同時也對基因及其產物深入註解(https://www.ncbi.nlm.nih.gov/genbank/)。

　　某些非編碼RNA的基因也有異常**基因放大**(gene amplification)的現象，被放大的基因拷貝可從數十個到數百個，最先發現在腫瘤細胞或特殊藥物如Methotrexate處理過的細胞中，如果將染色體適當的染色，可在染色體G帶(G-bands)附近發現一小段**同質染色區**(homologously staining region; HSR)，即是基因放大發生的地方。同質染色區可能很穩定，相同拷貝數的放大基因群代代相傳，稱為穩定系(stable line)；反之，某些異常細胞如腫瘤中的放大基因拷貝數不定，且在核質中（染色體外）還可發現許多微小碎片，攜帶有2~4個拷貝的放大基因，稱為**染色體外雙微細染色體**(extrachromosomal double minute chromosome; DMC)，這類基因群稱為不穩定系。

延伸學習   Extended Learning

多物種轉漬技術

　　多物種轉漬技術(zoo blot)利用演化保留性高的外顯子DNA片段為探針(probe)，同時與多個物種DNA做南方轉漬實驗(southern blotting)，以廣泛搜尋同源基因，有時稱這種技術為「外顯子捕捉陷阱」（"Exon trapping"），能快速掃描多個物種，「捕捉」同質性高的外顯子。南方轉漬法(southern blotting)是分子生物實驗常使用的技術，即以放射性標示之DNA片段為探針，與樣本DNA雜合(hybridization)，以辨識樣本中特定的DNA片段。另外兩種廣泛使用的類似技術為北方轉漬法(northern blotting)及西方轉漬法(western blotting)，北方轉漬法以放射性標示之DNA、RNA或寡核苷酸片段為探針，與樣本RNA雜合(hybridization)，以辨識樣本中特定的RNA片段，可用來分析特定基因的表現（轉錄）。西方轉漬法較為不同，是蛋白質分析技術，即以放射性標示之抗體為探針，與樣本蛋白質雜合(hybridization)，以辨識樣本中特定的蛋白質。

延伸學習   Extended Learning

聯接保守性

　　聯接保守性(synteny conservative)是近年來基因體學與蛋白組學研究的另一主要課題，**聯接**(synteny)意指位於同一染色體上的基因群；**聯接保守性**則是指兩種以上彼此是同質性的基因，在不同物種基因體中皆位於同一條染色體上。聯接與聯鎖(linkage)不同之處在於基因的排列順序，聯鎖意指同一染色體上的一群基因，且呈一致的排列順序；而聯接並不限制基因在同一染色體上排列順序的一致性。聯接保守性的研究能判斷演化過程中，染色體內或染色體之間是否發生重排現象(rearrangement)；換言之，如果比較兩物種的基因體，發現原先有聯接關係的同質性基因群有分裂的情形，則科學家推論由A物種演化至B物種的過程中，發生過染色體重排現象。

🔍 重複序列的種類與分析

　　DNA在逐漸加溫的實驗狀況下，兩條股線會解離開來，變成單股的DNA分子，此現象稱為DNA熔解或DNA變性（詳見第1章）。如果將熔解成單股的DNA分子置於逐漸降溫的實驗狀況下，則DNA股線會緩慢的再結合，恢復成雙股結構，此現象也稱為DNA**復性**(DNA renaturation)，或稱為再結合(reassociation)。科學家將染色體DNA分離出來後，以核酸內切酶將DNA股線切成約1,000 bp長度的片段，加熱使其熔解之後，置於溫

度低於T_m 25℃的溶液中，此時單股DNA會逐漸恢復為雙股，此過程可由OD_{260}值的變化加以偵測。不過復性的條件是，單股DNA必須找到與其互補的另一條單股DNA，如果很快就能遭遇互補的另一條股線，則完成再結合的時間就比較短；如果很難遭遇互補的另一條股線，故復性的速率取決於核苷酸序列的複雜度（如具有多少重複序列），實驗操作溫度及DNA濃度。細胞核DNA在此實驗條件下，很顯著的分為三個主群，即慢速再結合群(slow rate reassociation)、中等速率再結合群(intermediate rate reassociation)及極快速再結合群(very rapid reassociation)（圖2-13）。

1968年R. J. Britten與D. E. Kohne等人提出以C_0t值描述DNA股線再結合的速率（圖2-14），C_0t值的推算方式如下：

$$再結合的速率 \rightarrow \quad \frac{dC}{dt} = -KC^2$$

$$\rightarrow \frac{C}{C_0} = \frac{1}{1 + KC_0t}$$

此處C代表特定時間溶液中剩餘的單股DNA濃度；C_0代表反應最初單股DNA總濃度；K為每一種DNA再結合反應的二次反應常數(2 order reaction constant)；t為反應時間，是整個實驗最主要的變項。

$$當有50\%的單股DNA再結合為雙股時 \rightarrow \quad \frac{C}{C_0} = \frac{1}{2} = \frac{1}{1 + KC_0t_{1/2}}$$

$$\rightarrow C_0t_{1/2} = \frac{1}{K}$$

可見$C_0t_{1/2}$愈大，代表50%再結合所需時間愈長；反之，$C_0t_{1/2}$愈小，代表50%再結合所需時間愈短。依據$C_0t_{1/2}$值，可推算出動態複雜度(kinetic complexity)，即核苷酸序列完全不同（無重複序列）的DNA股線長度：

$$動態複雜度 = \left(\frac{未知DNA股線的C_0t_{1/2}}{大腸桿菌DNA的C_0t_{1/2}} \right) \times 4.2 \times 10^6 \text{ bp}$$

此處以大腸桿菌DNA的$C_0t_{1/2}$為基準，原因是大腸桿菌DNA的核苷酸序列完全沒有重複，4.2×10^6 bp是大腸桿菌DNA的總長度。

在實驗完成後，可大致推算出每一群DNA的化學複雜度(chemical complexity)：

$$化學複雜度 = 基因體的C值 \times 所占分數$$

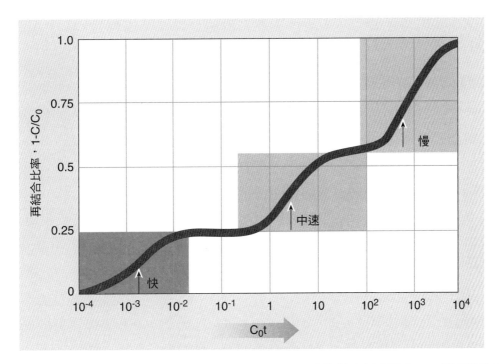

■ 圖2-13　DNA可依據復性速率的不同分為三群。細胞核DNA在復性分析實驗之下，很顯著的分為三個主群，即慢速再結合群、中等速率再結合群及極快速再結合群。

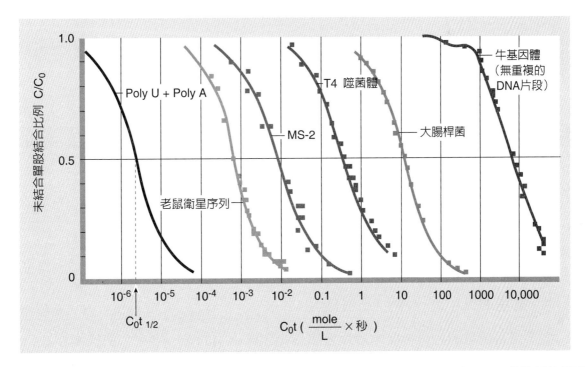

■ 圖2-14　Britten等人提出以C_0t值描述DNA股線再結合的速率，圖中不同來源的DNA，依據其核苷酸序列複雜的程度，產生不同的復性曲線，每個曲線皆有其獨特的$C_0t_{1/2}$值。

此處以總基因體DNA為1，如中等速率再結合群占基因體的30%，其所占分數(fraction)為0.3。

有了這些變數，讓我們再詳細描述三群再結合速率明顯不同的DNA（表2-2）：

1. 慢速再結合群：這是一群單一拷貝的DNA片段，攜帶有完全沒有重複的核苷酸序列，在哺乳類基因體中大致占45~60%不等，圖12-4 中的牛無重複片段約占牛基因體的70%，大多數慢速再結合群的DNA為非編碼序列，位於基因與基因之間，以及做為基因中的插入子，故有時也稱之為**隔間DNA** (spacer DNA)。

2. 中等速率再結合群：約占哺乳類基因體的25~40%，這類DNA包括低重複序列，如基因家族、基因群聚，以及中度重複序列，如某些轉移性的DNA元素(mobile DNA elements)、轉位子等。

3. 極快速再結合群：很容易找到互補DNA的一群DNA股線，顯然是一群重複性很高的序列，這類DNA占哺乳類基因體的10~25%，包括兩大類：一類是多重呈排重複序列，存在於染色體的中節與端粒，以及異染色質區，數量最多的是一群稱為簡單序列DNA (simple-sequence DNA)的成排重複片段，又稱為**衛星DNA** (satellite DNA; sDNA)；另一類稱為散布型重複元素，**長散布型元素**(long interspersed element; LINE)約占人類基因體的16.1%，含約85萬個拷貝，每個LINE長度在6~8 kb之間；**短散布型元素** (short interspersed element; SINE)約占人類基因體的15%，含約150萬個拷貝，每個SINE長度約在300 bp左右，人類基因體中最多的SINE是一種稱為*Alu*的序列，占人類基因體的9.9 %（詳見第12章）。

▓ 表2-2　三種主要的DNA再結合群及其特性

DNA再結合群	化學複雜度	$C_0t_{1/2}$	動態複雜度
慢速再結合群： 　隔間DNA等	C值×0.45	630×0.45	$3.0×10^8$ bp
中等速率再結合群： 　轉移性的DNA元素、轉位子等	C值×0.3	1.9×0.3	$6.0×10^5$ bp
極快速再結合群： 　衛星DNA、LINE、SINE等	C值×0.25	0.0013×0.25	340 bp

Q ▌ 衛星 DNA 重複序列及其應用

如果將足夠量的待分析樣本置入盛有銫化氯(CsCl)的離心管中，使樣本浮於CsCl液面上，再以超高速離心（如75,000 rpm），此時CsCl會逐漸形成密度梯度(density gradient)，而樣本也會依據其分子量漂浮於與其密度相稱的位置，由此可推算出樣本的

漂浮密度(buoyant density; ρ)及沉降速率(svedbergs value; S value)（一般以Svedbergs值表示，簡稱S；如核糖體的rRNA可分為16S、18S、28S等）（圖2-15）。染色體DNA在CsCl超高速離心(CsCl ultracentrifugation)下，呈現一個主要的漂浮帶，其漂浮密度ρ平均為1.701，約占總DNA量的92%，不過主漂浮帶上方還有一個次漂浮帶，其漂浮密度平均為1.690（圖2-16），這個次漂浮帶的DNA稱為**衛星DNA**約占總DNA量的8%，隨後將兩漂浮帶取出來分析，發現主要漂浮帶的雙股DNA序列中約有42%為G-C配對，而衛星DNA的雙股DNA序列中G-C配對只占約30%，且發現衛星DNA的DNA具有短而簡單的多重呈排重複序列(multiple tandem repeat sequence)。衛星DNA依據其重複單元的長度命名，長度約10~100 bp的稱為迷你衛星DNA (minisatellite DNA)，重複次數較多；長度短於10 bp的稱為微衛星DNA (microsatellite DNA)，大多數在5 bp以下，重複次數

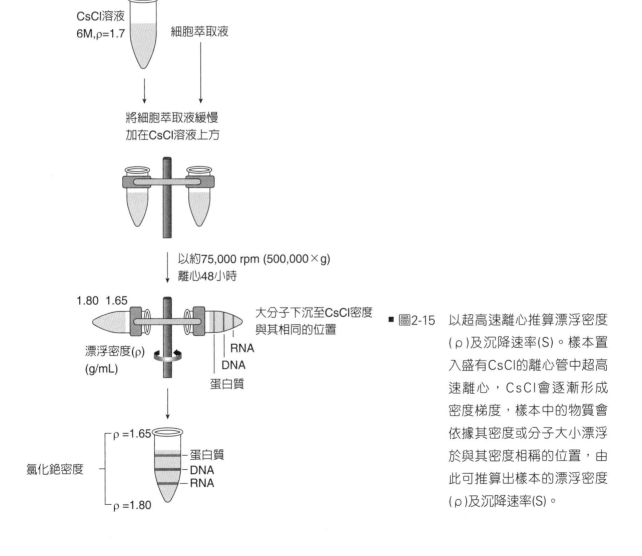

■ 圖2-15　以超高速離心推算漂浮密度(ρ)及沉降速率(S)。樣本置入盛有CsCl的離心管中超高速離心，CsCl會逐漸形成密度梯度，樣本中的物質會依據其密度或分子大小漂浮於與其密度相稱的位置，由此可推算出樣本的漂浮密度(ρ)及沉降速率(S)。

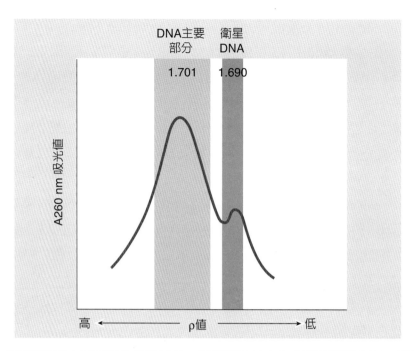

■ 圖2-16　在CsCl超高速離心下呈現的衛星DNA。染色體DNA在CsCl超高速離心下，呈現一個主要的漂浮帶，其漂浮密度為1.701，還有一個次漂浮帶，其漂浮密度為1.690，這個次漂浮帶的DNA稱為衛星DNA。

較少。這些衛星DNA主要存在於異染色質(heterochromation)的區域（人類基因體中含有33個異染色質區），尤其是染色體的中節部分主要由衛星DNA所構成，成排重複之單元序列可延伸至0.5~20 kb長，占人類基因體的15%左右，不過從原核細胞到真核細胞中的染色體，皆可發現衛星DNA的存在。衛星DNA (satellite DNA; sDNA)大致可歸類為α衛星DNA及β衛星DNA，α衛星DNA由171 bp重複單元組成，位於染色體中節；β衛星DNA則由68bp重複單元組成，每個衛星DNA區段約含30個重複單元，整個單套染色體約有30,000~60,000個68bp單元。這些大量的重複序列在DNA功能上有何意義，目前還沒有定論，也可能是億萬年演化過程中，DNA異常複製留下的產物。

迷你衛星DNA由2~6 bp重複序列組成，重複次數在不同個體之間有很顯著的變異，故又稱為**數量變異性呈排重複**(variable number tandem repeat; VNTR)；換言之，每一種迷你衛星DNA的重複次數，在相同族群的不同個體染色體中具有**多型性**(polymorphism)，以孟德爾遺傳法則傳給子代。微衛星DNA的重複次數稱為**短成排重複**(short tandem repeat; STR)，在人類族群之中也同樣具有多型性。人類基因體含有數千種衛星DNA，在正常狀況下，每個人的雙套染色體上，某一種衛星DNA的重複次數是一定的。如果以某特定衛星DNA的序列為**探針**(probe)，以進行個體DNA的**南方轉漬法分析**，則可獲

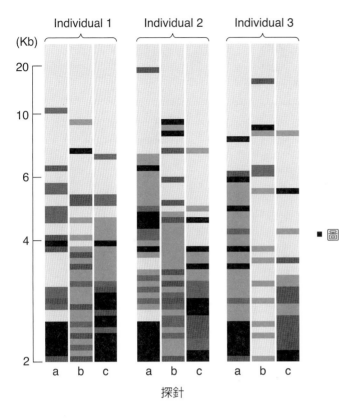

■ 圖2-17 以南方轉漬法分析數量變異性成排重複(VNTR)。基因體DNA經過限制酶切割後，以三種探針分析VNTR。由於迷你DNA成排重複序列（如λ33.6）可能存在於基因體的許多區域，故經限制酶切割後的片段長度也不同，呈現多重暗帶。左邊為DNA片段長度的標示。

得如圖2-17的實驗結果（圖2-17），黑帶愈接近膠片上端，代表此DNA片段愈長，也就是重複次數愈多；反之，黑帶愈接近膠片下端，代表此DNA片段愈短，也就是重複次數愈少。研究發現在人類族群中，特定衛星DNA的重複次數相同的機率約為0.25，如果比較n種衛星DNA的重複次數，則完全相同的機率應該是$(0.25)^n$，如果比較16種不同的迷你衛星DNA，則16種迷你衛星DNA重複次數完全相同的機率約為2.3×10^{-10}，即大約每100億人之中才會找到兩個相同的配對，目前全球人口數在60億左右，故幾乎在地球上找不到兩個完全相同的人，故此南方轉漬法所呈現的DNA片段圖形可稱為**DNA指紋**(DNA fingerprint)，是每個人獨特的標記，依照孟德爾定律由親代遺傳給子代，故除非親代形成精子或卵子時，染色體發生互換或重組，子代的兩套VNTR型應該分別與父親或母親相同。衛星DNA重複次數的變異在1980年代開始被重視，1984年英國科學家Alec Jeffries最先將DNA指紋技術用在Enderby謀殺案，為犯罪偵查技術開啟了一片新的視野。DNA指紋技術也可用於辨識親子關係，在圖2-18中可明顯發現，子代來自兩同源染色體中的衛星DNA，一條之重複數來自母親，另一條重複數則來自父親，而災難現場無法辨識的遺體，也能經由父母或兄弟姐妹的DNA辨識出來。

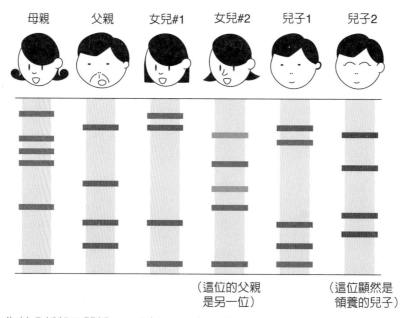

■ 圖2-18　DNA指紋分析親子關係。以分析VNTR相同的方式可分析親子關係，因為子代兩同源染色體中的衛星DNA，一條之重複數來自母親，另一條重複數則來自父親。圖中第二個女兒是與前夫生的；第二個兒子是養子。

　　迷你衛星DNA重複次數多型性的產生主要來自基因重組，以及**雙股DNA斷裂**(DNA double-strand break; DSB)的修補過程中增加序列的結果（詳見第12章）；微衛星DNA重複次數變異的產生則可能來自**非均等互換現象**(unequal crossing-over)（詳見第11章），發生在帶有成排重複序列的兩條**同源染色體**(homologous chromosome)。當同源染色體的姊妹染色體聯會時，未能正確配對，反而與鄰近相似的序列配對，造成鄰近有一段染色體呈現套環凸出（圖2-19），如果配對的部分產生互換，則基因複製現象就會產生，一條染色體多了一段重複序列，反而與鄰近相似的序列配對，造成另一條染色體少了一段DNA，這段DNA可能含重要的基因。此現象也可能發生在基因序列同質性很高的基因群聚之中，如發生在α球蛋白基因群聚或β球蛋白基因群聚，則會造成球蛋白基因的缺陷，產生如**海洋性貧血**(thalassemia)患者血紅素球蛋白基因的缺失現象（圖2-20）。

🔍▶ 衛星 DNA 重複序列的生物功能

　　微衛星DNA大致上沒有生物功能上的意義，不過少數微衛星DNA對基因的表現具有調節作用（如CpG小島），也與多種疾病的基因有關。由於DNA修補反應的缺失，微衛星DNA重複區的刪除(deletion)與嵌入(insertion)，造成微衛星DNA的突變率很高，約10^{-3}~10^{-4}／代，故快速分裂的細胞（如腫瘤細胞）產生重複序列突變的機率也就相對高，使得**微衛星DNA不穩定性**(microsatellite instability; MSI)成為多種癌症的指標之

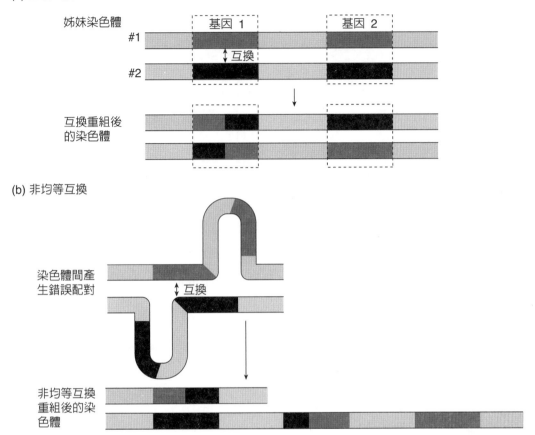

(a) 正常互換

姊妹染色體

基因 1 　　　　　 基因 2

#1

互換

#2

互換重組後
的染色體

(b) 非均等互換

染色體間產
生錯誤配對

互換

非均等互換
重組後的染
色體

■ 圖2-19　非均等互換現象。非均等互換現象的發生，是由於帶有成排重複序列的兩條同源染色體聯會
時，未能一對一正確配對，導致互換之後，產物長短不一。

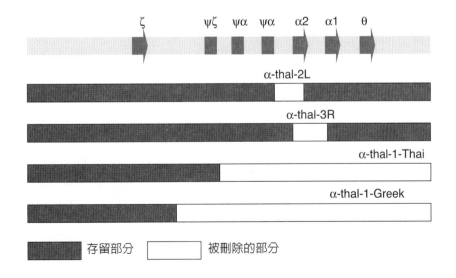

ζ　　　　ψζ　ψα　ψα　α2　α1　θ

α-thal-2L

α-thal-3R

α-thal-1-Thai

α-thal-1-Greek

存留部分　　　　被刪除的部分

■ 圖2-20　海洋性貧血患者血紅素 α 球蛋白基因的缺失現象。

一，如某些癌細胞基因5'端側翼的CpG小島，G：C鹼基對突變為T：A；其他如(CA)$_n$重複序列（如微衛星DNA標記D13S126等）、(ATA)$_n$重複序列（如微衛星DNA標記D1S1589等）、(GATA)$_n$重複序列（如微衛星DNA標記D1S1612等）也經常用在包括肺癌、胃癌、大腸癌、膀胱癌、淋巴癌等多種癌症的研究，約有10~15%的大腸直腸癌、胃癌、皮膚癌的患者，其癌細胞基因體具有高度的微衛星DNA不穩定現象，故微衛星DNA不穩定性可作為癌症的預測因子(predictor)。

造成體染色體遺傳疾病「亨汀頓氏舞蹈症」(Huntington's disease; HD)的基因位於第4對染色體4p16.3的位置上，基因的第1個外顯子中含有類似微小衛星DNA的(CAG)$_n$重複序列，正常基因的重複次數在6~34次之間，不過HD的病人具有40次以上的重複，轉譯之後產生一段過長的聚麩醯胺酸(polyglutamine)，異常的HD蛋白產生凝集現象，隨後引起神經細胞的病變。基於微衛星DNA廣泛均勻分布在基因體中，微衛星DNA配合PCR技術，可作為製作基因物理圖譜(physical map)與連鎖圖譜(linkage map)的理想工具。

▶ 延伸學習　　　　　　　　　　　　　　　　　　　　　　　Extended Learning

變異性呈排重複 (VNTR)

　　近年來的研究發現，VNTR（即迷你衛星DNA）與第一型糖尿病（type I diabetes mellitus，胰島素依賴型）及第二型糖尿病（type II diabetes mellitus，非胰島素依賴型）有關。距離胰島素基因596 bp的上游位置具有一段含14~15 bp的迷你衛星DNA序列，其核心序列為5'-ACAGGGGTGTGGGG-3'，以歐洲白種人族群而言，主要含有兩類胰島素基因的VNTR，第一類胰島素VNTR含26~63次重複，具有第一類VNTR者約占歐洲白種人族群的70%，與第一型糖尿病、肥胖等有關；第三類胰島素VNTR含141~209次重複，具有第三類VNTR者約占歐洲白種人族群的30%，這些個體很少罹患糖尿病，但是VNTR並不影響胰島素基因的表現，也不影響兒童的成長。

　　迷你衛星DNA在生物功能上的意義還不清楚，不過有迷你衛星DNA的位置形成DNA的易斷裂點，發生雙股DNA斷裂之後的修補過程就容易造成突變，故迷你衛星DNA的位置往往有高度突變現象(hypermutation)，也由於迷你衛星DNA易於發生突變，科學家利用迷你衛星DNA的不穩定性偵測離子游離輻射（ionic radiation；例如γ射線）或致癌物質（carcinogens，如methylcholanthrene）的存在，以及其對細胞的影響程度。端粒上的"TTAGGG"迷你衛星DNA重複序列的功能則是參與維持端粒的完整（詳見第10章）。

2-4 核外的基因體

　　細胞核中的基因複製後，隨著有絲分裂平均分配至子代細胞中，使代代繁衍的子代得以保有原先母細胞的整套基因體，以及相同的染色體數目。不過科學家發現少數性狀的遺傳並不遵循孟德爾遺傳定律，如某種使釀酒酵母菌細胞異常**短小**的突變性狀(petite yeast mutant)，就在子代間任意分配（圖2-21），科學家推論這種產生突變的基因應該位於原生質中，且稱此種遺傳方式為**原生質遺傳**(cytoplasmic inheritance)。事實上這類基因位於粒線體或葉綠體所具有的DNA上，以高等動物而言，受精時只有精子的細胞核（精核）進入卵細胞中，因此受精卵只含有來自母親的粒線體，故子代細胞的**核外基因**(extranuclear genes)皆遺傳自母親，又稱為**母系遺傳**(maternal inheritance)。在基因及物種演化關係與年代推算上，具有可靠的應用價值。

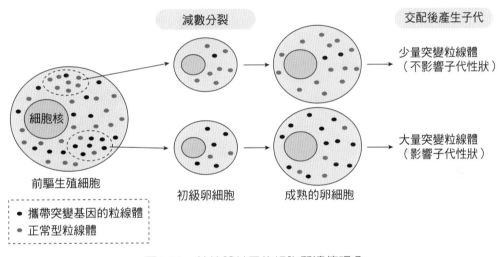

■ 圖2-21　粒線體基因的細胞質遺傳現象。

🔍 粒線體 DNA

　　各物種間粒線體DNA (mitochondrial DNA)的大小不一（表2-3），釀酒酵母菌粒線體DNA平均約80 kb左右，其中編碼8~14種蛋白質、2種rRNA基因(15S, 21S)及數量不等的tRNA基因，並含無編碼的序列（即插入子），每個粒線體中約含4個拷貝的基因體。一般植物細胞的粒線體DNA較動物細胞的大，約在186~366 kb之間，其中編碼27~35種蛋白質，並含3種rRNA基因(5S rRNA, 18S rRNA, 26S rRNA)、約17~30種tRNA基因及不同數量的插入子，每個粒線體中含多個拷貝的基因體；動物細胞的粒線體DNA則約在16~17 kb之間，如人類粒線體DNA只含有16,569 bp，其中編碼13種蛋白質，並含2種rRNA（12S RNA及16S RNA）基因。物種之間粒線體內tRNA基因數目從0（完全由原生

質中輸入tRNA）到26種（大部分來自粒線體本身）不等。以哺乳動物粒線體為例，精簡的構造中沒有插入子，每個粒線體中含多個拷貝的基因體（圖2-22）。

表2-3　幾種代表性生物的粒線體基因體

物　種	粒線體基因體的形狀與大小	rRNA基因數(*rrn*)	tRNA基因數	蛋白質基因數
人類（*Homo sapiens*；哺乳動物）	環狀；16,569 bp	2	22	13
蜘蛛（*Habronattus oregonensis*；節肢動物）	環狀；14,381 bp	2	22	13
小麥（*Triticum aestivum*；植物）	環狀；452,528 bp	3	17	35
釀酒酵母菌（*Saccharomyces cerevisiae*；真菌）	環狀；85,779 bp	2	24	8
纖毛蟲（*Tetrahymena thermophilia*；原生動物）	線狀；47,000 bp	3	8	22（加22個ORF）

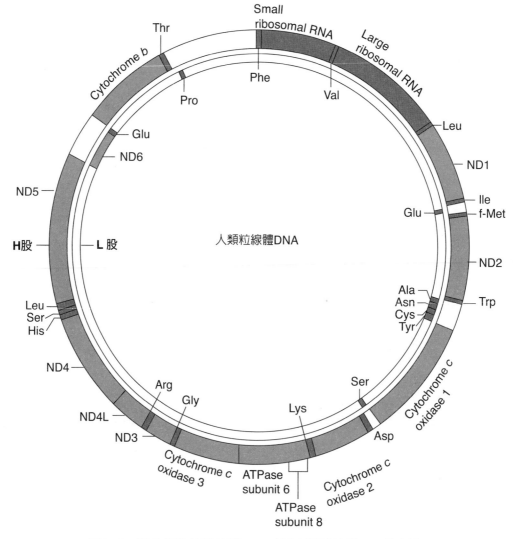

■ 圖2-22　動物細胞的粒線體DNA（以人類粒線體DNA為例）。

粒線體基因體仍然依循**中心規範**(central dogma)，即DNA指導RNA的合成（轉錄），RNA隨後指導蛋白質的製造（轉譯），來自親代的遺傳訊息則順著DNA→RNA→蛋白質的方向流傳，表現出各種特定的性狀。多數粒線體所需的蛋白質有賴進口，如人類粒線體基因體總共只具有37個基因，故所需的基因產物中，有274種有賴細胞核基因體提供。粒線體含有自己的核糖體，能利用自己的基因合成蛋白質〔如細胞色素C氧化酶(cytochrome C oxidase)〕，其核糖體在構造上以及對抗生素的敏感性，與原核細胞的核糖體非常類似。綜觀演化過程，粒線體基因體與細胞核基因體之間，有許多基因交流的現象，合成蛋白質使用的密碼子大致上與細胞核基因體相同，不過少數密碼子有變異的情形，如AGA在細胞核基因體是精胺酸(arginine; Arg)的密碼子，而在哺乳類粒線體基因體中則作為終止碼；CUU在細胞核基因體是白胺酸(leucine; Leu)的密碼子，而在釀酒酵母菌粒線體基因體中則作為蘇胺酸(threonine)的密碼子（表2-4）。此外，粒線體DNA經常會發生RNA編輯現象(RNA editing)，即**胞嘧啶**(C)經過脫氨反應(cytosine deamination)轉變成**尿嘧啶**(uracil; U)，因而影響蛋白質的胺基酸序列。具有插入子的基因體轉錄產生的原型RNA (pre-RNA)與細胞核基因體轉錄的原型RNA一樣，也需要經過剪接(splicing)的程序，不過使用不同機制（詳見第7章）。

表2-4　粒線體變更使用密碼子的例證

密碼子	標準胺基酸	哺乳類mt	果蠅mt	釀酒酵母菌mt	植物mt
AGA	Arg	Stop	Ser	Arg	Arg
CUU	Leu	Leu	Leu	Thr	Leu
UGA	Stop	Trp	Trp	Trp	Stop
AGA	Arg	Stop	Ser	Arg	Arg
AUA	Ile	Met	Met	Met	Ile

葉綠體 DNA

葉綠體是光合作用真核細胞必備的胞器，演化上應該來自原核細胞的藍綠菌(*Cyanobacterium*)，環狀DNA含約120,000~160,000 bp，依據物種不同，所含的基因包括數量不等的rRNA基因、tRNA基因以及編碼蛋白質的基因（表2-5）。編碼蛋白質的基因主要包括三大類，即基因表達所需的基因（如RNA聚合酶）、光合作用工具的基因（如葉綠餅thylakoid上的蛋白質）及光合作用代謝反應的基因（如Rubisco基因）。依照排列基因結構，又可發現基因體中常含有反轉重複序列(invert repeat)基因群、小單一拷貝(small single copy)基因群，以及大單一拷貝(large single copy)基因群。葉綠體基因體中含有4種RNA聚合酶次單元(subunits)的基因，這些基因的核苷酸序列與大腸桿菌RNA

聚合酶次單元基因同質性很高，證明葉綠體演化上與原核細胞的密切關係。RNA合成之後，也如粒線體DNA一樣，經常會發生RNA編輯(RNA editing)現象。葉綠體基因體仍然依循**中心規範**(central dogma)，不過葉綠體採用正規的密碼子，即葉綠體沒有變更使用密碼子的現象。葉綠體基因體大多具有插入子，故轉錄產生的原型RNA也需要經過剪接的程序，不過使用的機制與細胞核基因有些不同。

表2-5　幾種代表性生物的葉綠體基因體

物　種	粒線體基因體的形狀與大小	rRNA基因數(rrn)	tRNA基因數	蛋白質基因數
玉米（Zea mays；單子葉被子植物）	環狀；140,387 bp	8	39	111
阿拉伯芥（Arabidopsis thaliana；雙子葉被子植物）	環狀；154,478 bp	8	37	87
黑松（Pinus thunbergii；裸子植物）	環狀；119,707 bp	4	37	159
鐵線厥（Adiantum capillus；孢子植物）	環狀；150,568 bp	8	35	87
綠藻（Chlorella vulgaris；單細胞原生生物）	環狀；150,613bp	8	33	174

註：表中之數據包含反轉重複基因數，如只考慮確實之基因種類，則數量會降低；如玉米基因體含104種基因，其中編碼蛋白質之基因有70種，rRNA基因有4種（分別編碼16S、23S、5S、4.5S），tRNA基因有30種。

Molecular
Biology

03
CHAPTER

原核細胞基因的轉錄與調控

　　基因體只是DNA與染色體結構蛋白的組合，如果不能將DNA編碼的訊息傳達出去，則基因體的存在與傳承將不具任何意義。傳達DNA編碼訊息的第一步就是轉錄(transcription)，轉錄是以ATP、UTP、GTP、CTP為原料，以雙股DNA中的一股為模板（**模板股**，template strand），經由RNA聚合酶的催化合成一段單股的mRNA，此mRNA的核苷酸序列與**編碼股**(coding strand)的序列相符，與模板股的序列互補（圖3-1）；某些文獻稱編碼股為**含意股**(sense strand)，稱模板股為**反意股**(antisense strand)，序列與含意股相符的mRNA稱為含意RNA (sense RNA)，細胞依據此核苷酸序列轉譯為蛋白質（較嚴謹的說法應該是轉譯為多肽鏈，因為有功能的蛋白質往往由一條以上的多肽鏈組成）；反之，如果反過來以含意股為模板合成RNA，則此RNA的序列與反意股相符，稱為反意RNA (anti-sense RNA)，反意RNA在基因表達過程中，具有調節的功能，這部分會在往後的章節中說明。真核細胞合成RNA之後，RNA還在細胞核中，而蛋白質的合成卻在原生質中，故RNA必須通過核膜，進入原生質；反之，原核細胞類核區沒有膜，加上細菌的生長往往非常快速，故當整條RNA轉錄尚未完成時，先合成的前段RNA已經開始附上核糖體，進行蛋白質合成工作。此外，原核細胞的基因與真核細胞主要的不同，是多種基因以操縱組的形式存在。由於不同種細菌的基因結構有些差異，本章主要以大腸桿菌為例。

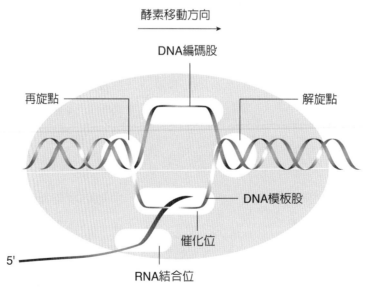

■ 圖3-1　DNA股線與RNA的對應關係。轉錄以雙股DNA中的模板股為模板，經由RNA聚合酶的催化合成一段單股的mRNA，此mRNA的核苷酸序列與編碼股的序列相符，與模板股的序列互補。

3-1 轉錄調控序列

啟動子

以細菌而言，基因表現有賴單一的RNA聚合酶(RNA polymerase; RNA pol)，為了轉錄，RNA聚合酶必須被徵召至編碼序列的轉錄起始點前方，此接合RNA聚合酶的位置稱為啟動子(promoter)，RNA聚合酶從RNA的5'端開始合成，一路以 5'→3' 的方向延長，故RNA的合成具有方向性（第十章將談到的DNA合成過程也具有方向性）。不過轉錄還需要其他因素分工協力，才能正確而順利的起始。細菌基因的啟動子主要由兩組高度共識的寡核苷酸序列所構成，共識序列(consensus sequence)意指基因之間、菌種之間序列一致性很高的序列，這種序列在DNA及RNA合成過程很關鍵，也與基因調節息息相關。啟動子的共識序列皆含6個核苷酸，接近中央的核苷酸大約在－10及－35的位置。轉錄起始點為+1，其5'端上游為－，3'端下游則為+，－10意指在轉錄起始點的5'端上游第10個核苷酸（圖3-2）。每個共識序列皆是RNA聚合酶的接合點。

由於大腸桿菌是最早用來研究分子生物學的生物模型，被研究得最詳細，故以下將以大腸桿菌為例。大多數基因皆由結合σ因子(σ factor)的RNA聚合酶啟動（RNA聚合酶及σ因子將在下一節中詳述），多數大腸桿菌基因的轉錄使用σ^{70}因子（σ^{70}factor，分子量70 KDa的σ因子），σ^{70}因子所辨識的啟動子「－10共識序列」為5'-TATAAT-3'，故稱為TATA盒(TATA box)，此序列由David Pribnow在1975年發現，故又稱為

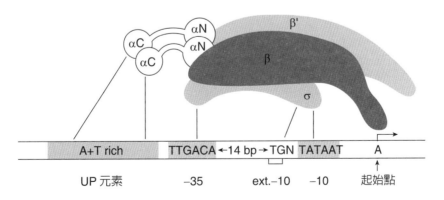

■ 圖3-2　基因啟動子的結構與RNA聚合酶次單元間的相對關係。啟動子包括–10共識序列（又稱為TATA box或Pribnow box）、–35共識序列、延伸–10盒序列及上游元素。RNA聚合酶由5個次單元所構成，分別為α雙倍體、β、β'及σ，組合成$\alpha_2\beta\beta'\sigma$，其中σ為負責辨識啟動子的次單元。C：次單元多肽鏈的-C端；N：次單元多肽鏈的-N端。

Pribnow盒(Pribnow box)。科學家比較554種基因的啟動子後，獲得序列共識程度為 $T_{79}A_{87}T_{50}A_{50}A_{54}T_{90}$，字母旁邊的數字代表554個啟動子在此位置使用此核苷酸的百分比，可見有90%的啟動子最3'端為T，顯示此位置可能直接與σ因子接觸；而第3個位置為T的啟動子只有50%，表示此位置與σ因子專一性的關係較低，允許做改變；不過與共識序列相似度愈低的啟動子，與RNA聚合酶的親和性也會相對降低，為較弱的啟動子；反之，與共識序列相似度愈高，則啟動基因轉錄的能力愈強。

σ^{70}所辨識的啟動子「–35共識序列」為5'-TTGACA-3'，稱為–35盒(–35 box)，在啟動子間的共識程度為 $T_{82}A_{84}G_{78}A_{65}C_{54}A_{45}$，意指有82%的啟動子最5'端為T，顯示此位置可能直接與σ因子接觸。整體而言，大多數σ^{70}所辨識的啟動子，不論是–10或–35盒，6個核苷酸中至少有4個與共識序列相似度較高。–10與–35盒的間距也有相當的一致性，約有45%的啟動子兩盒間距為17個核苷酸，近80%的啟動子兩盒間距在16~18個核苷酸間。表3-1為四種代表性操縱組之啟動子。

約有20%大腸桿菌基因在兩盒之間具有延伸的–10盒(extend –10 sequence)，即5'-TG-3'序列，位於–10盒上游的–15/–14位置。部分高度表現的基因（如rRNA基因），–35盒的上游還具有一段共識序列，以增強RNA與聚合酶之親和力，稱為**上游元素**(UP element; UE)（圖3-3），大約位於–40 ~ –60之間，共識序列為：

$$5' - NNAAAAATATTTTNNAAAAN - 3'$$

失去UP元素的啟動子，轉錄產生RNA的量顯著減少，不同基因的UP元素序列與共識序列的相似度也不同，使彼此之間的轉錄效率有所差異。

啟動子	序列			
	–59	–50	–40	–30
rrnB P1	AGAAAATTATTTTAAATTTCCTc			ttgtcag
rrnD P1	AGAAAAAAGATCAAAAAAATAc			ttgtgca
spoVG P1 (*B. subtilis*)	TCAAAAAATATTTTAAAAACGAg			caggatt
Alu 156 (Bacteriophage SP82)	CTGAAAAATTTTGCAAAAAGTTg			ttgactt
Consensus (from *in vitro* Selection)	nnAAA^A_TT^A_TTTTTnnAAAAnnn			

■ 圖3-3　上游元素(UP element)。在–35盒的上游還具有一段共識序列，稱為上游元素，大約位於–40~–60之間共識序列為：5' –NNAAAAATATTTTNNAAAAN– 3'。

表3-1 三種代表性操縱組(operon)之啟動子

操縱組	−10盒	−35盒
共識序列	TATAAT	TAGACA
乳糖操縱組 (*lac* operon)	TATGTT	TACACT
阿拉伯糖BAD操縱組 (*araBAD* operon)	TACTGT	CTGACG
半乳糖操縱組 (*gal* operon)	TATGTT	GTCACA
色胺酸操縱組 (*trp* operon)	TAACTA	TTGACA

操作子

　　原核細胞生物皆為單細胞，直接受到周遭環境物理、化學變化的影響，且生存所需的營養必須直接從環境中攝取，故大多數基因皆為**誘導性基因**(inducible gene)，主要的酵素也是**誘導性酵素**(inducible enzyme)。以誘導性為主的代謝機制，一方面在不需要時抑制基因的活化，以減少能量的消耗；另一方面能依據合成原料或代謝物的多寡，適時調整基因的活性。調控誘導性基因的主要機制之一，是經由**調控基因**(regulatory gene)的產物，接在基因的特定區位上，影響RNA聚合酶與啟動子的接合作用，以及促進或抑制後續的轉錄反應，調控基因的產物通稱為**調控蛋白**(regulatory protein)，而與調控蛋白接合的特定區位稱為**操作子**(operator; O; *LacO*)。調控蛋白之中，有的對基因轉錄具有抑制作用，稱為**抑制子**(repressor)，如**乳糖操縱組**(*lac* operon)的調控蛋白就是抑制子；某些基因的調控蛋白具有活化基因的功能，稱為**活化子**(activator)，*araBAD*阿拉伯糖操縱組(*araBAD* operon)的調控蛋白即為活化子。

　　操作子的位置因基因及操縱組的不同而異（如表3-2），有的在啟動子的上游，有的與啟動子重疊，有的甚至位於結構基因的序列中。多數操作子核苷酸序列皆呈現左右對稱的形式，稱為**二分對稱**(dyad symmetry)，如乳糖操縱組的操作子的序列如下：

5' ATGT TGT GTGGAATTG TGAGC · GGATAACAATT T CACACAGGAA 3'
3' TACAACACACCT TAACACTCGC · CTATT GTTAAAGTGTGT CCTT 5'

"·"的位置代表對稱中心，這種結構與調控蛋白結構相對應，因為調控蛋白多呈雙倍體或四倍體存在，兩個相同的次單元(subunits)（雙倍體蛋白質的兩條多肽鏈），分別接在相同但左右對稱的DNA序列上，才能與操作子產生最高的親和力。

表3-2 代表性操縱組的調控蛋白（基因）及操作子的位置

基因或操縱組	調控蛋白（基因）	主要操作子位置
乳糖操縱組(lac operon)	抑制子(LacI)	$-6 \sim +25$
色胺酸操縱組(trp operon)	抑制子(trpR)	$-23 \sim -3$
色胺酸調控基因(trpR gene)	抑制子(trpR)	$-12 \sim +9$
芳香族H操縱組(aroH operon)	抑制子(trpR)	$-49 \sim -29$
半乳糖操縱組(gal operon)	抑制子(galR)	O_E：$-69 \sim -50$；O_I：$+43 \sim +64$
阿拉伯糖BAD操縱組 (araBAD operon)	兼具抑制子及活化子 (araC)	O_1：$-109 \sim -125$（抑制） O_2：$-267 \sim -283$（抑制） I_1：$-56 \sim -72$（活化） I_2：$-35 \sim -51$（活化）
麩醯胺酸A操縱組 (glnAntrBC operon)	活化子(ntrC)	$-108 \sim -140$（類似真核細胞的促進子）

🔍 ▶ CRP 接合位 (CRP binding site)

　　鄰近啟動子的5'端還有一個共識序列，與大腸桿菌的異化作用(catabolism)有關（異化作是生化名詞，指大分子分解過程產生能量的反應）。不論是真核細胞或原核細胞，葡萄糖都是能量的主要來源，葡萄糖的分解產生許多ATP分子，再由ATP提供維持生命現象所需的能量。細菌細胞也不例外，故細菌對環境中葡萄糖濃度有一套特殊的感應機制。70年代初期Pastan等多位科學家發現，細菌細胞內有一種腺苷環化酶(adenylate cyclase)，能使ATP轉變成環單磷酸腺苷(cyclic adenosine monophosphate; cAMP)，當環境中葡萄糖來源充足時，胞內葡萄糖濃度較高，由於葡萄糖能抑制腺苷環化酶活性，故cAMP的量偏低（有些實驗證明，葡萄糖能使細胞內cAMP的量降低10倍）；反之，如果細菌細胞處在葡萄糖缺乏的培養基中，則細胞必須尋求替代能源，例如以乳糖取代葡萄糖作為替代能源，此時胞內葡萄糖濃度很低，大部分腺苷環化酶的活性並未被抑制，故cAMP的量偏高。cAMP會與一種稱為異化作用活化蛋白(catabolite activator protein; CAP)的因子結合，形成的複合體能附著在DNA的特定序列上，影響RNA聚合酶催化的轉錄反應（圖3-4），此接合位稱為LacP。CAP又稱為cAMP受體蛋白(cAMP receptor protein; CRP)，代表這是cAMP泛調節功能的一環，本書依據CAP與cAMP的相關性，統一稱為CRP。cAMP-CRP複合體(cAMP-CRP complex)能調節至少20種基因的啟動子，包括與乳糖代謝基因(lac gene)、半乳糖代謝基因(gal gene)、阿拉伯糖代謝基因(ara gene)。大腸桿菌的CRP分子量為23.6 KDa，有活性的CRP以雙倍體形式存在，每個次單元(subunit)的N-端功能區負責接1分子的cAMP，CRP與cAMP接合之後產生3D結構改變(conformational transition)，大幅提高CRP與DNA的親和力。C-端功能區含有α螺旋結構(helix-turn-helix)，最後一個α螺旋突出於C-端功能區球狀分子結構外，負責與DNA分子

交互作用，形成CRP與之DNA股線接合的部位。DNA上的CRP接合位lacP位於5'側翼序列中（表3-3），多種糖代謝基因的cAMP-CRP複合體接合位皆有共識序列如下：

5'-NTGTGANNTNNNNCACTCATTNN-3'

3'-NACACTNNANNNNGTGAGTAANN-5

當cAMP-CRP複合體與DNA接合時，CRP與RNA聚合酶的α次單元交互作用，並造成DNA近90°的彎摺(DNA bending)（圖3-4），DNA的彎摺一方面增進CRP與DNA間的親和力，一方面促進雙股DNA的解旋（參考第一章有關環狀DNA的說明），使RNA聚合酶－DNA複合體由閉鎖狀態轉變為開放狀態，順利啟動轉錄反應。

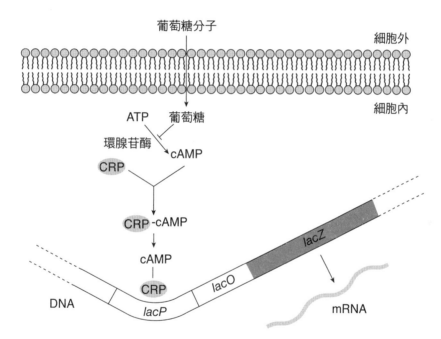

■ 圖3-4　cAMP-CRP複合體的接合位及其正向調節機制。葡萄糖濃度低時，cAMP胞內濃度升高，cAMP於是與CRP形成複合體，附著在DNA的特定接合位上，促進RNA聚合酶催化的轉錄反應。

表3-3　代表性的糖代謝基因操縱組cAMP-CRP接合位

操縱組	CRP接合位
乳糖操縱組(lac operon)	−49 ～ −76
半乳糖操縱組(gal operon)	−25 ～ −50
阿拉伯糖BAD操縱組(araBAD operon)	−77 ～ −110
麥芽糖EFG操縱組(malEFG operon)	−89 ～ −123

依照cAMP-CRP接合位的位置，可分為三類啟動子，第一類啟動子(class I promoter)的CRP接合位在RNA聚合酶的上游，接合位序列中心點約在-61.5；第二類啟動子(class II promoter)的CRP接合位在RNA聚合酶α次單元與α^{70}之間，接合位序列中心點約在-41.5；第三類啟動子(class III promoter)有兩個或多於兩個CRP接合位，如在第一類與第二類啟動子CRP接合位皆有cAMP-CRP雙倍體。

3-2 原核細胞的轉錄

RNA 聚合酶

原核細胞中只有一種RNA聚合酶(RNA ploymerase; RNA pol)，大腸桿菌細胞中約含7,000個RNA聚合酶分子，分子量約465 KDa，由5個次單元（即5個多肽鏈）所構成，分別為α雙倍體、β、β'及σ (sigma factor)，組合成α$_2$ββ'σ，其中α$_2$ββ'組成**核心酵素**(core enzyme)，加上σ之後才有啟動轉錄的完整功能，故稱為**完全酵素**(holoenzyme)（見圖3-2）。當1969年Richard R. Burgess純化RNA聚合酶時，還發現核心酵素具有一個分子量約10 KDa的小次單元〔RNA聚合酶次單元(RNA polymerase subunits RNA)〕，含91個胺基酸，命名為ω，編碼之基因為*rpoZ*，不過ω似乎與RNA聚合酶的活性無關，缺少ω的RNA聚合酶仍然可以正常運作，ω可能涉及此RNA聚合酶蛋白複合體的穩定性，近年來的研究發現，*rpoZ*是*sopT*操縱組中的基因，而*sopT*操縱組(*sopT* operon)與大腸桿菌遭遇飢餓環境時的嚴峻反應(stringent response)有關，嚴峻反應將在下一節中討論。原核細胞雖然只有一種RNA聚合酶，但是以大腸桿菌而言，細胞內具有7種σ因子，σ因子的主要功能是辨識特定的啟動子，且負責與啟動子接觸，細菌細胞在不同環境之下使用不同σ因子，使相同的RNA聚合酶能依照細菌的需求，啟動不同類群的基因。原核細胞RNA聚合酶的各次單元簡單介紹如下：

1. α次單元編碼之基因為*rpoA*，分子量約39 KDa，以同質雙倍體存在才具有活性，α次單元以其N-端功能區(N-terminal domain)與核心酵素的β及β'次單元結合，協助組合RNA聚合酶的核心酵素，也負責與調控蛋白交互作用，例如與cAMP-CRP接合；α次單元同時參與對啟動子的辨識工作，特別是以其多肽鏈C-端功能區(C-terminal domain)辨識UP元素。

2. β及β'次單元編碼之基因為*rpoB*及*rpoC*，分子量分別為155 KDa及165 KDa，兩者合成的**異質雙倍體**(heterodimer)構成RNA聚合反應的催化核心，真正負責RNA的合成。

以大腸桿菌而言，RNA聚合酶平均每秒鐘可合成25個核苷酸長度的RNA，甚至可達40~50 nt。β次單元辨識啟動子−3至+1位置，不過與DNA的親和力較低，β次單元及β′次單元同時接合+6位置，且親合力高。

3. σ因子編碼之基因為*rpoD*，分子量依據σ因子的種類，由32 KDa到90 KDa不等，RNA聚合酶如果缺少σ因子，轉錄反應無法啟動，因為具有σ因子的RNA聚合酶才能辨識啟動子。以σ^{70}為例，單股蛋白分子含有4個主要功能區（圖3-5），每個功能區再細分為數個小區段。1.1區及1.2區有降低σ^{70}與DNA分子間親和力的功能；事實上，當RNA聚合酶合成的mRNA超過10個核苷酸(10 nt)之後，σ因子就會與核心酵素脫離，以降低RNA聚合酶與DNA的親和力，使其較容易沿著模板股向下游移動。在σ因子脫離RNA聚合酶之前，RNA聚合酶會嘗試性的重複合成一系列的寡核苷酸，長度在2~9 nt之間，此現象稱為**放棄啟動**(abortive initiation)。σ^{70}的2.3及2.4區負責辨識−10共識序列（TATA盒）；延伸的−10盒（5'-TG-3'）則由3.0區加以辨識；而−35共識序列則與σ^{70}的4.2區接合。

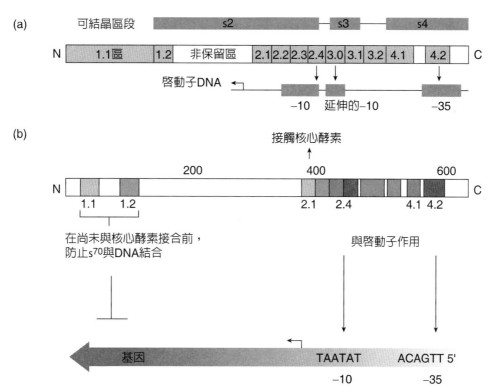

■ 圖3-5　σ^{70}的分子結構與功能。(a) σ^{70}為分子量70 KDa的單股蛋白分子，含有4個主要功能區，其中2.3及2.4區負責辨識−10共識序列（TATA盒），延伸的−10盒(5'−TG-3')則由3.0區加以辨識；而4.2區結合−35共識序列；(b)圖的數字代表胺基酸數目。

在營養充足、物理環境適宜生長的狀況下，大腸桿菌的RNA聚合酶皆使用σ^{70}因子進行轉錄，不過在細胞遭遇物理、化學環境改變時，細菌會使用不同的σ因子，啟動不同的基因與操縱組（表3-4），例如環境溫度增高時，一群特殊基因會被啟動，產生某些蛋白，稱為**熱休克蛋白**(heat-shock proteins; Hsp)，負責辨識這群熱休克基因的σ因子有兩種，分別是σ^{32}及σ^{E}，其辨識的啟動子也與σ^{70}不同，–10共識序列為5'-CCGATNT-3'，–35共識序列為5'-CCCTTGAA-3'。具有多種σ因子以適應不同的生長環境，是原核細胞普遍存在的現象，如枯草桿菌屬(*Bacillus* spp.)在惡劣環境下（如乾燥、營養缺乏等），會轉變成**內孢子**(endospore)，其轉變過程及內孢子成熟過程，涉及一系列複雜的σ因子，配合梯度式內孢子形成(cascade sportulation)過程，分段活化不同階段的基因（圖3-6）。簡言之，枯草桿菌在營養充足的營養期(vegetative stage)使用σ^{43}，當細胞遭遇不利生長的環境時，開始啟動內孢子形成機制(sporulation)，這時細胞逐漸分隔為母細胞及前孢子(forespore)，此時母細胞最先反應的是σ^{H}，σ^{H}選擇性的活化Spo0A的基因（圖3-6），Spo0A是內孢子形成相關基因的主要調節因子，Spo0A隨後被磷酸化（活化），活化的Spo0A跟著活化*spoIIA*操縱組，*spoIIA*操縱組包含前孢子的σ^{F}因子，前孢子內的σ^{43}會被σ^{F}因子取代，σ^{F}因子一方面活化一群參與內孢子轉變的基因，一方面回到母細胞，活化母細胞的σ^{E}因子，母細胞RNA聚合酶的σ^{43}會被σ^{E}因子取代，以活化母細胞中參與內孢子形成前期的基因；與此同時，使用σ^{E}的母細胞RNA聚合酶活化另一種名為σ^{K}的σ因子，σ^{K}在內孢子形成後期取代σ^{E}，活化另一群參與內孢子形成後期的基因；而前孢子使用σ^{F}活化另一種名為σ^{G}的σ因子，σ^{G}在內孢子形成後期取代σ^{F}，活化另一群參與內孢子轉換後期的基因（詳見圖3-6）。

表3-4　大腸桿菌RNA聚合酶使用的σ因子

σ因子	基 因	分子量	功　能
σ^{70}	*rpoD*	70 KDa	指數生長期（exponentially growth；適當之生長環境下）。
σ^{S}	*rpoS*	38 KDa	穩定生長期（stationary phase；細菌數達飽和的情況下）。
σ^{E}	*rpoE*	24 KDa	溫度升高時，啟動熱休克蛋白基因。
σ^{32}	*rpoH*	32 KDa	溫度升高時，啟動熱休克蛋白基因。
σ^{54}	*rpoN*	54 KDa	環境中氮源缺乏時，啟動氮源調節基因。
σ^{F}	*fliA*	28 KDa	啟動合成鞭毛的基因及趨化(chemotaxis)相關基因。
σ^{Fecl}	*Fecl*	18 KDa	啟動輸入鐵離子所需的基因。

母細胞	前孢子

啓動內孢子形成：σ^{H}活化Spo0A的基因→Spo0A磷酸化→活化*spoIIA*
操縱組→活化前孢子σ^F→活化母細胞的σ^E

內孢子形成早期：母細胞 σ^{43}→σ^E→活化前期基因
前孢子 σ^{43}→σ^F→活化前期基因

內孢子形成前期：母細胞 σ^E→活化σ^{K}基因
前孢子 σ^F→活化σ^{G}基因

內孢子形成後期：母細胞 σ^E→σ^K→活化後期基因
前孢子 σ^F→σ^G→活化後期基因

■ 圖3-6　配合枯草桿菌梯度式內孢子形成過程，σ因子的梯度式活化(cascade activation)。

轉錄反應過程

轉錄起始與延伸

　　經由DNase I保護實驗，或稱為DNase I足跡實驗(DNase I footprinting)（圖3-7），可知大腸桿菌之RNA聚合酶所保護的範圍在–55~+20之間，約覆蓋75~80 bp長度的DNA。一般而言，RNA聚合酶與啟動子之間的作用，可以簡單的以兩步驟模式來描述：(1) RNA聚合酶複合體在DNA股線附近任意散布，偶爾接上親和力不足的DNA股線，隨即與DNA解離；(2) RNA聚合酶與DNA上的啟動子接合，這一階段是可逆的，即兩者可隨時解離，此時的平衡常數可用K_B來表示，依據啟動子的強弱，K_B值約在10^6~10^9 M^{-1}之間，形成**閉鎖態複合體**(closed complex)；(3)啟動子附近的DNA螺旋纏繞被解開，使RNA聚合酶與DNA轉換成開放態複合體(open complex)，轉換速率以k_f表示，稱為前進速率常數(forward rate constant)，準備接收合成RNA所需的核苷酸。此複合體是穩定的、不可逆的，以硫酸二甲酯(dimethyl sulfate)保護足跡實驗(DMS protection footprinting assay)分析開放態複合體，估計RNA聚合酶複合體保護並解旋的範圍約12~13 bp，解旋作用使DNA模板股得以暴露出來，以利RNA合成反應，轉錄反應泡(transcrition bubble)中可容納8~9 bp長的DNA-RNA雜合體。由K_B的大小可大致判斷啟動子的強弱，啟動子的–35序列愈接近共識序列(5'-TTGACA-3')，K_B的值就愈高，其轉錄速率也較快；而k_f的大小則與–10序列是否與共識序列(5'-TATAAT-3')相似有關，且–10 TATA盒與–35共識序列之間的距離，也影響啟動子的強弱，最理想的距離為17 bp。

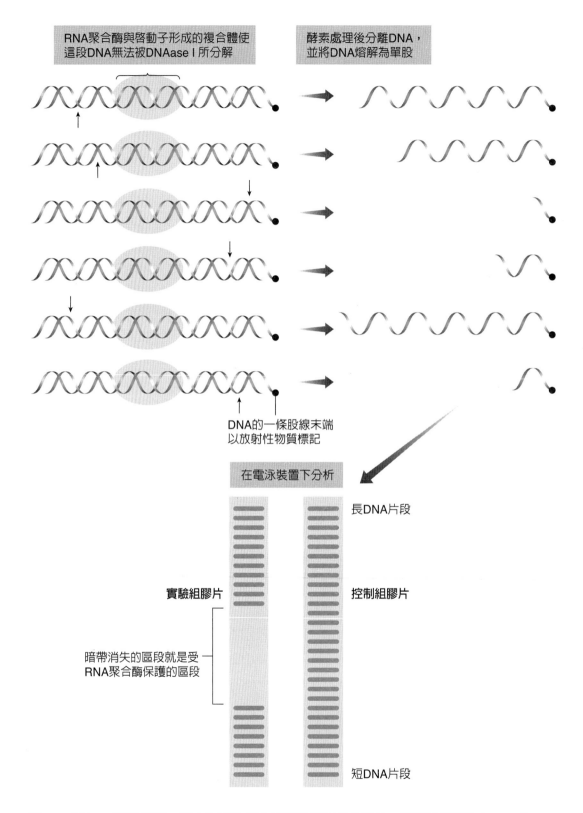

RNA聚合酶與啓動子形成的複合體使
這段DNA無法被DNAase I 所分解

酵素處理後分離DNA，
並將DNA熔解為單股

DNA的一條股線末端
以放射性物質標記

在電泳裝置下分析

長DNA片段

實驗組膠片

控制組膠片

暗帶消失的區段就是受
RNA聚合酶保護的區段

短DNA片段

■ 圖3-7　DNase I足跡實驗。圖中為電泳後X–光底片感光後的膠片，這種技術稱為Autoradiogram。

　　RNA聚合酶催化核苷酸3'端的OH基與NTP 5'端磷酸根形成磷酯鍵(phosphoester bond)（圖3-8），反應所需的能量來自NTP高能磷酸鍵的水解。RNA聚合酶合成RNA時，不需要預先存在一小段核酸作為引子(primer)；換言之，RNA聚合酶的催化位(catalytic site)可以和單一核苷酸形成穩定的反應複合體，這是RNA聚合酶與DNA聚合酶主要的差別之一，DNA聚合酶一定要一小段核酸為引子，提供5'-OH端，才能開始DNA合成反應。開始合成RNA之後，RNA聚合酶產生空間結構上的改變，覆蓋DNA的範圍減少至60 bp，新合成的RNA達15~20 nt後，RNA聚合酶覆蓋的範圍進一步減少至30~40 bp。據分析，約有30%的RNA聚合酶進入RNA延伸期後，σ因子隨即與酵素分離，顯示σ因子與RNA的合成與延伸無關，在σ因子脫離RNA聚合酶之前，RNA聚合酶會嘗試性的重複合成一系列的寡核苷酸，長度在2~9 nt之間，稱為放棄啟動(abortive initiation) 現象。

　　RNA聚合酶與DNA-RNA穩定的複合體(ternary complex)沿著模板股朝下游（3'方向）移動，合成新RNA (5'→3')（參閱圖3-1），不過此時RNA聚合酶上游轉錄過的DNA增加負向超纏繞(−)，下游即將轉錄的DNA呈正向超纏繞(+)，故上游需要局部異構酶 I (topoisomerase I)協助減少(−)纏繞環，下游需要解環酶(gyrase)減少(+)纏繞環（參閱圖1-16、圖1-17）。轉錄過程中也會經常暫時中止(pause)，甚至發生回溯(backtrack)現

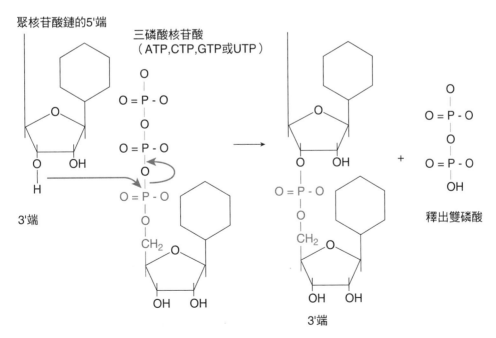

■ 圖3-8　　RNA聚合酶所催化的反應。RNA聚合酶使既有之RNA鏈3' 端核苷酸的3' OH基與準備添加上來的NTP 5' 磷酸根反應，形成新的磷酯鍵。

象，暫時中止是為了使核糖體跟上RNA聚合酶的腳步，因為原核細胞中，RNA聚合酶還在下游合成RNA，新合成的5′-端RNA已經開始與核糖體形成轉譯複合體，依照RNA上的遺傳訊息合成蛋白質，故核糖體必須與RNA聚合酶盡量同步。回溯現象則是RNA聚合酶的校正機制，RNA合成過程中偶爾會發生核苷酸的配對錯誤，合成錯誤的3′-端單一核苷酸促使轉錄中止，此時活化了GreA與GreB等兩個隨伴RNA聚合酶的轉錄因子，兩者皆為核酸外切酶(exonuclease)，GreA能切除3′-端2個核苷酸（包括錯誤的核苷酸），GreB能擴大切除3′-端9個核苷酸，讓RNA聚合酶重新合成這段RNA。

▶ 延伸學習 　　　　　　　　　　　　　　　　　　　　　Extended Learning

硫酸二甲酯保護足跡實驗 (DMS Protection Footprinting Assay)

　　硫酸二甲酯(Dimethyl sulfate; DMS)能甲基化guanosine的N7及adenine的N3，早在70年代Maxam與Gilber研發DNA定序法時，就利用DMS的這種化學特性甲基化DNA序列中的G/A，如果隨後將DNA片段以鹼性溶液加高溫(90℃)處理，G的位置會發生斷裂；由於G被甲基化的速度比A快5倍，經過膠片電泳分析之後，G位產生的黑色帶比A濃，即可辨識DNA序列的G位置。DMS保護足跡實驗原理就是利用DMS的甲基化特性，對象能包括DNA及RNA，如果要分析蛋白質接合在DNA的位置（序列），操作步驟與圖3-7類似，步驟一是將含有啟動子的DNA片段3′-端以放射性標記；步驟二將DNA與適量的DMS反應，使DNA核苷酸部分甲基化；步驟三將實驗組DNA與蛋白質混合，使蛋白充分與DNA接合，控制組則不加入蛋白；步驟四將兩組DNA以piperidine加高溫處理，切斷甲基化的G位，後續的操作與圖3-7相同（圖3-7以DNaseI切割DNA）。

　　如果要分析蛋白質接合在RNA的位置（序列），策略上有所不同，步驟一將實驗組RNA與蛋白質混合，使蛋白充分與RNA接合，控制組則不加入蛋白；步驟二將RNA與適量的DMS反應，使RNA核苷酸部分甲基化，受蛋白「保護」的序列不與DMS反應，故足跡部分不甲基化；步驟三將蛋白分解，加入放射性標示的引子並以反轉錄酶將RNA反轉錄為cDNA，過程中遭遇甲基化A或C時，RT反應會終止，故會產生長短不一的cDNA；步驟四將cDNA定序，分析足跡序列。甲基化G不會影響RT反應，故DMS反應濃度需要最適化(optimization)。

▌ 轉錄終止

　　原核細胞轉錄的終止有兩種模式，第一種模式的終止訊號在RNA本身的序列中，稱為終止子，圖3-9為色胺酸操縱組(*trp* operon)的終止子，其核苷酸序列有兩種特性：(1)一段富含GC的序列在分子內自我互補配對，形成幹狀雙股套環(stem-loop)；(2)末端具有聚尿嘧啶(polyU)序列，這種終止模式又稱為**Rho因子非依賴性終止**(Rho-independent termination)，大多數大腸桿菌的基因皆循此模式終止轉錄。第二種模式的主導者為Rho

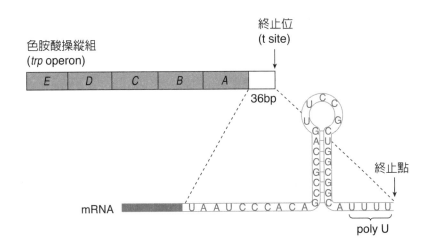

■ 圖3-9 色胺酸操縱組(*trp* operon)的終止子。終止子的核苷酸序列一段富含GC的序列自我互補配對形成幹狀套環(stem-loop)，末端聚尿嘧啶(polyU)序列，這種終止模式又稱為Rho因子非依賴性終止。

因子(ρ factor)，故稱之為**Rho因子依賴性終止**(Rho-dependent termination)（圖3-10），Rho因子是一種分子量46 KDa、含有419個胺基酸的蛋白，有活性時以六倍體(hexamer)存在，Rho因子依賴性終止子上游含有一段供Rho因子辨識的序列（富含C），當Rho因子附著於此序列之後，受到約70~80 nt長度的RNA纏繞，此時Rho因子利用本身的ATP分解酶活性將ATP分解，釋出的能量使Rho因子循著RNA股線向下游移動，直到追趕到RNA聚合酶為止。Rho因子具有解旋酶(helicase)活性，使新合成的RNA從DNA模板脫離，RNA聚合酶隨即離開DNA，終止轉錄作用。

3-3 早期研究－乳糖操縱組

　　乳糖操縱組(*lac* operon)是最早被發現的操縱組之一（圖3-11），完整的乳糖操縱組含有*lacZ*、*lacY*、*lacA*等三種**結構基因**(constitutive genes)，*lacZ*編碼β－半乳糖苷酶(β-galctosidase)，*lacY*是**乳糖通透酶**(permease)的基因，*lacA*是**乙醯轉移酶**(acetyltransacetylase)的基因；5'側翼含有啟動子、操作子及cAMP-CRP複合體接合位，不過乳糖操縱組的操作子(–6~+25)還涵蓋了部分*lacZ*的5'端序列。乳糖操縱組是否能正常表現，還涉及一個編碼乳糖操縱組調控蛋白的基因*lacI*，基因產物稱為**Lac抑制子**(*lac* repressor)，*lacI*是少數緊鄰啟動子的調控蛋白基因，距離+1轉錄起始點只有84 bp，故可視為乳糖操縱組完整構造的一部分。

轉錄中

Rho接觸RNA分子上
的辨識位

Rho

Rho聚合體沿RNA移動

Rho

Rho趕上RNA聚合酶

Rho鬆解
DNA-RNA雜合結構

DNA-RNA-RNA聚合酶
的複合體解體

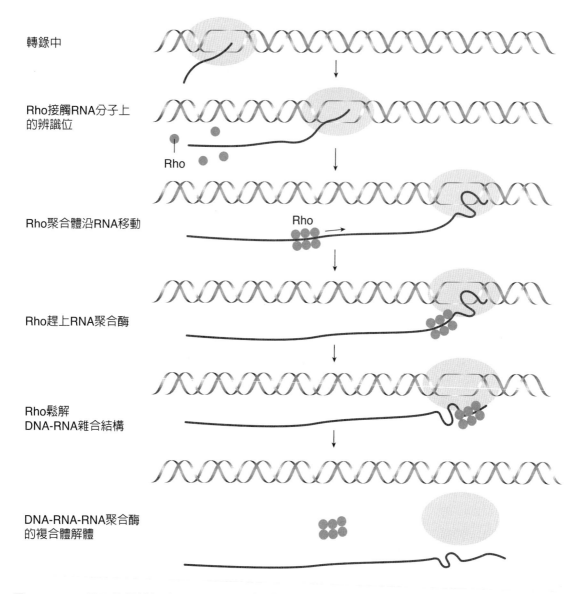

■ 圖3-10 　Rho因子依賴性終止。Rho因子六倍體的ATP分解酶分解ATP分解，釋出能量使Rho因子循著
　　　　　RNA股線向下游移動至轉錄位置為止。Rho因子的解旋酶活性，使新合成的RNA及RNA聚合
　　　　　酶從DNA模板脫離，終止轉錄作用。

　　乳糖操縱組被視為基因調控研究的典範。法國科學家Jacques Monod於1940年代
發現，大腸桿菌在以乳糖(lactose)為主要能源的培養基中，會顯著增加β–半乳糖苷酶
的量，β–半乳糖苷酶催化乳糖分解反應，使其分解為葡萄糖與半乳糖。Monod進一步
證明誘發β–半乳糖苷酶基因的誘導物是乳糖，故乳糖是β–半乳糖苷酶基因的**誘導子**
(inducer)。Jacques Monod隨後與Francois Jacob證明大腸桿菌的細胞質中含有某種抑制
物質，能在培養基沒有乳糖（誘導子）時，抑制β–半乳糖苷酶基因的活化，這種抑制

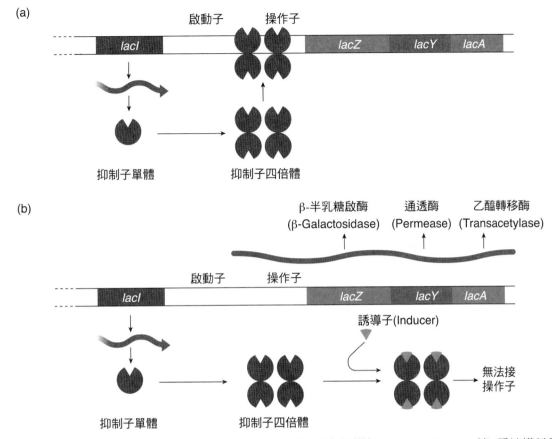

■ 圖3-11　乳糖操縱組及其調控機制。完整的乳糖操縱組含有操縱組*lacZ*、*lacY*、*lacA*等3種結構基因；5' 側翼含有啟動子、操作子及cAMP-CRP複合體(cAMP-CRP complex)接合位。乳糖操縱組還含有調控蛋白的基因*lacI*。當培養基中葡萄糖濃度過低時，乳糖在 β -半乳糖轉變為異乳糖，與lac抑制子結合，促使抑制子脫離操作子，解除基因轉錄的障礙，使乳糖操縱組的結構基因得以轉錄。

物質為蛋白質，稱為**抑制子**(repressor)，可在無誘導子的情況下接在啟動子附近，干擾RNA聚合酶的工作，抑制基因的表現，此抑制子接合位稱為**操作子**(operator)。當培養基中葡萄糖濃度過低時，乳糖在細胞內少量β–半乳糖苷通透酶（*lacY*的產物）協助下進入細胞質中，轉變為**異乳糖**(allolactose)之後，與*lac*抑制子結合，促使*lac*抑制子發生結構上的改變，使其無法再與操作子形成穩定的複合體，*lac*抑制子脫離操作子之後，解除了基因轉錄的障礙，使乳糖操縱組的結構基因得以轉錄，產生mRNA，並轉譯為有酵素功能的蛋白質。前一節談到的cAMP胞內訊息調控途徑(intracellular signal transduction pathway)，也是在葡萄糖濃度過低時，經由cAMP-CRP作用在CRP接合位，促進乳糖操縱組的轉譯，顯然細菌細胞經過至少30億年的演化，自有一套以上的調控機制，反應環境中能量來源的變化，以確保自身的生存與繁殖。

乳糖操縱組的突變株

整個調控機制的完整呈現，得利於科學家對一系列乳糖操縱組突變株的研究（表3-5）。調控機制的概念最先來自於結構性表達(constitutive expression)的β–半乳糖苷酶基因，相對於誘導性表達(inducible expression)，結構性表達突變株即使沒有誘導子的存在，也能持續保持β–半乳糖苷酶基因的活化，並測得高水準的β–半乳糖苷酶活性，這種突變株以O^C表示之。O^C突變株(O^C-mutant strain)的突變部位是操作子，故以分生技術植入具有正常（野生型）lac抑制子的質體(plasmid)（細菌基因體外的小環狀DNA），也無法產生互補效應，這種外表型稱為順向顯性(cis-dominant)。

表3-5 具代表性的乳糖操縱組突變株

突變株	突變位	外表型	lac操縱組特性
O^C	lac操作子突變	順向顯性(cis-dominant)	結構性表達（不受抑制，持續表達）
$lacI^-$	lac抑制子活化位突變	反向隱性(trans-recessive)	結構性表達
$lacI^S$	lac抑制子接合誘導子的區位突變	反向隱性(trans-recessive)	持續被抑制，誘導子不發生作用
$lacI^{-d}$	lac抑制子的DNA接合區突變	反向顯性(trans-dominant)	結構性表達

隨後又發現另一種突變株可與正常（野生型）操縱組產生互補效應；換言之，野生型操縱組產生的某種可擴散因子，能作用在突變的操縱組上，矯正突變的外表型，這種外表型稱為反向隱性(trans-recessive)；進一步研究發現，這類突變株具有不正常的lac抑制子，即lacI基因發生突變。這種反向隱性突變株又可以分為兩類，第一類稱為**$lacI^-$突變株**($lacI^-$ mutant strain)，是lac抑制子基因突變影響了抑制子蛋白結構，使其失去正常活性（如無法聚合成四倍體等；有正常活性的lac抑制子必須呈四倍體結構），故這類突變株β–半乳糖苷酶基因成結構性表達。如果細菌細胞植入含野生型lac操縱組的質體，則野生型lac操縱組產生的正常lac抑制子（可擴散因子）能取代突變的lac抑制子，接合在lac操作子上，抑制lac操作子表達，誘導子也能正常的去除抑制子，使lac操縱組恢復為誘導性表達。

第二類反向隱性外表型的突變株稱為**$lacI^S$突變株**($lacI^s$ mutant strain)，突變株持續性抑制β–半乳糖苷酶基因活性；換言之，誘導子無法正常的從操作子(Lac O)上移除抑制子，原因是lac抑制子負責接合誘導子的區位發生突變，使誘導子無法改變lac抑制子的結構，於是lac操縱組被持續的抑制了。如果野生型lac操縱組產生的正常lac抑制子數量足夠取代突變的lac抑制子，突變外表型還是能矯正過來。

有一種突變株也具有結構性表達的β–半乳糖苷酶基因，即lac操縱組的結構基因表達沒有被抑制，具有正常（野生型）lac抑制子的質體不但無法產生互補效應，而且野生型lac抑制子本身的功能也受到突變lac抑制子的影響，故稱之為反向顯性(trans-dominant)，由於影響是負面的，故又稱為顯性負面突變(dominant negative mutation)，這種突變株稱為**lacI^{-d}突變株**(lacI^{-d} mutant strain)。這種突變株產生的lac抑制子具有不正常的DNA接合區(DNA binding domain; DBD)，即使與其他正常lac抑制子組合成四倍體，也會使整個複合體失去接合操作子Lac O的功能，使lac操縱組的結構基因持續活化。

調控蛋白的構造與功能

lac抑制子（I蛋白）是原核細胞**轉錄因子**(transcription factor)中，被研究得最深入的一種，由lacI基因所編碼，lacI 基因含1,083 bp，轉譯後產生一條含359個胺基酸的蛋白質多肽鏈，分子量約38.6 KDa，lacI產生的蛋白必須組合成四倍體才能發揮功能，四倍體的四條多肽鏈分別提供其N端約60個胺基酸長度的區段，兩兩一組構成DNA接合區，分別接合操作子中兩段由21 bp組成的對稱序列（參考本章3-1節有關操作子的描述），參與轉錄調控的因子中，95%之DNA接合區片段的二級結構皆呈**螺旋－彎摺－螺旋**(helix-turn-helix; HTH)結構，即兩個α螺旋(α-helix)之間以一小段彎摺的寡肽鏈相互串聯。以DNA足跡實驗分析，lac抑制子的操作子不只一個，位於–6~+25的操作子（中央位置在+11）稱為O_1，O_1的下游及上游各有一個輔助的操作子，分別稱為O_2（中央位置在+412）及O_3（中央位置在–82）（圖3-12a），雖然O_2及O_3的序列不完全與O_1一致，不過三者的存在可使lac抑制子達到最大的抑制效果，圖3-12b中顯示，lac抑制子同時接合O_1及O_3時，DNA呈現大角度的彎摺，阻礙了RNA聚合酶與啟動子的正常接合，有效抑制了乳糖操縱組的轉錄；有趣的是cAMP-CRP複合體接合區位於O_1及O_3之間，但cAMP-CRP複合體接合後所造成的DNA彎摺，反而對操縱組的轉錄有促進作用（圖3-12b）。lac抑制子代表負面調控機制，而cAMP-CRP則是典型的正面調控機制，乳糖的代謝是細菌的備用能源，當培養基中有足夠的葡萄糖時，葡萄糖經由特殊的運輸蛋白系統，消耗能量(ATP)唧入細胞中，胞內葡萄糖濃度的升高，一方面抑制腺苷環化酶的活化，降低胞內cAMP的濃度，一方面也抑制半乳糖苷通透酶，減少乳糖（誘導子）的攝取。

小分子的誘導子接在lac抑制子複合體的核心區，研究結果顯示，誘導子的接合造成lac抑制子異構性改變(allosteric change)，導致lac抑制子與DNA股線脫離（圖3-11）。天然誘導子為乳糖分子轉變的**異乳糖**(allolactose)，而實驗室中經常使用構造類似的isopropylthiogalactoside (IPTG)（圖3-13），IPTG不是β–半乳糖苷酶的受質，進入細胞

後的濃度不會改變，故稱為無償誘導子(gratuitous inducer)，如培養基加入IPTG之後，能利用半乳糖苷通透酶進入細胞中，隨即取代天然誘導子與*lac*抑制子接合，解除其對*lac*操縱組的抑制作用。

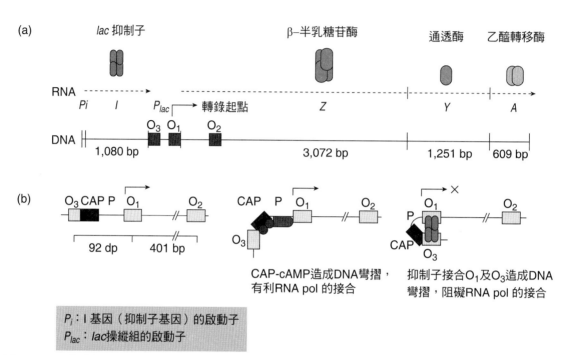

P_i：I 基因（抑制子基因）的啟動子
P_{lac}：*lac*操縱組的啟動子

■ 圖3-12　lac抑制子的三個操作子。(a) lac抑制子的操作子中，位於–6~+25的操作子稱為O_1，O_1的下游及上游各有一個輔助操作子，分別稱為O_2及O_3。(b) cAMP-CAP複合體造成DNA彎摺；lac抑制子也造成彎摺，但結果相反。

異乳糖(Allolactose)　　　　Isopropylthiogalactoside (IPTG)

■ 圖3-13　異乳糖及IPTG的化學結構。天然誘導子為異乳糖，而實驗室中經常使用類乳糖分子IPTG。

3-4 操縱組調控機制的多樣性

🔍 色胺酸操縱組：協同抑制子

分解性代謝反應稱為異化作用(catabolism)，主要目的是獲得能量(ATP)及合成大分子的原料；而利用能量及小分子原料合成大分子的代謝反應則稱為同化作用(anabolism)。乳糖操縱組的功能是典型的異化作用，以酵素的受質移除抑制因子，使RNA聚合酶能穩定接合在啟動子上，轉錄操縱組構造基因為mRNA，誘導乳糖異化作用關鍵基因的表達；色胺酸操縱組的功能涉及色胺酸(tryptophan; trp)的合成（圖3-14），是典型的同化作用，其基因調控的機制正好相反，即以色胺酸操縱組(*trp* operon)基因編碼的酵素所合成的產物（色胺酸），反饋抑制操縱組構造基因的表達；換言之，色胺酸操縱組的調控是一種負回饋機制(feedback inhibition)。色胺酸本身並不能造成抑制效果，必須與特殊的調控蛋白結合，才能接合在操作子上，對操縱組構造基因的表現產生抑制作用，故色胺酸稱為協同抑制子(corepressor)（圖3-15）。

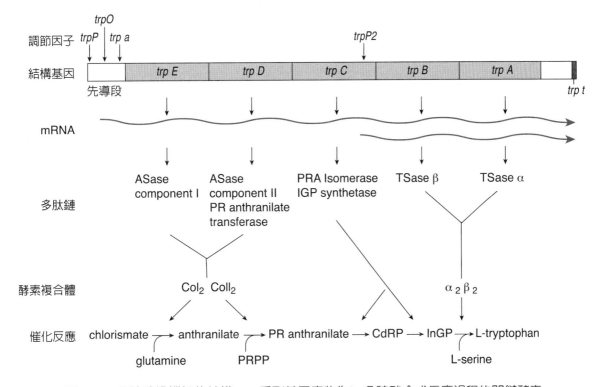

■ 圖3-14　色胺酸操縱組的結構。一系列基因產物為L–色胺酸合成反應過程的關鍵酵素。

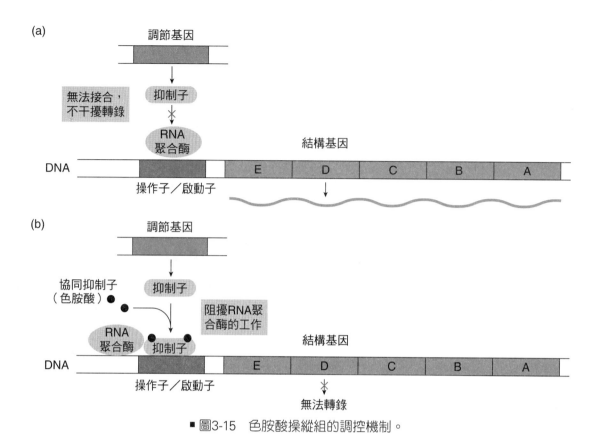

■ 圖3-15　色胺酸操縱組的調控機制。

　　色胺酸操縱組的調控蛋白是*trpR*基因(*trpR* gene)的產物，稱為*trpR*抑制子(*trp repressor*)，*Trp*抑制子單倍體為含108個胺基酸的多肽鏈，分子量約為12.3 KDa，在細胞內以雙倍體存在，兩條多肽鏈相互纏繞，各提供一個HTH結構的DNA接合區，與二分對稱序列(dyad symmetry)的操作子相接合，而小分子的協同抑制子的接合位則在兩條多肽鏈構成的核心。*Trp*抑制子至少影響5種操縱組與基因，包括*trpEDCBA*操縱組(*trpEDCBA* operon)、*trpR*基因、*aroH*操縱組、*mtr*基因及*aroLM*操縱組(*aroLM* operon)等，構成一個典型的**調控群**(regulon)。這五組基因皆與色胺酸的生化合成反應和基因調控有關，其中*trpEDCBA*操縱組即是色胺酸操縱組，*trpR*基因受到自我產物的調控，*mtr*基因產物是色胺酸的高親和性通透酶(high affinity tryptophan permease)，*aroH*操縱組及*aroLM*操縱組則參與芳香族胺基酸(aromatic amino acid)包括酪胺酸(tyrosine)、苯丙胺酸(phenylalanine)、色胺酸等的合成反應，各基因的操作子核苷酸序列皆很類似，呈二分對稱排列如下（以*trpEDCBA*操縱組操作子為例）：

5' - CGA<u>ACTAGTT</u> · AACTAGTACG - 3'

3' - GCTTGATCAA · <u>TTGATCA</u>TGC - 5'

而約20 bp的序列中，*Trp*抑制子辨識的核心序列為CTAG。*Trp*抑制子雙倍體與操作子之間藉由水分子為媒介相互接合，其比例可以是1：1、2：1，甚至高達3：1。

　　*trp*操縱組(*trp* operon)的啟動子範圍內(–1~–122)具有–10 TATA盒、–35共識序列及*trp*操作子(*trp* operator; trPO) (–23~–3；有時也稱為*trpO*)，而在轉錄起始點(+1)與*trpE*結構基因間，存在有另一段參與基因調控的序列，稱為**減弱子**(attenuator; trp a)，這一段140 bp長度的DNA會轉錄為mRNA先導序列(leader sequence)。在RNA聚合酶還繼續其轉錄工作時，核糖體就開始從位於+28~+30的**AUG**轉譯啟始碼開始轉譯，從第一個胺基酸甲硫胺酸(Met)開始到第14個胺基酸稱為先導肽鏈(leader peptide)（圖3-16），其中第10~11個胺基酸是色胺酸(trp)，編碼位置在+55~+60之間。從mRNA的+50位置到先導序列末端第140個核苷酸大致含有4個區段，構成*Trp*操縱組的減弱子，其中的核苷酸能彼此相互配對，在mRNA股線內構成幹狀套環(stem-loop)，又稱為**迴折**(palindrome)（圖3-17），迴折的形成方式影響了RNA聚合酶是否能持續進行轉錄，簡述如下：

1. 如果培養基中色胺酸含量足夠供應先導肽鏈的轉譯時，核糖體會順利的完成先導肽鏈並進入區段1、區段2，此時區段3會與區段4形成迴折，再加上mRNA先導序列末端的聚尿嘧啶(polyU)序列，構成一個典型的終止子結構（圖3-17），導致RNA聚合酶脫離DNA模板，終止轉錄反應。此現象強化了色胺酸的負回饋調控機制。

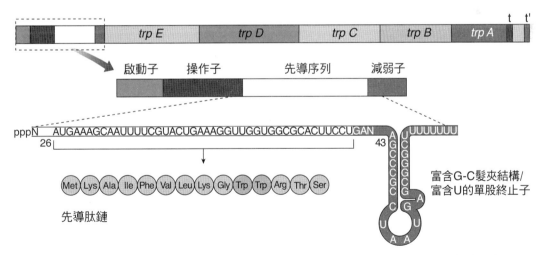

■ 圖3-16　色胺酸操縱組的mRNA先導序列。在轉錄起始點(+1)下游的140 bp DNA會轉錄為mRNA先導序列。核糖體從位於+28 ~ +30的AUG轉譯啟始碼開始轉譯，產生14個胺基酸的先導肽鏈，其中第10及第11個胺基酸是色胺酸(Trp)。

(a) *trp* 先導RNA

轉譯啟始碼

```
1      ↓        50          ❶         100        ❷        ❸       ❹    140
                                                                        (U)₈
```

(b) 色胺酸含量足夠時

❷

❶

5'

核糖體覆蓋
第2區

UUUU

❸ ❹

3-4區形成終止子
結構，導致RNA聚
合酶無法工作

(c) 色胺酸含量偏低時

5'

❷ ❸

❶

2-3區形成套環，
不影響RNA轉錄

核糖體停滯在Trp編
碼位（位於第1區）

❹

繼續轉錄

■ 圖3-17　色胺酸操縱組的減弱子及其作用機制。(a)從mRNA的+50位置到先導序列末端的第140個核
　　　　　苷酸大致含有4個區段，構成Trp操縱組的減弱子；(b)培養基中色胺酸含量高時，核糖體會完
　　　　　成先導肽鏈轉錄並進入區段1、區段2，此時區段3會與區段4形成迴折，再與先導序列末端的
　　　　　polyU序列構成終止子結構，終止轉錄反應；(c)培養基中色胺酸的含量偏低時，核糖體無法
　　　　　完成先導序列轉譯，停滯在區段1的位置，使區段2得以和區段3構成迴折，對RNA聚合酶不
　　　　　構成影響，使RNA聚合酶順利進行轉錄。

2. 如果培養基中色胺酸的含量偏低，不足以供應先導肽鏈的轉譯時所需的原料，則
　核糖體會停滯在區段1的位置，使區段2得以和區段3構成迴折，對RNA聚合酶不構
　成影響，使轉錄持續進行，完成結構基因的表達。這種分子結構又稱為**反終止子**
　(antiterminator)。實驗數據顯示，在培養基中含高濃度色胺酸時，約有10~15%的
　RNA聚合酶仍然能逃避色胺酸操縱組的抑制機制，進行轉錄工作，可能少部分色胺酸
　操縱組未能完成先導肽鏈的轉譯，在高濃度色胺酸之下，仍然形成反終止子結構。

🔍 半乳糖操縱組：雙啟動子

　　半乳糖操縱組(*gal* operon)（圖3-18）具有三個結構基因，分別是*galE*、*galT*
及*galK*，其中*galE*及*galT*的基因產物是涉及UDP-galactose生化合成的酵素，UDP-
galactose是細菌細胞合成細胞壁的原料之一，故兩個近端基因為同化反應基因；反之，

遠端的*galK*基因產物為半乳糖激酶(galactokinase)，負責將半乳糖磷酸化為1–磷酸半乳糖(galactose-1-phosphate)，以進一步轉換成1-磷酸葡萄糖，分解產生能量，故*galK*為異化反應基因。顯然半乳糖操縱組中的結構基因之間，在功能及活化時機上皆有差異，為了解決此問題，大腸桿菌的半乳糖操縱組具有兩套啟動子，分別命名為P₁及P₂：

1. P₁啟動子(P₁ promoter)：–10 TATA盒位於–12~–6，轉錄起始點為+1，產生的mRNA主要用來轉譯*galK*半乳糖激酶基因。半乳糖操縱組也受到cAMP-CRP複合體的調控，當培養基中缺乏葡萄糖時，腺苷環化酶未受到抑制，胞內cAMP濃度及cAMP-CRP複合體隨著增加，cAMP-CRP的接合位涵蓋–50~–24，接合之後促進P₁啟動子誘導的轉錄反應，以協助細胞利用半乳糖為能量來源。

2. P₂啟動子(P₂ promoter)：–10 TATA盒位於–17~–11，與P₁啟動子部分重疊，中心位置相差5 bp，約半個DNA螺旋，故P₂啟動子轉錄起始點為–5，產生的mRNA主要用來轉譯*galE*及*galT*等同化反應基因。cAMP-CRP複合體對P₂啟動子的轉錄調控與P₁啟動子相反，P₂啟動子的轉錄不受cAMP-CRP的影響，甚至在某些實驗系統中對P₂啟動子有抑制作用。這種設計的目的似乎是使生化合成免於受培養基中養分不足的影響。

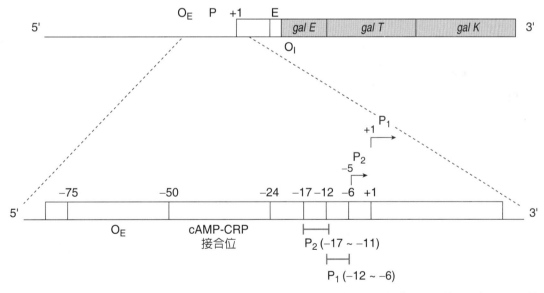

■ 圖3-18　半乳糖操縱組的結構基因與其順向調控元素。大腸桿菌的半乳糖操縱組具有P₁及P₂等兩套啟動子。cAMP-CRP的接合位涵蓋–50~–24，接合之後促進P₁啟動子(–12~–6)，轉錄*galK*基因；P₂啟動子(–17~–11)的轉錄則不受影響，甚至有抑制作用。gal抑制子的基因是*galR*，操作子有O_E及O_I等兩個，*gal*抑制子雙倍體接合在O_E時，促進P₂啟動子轉錄*galE*及*galT*（起始點在–5）；反之，接合在O_E及O_I時，抑制P₁啟動子主導的轉錄（起始點在+1）。誘導子存在時，*gal*抑制子與誘導子結合，脫離操作子並解除抑制作用。

不論是P_1或P_2啟動子主導的轉錄，−35共識序列的存在皆不是必要條件。半乳糖操縱組還受到抑制子的調控，gal抑制子的基因是galR，活化態為雙倍體，操作子有兩個，分別命名為O_E及O_I。O_E為基因外操作子(extragenic operator; O_E)位於−75~−50，而O_I為基因內操作子(intragenic operator; O_I)則位於+43~+67，即位於第一個結構基因中。gal抑制子雙倍體接合在O_E時，與RNA聚合酶的α次單元交互作用，促進P_2啟動子與RNA聚合酶形成開放態複合體，推動轉錄作用；反之，gal抑制子雙倍體同時接合在O_E及O_I時，抑制P_1啟動子主導的轉錄，穩定啟動子與RNA聚合酶形成的閉鎖態複合體，使轉錄停止進行。當D−半乳糖(D-galactose)或D−岩藻糖(D-fucose)等誘導子存在時，gal抑制子與誘導子結合，隨後脫離操作子並解除抑制作用，此時P_1啟動子主導的轉錄可增加10~15倍，促使細胞利用半乳糖為能量來源。

🔍 阿拉伯糖操縱組 (ara operon)：AraC 活化子

調控蛋白不一定都是抑制子，araC調控基因(araC regulatory gene)的產物就是典型的**活化子**(activator)，當AraC蛋白分子與誘導子**L−阿拉伯糖**(L-arabinose)結合後，即能促進包括araBAD阿拉伯糖操縱組(araBAD operon)（阿拉伯糖異化作用基因）、araE基因（低親和性阿拉伯糖轉運子基因）及araFG操縱組(araFG operon)（高親和性阿拉伯糖轉運子基因）的轉錄；不過當未與誘導子接合時，AraC抑制araBAD操縱組及araC基因的活化，顯然這些基因及操縱組構成AraC的調控群(AraC regulon)。AraC的調控群也受到cAMP-CRP的正向調控，以araBAD操縱組而言，其接合位在−110~−82，緊鄰araBAD操縱組的啟動子(−80~−43)（圖3-19）。

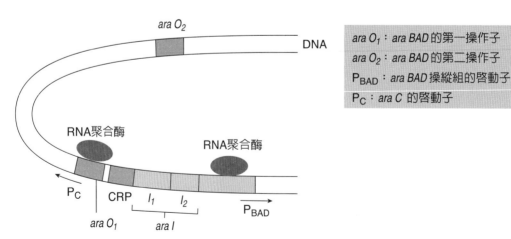

■ 圖3-19　araBAD操縱組的啟動子與調控元素。araBAD操縱組的啟動子與調控元素涵蓋的範圍，與其調控基因araC的啟動子相重疊。$araI_1$及$araI_2$為誘導位(inducer binding site)。

延伸學習 　　　　　　　　　　　　　　　　　　　Extended Learning

　　為何AraC對araBAD操縱組能身兼活化子及抑制子的功能？其關鍵在於araBAD操縱組的啟動子上游含有4個AraC接合位，分別是O_1 (−125~−109)、O_2 (−294~−269)等兩個操作子（抑制效應），以及araI誘導位，araI呈二分對稱序列結構，故兩個半邊(half-site)分別命名為I_1 (−78~−56)及I_2 (−51~−35)，這種結構與AraC是雙倍體有關。研究結果顯示，如果AraC未與誘導子結合，則AraC雙倍體的兩個單體分別接在O_2及araI$_1$上，O_2與araI$_1$相距160 bp，AraC雙倍體的接合誘使DNA股線呈現長度404 bp的超纏繞次結構，稱為迷你環(minicircle)（圖3-20a），此時的DNA結構不利於RNA聚合酶與araBAD操縱組啟動子(P_{BAD})接合，轉錄於是受到抑制；如果AraC與誘導子結合，則AraC產生結構改變，轉而與araI$_1$及araI$_2$位相結合（圖3-20b），有利於RNA聚合酶與P_{BAD}形成穩定的開放態複合體，使轉錄得以順利進行。此時AraC與誘導子複合體會與另一操作子O_1接合，抑制PC的運作及araC基因的表達。不過AraC濃度過高時，AraC也會自行接在araO$_1$上，自我調控araC基因表達。

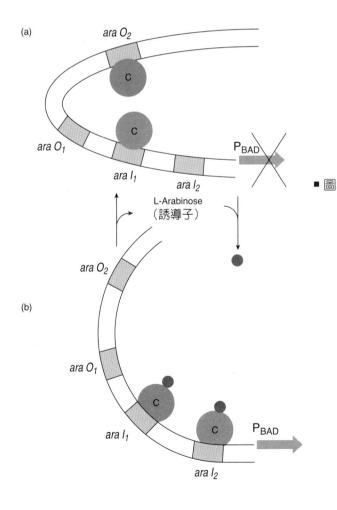

■ 圖3-20　AraC對araBAD操縱組的調控機制。AraC扮演活化子的角色，araBAD操縱組的啟動子上游含有四個AraC接合位：(a)如果AraC未與誘導子結合，則AraC雙倍體接在O_2及araI$_1$上，使DNA股線呈現套環，不利於RNA聚合酶與araBAD操縱組啟動子(P_{BAD})接合，轉錄於是受到抑制；(b)如果AraC與誘導子結合，則AraC轉而與araI$_1$及araI$_2$位相結合，有利於RNA聚合酶與P_{BAD}形成穩定的複合體，使轉錄順利進行。此時AraC與誘導子複合體會與O_1接合，抑制PC的運作及araC基因的表現。

3-5 適應環境的基因調控系統

　　細菌為單細胞生物，直接暴露在周遭環境中，故任何物理或化學變化皆直接影響細菌的生存，於是原核細胞生物演化出雙因子調控系統，使某些關鍵基因能適時活化，以應付隨時改變的環境。雙因子調控系統由位於細胞膜的甲因子感應胞外訊息，自我活化之後，再活化細胞質中的乙因子，乙因子大多為轉錄因子，能直接調控目標基因的轉錄，影響基因的表達，使細胞針對外在環境訊息做出必要的生理、生化反應。甲因子稱為**感應者**(sensor)，大多是**組胺酸激酶**(histidine kinase)，接收訊息之後會自我磷酸化，隨後將磷酸根移轉給乙因子，乙因子稱為**接受者**(receiver)，乙因子被磷酸化之後產生結構上的改變，使其辨識DNA上的接合位，接合之後促進RNA聚合酶的轉錄。雙因子調控系統使用在多種面向，包括趨化現象（chemotaxis；細菌順著葡萄糖等小分子濃度梯度移動）、孢子形成（sporulation；在不良環境下形成內孢子）、毒性產生（virulence；等同於致病性）及對外在滲透壓、氮源、磷源改變時的適應反應(adaptation)等。

glnBA 麩醯胺酸操縱組 (glnBA operon)：NtrB/NtrC 模式

　　NtrB/NtrC模式(NtrB/NtrC model)是典型的雙因子調控系統(bifactor control system)。細菌若生長在氮源不足的環境下時，大約有100種與NH_3、氮化物（包括含氮胺基酸）、氮同化(nitrogen assimilation)代謝反應相關的基因會被誘導而活化起來，其中包括NtrC調控群的基因。麩醯胺酸(glutamine)是細菌重要的氮源，如果胞內麩醯胺酸濃度過低，勢必造成胞內氮源不足，此時NtrB雙倍體（感應者）(NtrB dimer; sensor)感應到氮源的變化，即自行磷酸化，隨後再將磷酸根移轉給NtrC雙倍體（接受者）(NtrC dimer; receiver)。NtrC分子可分為三個功能區，N端區含120個胺基酸，當其中的天門冬胺酸(aspartate)被磷酸化之後，引起蛋白結構的改變，刺激中心區（central domain；含230個胺基酸）的活化，中心區具有ATP分解酶(ATPase)催化位，也是與其他NtrC雙倍體接合的區位。磷酸化的NtrC必須聚合成四倍體或多倍體，才能有活化基因轉錄的功能；當然，中心區也負責與RNA聚合酶相互作用。C端區含80個胺基酸，具有HTH結構的DNA接合區，負責與特定的DNA共識序列接合。

　　NtrC調控群包括*glnA*、*ntrBC*及*glnHPQ*等操縱組，以*glnA*而言，NtrC多倍體接合位在*GlnA*上游−140~−108的位置，此接合位呈二分對稱序列，NtrC一方面接合此共識序列，一方面接合RNA聚合酶的σ^{54}因子，使共識序列與啟動子間的DNA產生套環構造（圖3-21），σ^{54}因子是負責啟動氮源反應基因的σ因子，因分子量54 KDa而得名。NtrC促使RNA聚合酶與啟動子的複合體由閉鎖態轉變為開放態，NtrC多倍體的組合及RNA

聚合酶與啟動子複合體的打開皆需要分解ATP，以提供所需的能量，而NtrC本身就具
有ATPase的活性。NtrC促進操縱組結構基因的轉錄，且NtrC辨識的共識序列又與啟動
子間相隔一段距離（超過100 bp），使NtrC的接合位類似調控真核細胞基因的促進子
(enhancer)。

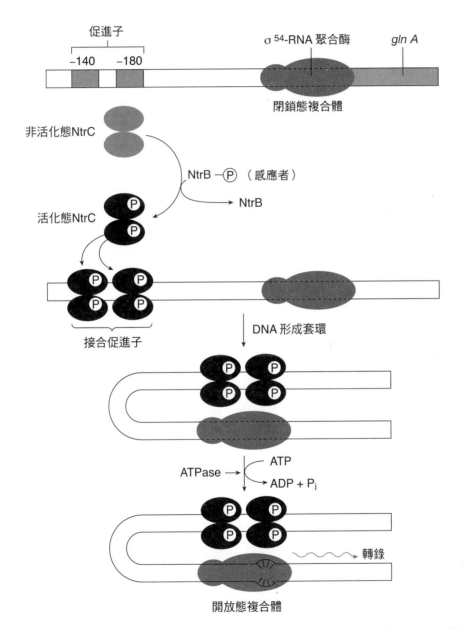

■ 圖3-21　NtrB/NtrC模式是典型的雙因子調控系統。如果胞內麩醯胺酸濃度過低，NtrB雙倍體感應到
　　　　　氮源的變化，即自行磷酸化，隨後再將磷酸根移轉給NtrC雙倍體。NtrC雙倍體聚合成多倍
　　　　　體，接合在GlnA上游類似促進子的序列上，同時接合RNA聚合酶的σ54因子，使共識序列與
　　　　　啟動子間的DNA產生套環構造，促進RNA聚合酶的轉錄反應。

🔍▶ 嚴峻反應

　　嚴峻反應(stringent response)是細菌渡過不良生長環境時的策略，涉及數個關鍵分子，主要誘發嚴峻反應的因子是空載tRNA (uncharged tRNA)，tRNA是核糖體進行轉譯時的胺基酸攜帶者，培養基中缺少一種胺基酸，或tRNA發生突變，無法正常結合胺基酸，皆會產生空載tRNA。當空載tRNA過多而占據核糖體的A位時，附在少數核糖體上的RelA蛋白因核糖體結構的改變而活化，RelA的激酶活性以GTP或GDP為受質，由ATP供給磷酸根，合成兩種關鍵分子，即 pppGpp（鳥苷五磷酸；主要產物）和ppGpp（鳥苷四磷酸；次要產物）（圖3-22）。*RelA*基因(*RelA* gene)是受到調節的，先前提到的RNA聚合酶ω次單元(ω subunit)，可能涉及*RelA*基因的表達，如果ω次單元的基因*rpoZ*發生突變，則relA的量會顯著減少，(p)ppGpp的量也隨著降低，判斷ω次單元可能作用在*RelA*基因的啟動子，調節*RelA*基因的表達。(p)ppGpp能活化胺基酸合成有關的基因，不過最重要的是抑制rRNA和tRNA的產生，當嚴峻反應被誘發時，細胞內rRNA和tRNA的量可顯著減少10~20倍，某些mRNA的轉錄也降低超過30倍，使整個細菌細胞中的RNA總量減少5~10%，蛋白質也加速分解，RelA蛋白也能調節多種核糖體蛋白(ribosomal proteins)基因的表達，這些變化使細胞整體新陳代謝反應遲緩，生長與繁殖率降低，目的在減少營養物質的需求及能量的消耗，以度過不利的環境。

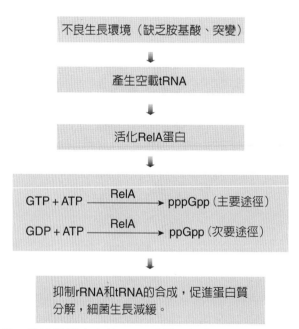

■ 圖3-22　嚴峻反應的途徑。嚴峻反應由空載tRNA誘發，活化RelA激酶，RelA以GTP或GDP為受質，由ATP供給磷酸根，合成pppGpp和ppGpp。

Ti 質體基因調控系統：VirA/VirG 模式

Ti質體(Ti plasmid)是引起植物腫瘤(crown-gall)的農桿菌(*Agrobacterium tumefaciens*)的質體，具有使植物細胞轉型並產生腫瘤的基因群，這些基因聚集在質體的一段DNA上，此段DNA能由細菌轉移至植物細胞，故稱之為轉移性DNA (transfer DNA; T-DNA)。1980年代以來，科學家利用T-DNA的特性，將外來基因嵌入T-DNA中，使外來基因得以進入多種植物細胞中，栽培出基因轉殖植物(transgenic plant)。

環狀的Ti質體含200~800 kbp，傳統上以合成的opines的種類分為兩大類，即Nopaline與Octopine，如pTiC58, pTi37歸屬Nopaline類，如pTiA6, B6, Ach5, 15955, R10歸屬Octopine類，皆攜帶一段T-DNA，T-DNA長度約10~30 kbp，圖3-23是Nopaline與Octopine的基因體圖譜。T-DNA兩端各含25 bp的正向重複序列(directly repeated sequence; DR)，是切割與轉移酵素的辨識區，左右兩個DR之間編碼多種基因，其中如*shi*、*roi*、*nos*等，*nos*基因產物與合成opine有關，此外T-DNA還編碼與植物腫瘤(gall)相關的基因，如*tmr* 基因編碼合成細胞分裂素(cytokinin)的酵素dimethylallyltransferase，*tms* 基因含*tms1*、*tms2*兩種，*tms1*編碼tryptophan monooxygenase，*tms2* 編碼indole-3-acetamide hydrolase，這兩種酵素是合成植物生長素(auxins)的酵素。

T-DNA本身無法轉移到植物細胞中，需要依賴Ti質體中的是*vir*基因區(*vir* gene region)（圖3-23）。*vir*基因區含A~G，共6個基因，各有其功能，整個*vir*基因區活化及T-DNA嵌入（或稱整合；integration）基因體的過程簡述如下：

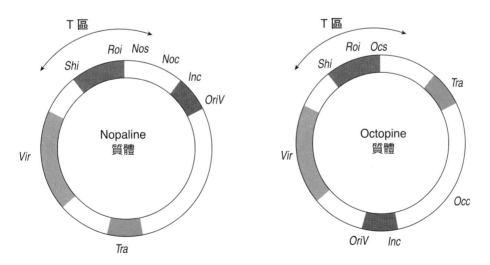

■ 圖3-23　Nopaline及Octopine的基因體圖譜。Nopaline及Octopine的基因體皆包含T-DNA、vir基因群、tra (conjugal transfer)等基因，如Nopaline T-DNA的範圍內包括shi、roi、nos等基因，協助T-DNA轉移的是vir基因群，tra基因群主導細菌間的連結與質體轉移。

1. 當植物組織損傷時，受傷的組織會釋出訊號分子，這些小分子主要是**酚類化物**(phenolic compounds)，如acetosyringone（圖3-24）等，*virA*基因產物為細菌細胞的膜蛋白（感應者），VirA受到酚類化物刺激後，先活化本身的激酶活性，再進行自我磷酸化(autophosphorylation)。

2. 磷酸化的VirA隨後將磷酸根移轉給VirG（接受者），磷酸化的VirG是轉錄因子，啟動包括*virB*、*virC*、*virD*、*virE*等基因的轉錄（圖3-25），顯然這又是一組雙因子調控系統，不要忘了這些過程都在農桿菌內完成。

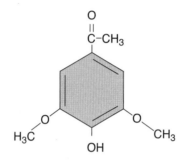

■ 圖3-24 Acetosyringone的分子結構。Acetosyringone為受傷組織釋出的訊號分子，這些訊號分子主要是酚類化物。

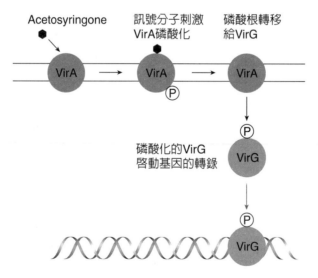

■ 圖3-25 VirA/VirG雙因子調控系統。VirA感應酚類化物後自我磷酸化，隨後將磷酸根移轉給VirG，VirG是轉錄因子，啟動包括virB、virC、virD、virE等基因的轉錄。

3. 從接收訊號到T-DNA轉送過程，每一種*Vir*基因產物，皆承擔關鍵的角色（圖3-26）。VirD為核酸內切酶(endonuclease)，有VirD1/VirD2兩種，切割點在T-DNA兩端的DR序列中，不過絕大多數只造成單股斷裂，右臂DR斷裂股的5'-端立即與VirD2第29號酪胺酸(tyrosine 29)形成磷脂鍵，此游離的單股DNA稱為T-strand，VirD2-T-strand複合體一方面由VirD4護送至VirB因子構成的通道，一方面也接合VirE2，VirE2為單股DNA接合蛋白(single-strand binding protein; SSB)，能穩定且保護單股T-strand，來到VirB通道時，跟著VirD2-T-strand複合體進入植物細胞。

4. VirD2與VirE2分子結構上皆具有核區位訊號(nuclear locolization signal; NLS)（參閱圖9-18），能引導T-stand通過細胞核膜，進入植物細胞核中。T-stand先以DNA聚合酶合成雙股DNA (T-DNA)，準備與植物基因體整合。不過T-DNA的整合點是基因體DNA任何一個雙股斷裂點(double-strand break; DSB)，故T-DNA的嵌入(insertion)無序列專一性，而所用的機制為非同質性末端接合(non-homologous end-joint; NHEJ)（參閱圖11-15），顯然T-DNA與基因體整合（嵌入）可能影響任一個基因，如果整合點位於染色體的端粒區(telomeric region)，甚至引起染色體結構改變。

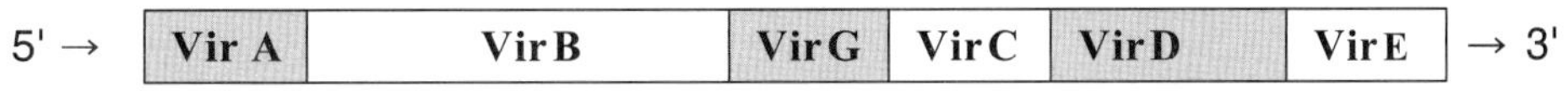

5' →	Vir A	Vir B	Vir G	Vir C	Vir D	Vir E	→ 3'

Vir A 細菌細胞的膜蛋白感應器。

Vir B 與VirD4組成膜上的通道，協助T-DNA；*VirB*基因是個基因群，含有至少11種 *VirB*基因（VirB1到VirB11），其中 VirB4及VirB11是ATP分解酶(ATPase)，分解ATP以釋出能量，VirB4協助VirB2轉移到外膜，以聚合成通道；而VirB11由VirD4接手轉送T-DNA通過VirB/VirD4通道。

Vir G 活化 *VirB*、*VirC*、*VirD*、*VirE*等基因的轉錄因子。

Vir C 協助處理及轉送T-DNA。

Vir D 核酸內切酶(endonuclease)，也稱為釋放酶(relaxase)，從Ti質體上釋出 T-DNA片段。

Vir E 單股DNA接合蛋白(SSB)，穩定T-DNA並協助轉送。

■ 圖3-26　Ti質體的Vir基因區及基因產物在T-DNA釋出與轉送的角色。

Molecular Biology

04
CHAPTER

噬菌體的基因調控

4-1　λ 噬菌體生活史

　　噬菌體(bacteriophage)是以原核細胞為宿主的病毒，故具有一般病毒的特性，結構上相對簡單，只具有蛋白質**殼體**(capsid)及包在殼體內的核酸（基因體），故噬菌體的基因體複製與基因表現，幾乎依賴宿主細胞的胞器與酵素。由於大多數噬菌體的基因體不大，其DNA序列與所含的基因不多，不過基因的活化自有一套調控機制，成為早期分子生物學研究的絕佳材料，例如早在1940年代就有許多學者，研究以大腸桿菌為宿主的T-系列噬菌體(T1~T7)，甚至連1953年發表DNA之X-ray繞射圖譜的Rosalind E. Franklin，以及同時發表DNA分子結構的James D. Watson，也都是研究病毒結構的專家。經過70多年的知識累積，有關噬菌體與病毒的分子生物學，已經是一項複雜且不能忽略的學門。以生物技術而言，噬菌體與病毒是理想的載體(vector)，例如以基因重組技術將*HER2/neu*基因(*HER2/neu* gene)嵌入Lambda噬菌體(λ phage)基因體中，產生的新λ噬菌體殼體上皆能表達HER2/neu蛋白，這種基因重組噬菌體就能有抗原呈現功能，激活胞殺性T淋巴球(cytotoxic T-lymphocyte)，對抗HER2＋乳癌細胞。

　　噬菌體殼體外形依種類而異，有線狀、**二十面體**(icosahedral)、球狀等形狀，包括T4、T7等噬菌體的*Myoviridae*科噬菌體(*Myoviridae* bacteriophage)則具有頭部、尾部及尾部纖維(tail fiber)，以輔助附著在細菌表面的受體上，屬*Siphorviridae*科的lambda噬菌體(λ phase)也有類似結構（圖4-1）。殼體內的核酸大多為雙股DNA〔如λ噬菌體(λ phage)、T7噬菌體(T7 phage)等〕，少數是單股DNA、雙股RNA及單股RNA，且噬菌體的核酸大小不一，如T4噬菌體(T4 phage)具有168×10^3 bp的雙股DNA，內含289個開放讀框（潛在基因）；而λ噬菌體的基因體長度為48,502 bp，內含73個開放讀框（潛在基因）。

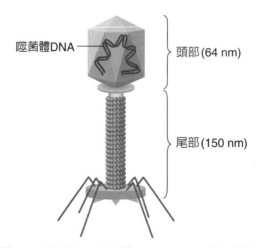

噬菌體DNA

頭部 (64 nm)

尾部 (150 nm)

■ 圖4-1　典型的二十面體(icosahedral)噬菌體構造。

　　噬菌體最主要的生命現象為繁殖後代，即利用宿主細胞內的酵素系統，複製新的噬菌體，細菌崩解(bacteriolysis)之後，新噬菌體隨即釋出，再重新感染鄰近的細菌細胞，此生命週期(life cycle)稱為溶菌期(lytic cycle)；某些噬菌體的基因體還能嵌入細菌的染色體中，潛伏在宿主的基因體內，與宿主DNA同時複製與轉錄，此生命週期稱為潛溶期(lysogeny)。不同的噬菌體生命週期快慢不同，在37℃下有的噬菌體從吸附到溶菌只要15分鐘，有的約30分鐘左右。

溶菌期

　　典型的生命週期大致分為五個階段，也能在入侵後即進入潛溶循環(lysogenic cycle)，簡述如下（圖4-2）：

1. **吸附**(adsorption)：噬菌體附著在細菌表面的受體上，細菌表面的脂多醣(lipopolysaccharide)、蛋白質、鞭毛、線毛(pili)等皆可能是受體，此受體對噬菌體的種類具有專一性，故某一種噬菌體對甲品系大腸桿菌具有感染性，對乙品系可能毫無影響。

2. **入侵**(invasion; penetration)：噬菌體破壞細胞外壁與細胞膜之後，即將核酸注入(injection)宿主細胞內，可能利用宿主RNA聚合酶及核糖體，隨即開始合成感染早期所需的mRNA及蛋白質。

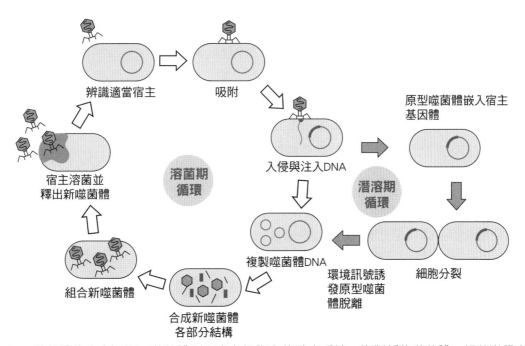

辨識適當宿主　　吸附　　　　　　　　　原型噬菌體嵌入宿主基因體

宿主溶菌並釋出新噬菌體　　　溶菌期循環　　入侵與注入DNA　　潛溶期循環

組合新噬菌體　　複製噬菌體DNA　　　環境訊號誘發原型噬菌體脫離　　細胞分裂

合成新噬菌體各部分結構

■ 圖4-2　噬菌體的生命週期。噬菌體利用宿主細胞內的酵素系統，複製新的噬菌體，細菌崩解之後，新噬菌體隨即釋出，再重新感染鄰近的細菌細胞。某些噬菌體侵入宿主細胞後，其原型噬菌體(prophage)即與宿主基因體整合，進入潛溶期。

3. **複製**(replication)：噬菌體利用宿主DNA聚合酶，開始合成新的噬菌體DNA，同時以RNA聚合酶及核糖體合成所需的噬菌體mRNA及蛋白質。如果噬菌體的基因體是單股DNA〔如M13噬菌體(M13 phage)、ΦX174噬菌體(ΦX174 phage)等〕，則必須以單股DNA為模板，合成雙股DNA，雙股DNA稱為複製型DNA (replication form; RF)基因體，RF才能用來複製新的單股DNA及合成mRNA。

4. **組合**(assembly)：新合成的構造蛋白質以特定的方式與順序組合成殼體，新複製的基因體則裝填在殼體內，完成新生代噬菌體的複製。

5. **溶菌**(lysis)：細菌的外壁及原生質膜破裂，釋出大量的新噬菌體，完成一個生命週期，如λ噬菌體一個週期大約釋出100個子代噬菌體；如T4噬菌體的溶菌週期平均歷時22分鐘，如果將混合噬菌體的細菌懸浮液塗布在培養基上，經過24小時的培養，即可見到混濁的細菌層上出現許多透明小圓點，稱為**溶菌斑**(plaque)，這就是噬菌體造成大量細菌崩解的佐證。

🔍 潛溶期

溫和型噬菌體(temperate phage)在感染之後，不破壞宿主細胞，而是將基因體嵌入細菌染色體中，潛伏在宿主基因體內呈無活性狀態，此時噬菌體與宿主的關係稱為**潛溶狀態**(lysogeny)（圖4-3），而宿主基因體內的噬菌體基因體則稱為**原型噬菌體**(prophage)，大多數被研究的噬菌體皆能進入潛溶期。原型噬菌體也能在某些狀況下（如細菌DNA受到明顯破壞），從宿主基因體上割離(excision)，恢復溶菌期的複製、組合，且使宿主細胞崩解。某些噬菌體長期處在潛溶狀態，原型噬菌體逐漸成為提供細菌某些特性的因子，如白喉桿菌產生的白喉毒素，其毒素基因就是β原型噬菌體提供的；沙門氏桿菌受epsilon (Σ)噬菌體[epsilon (Σ) phage]感染後，噬菌體會進入潛溶期，原型噬菌體產生的酵素能改變沙門氏桿菌表面脂多醣的分子結構，增強致病力。

基因體要順利裝填在殼體內，其大小有一定的限制，如λ噬菌體的基因體可被裝填的範圍是原基因體大小的78% (38 kbp)到105% (53 kbp)，利用這個特性，λ噬菌體可作為外來基因的載體，即將基因體裁減到約38 kbp，再嵌入一段約10~15 kbp的外來基因（研究者要克隆到細菌細胞內的基因），則經由λ噬菌體可將外來基因植入細菌細胞內，再利用λ噬菌體的潛溶機制，使外來基因成為細菌基因體的一部分，建構一個含重組DNA (recombinant DNA)的細菌株，且能表達並產生外來蛋白。

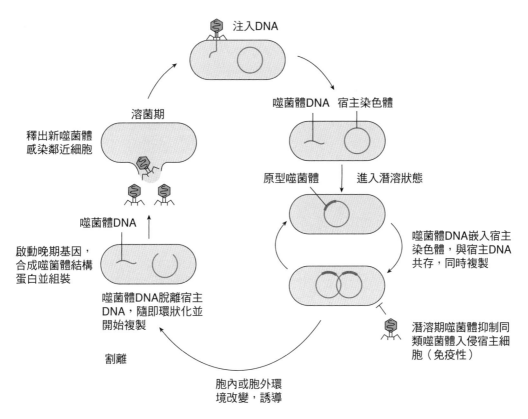

■ 圖4-3 溫和型噬菌體的潛溶期。噬菌體在感染之後，不使細菌崩解，而是將基因體整合至細菌染色體中，潛伏在宿主基因體內呈無活性狀態。

基因的分段活化現象

噬菌體感染宿主細胞之後，可能進入溶菌週期或潛溶期；溶菌期與潛溶期之間的轉換，以及潛溶期的維持等，涉及一套複雜的梯度式基因調控機制(cascade regulatory pathway)，這是本章要討論的重點。生命週期中每一階段的基因，皆負責活化下一階段特定基因與產物，如此使不同基因呈階段性依序活化，此**分段梯度式活化模式**(cascade activation model)，使基因活化所需的有限物質能有效利用，也使各時期的基因能適時適地的表達出來，以滿足生命週期中每一階段的需求。以Lambda噬菌體(λ phage)為例，溶菌期基因的活化分為三期：立即早期基因(immediate early genes)、延遲早期基因(delay early genes)及晚期基因(late genes)（圖4-4），立即早期基因表達之後，其中的反終止子(antiterminator)〔N基因(N gene)編碼的N蛋白(N protein)〕使RNA聚合酶略過終止子，轉錄下游的延遲早期基因；而延遲早期基因表現後產生的反終止子〔Q基因(Q gene)編碼

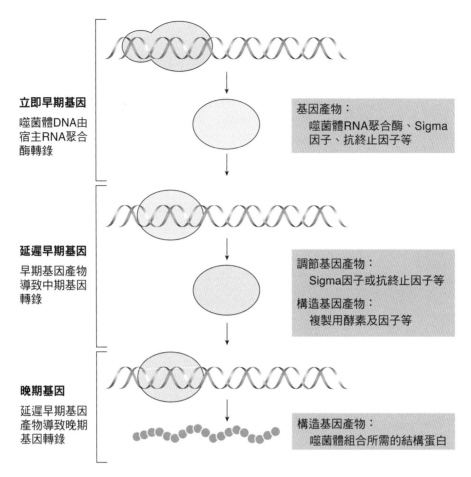

立即早期基因

噬菌體DNA由宿主RNA聚合酶轉錄

基因產物：
　噬菌體RNA聚合酶、Sigma因子、抗終止因子等

延遲早期基因

早期基因產物導致中期基因轉錄

調節基因產物：
　Sigma因子或抗終止因子等

構造基因產物：
　複製用酵素及因子等

晚期基因

延遲早期基因產物導致晚期基因轉錄

構造基因產物：
　噬菌體組合所需的結構蛋白

■ 圖4-4　λ噬菌體的基因的分段活化現象。λ噬菌體溶菌期基因的活化分為立即早期基因、延遲早期基因及晚期基因。立即早期基因表現之後，不同階段的反終止子使下一階段基因得以轉錄。

的Q蛋白(Q protein)〕，進一步使晚期基因得以轉錄，經由晚期基因產物，噬菌體得以組裝頭部、DNA與尾部，從宿主細胞釋出後，完成溶菌週期（圖4-4）。溶菌期與潛溶期間的基因是相互抑制的，例如立即早期cro基因(cro gene)編碼的Cro蛋白(cro protein)，即是潛溶期的抑制子(repressor)，抑制維持潛溶期所需的cI基因(cI gene)〔編碼lambda抑制子(λ repressor)〕；反之，維持潛溶期的Lambda抑制子，也能抑制Q基因的表達，抑制噬菌體進入溶菌期（圖4-5）。延遲早期基因除了能促使λ噬菌體進入溶菌周期的Q基因之外，還包括cII基因(cII gene)、cIII基因(cIII gene)，故cII基因產物活化cI基因，轉譯產生Lambda抑制子，抑制立即早期基因(N gene及cro gene)的活化，cIII基因產物則是cII蛋白的穩定因子，這兩個基因促使λ噬菌體進入潛溶周期(lysogenic cycle)，同時抑制λ噬菌體進入溶菌周期(lytic cycle)，可見延遲早期基因的表達，是一個十字路口，能使λ噬菌體複製並破壞宿主細胞，或嵌入（整合）宿主的基因體，與宿主共生息（圖4-5）。本章

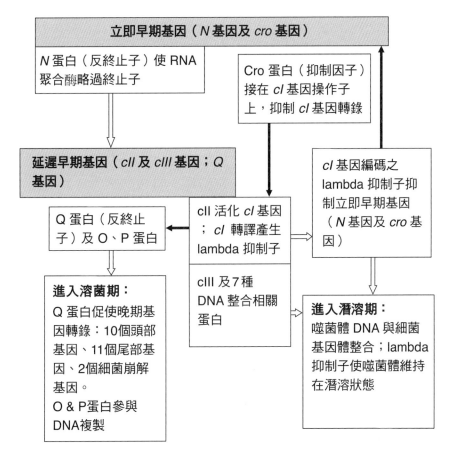

■ 圖4-5　噬菌體基因的梯度活化與生活史（溶菌週期或潛溶期）的相關性（白色箭頭代表活化；黑色箭頭代表抑制）。

將以 λ 噬菌體為例，詳細描述此複雜的基因調控機制。圖4-5 是主要基因之間的相互調控關係（活化或抑制），圖4-6為 λ 噬菌體部分基因體的示意圖，標示了幾個主要參與調控的基因及啟動子，建議讀者能看懂並隨時參照。

4-2　溶菌期的基因調控

　　λ 噬菌體的基因體含48,502 bp 當 λ 噬菌體的基因體進入宿主細胞之後，最先表達的是兩種立即早期基因，分別是利用右翼啟動子(P_R promoter; P_R)轉錄的cro基因，以及利用左翼啟動子(P_L promoter; P_L)轉錄的N基因（圖4-6），N基因的產物是反終止子，負責誘導延遲早期基因群的表達，而cro基因的產物是抑制子，Cro蛋白的角色是抑制潛溶期的關鍵基因cI的表達，防止 λ 噬菌體進入潛溶期。整個調控機制詳述如下。

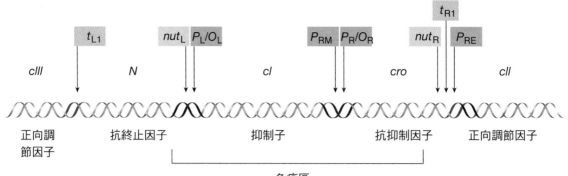

■ 圖4-6　λ噬菌體幾個主要參與調控的基因及啟動子。P_R轉錄的cro基因及P_L轉錄的N基因為立即早期
基因，cI為立即早期基因的抑制基因，P_RM為cI基因的弱啟動子，P_RE在cII的強化下，為cI的
強啟動子，cIII能避免cII蛋白被分解。

🔍 立即早期基因：N基因

　　由N基因編碼的N蛋白可說是λ噬菌體生命週期的總開關。產生N蛋白的主要目的，
是協助大腸桿菌的RNA聚合酶略過左、右兩翼的終止子（t_R1及t_L1），跨越t_R1的RNA聚
合酶開始轉錄下游包括cII及O、P、Q等延遲早期基因，cII基因為調控基因，O、P基因
與DNA複製有關。Q基因產物是另一種反終止子，Q蛋白使RNA聚合酶略過另一個終止
子(t_R3)，使晚期基因群得以順利轉錄，引導λ噬菌體進入溶菌期。而跨越t_L1的RNA聚合
酶開始轉錄包括cIII調控基因及7種與位置專一性重組(site-specific recombination)有關的
基因，λ原型噬菌體(prophage)經由這種重組，嵌入細菌染色體的特定位置上，與宿主基
因體整合(integration)，進入潛溶期(lysogeny)，位置專一性重組將在第4-4節討論。由此
觀之，N蛋白同時活化引導λ噬菌體進入溶菌期(t_R1)的基因(O、P、Q genes)，以及引導λ
噬菌體進入潛溶期(t_L1)的基因(cIII genes)，到底λ噬菌體如何決定方向？關鍵在扮演調
控因子的cII基因及cro基因產物，這部分將在討論cI與cII基因時詳述。

　　N蛋白能辨識並接合特殊的核苷酸序列，此位置稱為nut (N utilization)，左翼及右
翼各有一個（nut_L及nut_R），nut位由兩組共識序列所構成（圖4-7），分別稱為nut A盒
(nut A box)及nut B盒(nut B box)，N蛋白的辨識區為B盒。N蛋白的反終結活性無法自行
完成，必須有宿主大腸桿菌nus (N utilization substances)基因群的參與，nus基因群包括
nusA、nusB、nusE、nusG等，其中nusE 編碼核糖體小次單元的S10蛋白(S10 protein)。
Nus A蛋白(Nus A protein)的正常功能是協助RNA聚合酶，在遭遇Rho依賴性終止子時
終止轉錄，不過當N蛋白接合在B盒時，會抑制NusA與RNA聚合酶間的交互作用（圖
4-7）。Nus B蛋白(Nus B protein)與S10形成的異質雙倍體能辨識A盒，此時NusB-S10雙

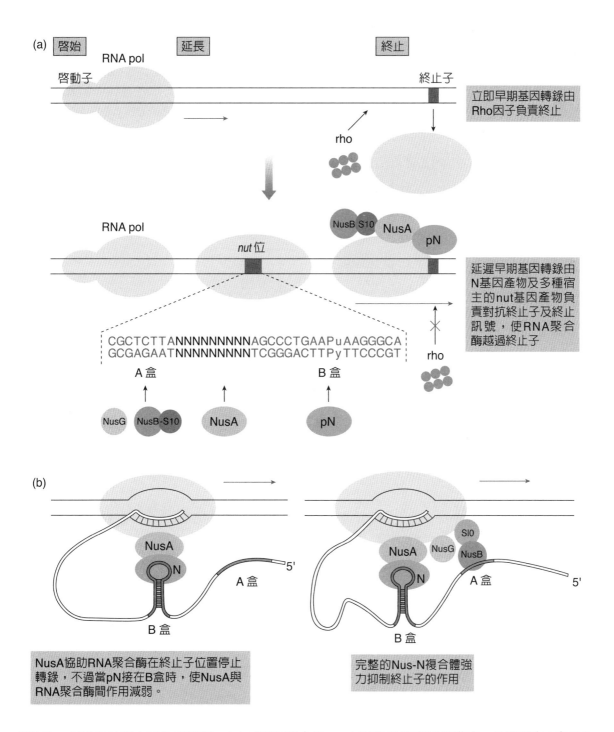

■ 圖4-7　N蛋白反終止子作用機制。(a) N蛋白接合位nut由兩組共識序列所構成，分別稱為A盒及B盒，N蛋白的辨識區為B盒，NusB-S10則接合在A盒；(b) N-NusA、NusB-S10與RNA聚合酶結合成複合體，在遭遇Rho依賴性終止子時略過終止子，繼續進行轉錄。

倍體接合在A盒的序列上，當RNA聚合酶經過時，即能與RNA聚合酶結合，協助RNA聚合酶略過Rho依賴性終止子，繼續進行轉錄。NusB-S10還能影響其他基因，如rRNA基因的終止子就受到NusB-S10的調控。

當N蛋白接合在B盒時，一方面干擾NusA的功能，一方面有利於NusB-S10接在A盒上，當RNA聚合酶通過*nut*時，包括N蛋白及NusA、NusB-S10皆會與聚合酶結合，形成一個大複合體（圖4-7），而NusG的功能可能是促進複合體的形成與穩定。當複合體遭遇t_{R1}及t_{L1}時，會協助RNA聚合酶略過終止子，持續其轉錄反應，使延遲早期基因陸續表達。延遲早期基因中的*Q*基因會持續活化，產生的Q蛋白一方面扮演反終止子的角色，另一方面促進晚期基因的活化與表現，促使λ噬菌體完成溶菌期。

立即早期基因：*cro* 基因

*cro*基因(*cro* gene)的產物是分子量約8.6 KDa、含66個胺基酸的多肽鏈，活化態呈雙倍體結構，其主要功能為接合在P_R的操作子(O_R)上，調控鄰近5′-端的*cI*基因轉錄，抑制λ抑制子(λ repressor)的產生（圖4-8b）。*cro*基因5′-端含有三個Cro蛋白（抑制子）的接合位（操作子），分別是O_R1、O_R2、O_R3（圖4-8a），Cro蛋白對此三個接合位的親和性大小為$O_R3>(O_R1、O_R2)$；換言之，Cro蛋白雙倍體最先接合在O_R3上，干擾RNA聚合酶與*cI*基因啟動子P_{RM} (promoter for repressor maintain)形成穩定的複合體（圖4-8b），*cI*基因的表現如果受到抑制，則*N*基因、cro基因及延遲早期基因（包括*O*、*P*、

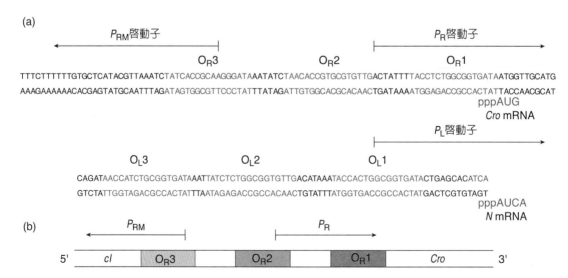

■ 圖4-8　λ抑制子與cro抑制子的操作子。以*cI*基因為基準，cI與cro抑制子分別有O_R及O_L等兩組操作子，各有三個操作子。以O_R為例，Cro蛋白對此三個接合位的親和性大小為$O_R3>(O_R1、O_R2)$；λ抑制子（*cI*基因的產物）的親和性大小則為$O_R1>O_R2>O_R3$。

Q 基因）才有可能表達，λ噬菌體才有機會進入溶菌期（此概念將在下節中詳述；參考圖4-5、圖4-6）。*cro*基因的表現並非毫無上限，當Cro蛋白的量大到一定程度時，即開始接在O_R1及O_R2上，影響P_R的運作，抑制*cro*基因的轉錄（自我調控）。P_L（N基因啟動子）也有三個Cro蛋白的操作子，分別是O_L1、O_L2、O_L3，Cro蛋白也能接合在O_L3上，不過對P_L沒有任何影響。

延遲早期基因

N蛋白的存在，是表現延遲早期基因(delay early gene)的必要條件，延遲早期基因分為兩大群，一群在t_{R1}下游，包括*cII*、*O*、*P*、*Q*等基因，*cII*基因產物是噬菌體維持潛溶狀態的關鍵因子之一，將在下節中詳述；而*O*、*P*、*Q*基因皆與噬菌體的溶菌期有關，如果N蛋白的製造未受抑制，則噬菌體會產生足夠量的*O*、*P*、*Q*基因產物，促使噬菌體進入溶菌期。*O*基因(*O* gene)、*P*基因(*P* gene)的產物O蛋白(O protein)及P蛋白(P protein)是複製λ噬菌體DNA必要的因子，有此兩種蛋白加入DNA聚合酶複合體（來自宿主細胞），DNA聚合酶複合體才能接合在λ噬菌體DNA的**複製起點**(origin, *ori*)上，λ噬菌體DNA（基因體）的複製是溶菌期的首要階段。

*Q*基因產物也是一種反終止子，分子量約23 KDa，能使RNA聚合酶通過+1位下游的中止訊號(pause signal; AACGAT)(t_{R3})（圖4-9），順利使P_R啟動子驅動的晚期基因進行轉錄，產生一系列複製λ噬菌體所需的因子與構造蛋白。Q蛋白辨識P_R之−10盒與−35共識序列之間的一段序列，稱之為*qut* (Q utilization)（圖4-9），*qut*接合位有兩個類似

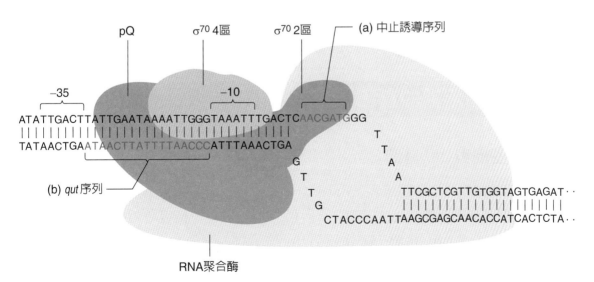

■ 圖4-9 Q蛋白反終止子的作用機制。(a) Q蛋白能使RNA聚合酶通過+1位下游的中止訊號(AACGAT)；(b) Q蛋白辨識PR' 之−10盒與−35共識序列之間的一段序列，稱之為*qut*。

5'-ATTGAATAAA-3'的重複序列。接在*qut*接合位的Q蛋白能與接在$P_{R'}$上的RNA聚合酶 σ^{70}次單元交互作用，使RNA聚合酶不會暫停在DNA中止訊號上（圖4-9），隨越過t_{R3}終止子，順利進行晚期基因的RNA合成。

另一群延遲早期基因在t_{L1}下游，包括*cIII*及7種涉及位置專一性重組的基因，這種重組作用是λ噬菌體建立潛溶狀態的第一階段，如其中的*int*基因編碼λ噬菌體的**整合酶** (integrase)，催化λ噬菌體DNA與細菌染色體間的整合反應（integration，即一種位置專一性重組反應），而其中的*xis*基因(*xis* gene)涉及λ原型噬菌體的割離，即*xis*基因產物與潛溶狀態的終止有關。雖然N蛋白同時協助溶菌期基因群（右翼）與潛溶期基因群（左翼）的表現，不過如果*cI*及*cII*基因無法完全表達，λ噬菌體仍無法與細菌基因體整合，並維持潛溶狀態。

晚期基因

晚期基因(late gene)群組成一個操縱組結構，從$P_{R'}$啟動子下游的+1位開始，轉錄成一條包含多種基因編碼的長mRNA，這些基因編碼10種λ噬菌體頭端的構造蛋白、11種尾端的構造蛋白，以及2種與溶菌有關的蛋白。*S*基因(*S* gene)及*R*基因(*R* gene)，緊隨在*Q*基因的下游（圖4-10），是兩種負責破壞細菌外膜的基因，S蛋白分子量約8.5 KDa，在細菌被誘發脫離潛溶狀態、進入溶菌期後10分鐘左右，S蛋白聚合體就可在細菌內膜上發現，S蛋白的大量聚集促使原生質膜通透性增加，原生質膜開始分解。R蛋白分子量約17.5 KDa，是一種醣基轉移酶(transglycosylase)，其功能是分解細菌細胞壁的肽聚醣 (peptidoglycan)，在S蛋白與R蛋白的交互作用下，細胞約在λ噬菌體感染數十分鐘後崩解。

4-3 潛溶期的基因調控

cII 基因與 *cIII* 基因

λ噬菌體被歸類為溫和型病毒，因為λ噬菌體較常以潛溶狀態與大腸桿菌共存，潛溶狀態的起始點是延遲早期基因*cII*與*cIII*的活化，cII蛋白是一種很有效率的轉錄因子，其主要功能為：(1) 增強P_{RE}啟動子(promoter for repressor establishment)轉錄*cI*基因的功能，*cI*基因產生的λ抑制子是N基因與*cro*基因表達的強力抑制劑；(2) 增進P_I (promoter for *int* gene)轉錄整合酶基因的活性，表現*int*基因(*int* gene)產生的整合酶是進入潛溶狀

態不可少的酵素；(3) 促使 P_{aQ} (promoter for anti-Q RNA)轉錄一段 *Q* 基因mRNA的反意RNA，*Q* 基因mRNA的反意RNA能干擾 *Q* 基因mRNA穩定性，減少Q蛋白的製造，直接抑制了溶菌期晚期基因的表現，防止λ噬菌體進入溶菌期。顯然cII蛋白的快速增加能阻斷λ噬菌體進入溶菌期的可能性，驅使其進入潛溶狀態。

早期

宿主RNA由 P_L 及 P_R 等兩個啟動子分別轉錄 *N* 基因及 *Cro* 基因

Cro抑制 *cI* 基因的活化，使λ抑制子無法產生，噬菌體無法進入潛溶期

延遲早期

pN抑制終止子，使轉錄持續進入延遲早期基因區

cII 能促使 *cI* 基因活化，不過 *cI* 基因受到 *Cro* 的負調節；Q蛋白抑制終止子，協助RNA聚合酶略過 t_{R3}，轉錄晚期基因

晚期

從 $P_{R'}$ 啟動子開始轉錄晚期基因，產物包括噬菌體的頭、尾部構造蛋白

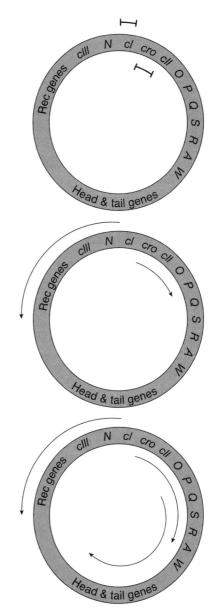

■ 圖4-10　λ噬菌體基因體上參與溶菌期的三階段基因分布及活化程序。

*cII*基因的表現受到三種機制的調控（圖4-11）。(a)以轉錄階段而言，*cII*基因下游有一個啟動子稱為P_{OOP}，可逆向轉錄一段含77 nts的RNA分子，此轉錄終止於*cII*基因編碼區內，與cII mRNA 3'尾端產生的53個核苷酸重疊，故*OOP* RNA是cII mRNA的反意RNA，能與cII mRNA部分互補，此雙股RNA結構成為RNase III（一種RNA分解酶）的目標，雙股RNA結構被分解之後，剩下的單股cII mRNA片段則由RNase II及聚核苷酸磷酸分解酶(polynucleotide phosphorylase; PNPase)所分解；(b)以轉譯後階段(posttranslation level)而言，cII蛋白是宿主FtsH蛋白酶(FtsH protease)的目標，很容易被分解而失去活性，FtsH是一種附著於膜內緣的ATP依賴性蛋白分解酶；(c) λ噬菌體同時產生cIII蛋白的目的，就是防止cII蛋白被分解，因為cIII蛋白也是FtsH蛋白酶的理想受質，當cIII蛋白量增高時，會與cII蛋白競爭FtsH蛋白酶催化位，如此即能減低cII蛋白被分解的量。

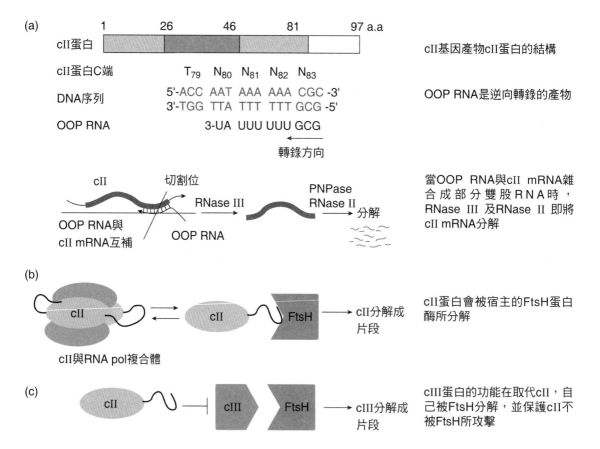

■ 圖4-11　*cII*基因表現的調控機制。(a) *cII*基因下游的啟動子P_{OOP}，可逆向轉錄OOP RNA，OOP RNA是cII mRNA的反意RNA，能與cII mRNA形成雙股RNA結構，使其成為RNase III的目標而被分解；(b)宿主FtsH蛋白是一種ATP依賴性蛋白分解酶，cII蛋白很容易被FtsH分解而失去活性；(c) cIII蛋白會與cII蛋白競爭FtsH蛋白酶催化位，防止FtsH對cII的攻擊。

cII如何增強P_{RE}啟動子轉錄cI基因？P_{RE}位於cII構造基因的5'端（參考圖4-6）好像與cI基因還隔著cro基因，不過P_{RE}啟動轉錄的方向與P_R相反，RNA聚合酶朝著cI的方向轉錄，合成一長條的mRNA，包括cro基因的反意RNA及cI基因的完整mRNA。P_{RE}是一個不完全的啟動子，其–35區的核苷酸序列5'-CAAACA-3'與共識序列5'-TTGACA-3'只有一半符合，–10盒的序列5'-TTCATA-3'與共識序列5'-TATAAT-3'也相差甚遠（圖4-12）；換言之，RNA聚合酶與P_{RE}形成的複合體並不穩定，不過–35區兩端的序列正好是cII蛋白的辨識序列：

AACGCAAACAAACG
TTGCGTTTGTTTGC

5' ———————————→ 3'

這是一種AACC的直接重複序列，是目前所發現的轉錄因子辨識序列中，少數的直接重複序列（轉錄因子辨識序列大多為二分對稱序列）。當cII蛋白接合在–35區時，促使RNA聚合酶與P_{RE}親和性增加約100倍，RNA聚合酶與P_{RE}形成的複合體由閉鎖態轉變為開放態，隨後啟動轉錄。除了轉錄產生的cI mRNA增加之外，以P_{RE}啟動產生的mRNA，其轉譯λ抑制子的效率，比從P_{RM}啟動產生的mRNA高7~8倍（參考圖4-6及圖4-8）。故由

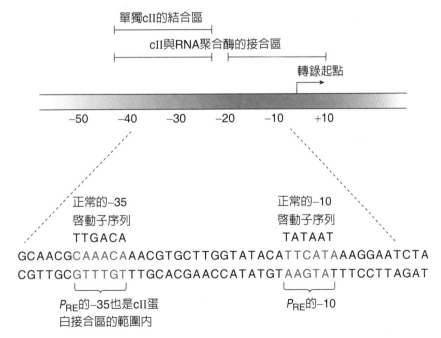

■ 圖4-12　不完全的啟動子：P_{RE}啟動子(promote P_{RE})。P_{RE}啟動子位於cII構造基因的5' 端，其–35區的核苷酸序列及–10盒的序列不是理想的啟動子序列，故與RNA聚合酶的親和性低。當cII蛋白接合在–35區時，促使RNA聚合酶與PRE親和性增加約100倍，增強了啟動子的功能。

cII蛋白誘導cI基因表達，產生了大量 λ 抑制子，反饋抑制(feedback inhibition)立即早期基因（N基因及cro基因）的表達，紓解了Cro蛋白對cI基因表達的抑制，同時干擾了延遲早期基因（包括O、P、Q 基因）的表達，加上cII蛋白對Q基因的負面調控，阻斷了 λ 噬菌體進入溶菌期的機會。此外由P_{RE}啟動產生的mRNA是cro mRNA的反意RNA，能降低cro mRNA的穩定性，抑制Cro蛋白的產生。

🔍 λ 抑制子 (λ repressor)：cI 基因及產物

最後再詳細描述 λ 抑制子(λ repressor)，這是個早在1967年即被發現的轉錄抑制因子。cI基因(cI gene)所編碼的λ抑制子分子量約27 KDa，N端功能區為DNA接合區，長度有92個胺基酸，含有5個α螺旋結構，第2及第3號α螺旋形成典型的**HTH DNA接合模組**(helix-turn-helix DNA binding motif)，以第3號α螺旋嵌入DNA股線的主凹溝中，第2號α螺旋橫在主凹溝上（圖4-13），雙倍體中的兩個單體各提供其第3號α螺旋，兩個α螺旋相隔34Å，正好是DNA雙股螺旋一圈的距離。此外，NH_2端的前6個胺基酸形成伸展到球

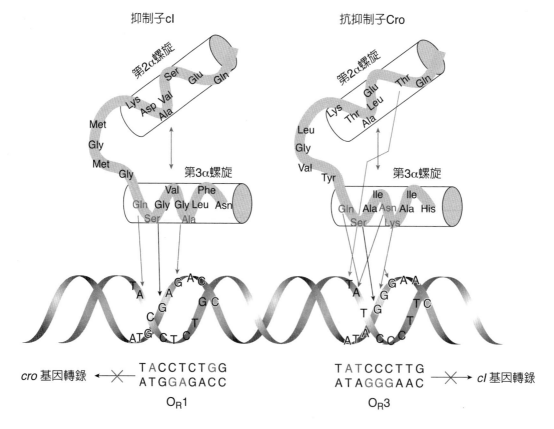

■ 圖4-13 λ抑制子（cI基因產物）及Cro蛋白與DNA的交互作用。λ抑制子長度有92個α螺旋結構，第2及第3號 α 螺旋形成典型的HTH DNA接合模組，以第3號 α 螺旋嵌入DNA股線的主凹溝中，第2號 α 螺旋橫在主凹溝上。

狀結構外的短臂，此短臂也增進λ抑制子與DNA間的親和性。λ抑制子的C端功能區負責與鄰近的單體產生聚合反應。

　　λ抑制子以雙倍體結構接合在*cro*基因啟動子P_R的操作子上，不過λ抑制子對三個接合位的親和性大小為$O_R1 > O_R2 > O_R3$，故λ抑制子雙倍體在潛溶狀態下維持的濃度，主要用來接合在O_R1及O_R2上，λ抑制子雙倍體對*N*基因啟動子P_L上游的操作子也有親和力，其親和力大小依序也是$O_L1 > O_L2 > O_L3$，故O_L1及O_L2也各有一組λ抑制子雙倍體接在上面。接合在O_R1及O_R2上的λ抑制子抑制了P_R啟動的轉錄，使*cro*基因無法表現；接合在O_L1及O_L2上的λ抑制子抑制了P_L啟動的轉錄，使*N*基因無法表現。研究證明，雖然O_L1及O_L2與P_R啟動子相隔3.6 kb，不過接在O_L1及O_L2的雙倍體會進一步與接在O_R1及O_R2上的λ抑制子雙倍體相互接合，使兩者之間的DNA形成套環結構（圖4-14），此套環結構使λ抑制子對啟動子的抑制效果增加數倍，更加關閉了*N*基因及*cro*基因的表現，增強維持潛溶狀態的效果。λ抑制子雙倍體接合O_R2時，還產生正向的自我調控效應，即λ抑制子促進了由P_{RM}啟動的轉錄反應。相對於P_{RE}，P_{RM}是個弱啟動子，產生的mRNA也缺乏明顯的核糖體接合位，故用來轉譯蛋白時效率很低，不過此作用多少提供部分維持潛溶狀態所需的λ抑制子。λ抑制子過高時也會接在O_R3上，對P_{RM}啟動的轉錄產生抑制作用，不過效果有限（只降低5~20%）。

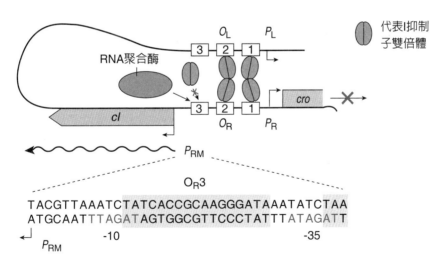

■ 圖4-14　λ抑制子雙倍體與P_L及P_R啟動子的作用機制。λ抑制子雙倍體同時與P_L及P_R啟動子作用，分別接在O_R1、O_R2與O_L1、O_L2上，接在O_L1及O_L2的雙倍體會進一步與接在O_R1及O_R2上的λ抑制子雙倍體相互接合，使兩者之間的DNA形成套環結構。O_R3不受λ抑制子的影響，使P_{RM}順利發揮作用，啟動*cI*基因的轉錄。

免疫區

當λ噬菌體維持在潛溶狀態時，如果同一大腸桿菌再度受到另一λ噬菌體的感染，則此大腸桿菌對新入侵的λ噬菌體具有**免疫力**(immunity)；換言之，大腸桿菌不會因新的λ噬菌體入侵而死亡（崩解）。這種現象的產生是由於新入侵的λ噬菌體被限制進入溶菌期，原因是新入侵λ噬菌體的基因體具有一段**免疫區**(immunity region)，免疫區意指從P_{RE}到P_L之間的區域，包括cI基因、cro基因，以及具備有OL及OR等各3個操作子（完整的抑制子接合位）（參考圖4-6），如果新入侵的λ噬菌體DNA具有完整的免疫區，則潛溶狀態時細胞內存在的高濃度λ抑制子，會接合在新入侵λ噬菌體的免疫區上，抑制其N基因與cro基因的表現，當然也使其無法進入溶菌期。如果入侵的λ噬菌體不具有完整的免疫區（例如缺少λ抑制子辨識的操作子），或者入侵的是不同種噬菌體，則大腸桿菌對入侵者就沒有免疫能力。

4-4 基因體的整合與誘發

基因體的整合

與溶菌期相關的基因雖然已經被λ抑制子所抑制，不過λ噬菌體要進入潛溶狀態，仍然需要與大腸桿菌的基因體**整合**(integration)；換言之，λ噬菌體DNA必須嵌入宿主DNA中，成為宿主細胞染色體的一部分，與宿主細胞染色體整合後的噬菌體基因體稱為**原型噬菌體**(prophage)。整合事實上需要經過**位置專一性重組**(site-specific recombination)過程（圖4-15），位置專一性的DNA重組在古菌(archaebacteria; *Archea*)、真細菌(*Eubacteria*)、真菌界(*Fungi*)很常見，主導反應的酵素是一群結構上有相似性的**重組酶**(recombinase)，統稱為**整合酶**(integrase)，λ噬菌體整合酶就是整合酶家族的一份子，由*int*基因所編碼，故有時也稱為Int蛋白，分子量約40 KDa，位置專一性的DNA重組將會在第12章詳述。

λ整合酶（Int蛋白）從反應機制來看，屬於局部異構酶I (topoisomerase I)的一種，結構與功能上歸屬酪胺酸重組酶家族(tyrosine recombinase family)（如Cre、Flp等蛋白酵素；詳閱第12章），其核心區從第170號至第356號胺基酸稱為c170片段，是酵素活性區，含重組反應催化位；c170也包含DNA接合位，負責與噬菌體及細菌DNA上的重組位接合，噬菌體DNA上的重組位稱為**噬菌體重組位** (attachment site for phage; *attP*, POP')，細菌DNA上的重組位稱為**細菌DNA重組位** (attachment site for bacteria; *attB*,

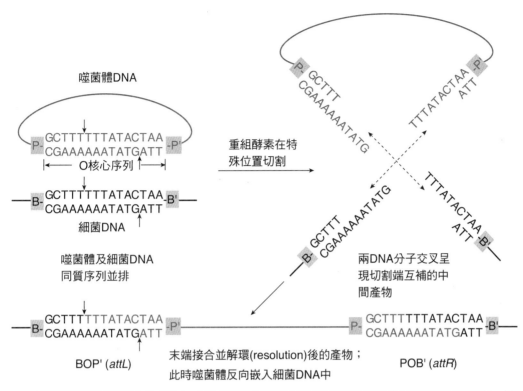

噬菌體DNA

重組酵素在特殊位置切割

O核心序列

細菌DNA

噬菌體及細菌DNA同質序列並排

兩DNA分子交叉呈現切割端互補的中間產物

BOP' (*attL*)

末端接合並解環(resolution)後的產物；此時噬菌體反向嵌入細菌DNA中

POB' (*attR*)

■ 圖4-15　λ噬菌體基因體整合的機制。λ噬菌體基因體與細菌基因體的整合過程經過位置專一性重組，噬菌體DNA上的重組位稱為*attP*，細菌DNA上的重組位稱為*attB*。整合酶從O核心序列上特定位置切割（箭頭代表切割點），隨後*attP*及*attB*上的O序列交互互補，相互接合，重組完成後，原型噬菌體下游為POB'，又稱為*attR*，上游為BOP'，又稱為*attL*。

BOB')，又稱為*att*^λ。重組反應還需要一種宿主蛋白的協助，這種大腸桿菌的蛋白稱為**宿主整合因子**(integration host factor; IHF)，編碼的基因為*himA*及*himD*，故IHF是兩種次單元組成的異質雙倍體，分子量分別為11 KD及9.5 KDa，與Int蛋白形成分子量約為400 KDa的複合體。IHF的功能類似真核細胞的組蛋白，能讓DNA雙股螺旋纏繞在其表面，形成超纏繞(supercoil)結構，IHF與λ整合酶結合後，含有*attP*的DNA股線則在複合體表面形成超纏繞，與IHF及λ整合酶接觸的DNA皆有其特定序列，這段DNA有240 bp長，含16個與重組複合體交互作用的接合位(DNA-protein binding sites)。

　　重組位包括3段特定核苷酸序列，*attP*的序列稱為POP'，*attB*的片段則稱為BOB'，其中O段序列如下：

$$\downarrow$$
$$5'\text{- GCTTTTTTATACTAA -}3'$$
$$3'\text{- CGAAAAAATATGATT -}5'$$
$$\uparrow$$

　　圖中的箭頭為進行重組時，整合酶的切割點，O段稱為重組位的核心(core)，P、P'、B、B'則稱為重組位的兩臂(arm)。整個重組過程如圖4-15，重組過程中，不是像同質性重組一樣，靠*attP*與*attB*相同的序列相聯會(synapse)（詳見第12章），而是利用λ整合酶對兩種*att*的親和性，使兩條DNA相互接近，以利重組反應，重組反應的機制如圖4-15。重組完成後的噬菌體DNA以反轉方式嵌入細菌DNA中，此時即稱之為原型噬菌體，原型噬菌體下游為POB'，又稱為*attR*，上游為BOP'，又稱為*attL*。

🔍 原型噬菌體的誘發

　　原型噬菌體(prophage)也可能從宿主染色體中脫離，結束潛溶狀態，恢復環狀雙股DNA結構，並進行DNA複製→轉錄→轉譯，進入溶菌期，合成與組裝新噬菌體。這種整合的逆向過程稱為誘發(induction)，即誘發λ噬菌體離開細菌的基因體，完成生命循環(life cycle)。誘發原型噬菌體的誘因之一是宿主細胞的SOS反應(SOS response)，SOS反應是細菌的一種自救反應，用來面對不良環境因素造成的DNA損傷，故SOS反應的主要目的是活化修補DNA相關的基因。當細胞受到如紫外線等高能量輻射線的照射時，DNA股線會因而斷裂，這些單股DNA會與細胞中的RecA蛋白（詳見第11章）接合，單股DNA與RecA組成的複合體會與抑制子LexA接合，促使LexA自我切割，斷裂的抑制子不再具有活性，使受到LexA抑制的數十種基因得以活化，並進行DNA的修補工作。此時單股DNA與RecA組成的複合體與λ抑制子接合，誘使λ抑制子自我切割，切割點位於N-端功能區與C-端功能區之間，當λ抑制子完全失去活性之後，*N*基因與*cro*基因不再受到抑制，基因調控有利於溶菌期相關基因的再活化。此時有賴四種因子的通力合作，使原型噬菌體從宿主染色體中脫離，結束潛溶狀態，這四種因子包括整合時就參與的λ整合酶及IHF，另外再增加噬菌體基因*xis*與宿主基因*fis* (factor for inversion stimulation)的產物，故Xis與Fis蛋白與切割重組(excision recombination)反應有關，切割重組過程中，λ整合酶及IHF在*attR*及*attL*上皆有其接合位，而Xis與Fis蛋白的接合位都在*attR*上。Fis蛋白(Fis protein)的功能與IHF類似，能穩定重組複合體；Xis蛋白(Xis protein)不具有任何酵素活性，不過透過對λ整合酶的影響，能使重組趨向切割反應，而不是整合反應，故Xis蛋白是切割重組的決定因子。

Molecular Biology

05
CHAPTER

真核細胞基因的轉錄

5-1 啟動子與順向調控元素

啟動子

真核細胞基因轉錄起點的5'端側翼(5'-flanking sequence)與原核細胞基因相似，也含有啟動子(promoter)，以標示基因的位置，使RNA聚合酶得以辨識與進行轉錄。不過真核細胞具有三種RNA聚合酶，即**RNA聚合酶I型**(RNA polymerase I; RNA pol I)、**RNA聚合酶II型**(RNA polymerase II; RNA pol II)、**RNA聚合酶III型**(RNA polymerase III; RNA pol III)，這三種RNA聚合酶分別轉錄不同種類的RNA，故其啟動子也有所差異。真核細胞基因的啟動子大致可分為TATA啟動子(TATA promoter)及無TATA啟動子(TATA-less promoter)。

TATA 啟動子

某些真核細胞基因的啟動子與原核細胞類似，也有類似TATA盒(TATA box)的共識元素，其共識序列為TATAAA或TATATA，一般座落於–25~–35的位置（圖5-1）。真核細胞的RNA聚合酶並不直接接合TATA盒，而是由TATA盒接合蛋白(TATA box-binding protein; TBP)先辨識TATA序列，再由TBP相關因子(TBP-associated factors; TAF)引導RNA聚合酶趨近轉錄啟動區，部分由RNA pol II轉錄的基因5'端側翼含TATA盒共識元素。真核細胞的RNA聚合酶是單純的RNA合成酵素，無辨識及啟動轉錄的能力，有賴多種一般性轉錄因子(general transcription factor)的協助，以及特殊的共識序列，才能正確地完成轉錄工作，這些步驟將在下一節詳述。

啟動區還包含數個**上游元素**(upstream element; UE)，一般位於–75的CCAAT盒是典型的上游元素，當然其所在位置也可能因基因而有所變異（圖5-1）。CCAAT盒並不參與轉錄啟始複合體(transcription initiation complex)的建構以及轉錄的專一性，不過刪

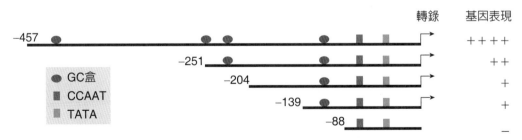

■ 圖5-1　啟動子的基本構造。圖中為胸腺嘧啶激酶基因(tk gene)啟動子，包含TATA盒(■)及上游元素，上游元素最常見的是CCAAT盒(■)及GC盒(●)。圖中顯示減少GC盒的數量顯著影響基因表現；圖中最右邊箭頭代表轉錄起始點(start point)。

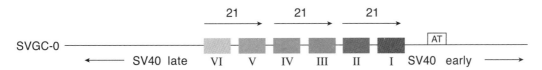

■ 圖5-2　SV40病毒早期基因啟動子具有3段含21 bp的重複序列，每一段重複序列含有2組GC盒共識序列。

除CCAAT盒顯著影響啟動子的功能，且可影響任一方向的轉錄。轉錄還需要一群核內蛋白因子的協助，稱為轉錄調節因子(transcription regulatory factor)，CCAAT盒可與數種轉錄調節因子接合，包括**CTF** (CCAAT-binding transcription factor)、**CP1** (centromere binding protein-1)、**CP2** (centromere binding protein-2)、**C/EBP** (E-box binding protein)等，且不同基因的啟動子使用不同轉錄調節因子接合CCAAT盒。

　　GC盒也是常見的上游元素，共識序列為GGGCGG及CCGCCC，有的位於–50附近，有的可位於較遠的–90~–100的位置，可影響任一方向的轉錄。如感染哺乳動物細胞的SV40病毒基因，就具有6個GC盒，可分為三組(I/II, III/IV, V/VI)，每群長度約21bp（圖5-2）辨識並接合GC盒的轉錄調節因子為SP-1。與野生型（正常型）相較，刪除GC盒I、II或III的啟動子會只剩約10~20%的轉錄活性，如果同時刪除GC盒I及II之中的任一個，其轉錄活性只剩下約5%，可見GC盒共識序列在啟動轉錄的機制上，占有關鍵角色。

▌無 TATA 啟動子

　　不含TATA盒的啟動子並不少見，某些由RNA pol II或RNA pol III轉錄的基因皆有無TATA啟動子，如週期素cyclin D1基因啟動子沒有TATA盒。某些基因，特別是結構性表現基因(constitutive gene)〔或稱為持家基因(house-keeping gene)〕，是所有細胞維持細胞構與基本代謝反應不可缺的基因，所以必須保持穩定的活化狀態，其啟動區就沒有TATA盒，不過具有一段共識序列稱為啟始子(initiator; Inr)，一般座落於轉錄起點+1附近。啟始子的標準序列如下：

$$5' - PyPyA^{+1} - N\text{-}T/A - PyPy - 3'$$

　　其中A位於轉錄起點+1，Py代表嘧啶(pyrimidine)，T/A代表此位置可能是T或A。典型的轉錄*Inr*必須具備四個要件：(1)此序列必須能在無TATA盒的啟動子區，引導基因轉錄的啟始；(2)此序列必須符合文獻中公認的*Inr*標準序列；(3)所引導的轉錄必須要有方向性；(4)此*Inr*所引導的轉錄能受到一般性轉錄因子(general transcription factor)的刺激，如某些研究證明RNA pol II主要的一般性轉錄因子TFIID，以其所含的TBP次單元，除了參與TATA啟動子的轉錄之外，也能與無TATA啟動子的*Inr*交互作用，TFIID的次單元TAF1-TAF2雙倍體能辨識*Inr*序列，是*Inr*引導轉錄時不可缺少的因子。轉錄因

子IID (transcription factor IID; TFIID)是由TBP與TAFs組成的大複合體，分子量可達1.3 MDa，人類細胞中共有14種TAF次單元，TFIID及TAFs將在討論RNA pol II時詳述。TFIID複合體所含的TBP在無TATA啟動子上，變得不如TAF1-TAF2雙倍體重要，*Inr*啟始點成為無TATA啟動子的RNA聚合酶辨識位，不過某些基因也同時具有TATA盒及*Inr*啟始點，如原致癌基因*c-fos*基因啟動子，此時TBP與TAF1的協同作用就顯得很重要。

▌ DSE 與 PSE

由RNA pol II負責轉錄的細胞核小核RNA (small nuclear RNA; snRNA)基因含有特殊的啟動子，具有遠端序列元素(distal sequence element; DSE)及近端序列元素(proximal sequence element; PSE)。DSE為八核苷酸共識序列(5'-ATTTGCAT-3')，是Oct-1轉錄因子(Oct-1 transcription factor; Oct-1)的接合位；PSE則位於–50~–55的位置。某些snRNA基因（如U1 snRNA、U5 snRNA等）由RNA pol II轉錄，其啟動子沒有TATA盒，只有DSE及PSE，由兩組PSE（PSEA盒及PSEB盒）引導轉錄的進行（圖5-3）。RNA pol III轉錄的基因中，轉錄5S rRNA基因的第一型啟動子(Type 1 promoter)與轉錄tRNA的第二型啟動子(Type 2 promoter)也沒有TATA盒，第一型啟動子 含PSEA盒，第二型啟動子含PSEA盒及PSEB盒，不過皆位於轉錄啟始點+1（有的文獻稱為start site of transcription; TSS）的下游。這些啟動子將在討論RNA pol III時詳述。

某些snRNA基因（如U6 snRNA等）由RNA pol III負責轉錄，其啟動子則含有PSEA盒與TATA盒（圖5-3），被歸類為RNA pol III第三型啟動子(Type 3 promoter)。不論是RNA pol II或RNA pol III轉錄的snRNA基因，其PSE皆由snRNA活化蛋白複合體(snRNA-activating protein complex; SNAPc)所辨識並接合在PSE上，SNAPc能與接合DES的Oct-1相互作用，如果是U6 snRNA基因啟動子，SNAPc也能經由轉錄因子Bdp1與

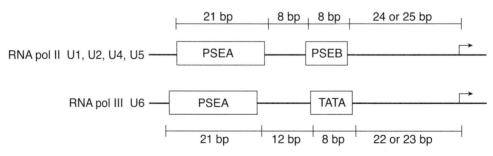

■ 圖5-3　小核RNA (snRNA)基因的啟動子。snRNA基因啟動子含有遠端序列元素(DSE)及近端序列元素(PSE)，某些snRNA基因如U1 snRNA、U5 snRNA等由RNA pol II轉錄，其啟動子沒有TATA盒；而某些snRNA基因如7SK、U6 snRNA等由RNA pol III負責轉錄，其啟動子則含有TATA盒。

接合在TATA盒的TBP形成複合體(SNAPc-Bdp1-TBP)，協同活化基因轉錄。Bdp1全名為B Double Prime 1，是RNA Pol III 轉錄啟動因子TFIIIB的次單元。

某些無TATA啟動子基因的轉錄啟始點下游，具有一段下游啟動元素(downstream promoter element; DPE)，DPE大約在+28~+32的位置，共識序列為AG (A/T) CGTGPy。與DPE交互作用的是TFIID，而經由DPE與TFIID的作用，*Inr*啟始點與RNA pol II形成的的轉錄啟始複合體穩定性會顯著提升，從而促進無TATA啟動子基因的轉錄效率。

一項針對人類啟動子以次世代定序技術做全基因體分析發現，所辨識的啟動子中，只有約10%具有TATA序列，大多為無TATA啟動子，具有下游啟動元素(DPE)的啟動子約有50%，具有啟始子(*Inr*)的啟動子超過50%，而有近90%的啟動子上游具有CG盒共識序列。

促進子

各種基因有其順向調節元素(*cis*-regulatory elements)，順向調節元素依照其功能分為促進子(enhancer)與靜止子(silencer)，這些順向調節元素主要是反向調節因子(*trans*-regulatory factor)的接合位(binding site)，反向調節因子就是一系列的轉錄調節因子(transcription regulatory factor)，或稱為轉錄調節蛋白(transcription regulatory protein)，文中有時簡稱轉錄因子，請勿跟參與啟動子活化的一般性轉錄因子(general transcription factor)混淆。反向調節因子任意分布在DNA股線附近，可能任意與DNA接合，不過因親和力低而快速解離，遭遇適當序列的促進子或靜止子時，由於親和力強而接在此調節元素上，影響基因轉錄與表達。促進子有兩種特徵：(1)促進子沒有方向性，同一種促進子不論是以5'→3'存在，或是逆向(invertion)以3'←5'存在，皆能發揮其促進基因轉錄的功能；(2)促進子無位置的限制，不論是在5'側翼、3'側翼或位於基因之中，皆能影響基因的表達。如SV40病毒啟動子上游就有一對72 bp長度的重複序列（圖5-4），此序列如果

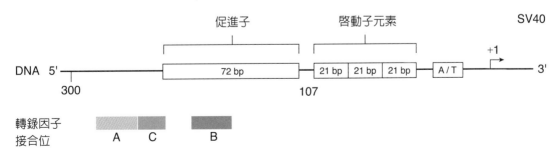

■ 圖5-4　SV40病毒啟動子上游一對72 bp長度的重複序列（圖中只顯示一個）具有促進子的特性，其中含有A、B、C等3個轉錄因子辨識的元素。

移到離啟動子2 kb遠，仍然能促進SV40早期基因的轉錄。免疫球蛋白γ2b基因的促進子位於基因的插入子中間，如果將此促進子反轉嵌入同一位置，一樣能發揮其促進轉錄的功能。

常見的促進子如Octamer盒(octanucleotide; OCTA)，因為含八個核苷酸而得名，辨識並接合Octamer盒的轉錄因子為Oct-1轉錄因子(Oct-1 transcription factor; Oct-1)及Oct-2轉錄因子(Oct-2 transcription factor; Oct-2)，辨識共識序列為ATTTGCAT（圖5-5）。Oct-1普遍使用於各種組織細胞中，用來影響具有Octamer盒的啟動子，如核體組蛋白H2A基因轉錄啟始點(+1; TSS)上游−40~−50之間，就有一段OCTA促進子（圖5-5a），無TATA啟動子基因U2啟始點上游−212~−222之間，也有一段OCTA促進子（圖5-5b）；Oct-2則是組織專一性轉錄因子，只辨識B淋巴球 κ 基因啟始點上游−59~−69的Octamer盒（圖5-5b）。組蛋白H2A基因上游除了OCTA之外，還有幾種促進子，包括活化轉錄因子接合元素(activating transcription factor response element; ATF response element)及cAMP反應元素(cyclic AMP response element; CRE)，辨識CRE的轉錄因子為CRE接合蛋白(CRE binding protein; CBP)（圖5-5a）。如SV40促進子(SV40 enhancer)能接合包括AP-1 (activator protein-1)、AP-2、Oct-1等數種轉錄因子。

接合在促進子上的轉錄因子，能改變DNA股線的空間結構，有利於RNA聚合酶接近啟動子，且與組成轉錄啟始複合體的一般性轉錄因子相互作用。依照其影響轉錄效率的機制，轉錄調節因子大致可分為三類：

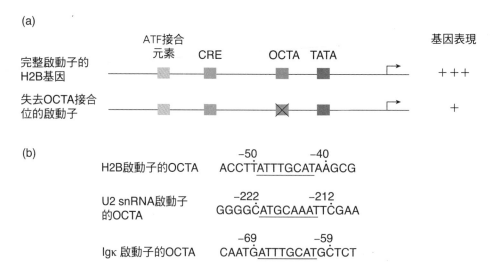

■ 圖5-5　Octamer盒因為含八個核苷酸而得名，辨識並接合Octamer盒的轉錄因子為Oct-1及Oct-2，辨識共識序列為ATTTGCAT，(a)為組蛋白H2B 基因啟動子；(b)為H2B的Octamer盒與U2 snRNA、Igκ之Octamer盒的比較。

1. 第一類是真活化因子(true activators)：這類因子一方面接合促進子，一方面與一般性轉錄因子及RNA聚合酶組成的轉錄啟始前複合體(transcription pre-initiation complex; PIC)作用，有的真活化因子直接與PIC作用，不過多數轉錄調節因子經由協同活化因子或媒介子(mediators)，間接影響基因的轉錄。媒介子的概念較複雜，可參考附錄一中有關媒介子的說明。

2. 第二類是染色質重整(chromatin remodeling)誘導因子：這類因子經由引導或徵召與染色質重整有關的酵素及染色質重整複合體(chromatin remodeling complex; CRC)，使欲活化的基因從核體鬆脫，在沒有組蛋白遮蔽的狀態下，增進PIC接合DNA的機會，有利於PIC的組合，促進基因的轉錄。在此狀態下，活化的基因及其核心啟動子較容易成為DNA內切酶DNAase I的目標，故顯著增加對DNAase I 核酸內切酶(DNAase I endonuclease)的敏感性。染色質重整將在隨後小節「染色質重整與基因活化」中詳細說明。

3. 第三類是DNA構造改變因子：這類因子直接影響DNA的外型，最主要是使DNA產生彎曲、大角度彎摺，或具有類似組蛋白的功能區，使小段DNA纏繞在蛋白因子上。DNA的彎摺往往使距離較長的上游促進子，在空間上鄰近核心啟動子與PIC，有利上游促進子（圖5-6）。

靜止子

　　靜止子(silencer)與促進子類似，對基因的調節不受其方向及位置的影響，某些基因的靜止子（如T淋巴球的CD4基因）也位於開放讀框內的插入子中。與促進子的功能相反，靜止子能導致受影響的基因失去活性，故其機制與促進子並不相同。接在靜止子上的轉錄因子，具有影響核體組蛋白及染色質結構的功能，促使染色質成高度緊縮堆砌的結構，造成負責轉錄的RNA聚合酶與一般性轉錄因子（如TFIID）無法接近啟動子，因而無法正常的進行轉錄。這種機制也促使異染色質的形成與維持，在異染色體區段的基因是靜止的。

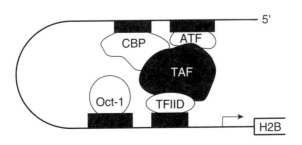

■ 圖5-6　DNA的彎摺與遠端促進子的關係。

對某些物種而言，靜止子是調控細胞功能的重要途徑之一，如酵母菌的交配型基因就受到靜止子的管制。酵母菌有α及a等兩種交配型，分別由*HMLα*及*HMRa*等兩種基因所決定，這兩個基因座皆不是活化的基因座，因為基因座的兩側各有一個靜止子，分別稱為E及I靜止子。在理想的營養狀態下，這兩個基因維持在無活性狀態，酵母菌處在無性繁殖的出芽生殖循環。當環境轉差時，酵母菌進行減數分裂，進入單套循環，此時的酵母菌細胞具有不同的交配型（α或a），表現交配型基因有賴*HO*基因(*HO* gene)的活化，*HO*基因的產物是核酸內切酶，是DNA重組作用的關鍵酵素，HO核酸內切酶(HO endonuclease)協助*HMLα*或*HMRa*轉移到兩者中間的MAT基因座(MAT locus)，MAT基因座不受靜止子的影響，交配型基因在此能正常活化，不過一次只能轉移一種基因，故單套酵母菌如果將*HMLα*基因轉位到MAT基因座，則形成為α型單套配子；如果將*HMRa*基因轉位到MAT基因座，則形成為或a型單套配子，此時酵母菌進入有性繁殖期(sexual reproduction stage)（圖5-7）。

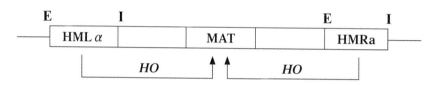

■ 圖5-7　酵母菌*HMLα*或*HMRa*基因兩側各有一個靜止子，分別稱為E及I靜止子，進入有性繁殖期時，*HMLα*或*HMRa*基因轉移到兩者中間的MAT基因座，開始表現α型單套配子或a型單套配子。

▶ **延伸學習**　　　　　　　　　　　　　　　　　　　Extended Learning

　　另一種造成基因靜止的關鍵蛋白是果蠅細胞中的異染色體蛋白-1 (heterochromatin protein-1; HP-1)，HP-1是促使果蠅形成位置效應雜色(position effect variegtion)的基因之一；果蠅眼睛顏色基因本來是白色外表型，然而某些位置的眼細胞顏色呈紅色，與鄰近的白色細胞顏色不同，形成白色複眼中混紅色的外表型，原因是某些眼細胞中，位於X性染色體上的白眼基因，轉位到X性染色體異染色體區附近，受到包括HP-1等異染色體蛋白的影響，導致基因活性也受抑制而呈靜止狀態，此時細胞外表型呈現紅色。分子生物學家陸續發現HP-1相似功能的蛋白，普遍存在於動物各種演化階層的物種中，其中當然包括人類，人類的基因體中含*CBX5*（位於第5對染色體）及*CBX1*、*CBX3*（位於第12對染色體）基因，分別編碼HP-1α、HP-1β及HP-1γ，HP-1家族在染色體端粒形成基因靜止區，促使異染色體區向鄰近染色體蔓延。

靜止子上接合的轉錄因子有數種，直接與DNA股線接合的是Rap1 (repressor activator protein-1)、Abf1 (autonomously replicating sequence binding factor-1)及複製起點辨識複合體(replication origin recognition complex; ORC)，ORC隨後徵召Sir1 (silent information regulator-1)的加入，Sir1並不接觸DNA，而是以蛋白質間的交互作用加入複合體，Sir1隨後又徵召Sir2、Sir3、Sir4等因子。這些轉錄因子的作用機制之一，是促使核體的組蛋白去乙醯化（由Sir2去乙醯化酶催化），組蛋白由於低度乙醯化(hypoacetylation)而與DNA股線緊密結合，加上Sir3、Sir4附著在組蛋白的N-端，阻斷電荷之間的排斥作用，整個複合體造成局部的染色質呈現緊密結合結構，導致異染色質區的形成，其中的基因呈非活化態。Rap1不只參與靜止子的基因抑制作用，還能辨識染色體端粒重複序列，以及參與異染色質的形成與維持。

5-2 基因轉錄的啟始

🔍 RNA 聚合酶

真核細胞基因的轉錄機制，在基本原理與程序上與原核細胞相似，從啟始、延伸到終止，由RNA聚合酶負責催化合成核苷酸之間的磷酯鍵，並循著5'→3'的方向進行核酸聚合反應。不過由於真核細胞的染色質以核體為基本組成單元，高層次的結構造成了轉錄上的複雜度，必須有機制鬆解纏繞在核體上的雙股DNA；此外，染色質包埋在細胞核中，如何將新合成的RNA做適當修飾，且正確無誤的從細胞核質通過核膜，輸出到細胞質中合成蛋白質，也是真核細胞必須解決的課題。本節將從RNA聚合酶及其輔助轉錄因子談起。

真核細胞針對不同種類的RNA基因，使用不同類型的RNA聚合酶，負責轉錄核糖體RNA (ribosomal RNA; rRNA)基因的聚合酶是**RNA聚合酶I型**(RNA polymerase I; RNA pol I)，催化合成傳訊RNA (messenger RNA; mRNA)的聚合酶是**RNA聚合酶II型**(RNA polymerase II; RNA pol II)，而負責轉錄轉送RNA (transfer RNA; tRNA)的聚合酶是**RNA聚合酶III型**(RNA polymerase III; RNA pol III)（表5-1），種類繁多的小核RNA (small nuclear RNA; snRNA)基因則部分由RNA pol II轉錄，部分由RNA pol III轉錄，而轉錄編碼蛋白質的基因(protein coding gene)，主要由RNA聚合酶II型(RNA pol II)轉錄。

以釀酒酵母菌(*Saccharomyces cerevisiae*)的RNA聚合酶為例（表5-1），三種RNA聚合酶都是分子量400~800 KDa的大蛋白複合體，RNA聚合酶I次單元(RNA pol I subunits; RPA)共含有14種次單元，基因命名為A+分子量，如A190為分子量190 KDa的

次單元；RNA聚合酶II次單元(RNA pol II subunits; RPB)則由12種次單元組成，基因命名為Rpb+序號；RNA聚合酶III次單元(RNA pol III subunits; RPC)具有17種次單元，基因命名為C+分子量，如C128為分子量128 KDa的次單元，評估的分子量可來自膠片電泳分析後估計的分子量（圖5-8），當聚合酶純化並確定其胺基酸序列後，分子量可更正確的依據其編碼的胺基酸直接計算次單元多肽鏈的分子量。

RNA聚合酶在演化過程中的保守性很高，某些次單元從酵母菌到人類，胺基酸序列只有不到20%的變異，且某些次單元在功能與結構上類似原核細胞RNA聚合酶的次單元(β、β'、α、ω)，以 RNA pol II為例（表5-1），Rpb1 (192 KDa)對應β'，Rpb2 (139 KDa)對應β，Rpb3 (35 KDa)與α為同質性次單元，Rpb6 (18 KDa)與ω為同質性次單元。以三種RNA聚合酶之間相較，Rpb5 (25 KDa)、Rpb6 (18 KDa)、Rpb8 (17 KDa)、Rpb10

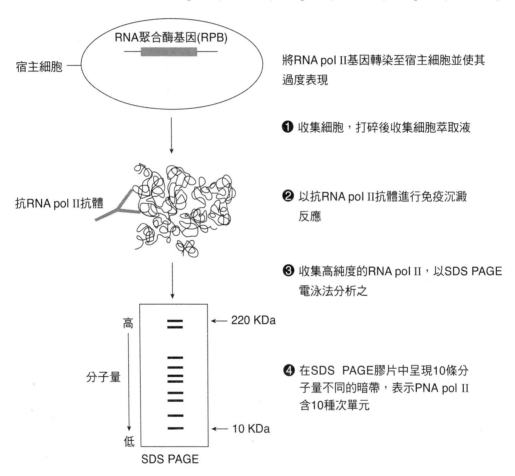

■ 圖5-8　真核細胞RNA pol II的次單元分析程序。細胞萃取物經過免疫沉澱法處理後，獲得高純度RNA pol II，再以SDS-PAGE電泳分析法將次單元分開，獲得10種次單元，依照分子量大小分別命名為Rpb1 (220 KDa)、Rpb2 (150 KDa)、Rpb3 (45 KDa)、Rpb4 (32 KDa)、Rpb5 (27 KDa)、Rpb6 (23 KDa)、Rpb7 (16 KDa)、Rpb8 (14.5 KDa)、Rpb9 (12.6 KDa)、Rpb10 (10 KDa)、Rpb11 (12.5 KDa)及Rpb12 (10 KDa)。

(8 KDa)及Rpb12 (8 KDa)為三種RNA聚合酶共同具有的次單元；Rpb1、Rpb2、Rpb3及Rpb11 (14 KDa)與相對應的次單元有同質性。表5-1顯示，三種RNA聚合酶的核心酵素由10種次單元組成，還不包括附屬的一般性轉錄因子，其中酵素的催化中心(catalytic center)由兩種次單元組成（如RNA Pol II的次單元Rpb1/Rpb2），而Rpb9 (14 KDa)協同轉錄因子TFIIS，以其核酸內切酶的活性，參與轉錄過程中的校對工作(proofreading)，RNA Pol I的A12.2及RNA Pol III的C11也有類似功能。次單元Rpb4 (25 KDa)/ 7 (19 KDa)、A14/43、C17/25形成核心酵素之柄狀結構(RNA Pol II stalk)，參與轉錄啟始、延伸與終止。

　　TFIIF轉錄啟始因子(transcription initiation factor IIF; TFIIF)含有Tfg1及Tfg2兩個次單元， RNA Pol I的次單元複合體A49（N-端）/ A34.5則與TFIIF功能類似，而RNA Pol III的C37/C53複合體也有類似功能，能誘導轉錄啟始前複合體(PIC)與啟動子，由閉鎖結構轉變為開放結構。TFIIE轉錄啟始因子(transcription initiation factor IIE; TFIIE)含有Tfa1及Tfa2兩個次單元，RNA Pol I的次單元A49（C-端）及RNA Pol III的C82/C34/C31複合體功能上與TFIIE相似，也參與誘導PIC轉變為開放結構，且能與TFIIIB相關因子(TFIIIB-related factor 1; Brf1)交互作用，使RNA Pol III加入PIC。

　　這些次單元組成的蛋白質複合體中，並沒有類似原核細胞的σ因子，事實上真核細胞RNA聚合酶並不直接與啟動子接合，而是經由一般性轉錄因子的引導。顯然真核細胞RNA聚合酶（如RNA pol II）要選擇活化或不活化某些特定基因時，幾乎完全依賴一般性轉錄因子（如TFIIB、TFIID）、染色質重整與協同活化因子的指示（如媒介體）。RNA聚合酶最大次單元（酵母菌的Rpb1）的**C端功能區**(C-terminal domain, CTD)具有多重複的七肽模組(heptapeptide motif)，七肽模組含Tyr-Ser-Pro-Thr-Ser-Pro-Ser (YSPTSPS)，如酵母菌的CTD有26個七肽模組重複，果蠅有45個七肽模組重複，哺乳類有52個七肽模組重複。CTD一般會被磷酸化，而磷酸根主要接在第2及第5個絲胺酸(Ser)上，磷酸化的程度隨著轉錄的開始會顯著增加。CTD在啟始期能與轉錄因子（如TBP）接合，也藉由稱為**媒介子**(mediator)的大蛋白複合體（參閱附錄），接收來自活化因子的調控訊息。

　　早期生物學家發現某些蕈類對人體具有毒性，其中被研究得最詳細的，首推俗稱死神蕈的*Amanita phalloides*，*A. phalloides*能產生數種有毒物質，其中一種稱為α-瓢蕈素(α-amanitin)的化合物對三種真核細胞RNA聚合酶有不同程度的影響。對α-amanitin最敏感的是合成mRNA的RNA pol II，故α-amanitin在研究基因表現機制上頗具價值；α-amanitin對RNA pol III只有中等程度的影響；最不受α-amanitin影響的是RNA pol I（表5-1）。當然α-amanitin不影響原核細胞及胞器（粒線體及葉綠體）的RNA聚合酶。

表5-1 原核細胞及三種真核細胞RNA聚合酶次單元與其功能

大腸桿菌RNA Pol		RNA Pol I	RNA Pol II		RNA Pol III
次單元	分子量(KDa)	次單元	次單元	分子量(KDa)	次單元
β′	165	A190	Rpb1	192	C160
β	155	A135	Rpb2	139	C128
α	39	AC40	Rpb3	35	AC40
		AC19	Rpb11	14	AC19
		A12.2 (N-端)	Rpb9	14	C11 (N-端)
		A12.2 (C-端)	TFIIS (C-端)	35	C11 (C-端)
		Rpb5	Rpb5	25	Rpb5
ω	10	Rpb6	Rpb6	18	Rpb6
		Rpb8	Rpb8	17	Rpb8
		Rpb10	Rpb10	8	Rpb10
		Rpb12	Rpb12	8	Rpb12
		A14	Rpb4	25	C17
		A43	Rpb7	19	C25
		A49 (N-端)/ A34.5			C37/C53
		A49 (C-端)			C82/C34/C31
共4種次單元		共14種次單元	共12種次單元		共17種次單元
合成所有RNA		合成rRNA	合成mRNA及snRNA（如U1、U5 snRNA）		合成tRNA、5S rRNA及U6 snRNA
對α-amanitin不敏感		對α-amanitin不敏感	對α-amanitin非常敏感		對α-amanitin中等敏感

註：1. 本表資料主要參考Vannini & Cramer (2012). *Mol Cell*. **45**: 439-446; Myer & Young (1998). *J Biol Chem*. **273**: 27757-27760; Russell & Zomerdijk (2006). *Biochem Soc Symp*. **73**: 203-216.
   2. AC：表示此次單元為RNA Pol I及RNA Pol III共有。
   3. RNA Pol I及III以分子量命名，故不另外標示分子量，RNA Pol II之分子量為釀酒酵母菌(*Saccharomyces cerevisiae*)RNA聚合 II 的次單元之分子量
   4. 無底色及淺灰底色之次單元構成RNA聚合 之酵素核心，粗體次單元構成催化中心。
   5. 淺灰底色之次單元(Rpb9、A12.2、C11)具有核酸內切 活性，參與轉錄過程自我校正功能，維持轉錄忠實度(transcriptional fidelity)。
   6. 中灰底色之次單元(Rpb4/7、A14/43、C17/25)形成核心酵素之柄狀結構(RNA Pol II stalk)，參與轉錄啟始、延伸與終止。
   7. 深灰底色之次單元複合體A49（N-端）/ A34.5及C37/C53功能上與TFIIF α β相似；次單元A49（C-端）及C82/C34/C31複合體功能上與TFIIE α β相似，皆參與轉錄的啟始。

轉錄啟始複合體—RNA 聚合酶 II 型

　　真核細胞基因的轉錄受到許多轉錄調節因子的調控，多數類型的轉錄調節因子接合位在上游順向調控元素或促進子上，不過有一類轉錄因子的功能是與RNA聚合酶組成**轉錄啟始前複合體**(transcription pre-initiation complex; PIC)，這類轉錄因子稱為**一般性轉錄因子**(general transcription factor)，與接合促進子的轉錄調節因子，在分子結構與功能

上皆有所不同。一般性轉錄因子依據其輔助的RNA聚合酶類型而命名，如輔助RNA聚合酶II型(RNA polymerase II; RNA pol II)的因子命名為TFII；同理，輔助RNA pol III的因子稱為TFIII。TFII包括多種一般性轉錄因子，這些因子依據被發現的順序，以英文字母命名，如TFIIA、TFIIB、TFIID等。

轉錄啟始複合體由不同TFII依序組合而成（圖5-9），簡述如下。

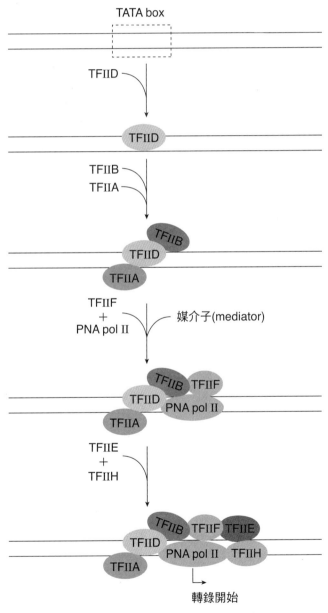

■ 圖5-9　RNA pol II的轉錄起始前複合體的組合程序。

步驟一：TFIID 辨識啟動子

　　TATA盒是一般RNA pol II轉錄基因啟動子的標記，故轉錄的首要步驟當然是鎖定TATA盒。科學家隨即找到接合TATA盒的一般性轉錄因子，命名為**TATA盒接合蛋白**(TATA box binding protein; TBP)，人類的TBP是含339個胺基酸，分子量37.7 KDa的蛋白（酵母菌TBP分子量27 KDa），不過在細胞核內，TBP並不是單獨存在，而是與其他多種蛋白結合成複合體，稱為TFIID，這些附屬蛋白則稱為TBP附屬因子(TBP-associated factor; TAF)。TBP接合在TATA盒上，與DNA雙股螺旋的次凹溝交互作用，誘使DNA股線產生80°彎摺，此時TBP分子呈馬鞍狀覆在DNA上（圖5-10）。基因轉錄也不是普遍皆用TBP，例如果蠅的神經細胞中就有一種具TBP活性的蛋白，稱為TRF-1 (TBP-related factor-1)。

　　TAF的種類及數量因物種而異（表5-2），如人類的TFIID具有一種分子量43 KDa的TBP，以及14種分子量從15 KDa到250 KDa不等的TAF，2002年以前TAF以分子量命名，如TAFII250分子量為250 KDa，不過由於更多TAF陸續被發現，命名上產生混淆，2001年開始嘗試以序號命名，如TAFII250改名為TAF1，當然果蠅（節肢動物）與酵母菌（真菌）也有TAF1，不過結構與分子量有些不同。TBP所接合的範圍在TATA盒附近，不過加入TAF的TFIID（TBP-TAF複合體）能覆蓋到+35的位置。以無TATA啟動

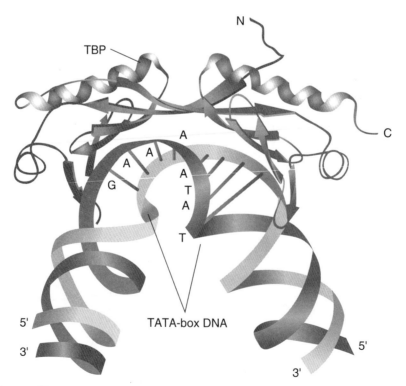

■ 圖5-10　TBP與DNA雙股螺旋間的交互作用。TBP接合在DNA雙股螺旋的次凹溝上，促使DNA股線產生彎摺，圖中可見TBP分子呈馬鞍狀覆在DNA上。

子而言，研究顯示TAF1及TAF2能在無TATA啟動子上，與+1附近的啟始子(*Inr*)及其下游元素(DPE)交互作用，在辨識轉錄起點的功能上，可能TAF比TBP更重要。TAF也是TFIID與其他轉錄調節因子及協同因子交互作用的次單元，如無TATA啟動子的Cyclin D1基因，其轉錄啟始就需要TFIID的TAF1/TAF2與接合GC盒的SP1轉錄調節因子交互作用，且TAF1/TAF2能接在無TATA啟動子的*Inr*上，可見TBP雖然是TFIID的次單元，不過TFIID仍然是無TATA啟動子(TATA-less promoter)不可缺的轉錄因子。在同一細胞中，TFIID所含的TAF種類也有變異，例如只有對女性荷爾蒙(estrogen)反應的基因，轉錄時使用的TFIID才有TAF10。協同調節因子包含協同活化因子(co-actlvator)及協同抑制因子(co-repressor)，統稱為媒介子(mediator)（參閱附錄）。

表5-2　TAF的種類與命名

TAF新命名	原命名		
	人類	果蠅(dm)	酵母菌(sc)
TAF1	$TAF_{II}250$	$dmTAF_{II}230$	Taf145/130
TAF2	$TAF_{II}150$	$dmTAF_{II}150$	Taf150(TSM1)
TAF3	$TAF_{II}140$	$dmTAF_{II}155$(BIP2)	Taf47
TAF4	$TAF_{II}130/135$	$dmTAF_{II}110$	Taf48(MPT1)
TAF4b	$TAF_{II}105$	$dmTAF_{II}$	
TAF5	$TAF_{II}100$	$dmTAF_{II}80$	Taf90
TAF5L	$PAF65\beta$		
TAF6	$TAF_{II}80$	$dmTAF_{II}60$	Taf60
TAF6L	$PAF65\alpha$	(AAF52013)	
TAF7	$TAF_{II}55$	(AAF54162)	Taf67
TAF8	$TAF_{II}43$	Prodos	Taf65
TAF9	$TAF_{II}31/32$	$dmTAF_{II}40$	Taf17
TAF9L	$TAF_{II}31L$		
TAF10	$TAF_{II}30$	$dmTAF_{II}24$	Taf25
TAF10b		$dmTAF_{II}16$	
TAF11	$TAF_{II}28$	$dmTAF_{II}30\beta$	Taf40
TAF12	$TAF_{II}20/15$	$dmTAF_{II}30\alpha$	Taf61/68
TAF13	$TAF_{II}18$	(AAF53875)	Taf19(FUN81)
TAF14			Taf30
TAF15	$TAF_{II}68$		

註： 1. 本表資料主要參考Tora, L. (2002) A unified TATA box binding protein (TBP)-associated factors (TAFs) involved in RNA polymerase II transcription. *Genes Dev.* **16**, 673－675.

2. dm: *Drosophila melanogaster*; AAF為此蛋白因子在蛋白質數據庫的註解編碼。

3. Sc: *Saccharomyces cerevisiae*;原命名法以Taf+分子量命名。

4. *Schizosaccharomyces pombe* (sp)為另一類酵母菌品種，原先命名方式也以TAF_{II}為主，如TAFII111→TAF1; TAFII72→TAF5; TAFII62(PTR6)→TAF7。

步驟二：形成 TFIID-TFIIA-TFIIB 複合體 (TFIIDAB complex)

接合在TATA盒及+1的TFIID隨後附著上TFIIA，形成DA複合體，酵母菌的轉錄因子IIA (transcription factor IIA; TFIIA)為兩種多肽鏈(32 KDa/13.5 KDa)組成的異質雙倍體，人類及果蠅TFIIA則為三倍體(30 KDa/20 KDa/13 KDa)，TFIIA可視為一種TAF，一方面協助TBP接合TATA盒，一方面能穩定TFIID-啟動子複合體，同時徵召TFIIB來到啟動子區。轉錄因子IIB (transcription factor IIB; TFIIB)則是組合PIC的平台，為分子量35 KDa的單股多肽鏈，TFIIB為後續TFIIF-RNA聚合酶複合體與TFIID/A複合體之間的承接器(adaptor)，TFIIB多肽鏈具有兩個功能區，一個接TFIID/A複合體，一個接合TFIIF-RNA聚合酶複合體（圖5-9）。換言之，TFIIF-RNA聚合酶複合體只能與TFIID/A/B複合體接合，與TFIID/A複合體不起作用。

步驟三：TFIIF 引導 RNA 聚合酶到位

負責引導RNA pol II到達轉錄啟動區的一般性轉錄因子為TFIIF，扮演護送者(chaperon)的功能，人類TFIIF為異質雙倍體，依照其分子量命名為RAP30及RAP74，不同物種的TFIIF構造類似，只在分子量上有些差異。RNA pol II沒有與TFIIF接合之前呈游離狀態，與TFIIF接合之後，才經由TFIIB的平台加入PIC複合體，不過TFIIF的功能不只是RNA pol II的護送者，其次單元RAP74具有酵素活性，是**ATP依賴型解旋酶**(ATP-dependent helicase)，能協助打開轉錄起點附近的DNA螺旋股線，RAP74需要被磷酸化之後才能活化，可能是由TFIID、TFIIH的次單元或自身的激酶活性所磷酸化。小次單元RAP30則擔負結合RNA聚合酶的任務，將RNA聚合酶引導至TFIID/A/B複合體座落的位置，故RAP30具有類似原核細胞σ因子的功能，某些研究也發現RAP30也會被磷酸化。某些物種還具有一種分子量38 KDa的RAP38，RAP38可能涉及非專一性轉錄作用。TFIIF除了協助RNA聚合酶加入轉錄啟始前複合體之外，在轉錄開始之後，仍然維持與RNA聚合酶結合，一方面增強RNA聚合酶的酵素活性（改變其V_{max}及K_m值），一方面減少RNA聚合酶轉錄過程中產生的轉錄中斷現象(transcription pausing)。

步驟四：TFIIE 及 TFIIH 加入，完成轉錄啟始前複合體

TFIID/A/B複合體與TFIIF-RNA聚合酶複合體組合成PIC之後，整個負責操作轉錄的因子已經到位，不過RNA聚合酶還需要TFIIH的協助，才能啟動轉錄的機器。TFIIH與RNA聚合酶之間需要一個承接器，即TFIIE。TFIIE含兩種次單元，分子量分別為56 KDa(α)及34 KDa(β)，呈$α_2β_2$結構，故TFIIE為四倍體結構。TFIIE一方面與RNA聚合酶實體接觸，一方面引導TFIIH加入PIC。協助TFIIH加入PIC的因子還包括媒介子，媒介子從開始就與RNA聚合酶-TFIIF形成分子量約3.5 MDa的Mediator-pol II-TFIIF大複合

體，媒介子協助TFIIH的加入，同時解除媒介子對PIC的負向調節，使PIC開始執行轉錄工作。TFIIH（原先命名為BTF2）在早期研究中，被誤認為是TFIIE的次單元，進一步研究證明，人類TFIIH是含有九種次單元的蛋白質複合體，最大的次單元p89又稱為ERCC3 (excision repair cross complement)，具有DNA依賴型ATP分解酶活性，*ERCC3*基因突變的個體會罹患特殊的色素性乾皮症(xeroderma pigmentosum; XP)及Cockayne氏症候群(Cockayne syndrome)，這類疾病的病因是DNA修補機制無法正常運作，故患者對紫外線特別敏感，顯然ERCC3不但促使PIC啟動轉錄，而且涉及DNA受損後的修補機制。ERCC2是另一種TFIIH的次單元，也具有酵素活性，是一種ATP依賴型DNA解旋酶。而隨後發現的其他TFIIH次單元，包括p62、p52、p44、p34等，皆與DNA修補機制有關。這種TFIIH參與的修補機制，使轉錄與DNA修補得以同時進行。這六種次單元組合成核心酵素，不過TFIIH還具有激酶活性，能利用ATP將RNA聚合酶Rpb1的CTD及某些協同調節因子磷酸化，而具有激酶活性的次單元是cdk7，cdk7還能徵召cyclin H及MAT-1等兩種協同調節因子，核心酵素如加入這三個次單元，就稱為TFIIH全酵素。cdk7是**週期素依賴性蛋白激酶**(cyclin-dependent protein kinase; CDK)的一種，故也涉及**細胞週期**(cell cycle)的調控。

■ 表5-3　RNA pol II的一般性轉錄因子

轉錄因子	分子結構	主要功能
TFIID	TBP＋數量不等的TAF（人類有13種）	辨識啟動子，包括TATA盒、啟始子及下游元素；與上游元素接合的調控因子交互作用
TFIIA	異質雙倍體	穩定TFIID與啟動子的接合作用
TFIIB	單股多肽鏈	DA與TFIIF-RNA聚合酶間的承接器
TFIIF	異質雙倍體	大次單元具有DNA依賴型解旋酶活性；小次單元類似σ因子，與RNA聚合酶實體接合，引導其進入啟動區
TFIIE	$\alpha_2\beta_2$型四倍體	TFIIH與DAB-TFIIF-RNA pol II之間的承接器
TFIIH	核心酵素含6種次單元構成核心；核心酵素＋另三種次單元合稱全酵素	核心酵素具有DNA依賴型ATP分解酶、ATP依賴型DNA解旋酶活性；全酵素還具有激酶活性

🔍 ▌ 轉錄啟始複合體－RNA聚合酶 I 型

　　RNA聚合酶I (RNA polymerase I; RNA pol I; RNA pol I)的啟動子主要負責轉錄核糖體RNA (rRNA)的基因，rRNA基因在核仁區的染色質上含有一百個以上的拷貝，基因單位轉錄後獲得45S大小的原型RNA (pre-RNA)，經過連續切割後，產生18S、28S及5.8S rRNA（圖5-11），18S rRNA與小次單元蛋白（共33種）組成40S小次單元(small

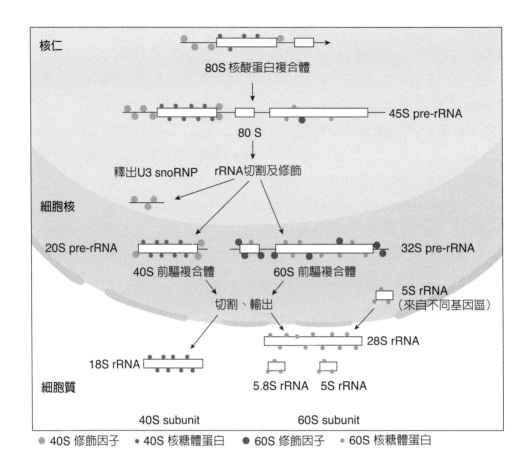

■ 圖5-11 rRNA的合成與後續處理過程。RNA pol I負責轉錄rRNA基因，基因單位轉錄後獲得45S pre-RNA，經過連續兩次切割後，產生18S、28S及5.8S rRNA，18S與核糖體蛋白組成40S次單元，28S、5.8SrRNA加上5SrRNA，與核糖體蛋白組成60S次單元。

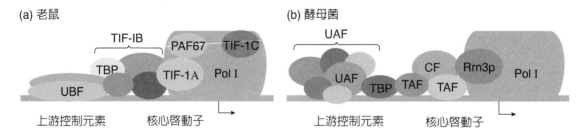

■ 圖5-12 RNA pol I起始複合體及其啟動子。RNA pol I的啟動子主要含有一段核心啟動子及其上游的上游控制元素(UCE)。故轉錄起始前複合體必須包含上游接合因子及一般性轉錄因子。(a)老鼠（哺乳類）RNA pol I啟動子及轉錄因子。UCE上的上游接合因子為UBF，核心啟動子上的一般性轉錄因子為TIF-1B (SL)，RNA pol I附著TIF-1A、TIF-1C及RAF-67。(b)酵母菌RNA pol I啟動子。酵母菌細胞的上游接合因子為UAF（含6種次單元），核心啟動子上的一般性轉錄因子為TBP及兩種TAF，pol I必須與Rrn3p及CF形成複合體。

subunit)；28S及5.8S rRNA與大次單元蛋白（共49種）組合，再結合5S rRNA，組成60S大次單元(large subunit)；5S rRNA來自基因體其他部位，由RNA pol III所轉錄。

　　RNA pol I轉錄起點+1附近的啟動子與mRNA基因相較則相對簡單，主要含有一段**核心啟動子**(core promoter)，位於−45~+20的範圍，核心啟動子上游約70 bp的位置，還有一段**上游控制元素**(upstream control element; UCE)，或稱上游啟動元素(upstream promoter element; UPE)，位於−180~−107（圖5-12），故PIC必須包含接合在UCE上的**上游接合因子**(upstream binding factor; UBF)，以及接合在核心啟動子上的TBP-TAF複合體（一般性轉錄因子），老鼠細胞中的TBP-TAF複合體稱為TIF-1B，在人類細胞中稱為選擇因子−1 (selectivity factor-1; SL1)。

　　接合在核心啟動子上的TIF-1B/SL 1為TBP-TAF複合體，TIF-1B的TAF包括TAF$_I$48、TAF$_I$68及TAF$_I$95（人類SL 1的TAF含TAF$_I$48、TAF$_I$63及TAF$_I$110），TIF-1B/SL 1的TBP次單元不直接與DNA接合，而是靠TAF辨識並附著DNA（表5-4）。RNA pol I蛋白複合體到達啟動區時，還附著兩種轉錄因子，稱為TIF-1A及TIF-1C，是哺乳類動物RNA pol I的護送者(chaperon)。UBF是一種含有HMG盒(high mobility group box; HMG box)模組的轉錄因子，HMG盒約含75個胺基酸，具有HMG盒的蛋白在膠片電泳(gel electrophoresis)分析時，在膠片中移動相對快速，具有HMG盒的蛋白是除了核體組蛋白之外，最常發現在能與DNA接合的蛋白，HMG盒的蛋白家族能利用此模組接合DNA（辨識共識序列A/T A/T CAAA），並且使DNA股線產生彎摺結構。磷酸化的UBF雙倍體（活化態）以右手定則的方向包裹DNA股線，長度約140 bp的DNA股線形成360°的套環，使相隔約60 bp的核心啟動子與上游控制元素相互靠近，接合在核心啟動子上的TIF-1B（或SL1）也能增強UBF與UCE的親和力，UBF同時移除H1組蛋白，使核體排列較為鬆弛，以利轉錄的進行。

　　在酵母菌細胞中，RNA pol I必須與轉錄啟始因子Rrn3p接合（小寫"p"代表這是RRN3基因的蛋白產物），Rrn3p與RNA pol II的TFIIF的功能相同，是酵母菌RNA pol I的護送者(chaperon)，RNA pol I-Rrn3p複合體進一步接上稱為核心因子(core factor; CF)的蛋白複合體，形成的RNA pol I-Rrn3p-CF複合體，這時才能接在核心啟動子上。CF是由Rrn6p、Rrn7p及Rrn11p組成的複合體，有學者認為Rrn6p、Rrn7p及Rrn11p與人類SL 1的TAF$_I$110、TAF$_I$63及TAF$_I$48在演化上有直屬同源性(orthology)，不過在CF接合啟動子之前，上游活化因子（upstream activaor；UAF；類似哺乳類細胞的UBF）必須先接在上游控制元素上（圖5-12b）。UAF是由6種蛋白組成的複合體，包含Rrn5p, Rrn9p, Rrn10p, Uaf30p以及組蛋白histones H3與H4（表5-4）。

表5-4　RNA pol I的啟始複合體協同因子

物種	TBP-TAF複合體 （就位因子）	TAF	UCE接合蛋白
人類	SL 1	TAF_I110、TAF_I63及TAF_I48	UBF (HMG box protein)
老鼠	TIF-1B	TAF_I95、TAF_I68及TAF_I48	UBF (HMG box protein)
酵母菌	TBP-CF	Rrn6p、Rrn7p及Rrn11p	UAF (Rrn5p, Rrn9p, Rrn10p, Uaf30p, histones H3, H4)

　　穩定的轉錄啟始複合體中，RNA pol I的幾個次單元擔當關鍵角色，次單元RPA43/
RPA14負責與護送者Rrn3p作用，使RNA pol I加入PIC，並穩定RNA pol I與核心啟動子
的結合；RPA135與RPA49分別形成溝槽，讓模板股的雙股DNA穿過PIC，2004年左右才
發現的RPA34.5則協助RPA135，穩定PIC與DNA的結合。

　　核糖體RNA的製造量與細胞循環息息相關，因為新細胞的形成需要新合成大量的蛋
白質，使核糖體的需求量隨著增加。研究顯示，在細胞週期G_1後期，UBF及RNA pol I皆
會被磷酸化，活化整個轉錄啟始複合體，大量進行rRNA基因的轉錄；當細胞循環完成有
絲分裂之後，兩者隨即因為去磷酸化而失去活性。

轉錄啟始複合體－ RNA 聚合酶 III 型

　　RNA聚合酶III型 (RNA polymerase III; RNA pol III)的功能是合成一系列小型
RNA，包括轉送RNA (tRNA)、5S rRNA及多種小核RNA (snRNA)，這些RNA並不編
碼蛋白質，不過在細胞質及細胞核中扮演多種角色，某些小核RNA還具有酵素活性，
稱為**核酸酵素**(ribozyme)。RNA pol III轉錄的啟動方式及操作因子包括三種類型，分別
轉錄5S rRNA、tRNA及包含U6 snRNA的許多小核RNA (snRNA)與微RNA (microRNA;
miRNA)基因。有關snRNA基因的啟動子已經在本章第1節啟動子的部分概述（參閱圖
5-3），以下探討第一型（5S rRNA基因）、第二型（tRNA基因）及第三型 (U6 snRNA)
啟動子。

第一型啟動子

　　人類編碼5S rRNA的基因是由RNA pol III負責轉錄，5S rRNA基因的啟動子為第
一型啟動子，這類啟動子為無TATA啟動子，具有內在控制區，含近端A盒(proximal
sequence element A; PSEA or box A)及近端C盒(proximal sequence element C; PSEC or
box C)，存在於+1位下游的基因編碼區中（圖5-13）。轉錄的啟始步驟涉及RNA pol III
轉錄因子TFIIIA，人類的TFIIIA是一種分子量42 KDa的蛋白質，分子中具有9個C_2H_2型

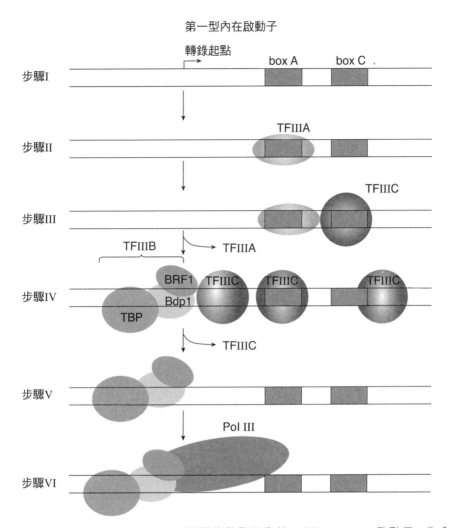

■ 圖5-13　5S rRNA的基因啟動子。5S rRNA基因的啟動子為第一型RNA pol III啟動子，為內在啟動子，
含A盒及C盒，存在於+1位下游的基因編碼區中。轉錄因子有三種，轉錄因子TFIIIA辨識並接合在A盒，TFIIIC隨後接在TFIIIA－啟動子複合體及C盒上。TFIIIC促使TFIIIB-RNA pol III加入轉錄起始複合體。其中TFIIIB由TBP、Bdp 1及BRF 1所組成。

鋅指(C_2H_2 zinc finger) DNA接合結構（詳見第6章，圖6-2），TFIIIA辨識並接合在內在box A啟動子後，分子量約600 KDa的大蛋白質複合體隨後接在TFIIIA-啟動子複合體及box C上，此大蛋白質複合體稱為TFIIIC，是RNA pol III轉錄時很關鍵的轉錄因子，將於介紹第二型啟動子時詳述。多個TFIIIC的加入能促使另一種轉錄因子複合體加入轉錄啟始複合體，此因子稱為TFIIIB。TFIIIB類似護送者(chaperon)引導RNA pol III到達5S rRNA基因轉錄起點(+1)，由TBP及TFIIIB相關因子(TFIIIB-related factor; Brf)、Bdp1等三種次單元組成，TBP及Bdp1皆能與TATA共識序列相接合，參與第一型啟動子啟始複合體的是Brf1（在酵母菌中稱為scBrf），Brf1類似RNA pol II的TFIIB，提供組合轉錄啟

始複合體的平台，能與TBP、Bdp1、TFIIIC的次單元TFC4p及RNA pol III的次單元34與C17相互結合，是RNA Pol III與啟動子間得橋梁。Bdp1是演化上高度保留的一般性轉錄因子，分子量90 KDa（人類Bdp1約250 KDa），能與RNA pol III次單元C53/C37雙倍體交互作用，協助穩定TFIIIB-RNA pol III與DNA形成的複合體，且促使PIC由閉鎖結構轉變為開放結構，此時RNA pol III次單元C82/C34/ C31三倍體能穩定轉錄泡(transcription bubble)，而Brf1-Bdp1提供了接合平台。TFIIIB-RNA pol III複合體的加入，使轉錄開始進行，直到遭遇終止子GCTTTTGC為止。

第二型啟動子

第二型啟動子也是無TATA啟動子，以內在啟動子啟動包括tRNA、Alu重複序列及腺病毒*VA*基因(adenovirus VA gene)的轉錄，這類啟動子含有近端A盒(box A)及近端B盒(box B)等兩種共識序列，存在於+1位下游的基因編碼區（圖5-14），負責辨識內在啟動子的轉錄因子為TFIIIC複合體，人類的TFIIIC有兩大類，稱為hTFIIIC1及hTFIIIC2，hTFIIIC1的功能還不清楚，可能與上游調控元素有關；hTFIIIC2則與其他物種的TFIIIC可稱為直屬同源性(orthology)家族，功能相似且序列的相似性(similarity)約40%左右（表5-5），第二型啟動子也是以TFIIIB為護送者，引導RNA pol III到達tRNA基因轉錄起點。以研究較詳細的酵母菌tRNA基因及其轉錄因子為例，次單元TFC1p負責辨識與接合A盒，TFC3p則接合B盒區，TFC4p接合位於轉錄起點+1附近的區域（圖5-14），故負責引導TFIIIB-RNA pol III進入轉錄起點，轉錄於是開始進行，直到遭遇終止子共識序列TTTTT（人類tRNA基因終止子為TTTT）為止。

表5-5　RNA聚合酶III的TFIIIC次單元(TFIIIC subunits)－酵母菌與人類的比較

酵母菌			人類
次單元	分子量(KDa)	主要功能	次單元
TFC1p	95	辨識並接合A盒	TFIIIC63
TFC3p	138	辨識並接合B盒	TFIIIC202
TFC4p	131	接合TFIIIB、RNA pol III	TFIIIC102
TFC6p	90	辨識並接合終止子共識序列	TFIIIC101
TFC7p	55	涉及特殊營養狀態下的轉錄	－
TFC8p	60	協助TFC4p徵召TFIIIB	－
－	－	－	TFIIIC90

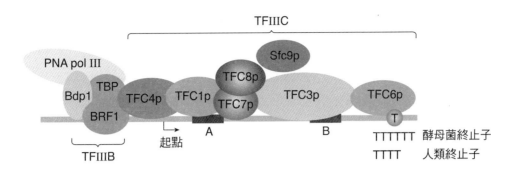

■ 圖5-14　*tRNA*基因啟動子(*tRNA* gene promoter)與轉錄因子。tRNA基因啟動子為第二型RNA pol III啟
　　　　動子，也是內在啟動子，轉錄因子為TFIIIC複合體。以酵母菌tRNA基因為例，次單元TFC1p
　　　　負責辨識與接合A盒，TFC3p則接合B盒區，TFC4p接合位於轉錄起點+1附近的區域，故負責
　　　　引導TFIIIB-RNA pol III進入轉錄起點，TFC6p一方面協助TFC3p，一方面接在終止子上，協
　　　　助轉錄的終止。TFIItIB也是由TBP、Bdp 1及BRF 1組成。

▌第三型啟動子

　　第三型RNA pol III啟動子主要轉錄U6 snRNA、7SK RNA、H1等基因，轉錄啟始點
+1 (TSS)的上游含有兩個主要的共識序列區，一個是距離TSS約200 bp的促進子，稱為遠
端序列元素(distal sequence element; DSE)，是轉錄因子Oct-1及Staf的接合作用位，Staf
是一種具有鋅指結構的轉錄因子；另一區是轉錄啟動核心區，含近端序列元素(proximal
sequence element; PSE)（約在-55 bp）及TATA盒共識序列（約在-30 bp）（參閱圖
5-3）。第三型啟動子主要的一般性轉錄因子還是TFIIIB，與tRNA及5s rRNA基因之啟動
子的TFIIIB相同，U6 snRNA基因啟動子的TFIIIB也由Brf1-Bdp1-TBP組成，不過在果蠅
細胞中，形成PIC的步驟一是使snRNA活化蛋白複合體(SNAPc)辨識並接合PSE，SNAPc
隨即徵召Bdp1，SNAPc-Bdp1複合體再與位於TATA序列上的TBP-Brf2相互作用，同
時活化PSE及TATA元素，並提供RNA Pol III加入PIC的平台。人類細胞則以Brf2取代
Bdp1，形成SNAPc-Brf2-TBP複合體，隨後與RNA pol III組成PIC。SNAPc由五種次單
元組成，分別為SNAP190, SNAP50, SNAP45, SNAP43及 SNAP19，其中SNAP190為最
大的次單元，分子結構中含4個半Myb功能區，其中兩個負責接合PSE元素的DNA片段。

就位因子 (positioning factor)

綜合整個RNA轉錄啟始階段，TBP-TAF複合體、Pols I, II 及 III與核心啟動子交互作用，是三種RNA聚合酶啟動轉錄的共同模式，TBP-TAF複合體必須與RNA聚合酶組成PIC，不過TBP-TAF必須先在核心啟動子就位(positioning)，然後RNA聚合酶才能被「徵召」到基因啟始點附近，穩定的與啟動子接合，開始進行轉錄反應，故TBP-TAF也被稱為就位因子(positioning factor)。

RNA pol I的就位因子在人類細胞中稱為SL 1因子，SL 1分子量約300 KDa，由四個字單元組成，包含一個TBP，負責辨識啟動子的TATA盒，以及TAF_I48, TAF_I63 跟 TAF_I110等三種次單元。TAF_I63跟TAF_I110也有類似TFIIB 的功能，擔任組合PIC的平台，直接與RNA pol I作用，SL 1的就位也增強了UBF與上游控制元素(UCE)的親和力。事實上TFIIIB及SL 1所含的TBP都沒有直接與 DNA上的TATA盒作用，故在名稱上有些誤導，不應該稱為TATA接合蛋白。

RNA pol II的就位因子就是轉錄因子IID (TFIID)，TFIID所含的TBP負責辨識及接合TATA盒，其他14種TAF負責接合其他核心啟動子的DNA序列元素，而TFIIB也具有關鍵角色，TFIIB是個初啟始複合體的組合平台，讓TFIID附著在核心啟動子上，隨後將RNA聚合酶引導至啟動子，此時的TFIIB成為連接TFIID（就位因子）與RNA pol II的橋樑。

RNA pol III 的就位因子是轉錄因子IIIB (TFIIIB)，TFIIIB由TBP及TFIIIB-related factor (BRF)與B99（或稱為B''）等次單元所組成，BRF的分子結構與功能，與RNA pol II的轉錄因子TFIIB相似，是組合PIC的平台，直接與RNA pol III作用，而B99 (B'')可能有細菌RNA聚合酶σ因子的角色，協助辨識啟動子。TFIIIB與RNA pol III的接合需要TFIIIA及TFIIIC的協助，故這兩種轉錄因子又稱為組合因子(assembly factors)，其中TFIIIC是協助TFIIIB接合核心啟動子的關鍵因子，TFIIIC是分子量超過500KDa的大蛋白分子，人類TFIIIC由5種次單元組成（參閱表5-5），hTFIIIC102與裂殖酵母菌的scTFC4功能相似，皆能與TFIIIB的BRF（酵母菌的Brf）相互作用，引導TFIIIB到核心啟動子。

以就位因子的概念重新整理一下轉錄啟始階段複雜的調控機制，是有絕對必要的，因為基因的轉錄與否，以及轉錄的效率，直接反應某特定基因的活化狀態，以及某基因在某組織之中的表達水平，故為了確保細胞的正常增生（生長）與分化，轉錄啟始階段不能有所失誤。如RNA pol I的轉錄（rRNA轉錄）因故被下調時，關鍵的腫瘤抑制因子p52基因會活化，啟動一系列細胞凋亡機制：反之，如果RNA pol I的轉錄因故被上調（如受到致癌蛋白Myc的活化），細胞有較高的可能轉變為腫瘤細胞。

5-3 轉錄的延伸與終止

啟動子淨空

完成啟始期的複合體組合之後，RNA聚合酶要正式開始合成RNA，且經由不斷接上新的核苷酸，延長RNA的長度，此一時期稱為**延伸期**(elongation)。延伸期的開始有三個必然發生的現象，即**啟動子淨空**(promoter clearance)、RNA聚合酶的磷酸化以及轉錄延伸複合體(transcription elongation complex; TEC)的形成。RNA聚合酶複合體不能滯留在啟動子上，故整個RNA聚合酶－DNA複合體必須向新生RNA的3'端移動（不要忘了作為模板股的反義股方向相反），同時必須淨空啟動區，合成第一個磷酯鍵。真核細胞的轉錄模式與原核細胞大致相似，在RNA合成初期，RNA聚合酶有**放棄轉錄啟始反應**(abortive initiation)的趨勢，顯然此時的RNA聚合酶－DNA複合體並不穩定，故只合成不成熟的短小RNA片段，直到合成產物到達9~10 nts時逐漸穩定下來，到23 nts時，TEC才完全的穩定並進入延伸期。

在PIC轉變成TEC的過程中，輔助RNA聚合酶的因子有了改變，PIC中的TFIIB被Spt4/5異質雙倍體所取代，在哺乳類細胞中是DRB-sensitivity inducing factor (DSIF)，Spt4/5 (suppressor of Ty 4/5)接在轉錄泡的上游，Spt5分子結構含原核細胞中NusG因子N-端功能區(Nus N-terminal domain; NGN)（NusG參閱圖4-7），以及6個稱為KOW的功能區，Spt5以其NGN在轉錄泡上游接近雙股DNA的位置接合RNA Pol II，同時以KOW功能區結合DNA，扮演滑行鉗(clamp)的角色，防止轉錄延伸複合體(transcription elongation complex; TEC)脫離DNA模板。Spt4是Spt5的輔助蛋白。

RNA Pol II次單元Rpb2提供平台，接合Spt4/5雙倍體、TFIIF（轉錄啟始因子）、ELL2-EAF1（轉錄延伸因子）及PAF1的次單元PAF1-LEO1（轉錄延伸因子），不過TFIIF在轉錄延伸過程中仍然與RNA Pol II接合。原來在PIC中與RNA Pol II及TFIIF組成 Mediator–pol II–TFIIF複合體的媒介子(mediators)，被聚合酶相關因子-1 (Polymerase associated factor 1; PAF1)及Spt6（轉錄延伸因子）所取代，PAF1-Spt6一路跟著RNA Pol II轉錄合成RNA。RNA Pol II穩定合成9~10個核苷酸長度時，在PAF1-Spt6協助下脫離啟動子區，進入轉錄延伸期，Spt5也會被磷酸化，磷酸化的Spt5也與EC脫離啟動子區相關。此時開始全速轉錄的複合體稱為轉錄延伸複合體(TEC)，由Pol II-DSIF-PAF-Spt6組成（酵母菌細胞中是Pol II- Spt4/5-PAF-Spt6）。

磁酸化 CTD 的功能

過渡到延伸期的徵兆之一，是RNA聚合酶最大次單元（在酵母菌的RNA pol II中稱為Rpb1）C-端功能區(C-terminal domain; CTD)被磷酸化，磷酸根主要接在CTD七肽模組上第2及第5個絲胺酸(Ser)，七肽模組含-YSPTSPS-（圖5-15：Y, tyrosin; S, serine; P, proline; T, threonie），CTD含有52個七肽模組。當RNA聚合酶還是轉錄啟始前複合體(PIC)時，CTD呈現**低度磷酸化**(hypophosphorylation)；不過當準備進入延伸期時，CTD開始被包括TFIIH之次單元循環子依賴型激酶(cyclin-dependentk kinase; CDK) CDK7及、CDK9、CTCT1/2等多種激酶所磷酸化（在酵母菌細胞中為Bur1/2及Ctk1），呈現**高度磷酸化**(hyperphosphorylation)狀態（圖5-15），CTD首先被CDK7（酵母菌細胞中稱為Kin28）磷酸化，隨後CDK7活化P-TEFb次單元CDK9。CDK9與CTCT1/2組成的異質雙倍體稱為正向轉錄延伸因子(positive transcription elongation factor b; P-TEFb)，包括PAF、Spt6也會被P-TEFb磷酸化。當轉錄終止時，CTD上的磷酸根會被磷酸分解酶(phosphatase)如SSu72及FCP-1 (FIIF-associating component of CTD phosphatase)等所清除，恢復低度磷酸化狀態。高度磷酸化的CTD是RNA聚合酶與多種轉錄因子、酵素、協同調節因子相互結合的平台，結合了包括5'帽化(5'-capping)酵素、插入子剪接相關因子、mRNA 3'尾端切割與聚腺苷反應(3'-tail cleavage and polyadenylation)酵素等與RNA修飾有關的相關酵素（將在第7章詳述），以及核體組蛋白甲基化酵素，多種延伸反應的調節因子也附在磷酸化CTD上，包括PAF及Spt6。TFIIH是含有10種次單元的大複合體，分子量達500 KDa，其中MAT1、Cyclin H、CDK7都具有激酶(kinase)活性，XPA、XPD是解旋酶，p52、p42、p8具有ATPase活性，故TFIIH從轉錄啟始期就參與PIC，直到延伸期、終止期都不可缺。

延伸調控機制

經過啟動子淨空期，進入延伸期的RNA聚合酶，除了在CTD攜帶多種酵素與因子之外，如TFIIE及TFIIH仍然維持與聚合酶相結合，擺脫包括TBP、TFIID等部分轉錄啟始因子之後，RNA聚合酶換上多種與RNA延伸與修飾有關的蛋白複合體，雖然RNA聚合酶的轉錄反應是沿著DNA模板股持續性進行(processive elongation)，不過轉錄工作不是一路順暢，類似原核細胞的轉錄延伸期，真核細胞轉錄合成RNA的過程中，一樣會遭遇暫時中止(pause)、回溯(backtract)、完成前中斷(premature termination)等情況，也需要在遭遇DNA損傷或錯誤配對時進行修補與校正，延伸期的調控機制簡述如下：

1. 第一類調控涉及暫時中止(Pause)，這是為了調控轉錄的速率，方便轉錄後修飾及錯誤配對的校正(proofreading)，有時因藥物產生轉錄中止現象，也因為RNA pol II偶爾會

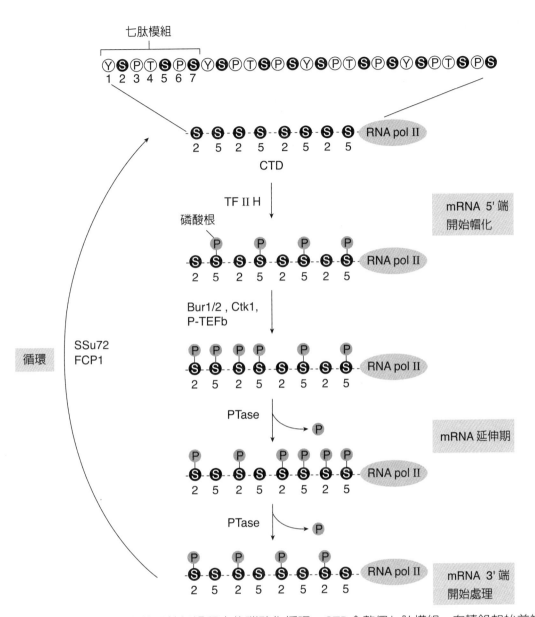

■ 圖5-15　RNA pol II CTD在基因轉錄過程中的磷酸化循環。CTD含數個七肽模組，在轉錄起始前複合體(PIC)時，CTD呈現低度磷酸化，當準備進入延伸期時，CTD的七肽模組開始被包括TFIIH及如TFIIH、P-TEFb等多種激酶所磷酸化，呈現高度磷酸化狀態。SSu72及FCP1為磷酸根分解酶(phosphatase)，負責在完成轉錄之後去除磷酸根，使CTD恢復低度磷酸化狀態。

倒退數個鹼基對，再重新向前轉錄，不過已經造成序列與模板間的排序錯亂，此時會引起轉錄中止，RNA Pol II在轉錄到50~150 bp長度時，約70%的基因轉錄會暫時中止（停一下腳步）。負責使轉錄中止的因子為DSIF及NELF，DSIF仍然是扮演滑行鉗(clamp)的角色，防止停滯的TEC脫離DNA模板，負向延伸因子(negative elongation factor; NELF)家族蛋白會以數種方式扮演剎車的角色，包括干擾新核苷酸進入RNA聚合酶催化位、阻擾PAF等延伸因子接合RNA Pol II等。

2. 細胞如能減少中止的次數，就能加快轉錄，例如TFIIS轉錄因子(transcription factor; SII)（或稱為SII蛋白(SII protein)）本身是核酸內切酶，也能激發RNA pol II本身的RNA切割酶活性（如Rpb9），將不正常的mRNA片段切除，再重新按照模板轉錄，通過原先的停滯點，SII蛋白可能經由誘導RNA pol II的3D空間結構的改變，使其RNA內切酶活性顯露出來。包括TFIIF、**延伸素**(elongins)、**ELL** (eleven-nineteen lysine-rich leukemia)基因家族蛋白等（如ELL2、ELL3），皆能以類似機制加速轉錄作用。延伸素是由3種次單元(elongin A, B, C)組成的複合體，能減少RNA轉錄的中止次數，間接使轉錄速率得以提升。此外，先前提到的P-TEFb激酶除了能磷酸化CTD之外，還能磷酸化NELF，抑制其活性，促使RNA pol II從中止狀態中抒解出來。

3. 第二類調控涉及回溯(backtract)，回溯發生在RNA Pol II遭遇核體障礙（如DNA未完全脫離核體）或錯誤配對時，EC再開倒車回去，等核體適當重整（參閱圖5-16）後再繼續轉錄。對染色質核體的重整因子包括重整核體中組蛋白組成的因子（如FACT等），以及一系列能甲基化組蛋白的酵素（如set1、set2家族蛋白）。便利性染色質轉錄因子(facilitates chromatin transcription; FACT)的功能在選擇性移除H2A/H2B雙倍體，使核體呈現不穩定狀態，以利RNA聚合酶通過核體構成的障礙；此外，FACT也與延伸因子Spt6合作，共同恢復並維持轉錄完成後DNA與核體的結構。SET家族(SET family)為組蛋白甲基轉移酶(histone methyltransferase; HMT)家族，透過組蛋白甲基化，影響核體結構，這一部分將在下一節中討論。RNA Pol II欲通過核體障礙還需要核體重整因子Chd1 (chromatin remodeler 1; Chd1)的參與，當RNA Pol II使雙股DNA脫離組蛋白時，Chd1分解ATP提供能量，促進模板DNA進入RNA聚合酶催化位，加速轉錄的進行。

4. 第二類調控涉及完成前終止(premature termination)，完成前中斷有時稱為轉錄弱化(transcriptional attenuation)，這種現象一般發生在轉錄暫時中止之後，主導轉錄完成前中斷的因子，是一種由14種次單元組成的大複合體（分子量約1.5 MDa），稱為整合子(integrator)，其次單元INTS11具有核酸內切酶活性，且能徵召磷酸根分解酶（如protein phosphatase 2A），使Rpb1的C-端功能區(CTD)去磷酸化，此時新生RNA被分解，EC功能被減弱，轉錄被迫終止。

🔍 ▮ 染色質重整 (Chromatin Remodeling)

基因活化的關鍵步驟，是使操作轉錄反應的PIC能接近核心啟動子，使RNA聚合酶與模板DNA形成穩定的結合，而且促使包括協同啟動轉錄與促進轉錄的因子（包括一般性轉錄因子及轉錄調節因子），皆能接觸啟始點上游及下游的調控元素。在一般狀態

下，約2公尺長的DNA股線是纏繞在數以萬計的核體上，緻密裝填在小於1 μm的細胞核中（參考第1章），故為了能順利轉錄，局部的染色質必須適度的鬆開；換言之，染色質必須作適當的重整(chromatin remodeling)，如果不重整，基因勢必無法活化，事實上這就是結構緻密的異染色體內，基因無法活化的主要原因。基因轉錄過程中的染色質重整可分為四個階段：

1. **步驟一**：局部的染色質由直徑30 nm的纖維重整為10 nm的纖維，隨後這個範圍的DNA股線將開始鬆開（圖5-16a）。此時主要的操作者為染色質重整複合體(chromatin remodeling complex; CRC)，或稱為重整因子(remodeler)，這是一群具有ATP分解酶活性的蛋白複合體，顯然染色質重整需要消耗能量。已被發現的重整因子有四種，分別為SWI/SNF、CHD、ISWI及INO80，除了chromodomain helicase DNA-binding (CHD)因子本身為ATP分解酶(ATPase)之外，這些重整因子皆為多種次單元組成的複合體，大致分為ATPase與主模組(Body module)等兩個模組，SWI/SNF及INO80還含有肌動子相關蛋白(actin-related protein; ARP)模組，ISWI因類似SWI (imitation SWI/SNF)而得名，另一種被命名為RSC的重整因子被歸類於SWI/SNF家族，因為RSC的ARP組成與SWI/SNF的ARP幾乎相同，可見SWI/SNF是誘導染色質重整的主要重整因子。酵母菌的重整子稱為SWI/SNF，人類的重整子稱為SWI/SNF-B（或稱BRM-associated facctors; BAF）。初期的重整一方面使後續的轉錄因子得以接觸上游調控元素（促進子或靜止子等），另一方面使第二波重整因子得以接近核體及組蛋白。

2. **步驟二**：第二波重整過程包括核體移位(nucleosome shifting)及組蛋白乙醯化。核體移位使轉錄調節因子（SP-1、Oct-1等）、一般性轉錄因子（TFIID、TFIIB等）、RNA聚合酶、媒介子等得以接觸啟動子及上游元素（圖5-16b）。組蛋白乙醯化則使組蛋白排列受到干擾，有利於核體的暫時分解，使RNA聚合酶得以接合原先纏繞在核體上的DNA片段，也有利於轉錄調節因子、一般性轉錄因子及RNA聚合酶辨識與接合啟動子及上游元素（圖5-17），故組蛋白乙醯化是基因活化的指標，主要修飾H2B、H3及H4組蛋白分子；反之，組蛋白去乙醯化則是靜止態基因（非活化基因）的特徵。其實新合成的組蛋白在**組蛋白乙醯轉移酶**(histone acetyltransferase; HAT)複合體的催化下，很快的被乙醯化，不過在加入核體之前可能又被去乙醯化。負責乙醯化的酵素是SAGA的次單元Gcn5，SAGA是 Spt/Ada/Gcn5 Acetyltransferase的簡稱，是發現組蛋白乙醯轉移酶Gcn5之後才被發現的複合體。組蛋白乙醯化與轉錄活化有密切關係，SAGA顯然參與了染色質核體的結構變化，也應該是轉錄活化因子之一。

3. **步驟三**：由協同調節因子、一般性轉錄因子及RNA聚合酶組成的PIC，一方面接合上游調控元素，另一方面接合啟動子，促使DNA股線呈套環結構，基因活化的訊息就沿

著協同的轉錄調節因子／媒介子(mediator)→一般性轉錄因子→RNA聚合酶的順序傳遞，DNA的3D結構改變（彎曲或彎摺），使閉鎖態啟動子轉變為開放態，於是轉錄作用向3′端推進，由啟始期進入延伸期。

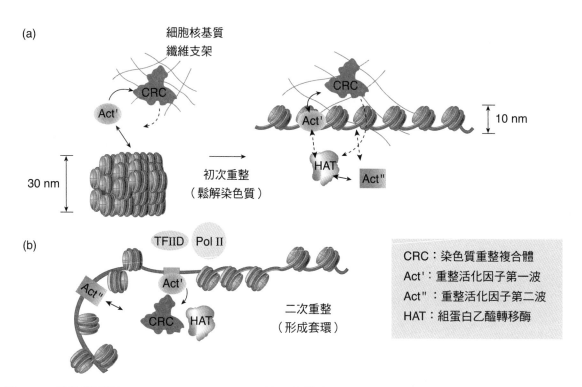

■ 圖5-16　從核體重組(uncleosome remodeling)的角度描述基因轉錄啟動的過程。(a)局部的染色質由直徑30 nm的纖維重整為10 nm的纖維，主要的操作者為染色質重整複合體(CRC)。(b)第二波重整過程包括核體移位及組蛋白乙醯化。核體移位使轉錄因子（如CBP等）、一般性轉錄因子（如TFIID等）、RNA聚合酶、媒介子（如ARC/CRSP等）得以接觸啟動子及上游元素。組蛋白乙醯化則使組蛋白排列受到干擾。

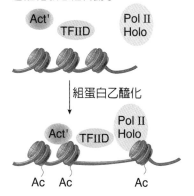

■ 圖5-17　核體核心中的組蛋白乙醯化。核體核心中的組蛋白被乙醯化之後，造成核體結構與位置的改變，使轉錄因子、一般性轉錄因子及RNA pol II得以接近啟動子及其上游元素。轉錄起始複合體到位之後，開始轉錄工作，轉錄區域的DNA充分暴露出來，並形成套環結構。（Act'＝重整活化因子第一波；Act''＝重整活化因子第二波；TFIID＝轉錄因子TFIID；Pol II Holo＝RNA Pol II完全酵素；Ac＝乙醯根。）

4. **步驟四**：延伸期的RNA聚合酶在CTD結合多種蛋白質複合體，其中包含多種延伸因子，包括FACT、SET等因子使核體不斷的重整及復原。新合成的RNA在轉錄尚未完成前，即開始進行部分的處理，包括附在CTD上的RNA 5′帽化酵素開始進行5′帽化工作；附在CTD上的插入子剪接酵素及因子，也與轉錄同步工作，切除插入子（詳見第7章）。當轉錄延伸複合體(TEC)通過終止訊號後，新合成RNA 3′端的處理（切割與聚腺苷反應）隨即進行，因為3′端處理所需的酵素與因子，也在CTD上。這些修飾新合成RNA所需的酵素及因子，皆可被高度磷酸化的CTD所活化。轉錄完成後，RNA聚合酶II及一般性轉錄因子可能重新進入啟動區，參與新一輪的轉錄。

這數十種蛋白質與DNA之間的互動，有賴細胞核中由基質與核絲〔稱為**中絲**(intermediate filaments)〕構成的支架，將功能相近而必須相互協調的複合體，集中在細胞核的**特定區間**(compartment)之中，以維持轉錄效率，這些區間包括轉錄啟始區間、轉錄延伸區間與RNA轉錄後處理區間等。

染色質重整關鍵還在核體的排列秩序與移位上；核體如何定位至關重要，核體在哪個位置是機動的，經由染色質免疫沉澱(chromatin immunoprecipitation；ChIP)輔以次世代核酸定序(NGS)技術的結合，核體定位(nucleosome positioning)與DNA之間的相關性，逐漸被解讀。核體定位點與細胞種類、狀態與時間有關，其變化幅度可以從完美定位(perfect positioning)到完全無定位（無特定落點），完美定位意旨整條DNA上的核體皆定位在特定的一段147 bp長的DNA片段上，一般組織細胞中，某些部分的細胞核體確實佔據(nucleosome occupancy)了特定的DNA片段，不過具有功能性的區段如啟動子、促進子、終止子等，核體佔據率仍是很低，某些區段甚至無核體(nucleosome-free)。核體定位顯著影響了基因的活化與轉錄，研究顯示啟動子區段在無核體之下，其轉錄活性是有核體的10~20倍。核體定位的決定因子，目前較確定的是DNA的核苷酸序列，如每10 bp含可彎折的雙核苷序列(bendable di-nucleotides)如AT、TA，DNA雙股螺旋約每10 bp繞一圈，故AT或TA會剛好在接合組蛋白的同一面，有利於核體定位；反之，poly (dA:dT)及poly (dG: dC)經常在啟動子區段出現，能抑制核體定位，有利於基因轉錄。此外，實驗證據顯示，核體重整酵素(nucleosome-remodeling enzyme)組合組蛋白時，不是隨機定位，故重整酵素能影響核體定位，且RNA轉錄前啟動複合體(PIC)及轉錄延伸複合體(TEC)也與核體定位有相關性。

組蛋白甲基化

　　有數種具有**組蛋白甲基轉移酶**(histone methyltransferase; HMT)活性的蛋白質複合體，以染色質的附屬蛋白存在，或附著在RNA聚合酶的CTD上，例如包括Paf複合體，以及包括set1、set2等具有SET功能區的蛋白質；SET功能區是一段含有130~140個胺基酸的片段，具有催化離胺酸(lysine; Lys)甲基化的活化位。這些甲基轉移酶的受質包括四種組蛋白，以及RNA聚合酶的CTD，不過主要的目標是H3組蛋白。Set1等酵素是COMPASS複合體(complex of proteins associated with set1)的組成分子之一，COMPASS從轉錄啟始期即與RNA聚合酶結合，此時需要TFIIH的協助，甲基化組蛋白的工作隨著延伸期一路進行，可見組蛋白甲基化與核體重整關係密切。

　　組蛋白甲基化可能是一種標示，用以記憶最近轉錄過的基因，研究發現H3的第4號胺基酸－離胺酸〔以H3-K4（組蛋白3第4號胺基酸離胺酸）表示；K是lysine的代號〕如果被甲基化，則此化學性修飾將保持到轉錄完成，甚至到基因失去活性為止。甲基化的另一目的也可能與調節組蛋白乙醯化程度有關，如H3-K4甲基化時，會使乙醯轉移酶複合體接近核體，促進組胺酸的乙醯化，活化下游基因；如果是H3-K9（組蛋白3第9號胺基酸離胺酸）甲基化，則會使去乙醯化酵素〔如組蛋白去乙醯酶(histone deacetylase; HDAC)〕接近核體，促進組胺酸的去乙醯化，因而抑制下游基因的活化。

轉錄終止

　　真核細胞轉錄終止程序，對基因表現的次序極為重要。如果轉錄超越了終止點，則可能產生無法處理的3′尾端，使新合成的RNA不穩定，或無法被轉送到細胞質中；轉錄超越了終止點，也可能干擾下游基因的啟動子；如果下游基因轉錄方向相反，則過站不停且開到下一站的列車，轉錄產生的RNA會成為下游基因的反意RNA (anti-sense RNA)抑制下游基因的活化。真核細胞轉錄終止機制涉及順向元素(cis termination element)與反向元素(trans termination element)，順向元素包括特殊序列的終止子，反向元素則為轉錄終止因子(transcription termination factor)。故完整的終止子包括轉錄終止訊號、轉錄終止因子及其辨識與接合序列。

RNA pol I 的終止子

　　RNA pol I 負責rRNA基因的轉錄，由於rRNA基因以成排重複(multiple tandem repeat)存在，故前一個基因的終止子與下一個基因相隔不遠，為了有效終止轉錄工作，終止因子相對簡單，同一物種rRNA基因的終止因子共識序列一致性也很高。以rRNA

之3'尾端終點為準，終端上游約−10~−4的範圍有一段富含T的終止訊號（人類rRNA基因沒有），不過轉錄終止因子的接合位則座落在rRNA之3'尾端終點下游+11~+25之間。種與種之間的序列並不一致，轉錄終止因子也不相同，如酵母菌的轉錄終止因子為Reb1p，辨識的核心共識序列為5'-CGGGTAA-3'；老鼠與人類的轉錄終止因子為TTF-I (transcription termination factor for pol I)，辨識的核心共識序列為5'-GTCGAC-3'，正好是Sal I限制酶(Sal I restriction enzyme)的辨識與切割點，故稱之為Sal盒(Sal box)（表5-6）。

表5-6 RNA pol I的終止子

RNA聚合酶	物種	近RNA 3'端終點上游順向訊號	轉錄終止因子	轉錄終止因子接合位（位於RNA 3'端終點下游）
RNA pol I	酵母菌	5'-TTTTATTT-3'	Reb1p	5'-CCGGGTAAAAA-3'
	青蛙	5'-TTTTTT-3'	Rib 2	5'-GACTTGCTC-3'
	老鼠	5'-TTTTTT-3'	mTTF-I	5'-AG**GTCGAC**CAGTACTCCG-3'
	人類	無	hTTF-I	5'-GG**GTCGAC**CAG-3'

註：1. RNA pol I的轉錄終止因子接合位**粗體字**部分為限制酶Sal I的辨識與切割點。
2. 近RNA 3'端上游訊號序列為編碼股序列，轉錄後在RNA上呈現之序列為聚U序列（如酵母菌rRNA尾端為5'-UUUUAUUU-3'）。

RNA pol II 終止子

RNA pol II的終止機制相對複雜，原因是mRNA的3'端處理過程較為繁複，當轉錄到達3'端時，必須立即進行切割(cleavage)及聚腺苷反應(polyadenylation)的步驟。不過如果以新合成的mRNA脫離DNA模板作為轉錄的終止，則在新合成的mRNA尚未脫離DNA之前，mRNA的3'端已經在進行處理，目前較被接受的轉錄終止模式為「變構模式」(allosteric model)，變構模式認為mRNA的切割是轉錄終止的訊號，聚腺苷的開始合成也會使RNA聚合酶反應中斷，RNA pol II遭遇聚腺苷序列即改變其3D結構（如形成髮夾結構、彎摺等），導致RNA pol II轉錄終止並脫離，故3'端處理訊號被視為轉錄終止點的指標。

另一轉錄終止模式為「魚雷模式」(torpedo model)（圖5-18），魚雷模式指出，當RNA pol II通過3'端處理訊號（如5'-AAUAAA-3'）後，mRNA的3'端進行切割處理並留下一段帶有5'−端的RNA片段，這個片段與還在繼續轉錄的RNA pol II相連，於是RNA片段的5'−端開始受到RNA外切酶〔如Xrn2 RNA外切酶(Xrn2 RNA exonuclease)、Rat-1 RNA外切酶(Rat-1 RNA exonuclease)〕的攻擊，由於RNA外切酶分解RNA的速度比RNA pol II轉錄的速度快（好像潛艇向目標船發射的魚雷），當RNA外切酶追上RNA聚合酶時，RNA pol II即終止轉錄並與DNA分離。

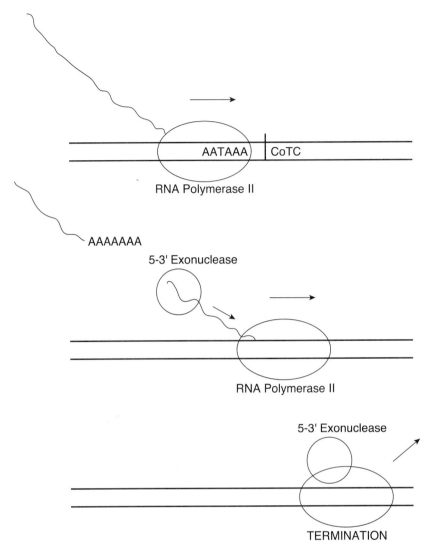

AATAAA CoTC

RNA Polymerase II

AAAAAAA

5-3' Exonuclease

RNA Polymerase II

5-3' Exonuclease

TERMINATION

■ 圖5-18 轉錄終止「魚雷模式」：當RNA pol II通過3'端AAUAAA順向訊號後，mRNA的3'端進行切割
處理並留下段帶有5'-端的RNA片段，這個片段與還在繼續轉錄的RNA pol II相連（箭頭為轉
錄方向），5'-端開始受到RNA外切酶的攻擊，由於RNA外切酶分解RNA的速度比RNA pol II
轉錄的速度快（好像潛艇向目標船發射的魚雷），當RNA外切酶像魚雷一樣追上RNA聚合酶
時，RNA pol II即終止轉錄並與DNA分離。

　　圖5-19為三種生物界間mRNA3'-尾端的比較，如果以酵母菌為例，切割點(cleave
site; CS)可能是UA或CA，以此點(+1)為準向上游搜尋，可發現–35~–60之間的上游元素
(upstream element; UE)，其中處理效率最好的共識序列為5'-UAUAUA-3'；約在–10~–30
範圍中有第二組共識序列，即5'-AAUAAA-3'序列，又稱富含A模組(A-rich motif)，是
演化上高度保留的序列，也是3'端處理訊號，3'-尾端切割與聚腺苷因子CPSF的辨識位；

鄰近切割點為第三組共識序列（–10左右），稱為富含U模組(U-rich motif)，典型序列為5'-UUUUUU-3'，動物細胞的mRNA3'-尾端沒有U-rich motif；切割點下游還有一組富含U模組，其序列與上游的富含U模組完全相同，動物細胞的mRNA3'-尾端也沒有此U-rich motif。動物的mRNA相對簡單，只有在切割點上游有5'-AAUAAA-3'富含A模組，以及CS下游約11~30 nt富含GU的共識序列，稱為下游元素(downstream element; DSE)，DSE是切割激發因子CstF的辨識位。這些順向轉錄終止元素較符合變構終止模式的需求，即以mRNA的切割與聚腺苷的開始合成為轉錄終止訊號。

3'端處理訊號不只是傳統公認的5'-AAUAAA-3'（3'端處理是針對mRNA，故以mRNA上的序列為分析對象），況且晚近以 EST資料庫（推演自細胞中的總mRNA庫；詳見第1章）分析，發現果蠅的基因3'端具有5'-AAUAAA-3'模組的基因最多只占約58%（果蠅），人類編碼蛋白質的基因中，只有約53%具有5'-AAUAAA-3'模組，稻米、阿拉伯芥（植物細胞的代表）更只有約6~8%基因具有5'-AAUAAA-3'模組，可見mRNA轉錄的3'端處理訊號，即使在同一物種的基因體內，也有相當的變異，動物界、植物界、菌物界之間的變異更大（圖5-19）。

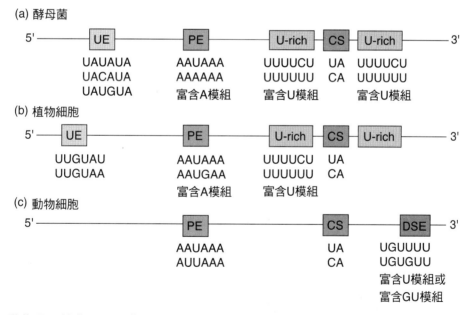

■ 圖5-19　動物界、植物界、菌物界之間mRNA之3'端處理訊號（終止子）的比較。酵母菌mRNA切割點(CS)為UA或CA，此切割點上游還要有上游終止元素(UE; –35~–60)、富含A模組(–10~–30)、富含U模組（–10左右），切割點下游則含另一組富含U模組。植物的mRNA沒有下游的富含U模組；動物的mRNA在3'端切割點上游有5'–AAUAAA–3'富含A模組，以及下游元素(DE)。

研究者隨後又發現兩種轉錄終止的順向元素，一種是poly(A)訊號下游的中止元素(pause element terminator)（或稱停滯元素），離poly (A)訊號下游約160 nt，而先前提及的下游元素(DSE)只離poly (A)訊號約50 nt。中止元素由轉錄因子MAZ負責辨識並接合（反向元素），MAZ接在(5'-GGGGGAGGGGG-3')共識序列上，使RNA Pol II轉錄中途停滯，同時促使核酸內切酶在poly(A)訊號處產生一個切口，讓5'→3'核酸外切酶Xrn2有機會接近切口，開始分解被切除的新生mRNA尾端，此時RNA聚合酶還在新生mRNA尾端繼續合成mRNA，不過轉錄速度開始減緩，當Xrn2追上RNA聚合酶時，RNA聚合酶脫離模板DNA，隨即終止轉錄反應，這符合魚雷終止模式，而Xrn2就是魚雷。

2000年左右陸續又發現另一種轉錄終止的順向元素，位於poly (A)訊號下游約1~2 kb處，稱為協同轉錄切割元素(Co-Transcriptional Cleavage elements; CoTC)，CoTC是一段約850 bp長的DNA片段，富含AT序列，形成一段轉錄終止區。RNA Pol II越過poly(A)訊號區之後，持續轉錄到轉錄終止區，核酸內切酶的切割點在CoTC元素區，被切除的新生mRNA尾端還接著RNA聚合酶，同樣由5'→3'核酸外切酶Xrn2分解被切除的mRNA，使RNA聚合酶脫離模板DNA，隨即終止轉錄反應，這也符合魚雷終止模式。雖然G_5AG_5停滯元素造成的轉錄終止較快、較直接，不過約80%的基因轉錄以CoTC模式終止，且CoTC一般在mRNA之3'-尾端開始處理前產生，不影響mRNA的後續處理（參閱第7章）。

RNA pol III 終止子

RNA pol III負責轉錄一群小型的RNA，包括5S rRNA、tRNA及snRNA，基因種類雖然多，不過目前研究的結果，RNA pol III的終止子並沒有如預期的複雜，這種設計主要用來配合快速轉錄與再度啟動(reinitiation)，以滿足細胞對這些基因產物的大量需求。RNA pol III的終止子只須符合三個條件：(1) 3'端具有富含T的模組（表5-7），以作為終止轉錄的訊號；(2)富含T模組兩翼的序列必須適當，如5'-AATTTTAA-3'換成5'-GCTTTTGC-3'，轉錄終止效率會增加100倍以上；(3)有適當的轉錄終止因子，如TFIIIC次單元C53/C37異質雙倍體。富含T模組導致轉錄終止的原因尚不清楚，不過富含T模組的模板股富含A，轉錄出富含U的RNA，rU:dA是弱親和力配對，可能是導致轉錄終止的原因之一，有部分學者也認為富含T的模組附近會生成髮夾結構(hairpin)，轉錄終止與3'-尾端產生髮夾結構有關。La蛋白能辨識5'-UUU-3'序列，接在新生RNA尾端，研究發現，La蛋白能與多種RNA pol III轉錄的RNA分子結合，包括原型tRNA (pre-tRNA)及5S rRNA，能保護RNA之3'-端，免於被核酸外切酶分解，故其功能可能不是協助轉錄終止，而是與rRNA、tRNA的轉錄後修飾有關，RNA轉錄後修飾將會在第8章詳述。

表5-7 RNA pol III的終止子

物　種	終止子	轉錄終止因子
釀酒酵母菌 (*Saccharomyces cerevisiae*)	5'-TTTTTT-3'（tRNA基因）	TFIIIC1、局部異構酶 I、PC4、NF1、La 蛋白（資料來自對人類的研究）
裂殖酵母菌 (*Schizosaccharomyces pombe*)	5'-TTTTT-3'（tRNA基因）	
蛙 (*Xenopus laevis*)	5'-GCTTTTGC-3'（5S rRNA基因）	
人類 (*Homo sapiens*)	5'-AATTTTAA-3'（*Alu*基因）	

延伸學習　Extended Learning

　　一般mRNA的轉錄終止訊號是聚腺苷，那麼沒有聚腺苷尾端修飾的mRNA，如何終止轉錄反應？以組蛋白的mRNA為例，在轉譯終止碼下游約14 nt-15 nt的位置（"14 nt"代表14個核苷酸的距離），有一段富含"U"的幹狀套環結構(stem loop)，幹狀套環下游約15 nt則有一段稱為組蛋白下游元素(histone downstream element; HDE)的共識序列(5'-AAAGAGCUGU-3')，mRNA-3'尾端的切割有賴兩種因子的輔助，一個是能辨識及接合幹狀套環的幹狀套環接合蛋白(stem-loop binding protein; SLBP)，另一個因子是U7核糖蛋白(U7 RNP)。SLBP接合幹狀套環結構，而U7 RNP所含的63 nt小核RNA (snRNA)負責與HDE配對，加上U7 RNP的次單元LSM10及LSM11等兩種協同因子後，穩定了mRNA-3'尾端將被處理的RNA區段，最後負責切割RNA並終止轉錄的因子是切割聚腺苷反應專一性因子(cleavage polyadenylation specificity factor; CPSF)，CPSF的功能會在第7章詳述。

Molecular Biology

06
CHAPTER

真核細胞基因轉錄的調控

基因是否有活性，意指基因是否轉錄；而基因活性的大小，意指基因轉錄速率的快慢，基因轉錄不論是時間（何時轉錄？）或空間（在哪個組織細胞中轉錄？），皆受到精準的調控。不論是原核細胞或是真核細胞，基因的活性皆受到順向調節元素(*cis-regulatory elements*)與反向調節元素(*trans*-regulatory elements)的直接調節，在前一章已經大致闡述兩者的交互作用機制，也介紹了兩類反向調控元素：組合轉錄起始複合體的**一般性轉錄因子**，以及經由促進子或靜止子調節轉錄功能的**轉錄調節因子**。本章將探討轉錄因子的結構和功能上的特性。核體重整是直接影響基因轉錄的第二種機制，真核細胞的基因體具有高度組織化的結構，故相對龐大的轉錄起始複合體通過基因之前，核體必須進行重整與移位，才能使核心啟動子及順向調控元素暴露出來，且核體組蛋白的修飾（如甲基化及乙醯化）也與基因活化息息相關。晚近逐漸被重視的微RNA (miRNA)調控機制，是本章討論的第三項議題，在人類基因體中，已經發現超過2,000種的miRNA，且相信人類基因體中有超過30%蛋白質編碼基因受到miRNA的調控，主要經由促使mRNA分解或干擾mRNA轉譯為蛋白質，抑制基因的表達，故miRNA的功能是構成一種轉錄後調控機制，在基因轉錄與轉譯之間，居於樞紐的地位。

6-1 轉錄因子

到目前所發現的轉錄因子(transcription factor)種類繁多，不同物種的細胞所用的轉錄因子各不相同，即使是相同物種，個體內不同組織也因為組織專一性的需求，各有其特殊的轉錄因子。不過轉錄因子的構造與功能之間具有密不可分的關係，基本上，轉錄因子的分子結構中具有**活性區**(activation domain)及**DNA接合區**(DNA-binding domain; DBD)，部分則含有**蛋白交互作用區**(protein-protein interaction domain)。活化區直接或間接與轉錄啟動子複合體作用，促進轉錄反應；DNA接合區負責辨識順向調控元素，並與其接合；蛋白交互作用區則使複合體的次單元彼此接合，組成雙倍體或多倍體。

螺旋－彎摺－螺旋

螺旋－彎摺－螺旋(helix-turn-helix; HTH)是DNA接合區(DBD)常見的結構，具有三個相近的α螺旋，以及α螺旋之間的彎摺連線。1984年，科學家辨識出果蠅的同源基因(homeotic genes; *Hox gene*) 編碼的蛋白HOX，皆具有一段結構特殊的DNA接合區，基因中編碼此DBD的長度約180 bp，故是一段由60個胺基酸組成的模組，由於是在果蠅的*Hox*基因先發現，故稱之為同源盒(homeobox)，具有同源盒的蛋白稱為同源蛋白(homeoprotein)，同源盒編碼的模組稱為同源功能區(homeodomain)。這段具有DBD活

性的同源功能區具有典型的HTH結構，含有三個α-螺旋結構(α-helex structure)，從N端依序分別命名為α-螺旋I、α-螺旋旋II及α-螺旋III，由α-螺旋III與DNA雙股螺旋的主凹溝(major groove)接合（圖6-1），同源功能區N端約9個胺基酸的片段負責與副凹溝(minor groove)作用，鄰近N端的部分也被證明涉及同源蛋白對目標基因的專一性。例如將果蠅的觸足同源蛋白Antennapedia (Antp)的N端部分換成Scr性梳減縮蛋白(sex combs reduced protein; Scr protein)的N端，則此嵌合蛋白(chimeric protein)會轉而調控Scr蛋白所負責的基因群。

　　隨後發現在動物界、植物界、真菌界有許多基因編碼同源蛋白，在動物細胞中的轉錄因子，約10~30%是同源蛋白，可見以同源功能區接合DNA，是轉錄因子發揮功能的主要機制之一，這些基因統稱為同源盒基因(homeobox genes)。同源盒基因在演化上有高度保留性(highly conservative)，其蛋白產物同質性也很高，例如果蠅的Antp蛋白與人類Hox B7同源蛋白，同源功能區所含的61個胺基酸中，只有1個胺基酸不同；而分析果蠅、海膽、蛙類、小鼠(mice)、大鼠(rat)以及人類等物種的類Antp同源功能區，也可發現其中的60個胺基酸中，相異的胺基酸不超過7個。某些非同源盒基因產物如Oct-1與Oct-2也具有HTH結構的功能區，且部分原核細胞的調控蛋白（如*lac*抑制子、λ抑制子等）的DNA接合區也有類似的結構，可見這是一種古老的DNA接合結構。

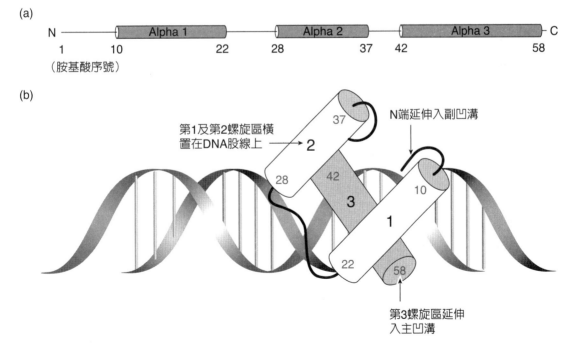

■ 圖6-1　螺旋－彎摺－螺旋家族轉錄因子(HTH family transcription factors)。(a)螺旋－彎摺－螺旋家族轉錄因子與同質功能區結構。同質功能區是一段由60個胺基酸組成的模組，含有三個α螺旋，從N端排序，分別命名為α螺旋I、α螺旋II及α螺旋III；(b)轉錄因子與DNA接合時，由α螺旋III與DNA的主凹溝接合。

動物界在演化過程中，約產生100種同源盒基因(homeobox genes)家族，人類基因體中含有300個以上的同源盒基因，歸類成102種基因家族(gene family)。*ANTP*基因群中就含37種基因家族，至少包含100個同源盒基因，其中只有39個是*Hox*基因，故*Hox*基因必定是同源盒基因，而同源盒基因中有許多不是*Hox*基因。同源盒基因大多參與細胞分化及胚胎發育，不過有些同源盒基因與癌症有關，如*ANTP*基因群中的*EMX2* (Empty Spiracles Homeobox 2)基因與腦神經發育有關，但也是腫瘤抑制基因(tumor suppressor gene)，抑制大腸直腸癌、胃癌等腫瘤生長與癌細胞入侵。此外包括*PAX*、*MSX*等多種同源盒基因群，皆屬癌症相關基因。

延伸學習

Extended Learning

ANT-C 基因群突變與觸角轉型

果蠅與其他昆蟲綱的物種一樣，蟲體分為頭、胸、腹三部分體節，分別含頭部、3個胸節、8個腹節，依照同質基因群又可分為觸足複合群(Antennapedia complex, ANT-C)，含五種*Hox*基因，以及雙胸複合群(Bithorax complex, BX-C)，含有3個*Hox*基因。ANT-C調控的前節區(anterior segments)含頭部到第2胸節，BX-C調控的範圍則從第3胸節到8個腹節。ANT-C基因中的*Antp*基因正常功能是主導胸節成蟲盤(imaginal disc)的分化，如胸足的分化與發育等，然而*Antp*基因的突變使原先應該在頭部長出觸角(antennae)與觸角芒(arista)的位置長成了足。正常胚胎發育過程中，頭部的分化並不依賴*Hox*基因的調控，因為觸角與觸角芒的成蟲盤細胞中，ANT-C基因群中的基因處於被抑制狀態。然而這些頭部細胞中的*Antp*基因產生倒位突變(inversion)，導致Antp基因中產生不正常的異位表達(ectopic expression)，誘導觸角的成蟲盤分化為腳（足），產生觸角→足轉型的異常發育。其實ANT-C中的其他基因，如性梳減縮基因(*Sex combs reduced gene; Scr*)突變，也可能發生異位表達而在頭部長出腳來，突變的*Antp*或*Scr*基因皆同時抑制與原先觸角分化相關的基因。

鋅指結構

鋅指結構蛋白(zinc-finger-containing proteins)構成哺乳類蛋白體(proteome)中種類最多的蛋白超家族(protein superfamily)，這些蛋白大多為轉錄調控者，直接或間接影響基因的活性，故涉及細胞的增殖、分化，以及對腫瘤的抑制（如Wilm氏腫瘤細胞中發現的WT-1腫瘤抑制蛋白）。生物學家最先在蟾蜍(*Xenopus laevis*)細胞中的TFIIIA分子結構中發現了鋅指結構，TFIIIA分子的鋅指功能區含有9個並排重複的鋅指結構，是典型的C_2H_2型鋅指，這種類型的鋅指結構在鋅指結構蛋白超家族中最為普遍，其保守序列為Y/F-X-C-X_{2-4}-C-X_3-F-X_5-L-X_2-H-X_{3-5}-H，其中構成的二級結構含2個逆平行的β摺板(anti-parallel β-sheets)以及一個α螺旋（圖6-2），兩個胱胺酸(cystine, C)分別位於逆平行的β摺板上，而兩個組胺酸(histidine; H)則位於α螺旋結構中，C_2H_2利用離子鍵夾住一個鋅離子，形成厭水性的核心；換言之，鋅指結構的維持有賴鋅離子與C_2H_2的協同作用。在並排的鋅指與鋅指之間的片段雖然長短不一，不過大多含有一段由7個胺基酸所組成的保守序列TGEKP (Y/F) X，此模組又稱為H/C連結(H/C link)，如果其中的蘇胺酸(threonine; T)被磷酸化，則此轉錄因子會失去活性。分析Zif268鋅指結構蛋白與DNA的結晶結構，證實鋅指結構能伸入DNA雙股螺旋的主凹溝中，涵蓋整個主凹溝，如果以α螺旋的第一個胺基酸為+1，則負責與DNA核苷酸分子接觸的胺基酸分別位於–1、+3及+6，而逆平行的β摺板並未與DNA作用，不過整體的鋅指結構及H/C連結皆影響鋅指結構蛋白與DNA的親和力。

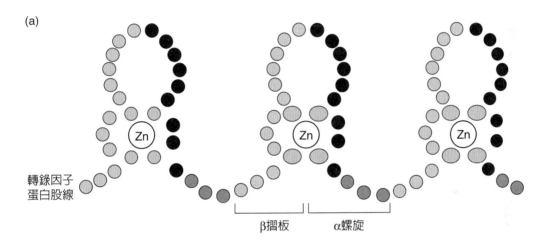

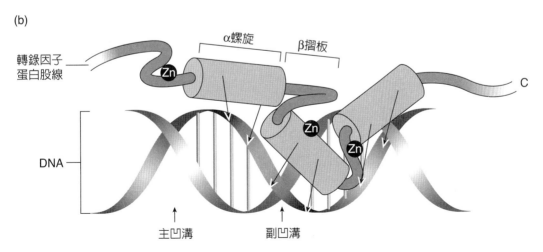

■ 圖6-2　鋅指家族轉錄因子(Zinc-finger family transcription)蛋白鋅指結構。典型的C_2H_2型鋅指，這種類型的鋅指結構在鋅指結構蛋白超家族中最為普遍，其中構成的二級結構含2個逆平行的β摺板，以及一個α螺旋，是DNA接合區。

近年來經由基因體(genome)及轉錄體(transcriptome)的分析，發現鋅指結構蛋白依據功能與結構，大致可分類成46群，其功能包括接合DNA、RNA與蛋白質，鋅指大小、鋅指結構中負責夾住鋅離子的胺基酸、H/C連結的長度等也有所差異。如類Krüppel因子及特殊白蛋白(KLF/SP)家族[Küppel-like factor and specificity protein (KLF/SP) family]屬於鋅指結構蛋白，基因以sp或KLF命名，其蛋白產物鄰近C端皆含有3個典型的鋅指結構，構成DNA接合區，N端含活化或抑制轉錄的功能區；大家較為熟知的Sp家族因子是Sp1轉錄因子，主要辨識基因5'側翼的GC盒序列(GC box)或CACCC元素(CACCC element)，影響細胞的增殖與分化。類固醇荷爾蒙受體(steroid hormone receptors)是另一類鋅指結構蛋白，其鋅指結構由4個胱胺酸所構成4個胱胺酸鋅指結構(C_4-type zinc finger)，這一家族的蛋白種類數量僅次於C_2H_2家族。RING-H_2鋅指家族(RING-H_2 zinc-finger family)的鋅指結構包括C_4HC_3型及$C_3H_2C_3$型，皆能夾住2個鋅離子，這一類蛋白參與蛋白與蛋白間的結合作用，在泛化途徑(ubiquitination pathway)中扮演重要的角色，其受質為核體組蛋白的H2A與H2B，經過泛化修飾的H2A與H2B能徵召乙醯轉移酶，促成H3或H4組蛋白的乙醯化，造成染色質重整並活化基因。

🔍 白胺酸拉鍊

某些轉錄因子家族內的成員在結構上的相似性，並不在於DNA接合區，而是協助組合DNA接合區的鄰近區段，白胺酸拉鍊(leucine zipper)家族就是典型的例子，1988年美國科學家William Landschulz等人提出白胺酸拉鍊的存在與其重要性，他們從CCAAT接合蛋白C/EBP的分子結構中發現，有一段含35個胺基酸的模組週期性的出現白胺酸，即每7個胺基酸就有一個白胺酸，此模組形成一條長α螺旋，α螺旋的一面有白胺酸側鏈突出，相對厭水性；另一面則含多種鹼性與酸性胺基酸，故呈現親水性，白胺酸側鏈突出的厭水性面，促使兩個白胺酸拉鍊家族的蛋白形成同質雙倍體，或異質雙倍體，此白胺酸側鏈交互接合的區段稱為白胺酸拉鍊區（圖6-3）。

緊鄰白胺酸拉鍊的區段是含有正價胺基酸的鹼性區(basic region)，負責直接與呈負價的DNA交互作用，故此類蛋白又稱為bZIP蛋白(bZIP protein)（"b"代表basic），bZIP模組(bZIP motif)有60~80個胺基酸的長度，包含鹼性區及白胺酸重複區段，白胺酸拉鍊結構中，兩條白胺酸重複區交互纏繞(coiled-coil)，使雙倍體的兩個鹼性區相互靠近，以辨識並接合反序對稱(palindrome)的調控元素（圖6-4），如C/EBP辨識如下序列：

5' - ATTGCGCAAT - 3'

3' - TAACGCGTTA - 5'

鹼性區有5個胺基酸與DNA直接接觸，這5個胺基酸在bZIP蛋白間保留度很高，包括所有的bZIP鹼性區都有的天門冬醯胺(asparagine; Asn)及精胺酸(arginine; Arg)，顯示其重要性。目前由人類基因體序列中辨識出56種bZIP蛋白，組合成約340種同質或異質雙倍體，不過這是真核細胞轉錄因子才有的結構，幾乎所有真核細胞中皆含有bZIP蛋白，被研究得較詳細的bZIP蛋白除了C/EBP之外，還有AP-1家族的c-Fos、c-Jun及酵母菌的GCN4，c-Fos與c-Jun能形成異質雙倍體，辨識並接合在AP-1接合位上（共識序列為5'-TGACTCA-3'），c-Fos與c-Jun在細胞內的量很容易受胞外刺激物的誘導而快速增加。植物細胞中還含有一群轉錄因子，兼具有同質功能區及白胺酸拉鍊構造，稱為同質白胺酸拉鍊蛋白(hmeodomain leucin zipper protein; HD-Zip protein)，白胺酸拉鍊負責形成雙倍體，同質功能區負責與DNA接合。

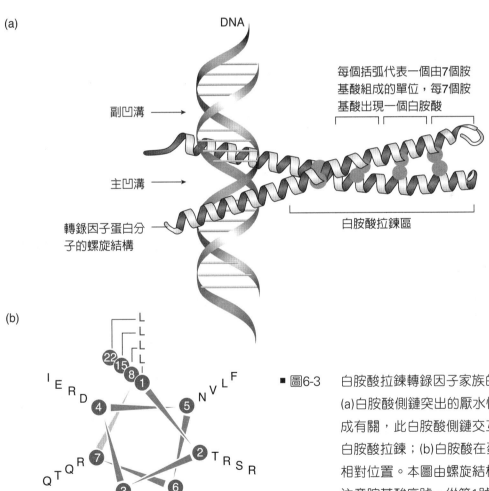

■ 圖6-3　白胺酸拉鍊轉錄因子家族的白胺酸拉鍊區。(a)白胺酸側鏈突出的厭水性面與雙倍體的形成有關，此白胺酸側鏈交互接合的區段稱為白胺酸拉鍊；(b)白胺酸在蛋白螺旋結構上的相對位置。本圖由螺旋結構上方往下看，請注意胺基酸序號，從第1號胺基酸算起，每7個胺基酸出現一個白胺酸，且白胺酸在同一邊上排成一條線。

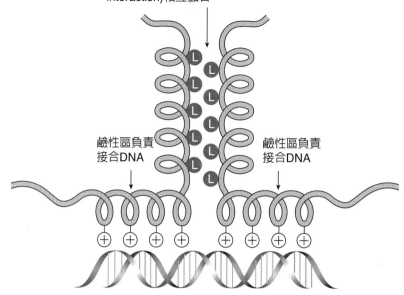

白胺酸之間以厭水性作用(hydrophobic interaction)相互黏合

鹼性區負責
接合DNA

鹼性區負責
接合DNA

■ 圖6-4　白胺酸拉鍊轉錄因子雙倍體與DNA的交互作用。緊鄰白胺酸拉鍊的區段為含正價胺基酸的鹼性區，是DNA結合區，故此類蛋白又稱為bZIP蛋白。兩條白胺酸重複區交互纏繞，使雙倍體的兩個鹼性區相互靠近，以辨識反序對稱(palindrome)的調控元素。

螺旋－套環－螺旋

螺旋－套環－螺旋(helix-loop-helux; HLH)結構的轉錄因子家族，在多種組織的發育過程中扮演關鍵的角色，從酵母菌到人類細胞中，已經發現超過240種HLH家族轉錄因子，在酵母菌細胞中，HLH蛋白調控了數種重要的代謝途徑，包括磷的攝取、磷脂的生化合成等；在多細胞生物如蟾蜍、果蠅、老鼠，HLH蛋白密切參與多層次的胚胎與個體發育，如細胞分化、細胞族系的確定及性別的決定等，HLH蛋白也是多種重要發育程序的關鍵調控因子，包括神經系統發育、肌肉發育、造血功能及胰臟發育等。

HLH蛋白的HLH模組所辨識的是稱為E盒(E box)的順向調控元素，所有E盒元素皆含有共識序列5'-CANNTG-3'，N代表任意一種核苷酸。E盒最先在免疫球蛋白重鏈(IgH)及輕鏈(kappa light chain)基因的促進子中被發現，隨後科學家陸續在肌肉、神經、胰臟發育的相關基因啟動子與促進子中發現E盒。能辨識並接合E盒的HLH模組在HLH蛋白之間保留性很高，顯示此結構在維持胚胎及個體正常發育的重要性。HLH模組包含兩個相鄰的α螺旋，兩α螺旋之間以一段無特定結構的套環相連結（圖6-5），演化保留性高的結構含15~20個胺基酸。HLH模組的主要功能不是接合E盒元素，而是促使HLH蛋白組成雙倍體，這點與白胺酸拉鍊區相似，HLH模組之後緊跟著一段鹼性區，雙倍體次單元的

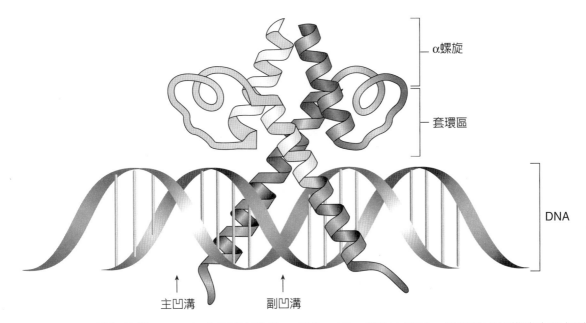

■ 圖6-5　　HLH模組結構。HLH包含兩個相鄰的α螺旋，兩α螺旋之間以一段無特定結構的套環相連
　　　　　結，此結構的功能是與另一種HLH家族蛋白形成雙倍體。

鹼性區成對併排，共同辨識並接合E盒元素，故完整的DNA接合區稱為含鹼性區的HLH
結構(basic HLH; bHLH)（類似白胺酸拉鍊區的bZip，"b"代表basic）。以最先被發現
的E47轉錄因子(E47 transcription factor)而言，其E盒元素為5'-CACCTG-3'，故E47雙倍
體併排的兩個鹼性區分別接合CAC及CTG，鹼性區中與胞嘧啶及腺嘌呤直接作用的胺基
酸是精胺酸(Arg)及麩胺酸(Glu)，從E47與E盒元素的結晶圖譜判斷，部分套環及第2個α
螺旋中的某些胺基酸也與DNA股線有接觸。

　　HLH蛋白可依據其組織分布、雙倍體組成方式及DNA接合專一性分為五類，其
中第一類為最先在B淋巴球及T淋巴球中發現的E盒元素接合因子，包括E47、E12等，
這類因子可形成同質雙倍體或異質雙倍體；第二類包括MyoD、myogenin、NeuroD、
neurogenin等多種與肌肉、神經發育有關的轉錄因子，這類因子無法自我形成同質雙
倍體，辨識5'-CAGCTG-3；第三類為Myc家族轉錄因子，此家族的特色為HLH模組還
緊鄰著一套白胺酸拉鍊模組，故稱為bHLH-LZ模組，使DNA接合結構更穩定，辨識
5'-CACGTG-3；第四類含Mad、Max、Mxi等轉錄因子，此類HLH蛋白經常與Myc家族
因子組成異質雙倍體，如Myc/Max異質雙倍體，這類HLH蛋白參與了腫瘤細胞轉型、細
胞凋亡及多種細胞的分化，辨識的E box序列與Myc相同；第五類為Id家族，是一群沒有
鹼性區的HLH蛋白，無法接合E盒元素，但是能與第一類及第二類HLH蛋白形成異質雙
倍體，故會干擾HLH蛋白的正常功能（圖6-6），故Id蛋白是其他HLH轉錄因子的負調控

因子。除了Id蛋白之外，HLH轉錄因子也會與特殊的bHLH抑制因子(bHLH repressor)形成異質雙倍體，而使其功能受到抑制（圖6-6）。

　　包括bHLH、鋅指結構等多數轉錄因子並不直接影響RNA聚合酶主導的轉錄機器，而是透過一群協同調控因子（如媒介子）的輔助，間接活化或抑制基因的轉錄。HLH轉錄因子〔如Max/Myc雙倍體(Max/Myc dimer)〕如果接合CBP/p300複合體或SAGA複合體，由於CBP/p300與SAGA具有乙醯轉移酶活性，能使組蛋白乙醯化，造成染色質的重整，故Max/Myc經由SAGA的媒介，能促進基因的活化；反之，如果HLH轉錄因子〔如Max/Mad雙倍體(Max/Mad dimer)〕接合NcoR/Sin3/HDAC複合體(NcoR/Sin3/HDAC complex)，則組蛋白會被HDAC酵素去乙醯化，故Max/Mad經由NcoR/Sin3/HDA的媒介，抑制了基因的活化（圖6-6）。

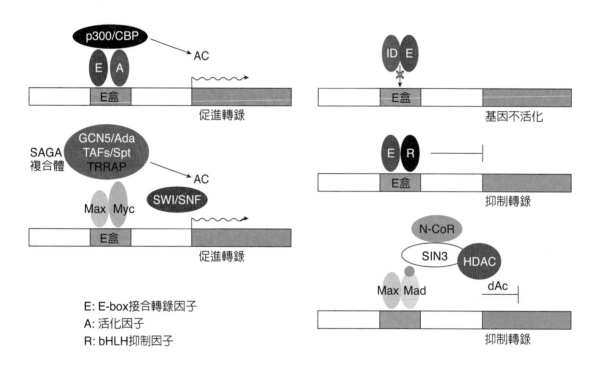

E: E-box接合轉錄因子
A: 活化因子
R: bHLH抑制因子

■ 圖6-6　HLH基因調控模式，HLH家族轉錄因子第四類Max轉錄因子(Max transcription factor)，能與Myc轉錄因子家族(Myc transcription factor family)組成異質雙倍體，在SAGA等協同調控因子協助下，活化多種基因；反之，Max/Mad組成的異質雙倍體〔Mad轉錄因子(Mad transcription factor)〕，接合NcoR/Sin3/HDAC複合體(NcoR/Sin3/HDAC complex)，抑制多種基因的活化。Id蛋白家族(Id protein family)沒有鹼性區，無法接合E盒元素，但是能與第一類及第二類HLH蛋白形成異質雙倍體，干擾這些HLH轉錄因子的正常功能。AC代表乙醯化核體；dAC代表核體去乙醯化。

細胞核類固醇荷爾蒙受體

細胞核類固醇荷爾蒙受體(nuclear steroid hormone receptors; NRs)家族是一群受體兼轉錄因子的蛋白，雖然其DNA接合區含有兩個鋅指結構，不過一般皆視為獨立的家族。NR的接合子(ligand)並不一定是類固醇荷爾蒙，不過必定是可自由穿過細胞膜的厭水性分子，NR的接合子大致可分為四大類：第一類是脂肪酸(fatty acid)，這類小分子來自細胞中的代謝產物；第二類是類萜家族(Terpenoid)，包含多種荷爾蒙（激素）與維生素；第三類是卟啉(Porphyrin)化合物，是一群嵌合金屬原子的油溶性化合物，如葉綠素(chlorophyll)嵌合鎂原子(Mg)，血紅素的血基質(heme)嵌合鐵原子(Fe)；第四類為胺基酸衍生物(Amino Acid Derivatives)，包括T_3及T_4甲狀腺激素(Thyroxine, T_4 及triiodothyronine, T_3)，是嵌合碘原子(iodine)的油溶性化合物，經由有機離子輸送子(organic ion transporter)，以被動擴散方式進入細胞及細胞核。

延伸學習 Extended Learning

細胞核荷爾蒙受體接合子

細胞核荷爾蒙受體(NRs)能與小分子接合子接合並活化，這些小分子包括細胞內代謝產物、內分泌系統分泌的荷爾蒙或來自食物的維生素。目前在人類基因體中發現了48個NR基因，編碼的蛋白在細胞質或細胞核中作為這些小分子的受體，不過其中只有27個確定其接合子，其餘的NRs基因產物仍不未確認其接合子，稱為孤兒受體(orphan receptor)。

接合子的種類可分為四大類：

1. 脂肪酸(fatty acid)：脂肪酸是古老的NR接合子，種類繁多，這類小分子來自細胞中的代謝產物，或來自飲食中的脂肪酸如亞麻油酸(linoleic acid)、棕櫚油酸(palmitoleic acid)、花生四烯酸(arachidonic acids)等。

2. 類萜家族(Terpenoid)：這類油溶性化合物在自然界超過8,000種，包括固醇類脂質(sterol lipids)及類視色素(retinoids)，固醇類脂質包括一般熟知的性荷爾蒙（如雌激素、睪固酮；estrogen、testosterone）及糖皮質激素(glucocorticoids)等多種激素，類視色素則包含維生素A (vitamin A)、β-胡蘿蔔素(β-carotene)及其衍生物（如維生素A酸或稱視黃酸；retinoic acid）。1-25(OH)₂維生素D是開環甾體類化合物(secosteroids)，也是一種類固醇。總之類萜家族包含多種荷爾蒙（激素）與維生素，多數NRs的接合子屬於此類非水溶性小分子化合物。

3. **卟啉**(Porphyrins)：這類油溶性化合物往往嵌合金屬原子，如葉綠素(chlorophyll)嵌合鎂原子(Mg)，血基質(heme) 嵌合鐵原子(Fe)，果蠅細胞中heme的受體是E75，是一種核內受體(nuclear receptor)，哺乳動物細胞中的heme核內受體為Nuclear receptor Rev-erbα (NR1D1)及REV-ERBαβ (NR1D2)，這兩種核內受體早期被認為是孤兒受體。

4. 胺基酸衍生物(Amino Acid Derivatives): NRs接合子中，胺基酸衍生物只有T_3及T_4甲狀腺激素（Thyroxine, T_4及triiodothyronine, T_3），接合T_3及T_4的核內受體是典型的第一類NR。

　　NR的分子結構中必定兼具有DNA接合區、接合子接合位及轉錄調控區等三種功能區。從動物界物種的細胞中，能找到多種NR，分別涉及細胞的生長、分化、胚胎發育，以及細胞數量的恆定，如人類基因體中發現了48個NR基因，編碼的蛋白在細胞質或細胞核中作為這些小分子的受體，不過有21個基因產物仍不未確認其接合子，稱為孤兒受體(orphan receptor)。NR家族可細分為7類，不過確定知道其接合子的NR只有第一類到第三類（表6-1），第一類的代表是甲狀腺激素受體(thyroid hormone T_3 receptor; TR)、視黃酸受體(retinoic acid receptor; RAR)、類視黃酸X受體 (retinoid X receptor; RXR)、維生素D受體(vitamin D receptor; VDR)；第二類含類視黃酸X受體(retinoid X receptor, RXR)、肝細胞核因子-4 (hepatocyte nuclear factor 4; HNF-4)等，部分仍然屬於孤兒受體；第三類為一般熟知的類固醇荷爾蒙受體(steroid hormone receptors)，包括醣皮質固酮受體(glucocorticoid receptor; GR, C21)（C21表示分子結構含21個碳原子）、雄性素受體(androgen receptor; AR, C19)、雌性素（動情素）受體（estrogen receptor；ER_α及ER_β，C18）、孕激素／黃體固酮受體(progestin/progesterone receptor; PR, C22)等多種。

　　第一類及第二類NR，不論是活化與非活化態，均接合在NR反應元素(NR response element)上，反應元素含兩個共識序列AG (G/T)TCA，其中第三個核苷酸可為G或T，兩共識序列有3~4個核苷酸間隔(spacer)，呈正序對稱或反序對稱(palindrome)，如甲狀腺素受體反應元素(TRE)含AGGTCA的正序對稱，間隔4個核苷酸。沒有接合子附著時，這類NR與負向協同調控因子接合，抑制下游目標基因的活化；當接合子附著於受體時，受體產生結構改變，使負向協同調控因子脫離，換上正向協同調控因子，活化目標基因（圖6-7）。細胞核中有兩種甲狀腺激素受體(TR)，分別是TRα及TRβ，TRα在脊椎動物細胞中普遍存在，TRβ則只在某些組織細胞中表達，如肝臟、心室、內耳、視網膜及部分腦細胞，TR可以自組成同質雙倍體，也能與RXR組成異質雙倍體。第二類的RXR原先被認為是孤兒受體，隨後發現RXR能與其他NR組成異質雙倍體，此一發現打開了

對孤兒受體功能的新認識，如RXR扮演類似承接器(adaptor)的角色，與不同的接合子的受體組成異質雙倍體，啟動新的胞內訊號傳導途徑(intracellular signal transduction pathway)，有的學者甚至稱為「RXR大爆發」(RXR Big Bang)，如**過氧化體增殖活化受體**(peroxisome proliferator-activated receptor; PPAR)原先被認為是與RXR呈雙倍體的孤兒受體，隨後發現隸屬於脂肪酸受體家族，與葡萄糖、脂肪代謝密切相關，且涉及發炎反應。

表6-1 主要的三類細胞核類固醇荷爾蒙受體

類型	受體	縮寫與亞型	接合子
I	甲狀腺激素受體 (thyroid hormone T_3 receptor)	TR_α、TR_β	T_3甲狀腺激素
	視黃酸受體 (retinoic acid receptor)	RAR_α、RAR_β、RAR_λ	視黃酸及其代謝產物
	維生素D受體 (vitamin D receptor)	VDR	1-25$(OH)_2$維生素D
	過氧化體繁殖子活化受體(peroxisome proliferators activated receptor)	$PPAR_\alpha$、$PPAR_\beta$、$PPAR_\lambda$	聚不飽和脂肪酸、類花生酸(14.643Eicosanoids)等
	肝臟X受體 (liver X receptor)	LXR_α、LXR_β	氧化固醇類
II	類視黃酸X受體 (retinoid X receptor)	RXR_α、RXR_β、RXR_λ	9-*cis*-視黃酸 (9-*cis*-retinoic acid)
	肝細胞核因子-4 (hepatocyte nuclear factor-4)	$HNF-4_\alpha$、$HNF-4_\beta$、$HNF-4_\lambda$	脂乙醯CoA硫酯 (fatty acyl-CoA thioesters)
	睪丸受體-2 (testis receptor-2)	$TR2_\alpha$、$TR2_\beta$	未知（孤兒受體）
III	醣皮質固酮受體 (glucocorticoid receptor)	GR	醣皮質固酮
	雄性素受體 (androgen receptor)	AR	睪固酮
	黃體固酮受體 (progesterone receptor)	PR	黃體固酮
	雌性素（動情素）受體 (estrogen receptor)	ER_α、ER_β	雌激素 (estrogen)

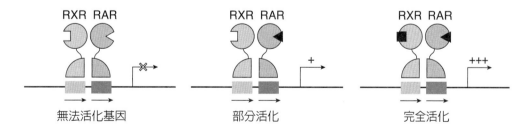

■ 圖6-7 第一類及第二類細胞核類固醇荷爾蒙受體(NR)。不論是活化與非活化態，這兩類NR均接合在反應元素的共識序列(AGG/TTCA)上，沒有接合子（荷爾蒙）附著時，這類NR與協同抑制因子接合，抑制目標基因的活化；當接合子附著於受體時，受體產生結構改變，換上協同活化因子，活化目標基因。（RXR＝類視黃酸受體；RAR＝視黃酸受體；■ ▲＝類固醇荷爾蒙，即接合子。）

第三類未活化時存在於細胞質或核質中，與熱休克蛋白（heat shock protein; Hsp，如hsp 9）相結合，如GR就存在於細胞質中，與hsp90呈異質雙倍體，GR以接合子接合區與醣皮質固酮接合後，才轉移到細胞核中，與目標基因5'側翼的醣皮質固酮反應元素（glucocorticoid response element; GRE；共識序列為5'-GGTACANNNTGTTCT-3'）接合（圖6-8），而ER$_\alpha$及ER$_\beta$則位於核質中，動情素進入細胞核與ER$_\alpha$或ER$_\beta$接合後，受體分子才接合動情素反應元素（estrogen response element; ERE；共識序列為5'-AGGTGANNNTGA/TCC-3'）調控目標基因。

NR的基本結構由N端到C端分別是A/B功能區（或稱N端區，N-terminal domain; NTD）、DNA接合區（DNA binding domain; DBD，約60個胺基酸）、無定形的絞鏈區（hinge region；又稱為D區，約40~60個胺基酸）、接合子接合區（ligand binding domain; LBD，約265個胺基酸），以及靠C端的F功能區（長度依受體種類而異）。A/B功能區具有轉錄活化功能，活化功能區(activation function domain; AF domain)含有活化功能1區(activation function 1; AF1)，接合子接合區則含有活化功能2區(activation function 2; AF2)，協助受體產生結構改變，使AF1與正向協同調節因子作用，活化下游的基因；典型的LBD由11個α螺旋及數目不等的β股線所構成，如ER$_\alpha$及ER$_\beta$就含11個α螺旋及兩個β股線。DNA接合區(DNA binding domain; DBD)含有兩個典型的C$_4$型鋅指結構，負責辨識反應元素序列，是NR主要接合雙股DNA的結構，辨識序列長度為15 bp，類似反序對稱序列(palindromic sequence)（圖6-9）。各個受體間DBD與EF功能區的長度大致上相同，而A/B功能區及絞鏈區的長度則有很明顯的變化（圖6-10）。

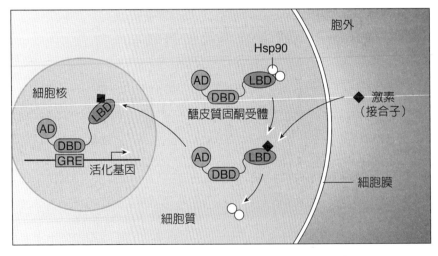

AD：轉錄活化區
DBD：DNA接合區
LBD：接合子接合區
GRE：糖皮質激素反應元素

■ 圖6-8　第三類細胞核類固醇荷爾蒙受體。這類NR（如GR）活化時存在於細胞質或核質中，與Hsp90熱休克蛋白(Hsp90)相結合，如細胞質內的GR與醣皮質固酮接合後，轉移到細胞核中，與目標基因5'側翼的GRE接合（共識序列為5'-GGTACANNNTGTTCT-3'）。

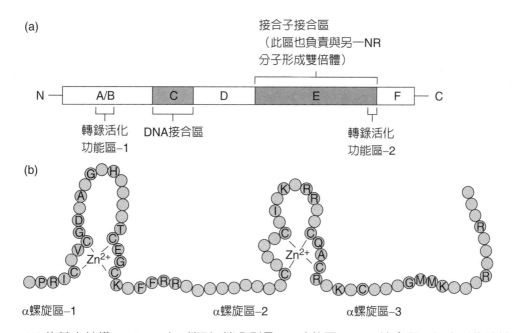

■ 圖6-9 NR的基本結構。(a) NR由N端到C端分別是A/B功能區、DNA接合區、無定形的絞鏈區（D 區），以及EF功能區，其中各個受體間DBD與EF功能區的長度大致上相同，而A/B功能區及 絞鏈區的長度則各不相同。A/B功能區具有活化功能1區(AF-1)，絞鏈區用來連接DBD與EF功 能區，EF功能區是接合子的辨識區，也包括活化功能2區(AF-2)；(b) DNA接合區(DBD)含有兩 個典型的C₄型鋅指結構，辨識之反應元素序列為5'-AGGTCA-3'。

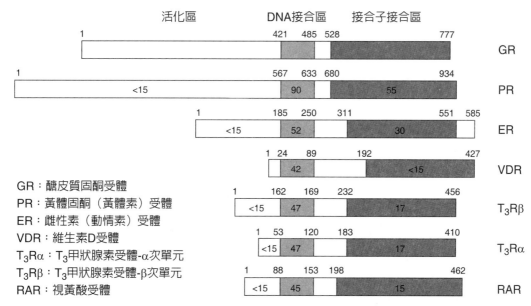

GR：醣皮質固酮受體
PR：黃體固酮（黃體素）受體
ER：雌性素（動情素）受體
VDR：維生素D受體
T₃Rα：T₃甲狀腺素受體-α次單元
T₃Rβ：T₃甲狀腺素受體-β次單元
RAR：視黃酸受體

■ 圖6-10 各種NR的結構相互比較圖。各種NR分子間，DBD與EF功能區的長度大致上相同，而A/B功 能區（活化區）及絞鏈區的長度則有很明顯的變異。

NR可能接合在正向荷爾蒙受體元素(positive hormone receptor element)，促進下游基因活化與表達；NR也可能接合在負向荷爾蒙受體元素(negative hormone receptor element)，抑制下游基因活化。NR不直接影響RNA聚合酶主導的轉錄機器，而有賴協同調控因子的輔助，才能活化或抑制基因的轉錄；事實上，NR是轉錄因子與協同調控因子協同作用的典型例子，此部分會在下一節詳細討論。

6-2 組蛋白的轉譯後修飾

核體除了協助DNA股線組合成染色質之外，還影響基因的活化與轉錄，也參與異染色質（基因呈靜止狀態）與真染色質（基因呈活化狀態）之間的轉換。為了克服轉錄時RNA聚合酶的阻礙，一般以兩種方式解決。第一種方式涉及核體重整，當RNA聚合酶到達組蛋白核心時，DNA會從組蛋白核心鬆脫，讓RNA聚合酶合成RNA，待轉錄完成後，DNA再重新纏繞組蛋白核心。不過此時新形成的核體已經不在原先的位置，故需要ATP依賴型染色質重整因子(ATP-dependent chromatin remodeling factor; ACF)的協助，消耗能量加以重新排列整齊，且核體重新定位(nucleosome positioning)。愈活化的基因及其鄰近區域，核體間排列愈鬆散且分離，故對核酸內切酶(endonuclease)相對敏感，分子生物學者就認定DNA分解酶I高度敏感位置(DNAase I hypersensitive sites)，等同於基因活化位置（圖6-11）。總之，轉錄因子與DNA上的順向調控元素接合，只是基因調控的第一步，轉錄因子必須經由對轉錄啟動複合體的作用，或經由對染色質重整(chromatin remodeling)的影響，才能活化基因。前一章對轉錄啟動複合體的組成與作用，以及轉錄因子所扮演的角色，已經做了詳細說明，前一章有關染色質重整的討論中，也提到轉錄的順利進行有賴染色質的重整隨伴的核體重整(nucleosome remodeling)，因為核體未重整前的核心啟動子與順向調控元素（包括促進子與抑制子）皆包埋在核體中，故任何有利核體重整的因子及反應，皆能調控基因的活化。

最直接影響核體結構的因素是組蛋白的轉譯後修飾(posttranslational modification)，組蛋白從核糖體經mRNA轉譯合成之後，在專一性酵素的催化下，進行乙醯化(acetylation)、甲基化(methylation)、磷酸化(phosphorylation)及泛化(ubiquitination)，這些以共價鍵修飾組蛋白的反應，直接或間接改變了核體的結構，當然也對附在核體上的DNA股線及基因，產生顯著的影響，經由接上特定功能基，使組蛋白改變其對DNA的親和力，以利轉錄的進行，並且協助徵召某些染色質組合因子或轉錄因子。此外轉譯後修飾作用也會影響染色質的結構與細胞分裂前染色質的緊縮。

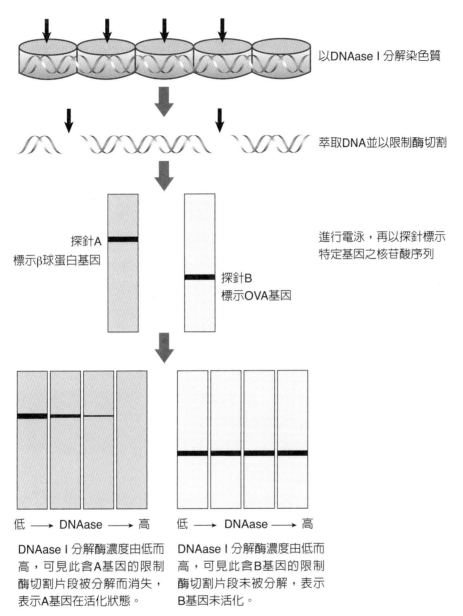

以DNAase I 分解染色質

萃取DNA並以限制酶切割

進行電泳,再以探針標示
特定基因之核苷酸序列

探針A
標示β球蛋白基因

探針B
標示OVA基因

低 ⟶ DNAase ⟶ 高

低 ⟶ DNAase ⟶ 高

DNAase I 分解酶濃度由低而
高,可見此含A基因的限制
酶切割片段被分解而消失,
表示A基因在活化狀態。

DNAase I 分解酶濃度由低而
高,可見此含B基因的限制
酶切割片段未被分解,表示
B基因未活化。

■ 圖6-11 DNA分解酶I高度敏感位置與基因活化位置的關係。以雞的紅血球(RBC)中之β球蛋白基因與
卵白蛋白基因(OVA gene)相較,如果將RBC中之DNA以不同稀釋濃度的DNAase I加以切割,
再以南方轉漬法分析,則發現β球蛋白基因的量隨DNAase I濃度增加而遞減,而卵白蛋白基
因則保持完整,不因DNAase I濃度增加而減少。此結果顯示RBC中製造血紅素的基因是活化
的;而卵白蛋白基因與RBC功能無關,故並未活化。

組蛋白的轉譯後修飾主要發生在N端尾部，常見的有多種：

1. 乙醯化(acetylation; CH_3CO^-)：離胺酸(lysine)側鏈尾端氨基($-NH^{3+}$)的乙醯化。組蛋白的乙醯化與基因的活化有關，如真染色質上的基因呈活化狀態，其中富含被高度乙醯化的組蛋白(hyperacetylation)；而異染色質上的基因呈靜止狀態（如染色質的端粒及中節的周邊區域），其中的組蛋白則低度乙醯化(hypoacetylation)。

$$R-N-C-CH_3$$

（上方為 H，中間 N 下方接 C，C 下方為 O 雙鍵）

2. 甲基化(methylation)：離胺酸、精胺酸(arginine)及組胺酸(histidine)側鏈尾端氨基($-NH^{3+}$)的甲基化。甲基化經常發生在H3及H4的離胺酸上，可能接上單一甲基、雙甲基或三甲基，甲基化程度愈深，此部分基因愈呈靜止或去活化狀態，故甲基化與異染色質的形成與維持有關。

3. 磷酸化(phosphorylation)：絲胺酸(serine; Ser)及蘇胺酸(threonine)側鏈尾端氫氧基($-OH$)的磷酸化。五種組蛋白皆可能被特殊的激酶(kinase)磷酸化，如H1、H3的磷酸化與染色質緊縮有關，以某些荷爾蒙（如胰島素、甲狀腺刺激素）及生長因子（如表皮生長因子，epidermal growth factor）刺激細胞，也會誘使組蛋白專一性的激酶活化，隨後磷酸化組蛋白，促進基因的轉錄與表現。

4. 泛化(ubiquitination)：離胺酸側鏈尾端氨基($-NH^{3+}$)連上單一泛化子(mono-ubiquinated)，只有少數連接長串的聚合泛化子(polyubiquitin)。被泛化的組蛋白主要是H2A及H2B，少數的H3及H1也有被泛化的現象。如果蛋白質被接上長串的聚合泛化子，一般被認為是蛋白酶體(proteosome)的攻擊目標，將難逃被分解的命運。

🔍 組蛋白乙醯化與去乙醯化

大約在1964年，Vincent Allfrey提出真核細胞的組蛋白乙醯化與轉錄活性的關聯性，轉錄作用很活躍的染色質，其核體中組蛋白乙醯化的現象很常見。乙醯化發生在組蛋白N端區的離胺酸(lysine)，中和了離胺酸所攜帶的正電荷，改變了核體與DNA之間的電荷作用，使核體適度與DNA分離，因而有利於染色質重整，故組蛋白去乙醯化是基因活化的指標；反之，組蛋白去乙醯化有礙染色質重整，故組蛋白去乙醯化是靜止態基因的特徵。新合成的組蛋白都經過某些形式的乙醯化，尤其是細胞循環中的S期（DNA合成期），新合成且乙醯化的組蛋白特別多，不過當組蛋白在新複製的雙股DNA上組成

新的核體時，乙醯化修飾會被清除。組蛋白乙醯化與轉錄活性的關聯，隨後由兩項實驗加以證明，第一項來自突變的酵母菌株，此突變株的離胺酸發生突變，導致組蛋白H4尾端無法被乙醯化，實驗觀察發現，這種突變株呈現異常的轉錄形式，也廣泛的影響染色質的結構，影響層面包括DNA複製、修補及重組等；第二項來自抑制組蛋白去乙醯酶(histone deacetylase; HDAC)活性的藥物，包括trapoxin及trichostain A等，如果哺乳類細胞以這類藥物處理，組蛋白會維持高乙醯化，故導致多種基因表現的增加。抑制去乙醯化活性的同時，也會廣泛的影響多種細胞活性，包括細胞增殖、細胞凋亡、細胞分化與DNA合成等。在S期以外的細胞循環期（由G2→M→G1），組蛋白的乙醯化往往跟基因活化密切相關，且乙醯化程度高的核體，鄰近的DNA對DNase I核酸內切酶(DNase I endonuclease)較為敏感，顯然這部分染色質上的核體排列較鬆弛，有利RNA聚合酶與轉錄因子接近DNA啟動子，以有效的啟動基因轉錄。組蛋白乙醯化與基因活化的相關性，也可由果蠅X性染色體獲得佐證，雌果蠅X性染色體是無活性的染色體，可以發現雌果蠅X性染色體上的核體，組蛋白皆沒有乙醯化；反之，雄果蠅X性染色體上的核體組蛋白許多被乙醯化，特別是組蛋白H4的K16被乙醯化的現象很普遍。

由以上分析，轉錄因子需要經由組蛋白乙醯化，影響染色體重整，才能達到調控基因的目的。不過轉錄因子大多必須透過協同調節因子，才能使組蛋白乙醯化或去乙醯化，負責乙醯化的酵素是組蛋白乙醯轉移酶(histone acetyltransferase; HAT)，具有乙醯轉移酶活性的因子能活化基因，故又稱為協同活化因子；反之，負責去乙醯化的酵素是組蛋白去乙醯酶(histone deacetylase; HDAC)，具有去乙醯化酶活性的因子抑制基因活化，故又稱協同抑制因子。

組蛋白乙醯轉移酶主要含兩個蛋白家族，分別是Gcn5家族(Gcn5 family)及MYST家族(MYST family)，還有十幾種不屬於這兩個家族的HAT。Gcn5是第一種被確認的HAT，為酵母菌細胞中SAGA乙醯轉移酶(Spt-Ada-acelyltransferase)複合體的次單元，其他兩個Gcn5家族成員(GCNSL; PCAF)都在哺乳類細胞中；目前被發現的MYST家族成員約10種，如酵母菌的Sas2、Sas3，哺乳類的Tip60、MORF等；不屬於這兩個家族的HAT，已經被詳細研究的包括酵母菌的HAT1，以及哺乳類的$TAF_{II}250$、CBP/p300、hTFIIIC110/C90、ACTR/SRC-1等，其中有多種是大蛋白複合體的次單元，如$TAF_{II}250$是TFIID的TAF之一，TFIIIC110/C90是RNA pol III轉錄因子TFIIIC的次單元，顯然這些HAT是轉錄起始前複合體(PIC)的構成分子之一，直接促進核體重整，協助轉錄的進行。

延伸學習　　　　　　　　　　　　Extended Learning

SAGA

　　SAGA是 Spt/Ada/Gcn5 Acetyltransferase的簡稱，是發現組蛋白乙醯轉移酶Gcn5之後，隨即被發現的複合體。組蛋白乙醯化與轉錄活化有密切關係，SAGA顯然參與了染色質核體的結構變化，也是轉錄活化因子之一。雖然最先發現有SAGA的是酵母菌細胞，不過隨後在果蠅、人類細胞及植物細胞中，皆發現SAGA的存在，且皆在基因轉錄過程扮演重要的角色。SAGA主要乙醯化組蛋白H3及H2B，促進核體組蛋白的重整，以利RNA pol II及轉錄因子對啟動子的作用，而SAGA也被證明直接參與轉錄的啟動。SAGA的次單元Spt3及Spt8直接與TBP接合，協助徵召TBP 到啟動子，加入TFIID複合體。此外SAGA的次單元還包含多種TAF，90年代的研究即發現TAFs 5、6、9、10及12是SAGA複合體的一部分，顯然SAGA與TFIID共用了部分的次單元，其實哺乳動物細胞中的SAGA，是經由研究無TBP的TFIID複合體時發現的，可見SAGA還協助PIC的組合與活化。不過一項研究發現快速剔除TFIID影響了87%基因的轉錄，而剔除SAGA的組合因子Spt3/Spt20則只影響約13%的基因轉錄，可能由於SAGA主要參與有TATA元素的啟動子，對無TATA啟動子影響不大。

　　去乙醯酶最先從酵母菌細胞中分離出來，命名為RPD3去乙醯酶(RPD3 deactylase)，隨後在其他物種細胞中發現功能與結構相似的蛋白（同源蛋白；homologous protein），哺乳類的去乙醯酶命名為組蛋白去乙醯酶(histone deacetylase; HDAC)，與RPD3同質性較高的是HDAC1、HDAC2及HDAC3。去乙醯酶一般以複合體形式存在，複合體中包括承接蛋白(adaptor protein)、協同抑制因子(co-repressor)與去乙醯酶(HDAC)，其中承接蛋白作為轉錄因子與去乙醯酶之間的橋梁，協同抑制因子與去乙醯酶形成複合體。

　　研究得最詳細的承接蛋白為分子量270 KDa的核協同抑制因子(nuclear co-repressor; NCoR)，以及數種在結構上相似性很高的承接蛋白，包括類視黃酸X受體作用蛋白(retinoid X receptor interacting protein-13; RIP-13)、靜止媒介蛋白(silencing mediator for retinoic and thyroid hormone receptor; SMRT)與T_3受體作用蛋白(T_3 receptor-interacting protein; TRAC)，其N端區皆具有基因抑制活性及轉錄因子接合區；C端區之胺基酸序列彼此之間有很高的相似性，尤其是SMRT與NcoR有41%的相似度，能彼此形成異質雙倍體（圖6-12），SMRT/NCoR形成一個平台，銜接轉錄因子與去乙醯酶複合體。SMRT/NCoR最先被發現是NR的承接蛋白，不過隨後的研究發現，SMRT/NCoR也能扮演包括MyoD、BCL-6等多種抑制性轉錄因子的承接蛋白。

　　RPD3的協同抑制因子命名為Sin3，哺乳類的同源蛋白稱為哺乳類Sin3複合體(mammalian Sin3 complexes; mSin3)，Sin3本身含有多個功能區，可同時與多種蛋白因

子接合。以細胞核荷爾蒙受體(NR)為例，當NR未與荷爾蒙接合時，mSin3先與HDAC形成複合體，再引導HDAC/mSin3複合體接合在SMRT/NCoR上，HDAC藉由TBL-1 (transducin beta-like protein-1)的媒介接近組蛋白，並且進行去乙醯化反應，阻礙染色質重整，抑制下游基因表達（圖6-13a）；反之，如果NR與接合子接合，造成3D結構改變，則NR的協同調節因子換成協同活化因子，對組蛋白進行乙醯化反應，促使染色質重整，活化下游基因（圖6-13b）。甲狀腺素受體(TR)是典型的例子，TR/RXR雙倍體在沒有T3時與NCoR相結合，NCoR隨即徵召HDAC/mSin3與TR-NCoR形成複合體，引起組蛋白去乙醯化反應，抑制T_3誘導的基因表達；反之在T_3進入細胞後，T_3與核內的TR結合(ligand-receptor binding)，引起TR產生結構改變，使類固醇協同活化因子(steroid receptor coactivator-1; SRC-1)取代了NCoR，活化T_3誘導的基因。

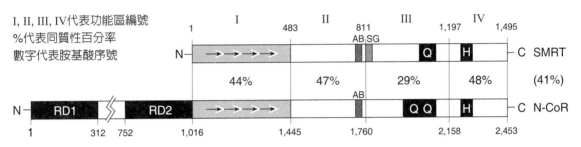

■ 圖6-12　去乙醯化承接蛋白SMRT與NcoR之結構相互比較圖。整體而言，SMRT與NcoR結構有41％的相似度，如果區分為4功能區，則分別有44％、47％、29％及48％的相似度。圖中RD1、RD2為N-CoR的抑制功能區，功能I區具有重複模組（→所示），AB為酸鹼模組，SG為serine-glycine區段，Q代表富含glutamine的模組，H代表α螺旋區。

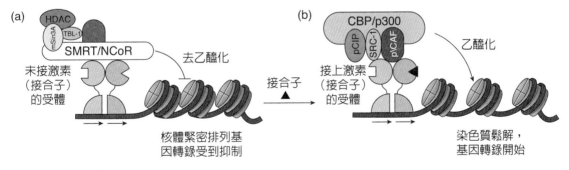

■ 圖6-13　協同抑制因子與協同活化因子的作用機制。(a)當NR未與接合子接合時，SMRT/NCoR形成一個平台，衛接去乙醯酶RPD3/HDACs，以及協同抑制因子mSin3。HDAC藉由TBL-1的媒介進行鄰近核體的去乙醯化反應；(b)當NR與接合子接合時，接合NR的複合體換成p600協同活化子家族(p600 co-activator family)，包括CBP/p300、SRC-1、P/CAF等，這些具有HAT活性的協同活化子隨即乙醯化組蛋白，使染色質結構變得較鬆弛，活化下游基因。

去乙醯酶也能與ATP依賴型核體重整酵素形成複合體(Nucleosome remodeling and deacetylase complex; NuRD complex)，核體重整酵素為CHD解旋酶(Chromodomain Helicase DNA-binding enzyme; CHD)，NuRD複合體除了HDAC/CHD之外，還含有4種次單元，其中MBD (methyl-cytosine DNA-binding domain protein)是重要的平台，MBD能接合甲基化胞嘧啶，也使NuRD複合體容易接在甲基化的CG區，抑制下游基因的活化，近年來的研究證實NuRD複合體是轉錄抑制因子(transcriptional repressor)之一，也能改變核體定位。

▶ **延伸學習**　　　　　　　　　　　　　　　　　Extended Learning

典型的乙醯化調控範例

前一節已經介紹過，NR本身就身兼受體及轉錄因子的功能，大部分種類的NR在無接合子（ligand；此處指荷爾蒙）與之接合時，仍然接合在DNA的受體接合位上，不過具有抑制下游基因活化的功能；當接合子與受體接合後，受體轉變成基因的活化因子。NR如何能扮演兩種相反的角色，主要原因是NR使用了不同的協同調節因子。當NR無接合子時，NR先徵召SMRT/NCoR，再促使HDAC/mSin3與NR-SMRT/NCoR複合體接合，造成組蛋白的去乙醯化，核體呈緻密的結構，使其中的基因無法活化（圖6-13a）。當NR與接合子接合時，NR分子結構發生改變，促使SMRT/NCoR- HDAC/mSin3複合體脫離NR，NR隨後接合p600家族的協同活化因子，包括CBP/p300、SRC-1、P/CAF等，這些具有HAT活性的協同活化因子隨即乙醯化組蛋白，使染色質重整，核體呈鬆弛的結構，有利於其中的基因進行轉錄（圖6-13b）。具HLH模組的轉錄因子Myc家族是另一個典型的乙醯化調控範例，Myc、Mad、Max皆能辨識促進子5'-CACGTG-3'，不過Myc/Max雙倍體徵召TRRAP (transformation-transactivation domain-associated protein) / Gcn5等具組蛋白乙醯化活性的協同活化因子，活化受調控的基因；而Mad/Max則徵召SMRT/NCoR-HDAC/mSin3複合體等HDAC活性的協同抑制因子，抑制基因的活化。

🔍 ▌組蛋白甲基化

組蛋白的乙醯化與基因活化相關，而組蛋白的甲基化就取決於甲基化的位置，如在轉錄很活躍的基因上，轉錄起點鄰近的核體H3組蛋白H3K4位置（H3第4個位置的離胺酸）就有三個甲基，且H4R3甲基化也會促進基因的轉錄（H4R3代表組蛋白H4第3個位置的精胺酸）；反之，在基因無活性的異染色質區域，H3組蛋白被甲基化的位置則是H3K9及H3K27。在人類細胞中，已經發現超過60種組蛋白甲基轉移酶(histone methyltransferases; HMT)，其中主要是組蛋白離胺酸甲基轉移酶(histone lysine methyltransferases; HKMT)及蛋白精胺酸甲基轉移酶(protein/histone arginine methyltransferases; PRMT)，這些酵素蛋白分子皆具有演化上保留性很高的SET功能區(SET domain)，從果蠅細胞中的離胺酸甲基轉移酶，就有這段含130個胺基酸的功能區。而甲基化也是可逆的，可經由離胺酸去甲基酶(histone/protein lysine demethylase; KDM)移除組蛋白的甲基。HMT及KDM只是通用的稱呼，不同離胺酸位置所用的酵素各異，如甲基化H3K4甲基化的酵素為mixed lineage leukemia (MLL)及SET 1A/1B，去甲基化酵素為lysine-specific demethylase 1 (LSD1)，而H3K27甲基化酵素為methyltransferase (EZH2)，去甲基化酵素為KDM6A及KDM7A。

組蛋白甲基化與DNA甲基化之間是互動的，DNA上CpG的胞嘧啶甲基化後，可增加核體組胺酸甲基化，不過CpG甲基化是與H3K9甲基化配合的，CpG甲基化的DNA區段不會有H3K4甲基化，因為兩者對基因活性的影響正好相反；此外催化組蛋白甲基化的酵素也能辨識甲基化的CpG島，H3K4的甲基化酵素MLL能直接或間接抑制DNA的CpG甲基化，下一節將詳細討論DNA甲基化。

▶ 延伸學習　　　　　　　　　　　　　　　　　Extended Learning

組蛋白除了乙醯化及甲基化之外，還會磷酸化(phosphorylation)及泛化(ubiquitination)。組蛋白磷酸化與DNA損傷的修補、基因的轉錄、細胞分裂時染色體的濃縮，以及細胞循環的進行，有者密切的關係。包括H1、H2A/B、H3、H4都會經由特定的激酶(kinase)磷酸化，磷酸化的目標胺基酸包括絲胺酸、蘇胺酸(threonine)、酪胺酸(tyrosine)等。如H1會被細胞循環中的激酶Cdc2磷酸化；如酵母菌的H2AXS129（H2AX第129號絲胺酸）組蛋白涉及DNA損傷的修補（將在第11章詳述），哺乳類細胞的DNA發生雙股斷裂之後，H2AX激酶會磷酸化H2AX組蛋白，磷酸化的 H2AX促使NuA4乙醯轉移酶複合體來到DNA雙股斷裂的位置，經由組蛋白的乙醯化鬆開這個區段的核體，以利負責修補DNA的酵素複合體進行一系列的反應。H3S28的磷酸化則影響多種基因的啟動子功能，促使下游基因的活化，如c-fos腫瘤基因、α-球蛋白基因等，接受到H3S28磷酸化的影響。酵母菌的H3S10磷酸化之後，促使H3K14被Gcn5乙醯轉移酶複合體(SAGA)乙醯化，因此促進基因的轉錄與活化，H3S10磷酸化之後，也能造成HP-1及H3K9脫離核體，反轉異染色體對基因的抑制作用。泛化是引導一系列蛋白酶分解蛋白的訊號，如H2BK120（H2B第120號離胺酸）被H2Bub1泛化酵素泛化之後，經由H2B的分解，加速核體的鬆脫及染色質的重整，有利於負責修補DNA的酵素複合體及RNA聚合酶進行一系列的DNA修補或轉錄反應。

6-3 DNA甲基化與表觀調控

DNA 甲基化現象

　　未改變DNA遺傳編碼（基因型）的情形下，改變基因體遺傳外表型的現象稱為表觀修飾(epigenetic modification)或表觀調控(epigenetic regulation)；換言之，基因的核苷酸序列並不能完全決定此基因的表達水平，以及基因產物（如蛋白質）的結構與功能。表觀調控遺傳性狀的機轉涉及多種層面，包括DNA、RNA與蛋白質的修飾，蛋白質層面主要指上一節探討的核體組蛋白修飾，而DNA層面的表觀調控機制，主要是指CpG的胞苷甲基化／去甲基化(N^5-methylcytidine; m5C)，RNA也會在原型RNA (preRNA)進行轉錄後修飾，包括不同形式的剪接、RNA編輯與RNA甲基化（主要是腺苷甲基化；N^6-methyladenosine; m6A）等，直接或間接參與表觀調控。

　　每一個完全分化的細胞中，皆具有與受精卵中完全一樣的基因體，除了哺乳動物的B淋巴球與T淋巴球的*Ig*基因與*TCR*基因之外，此序列終其一生皆不會改變，不過每一種組織細胞卻有其特殊的基因表現型式；換言之，某些在甲組織能大量表達的基因，在乙組織細胞中可能一生皆處於靜止狀態。此外包括所有細胞中的**異染色質**(heterochromatin)區域（最典型的區域是中節與端粒），從早期胚胎發育時期就呈現靜止狀態。目前的研究結果顯示，這些基因活化的差異皆與DNA甲基化有關，最主要的甲基化位置位於CpG序列(CpG sequence)的胞嘧啶上(m5C)（圖6-14），DNA的修飾主要是CG的胞嘧啶甲基化/去甲基化(m5C)，涉及的酵素為DNA甲基轉移酶(DNA

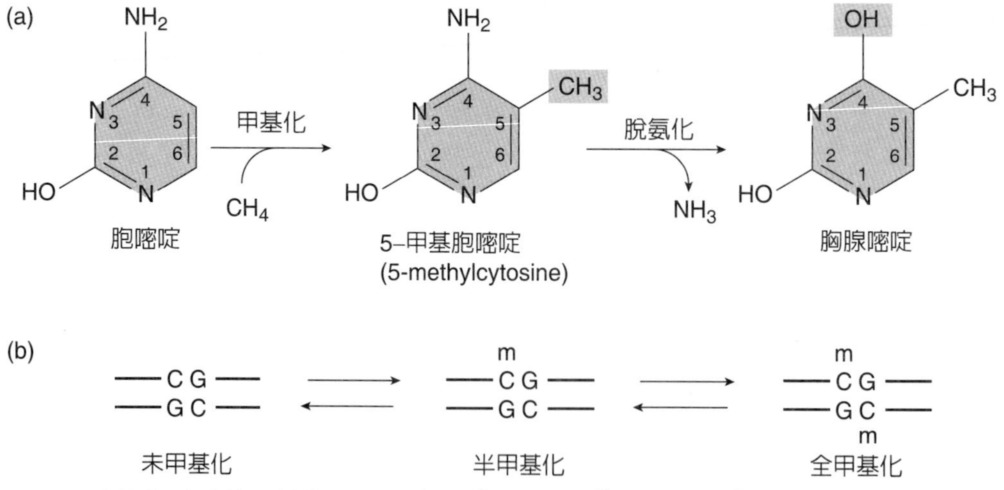

■ 圖6-14　CpG序列胞嘧啶的甲基化。(a)胞嘧啶C^{5}甲基化(m^{5}C)，如果C^{4}上的NH$_2$產生胞嘧啶脫氨反應(cytosine deamination)，則m^{5}C會轉變為胸腺嘧啶；(b)兩條DNA股線CpG序列甲基化的順序，期間會產生半甲基化產物；隨後再由DNA甲基轉移酶補上甲基。

methyltransferase; DNMT)，DNMT家族含DNMT1、DNMT2、DNMT3A、DNMT3B及DNMT3L，DNMT1是甲基化胞嘧啶的酵素，也負責在DNA複製後重新恢復並維持甲基化的酵素。

CpG是否有甲基化可經由兩種核苷酸序列限制內切酶(restriction endonuclease)辨識出來，分別是辨識CCGG序列的MspI限制酶(MspI restriction endonuclease)與HpaII限制酶(HpaII restriction endonuclease)，MspI不論CCGG是否甲基化都能切割，然而HpaII只能辨識沒有甲基化的CCGG，所以一段沒有甲基化的DNA經過MspI與HpaII處理後，切割片段的長度都一樣；反之，如果一段DNA中的CCGG有甲基化，由於HpaII無法切割有甲基化的CCGG，會使HpaII少了一個或多個切割點，產生的片段會比MspI長。

組蛋白乙醯化是一種相對動態的調控機制，經由組蛋白的乙醯化與去乙醯化，調節染色質與核體重整，使轉錄因子接在順向調控元素上，經由協同調節因子活化或抑制特定的基因。反之，DNA分子甲基化大多在生殖細胞形成過程及早期胚胎發育時期發生，被甲基化的區域會長期處於基因靜止狀態，故相對於組蛋白乙醯化調控機制，DNA分子的甲基化則涉及長期而穩定的基因調控，甚至能將基因表達模式傳承給細胞分裂產生的子細胞，這種現象稱為表觀遺傳(epigenetic inheritance)。

CpG 島

要瞭解DNA甲基化的功能，先決條件是分析DNA甲基化在基因體中的分布情形。事實上，DNA甲基化的程度與分布模式在物種之間變異很大，最極端的是線蟲(Caenorhabditis elegans; C. elegans)，其整個基因體中並不存在甲基化的胞嘧啶(m^5C)，也沒有傳統上負責甲基化DNA的DNA甲基轉移酶；果蠅基因體甲基化程度也很低，且甲基化位置在CpT的C上，而不是在CpG序列的C上。反之，脊椎動物的整個基因體幾乎到處可見被甲基化的DNA，以人類體細胞基因而言，m^5C約占整個3×10^9 bp中的1%，基因體中70~80%的CpG位皆處在甲基化狀態。早期胚胎細胞中，甲基化程度可降至約30%，不過當胚胎在子宮著床之後，可增加到一般體細胞的甲基化程度，顯然胚胎時期的細胞存在重新設定甲基化分布模式的機制，即親代的甲基化分布模式，可能在生殖細胞發育過程中發生改變。

脊椎動物的基因體有一種特殊現象，即未被甲基化的CpG高密度的聚集在活化的基因5'側翼序列中，這種CpG聚集區稱為CpG島(CpG island)，估計在人類基因體中約有29,000個CpG島，高於50%的基因啟動子含有CpG島，而CpG島也可能位於基因內或無編碼區，不過啟動子附近的CpG島甲基程度相對低，且這些CpG島在

個體發育的所有階段，乃至各種組織細胞中，皆能保持低甲基化狀態，DNA甲基化程度較低時(hypomethylation)，能促使基因活化。啟動子區的DNA甲基化程度提升(hypermetylation)，能降低基因轉錄，使基因失去活性，主要由於甲基化干擾了轉錄因子對啟動子的作用，同時影響核體組蛋白修飾，如徵召組蛋白去乙醯酶(histone deacetylase; HDAC)，使染色質呈較緻密的狀態，不利於基因轉錄。某些組織專一性表達的基因（如肝細胞的α球蛋白基因），雖然在其他組織細胞中（如表皮細胞的α球蛋白基因）並未活化，但是其CpG島仍然保持低甲基化狀態。可見CpG島甲基化並不能完全解釋基因的組織專一性表達。

大多數甲基化反應發生在生殖細胞及早期胚胎細胞中，在發育成熟的人類個體中，也有部分CpG島隨年齡增長而逐漸甲基化；除此之外，某些癌細胞的產生也與某些基因的CpG島甲基化程度有關。

X 性染色體去活性現象

許多物種的雌性個體細胞中，具有兩個X性染色體(X sex chromosome)，如果兩個X染色體上的基因皆能表現，則雌性動物X染色體基因的產物會是雄性個體性染色體(XY)的兩倍。事實上雌性動物X染色體基因的產物並未因此而增多，這種XX性染色體造成的問題，不同物種有其特殊的解決之道，如雌線蟲的兩條X染色體，基因表現能力皆減半；果蠅則使雄果蠅XY性染色體中的X表現加倍；以哺乳動物而言（包括人類），雌性個體在胚胎發育的早期，每個細胞就任意選擇其中一條X性染色體基因失去活性。如果這條染色體上的基因為顯性基因，而另一條活化狀態的X染色體上攜帶隱性基因，則此基因將呈現隱性基因的外表型。由於個體不同部位可能來自不同的早期胚胎細胞，故雌性個體某些外表型，在不同部位會呈現顯性與隱性不一致的現象，這種現象構成雌性個體基因表現的鑲嵌模式(mosaic pattern)。

X性染色體失去活性的機制，是使此一X性染色體完全異染色體化（使染色體呈現異染色體特徵的現象），主導此一反應的染色體區段稱為**X–去活化中心**(X-inactivation center; Xic)，約有450 kbp長，其中包含數種非編碼基因（產生的RNA並不參與蛋白質合成反應），其中最關鍵的是*Xist*基因(*Xist* gene; *Xist* RNA)，不過*Xist* RNA可能媒介某些協同調節因子，經由這些調節因子使染色體完全異染色體化，目前較被認定的協同調節因子為組蛋白H2A的某些變異型，包括巨H2A1 (macroH2A1)、巨H2A2變異型等。X性染色體上的CpG序列也大都被甲基化，顯然DNA甲基化與X性染色體失去活性密不可分，至於*Xist* RNA如何誘導DNA甲基化，目前尚無明確的答案，實驗結果顯示X性染色體失去活性數天之後，X性染色體的DNA才開始進行甲基化。

印記現象

印記現象(imprinting)是後生遺傳的另一個顯著的例子。印記現象起始於生殖細胞發育早期，細胞經由未知機制抹除染色體上所有的甲基化，隨後重新建立新的特殊DNA甲基化模式，此甲基化模式經過精卵交配之後遺傳給子代，故在子代細胞中，來自父系的染色體與來自母系的染色體，甲基化模式各不相同，而且此甲基化模式從胚胎發育早期，就隨著有絲分裂傳承給每一個子細胞，使成熟的個體中每一個體細胞皆具有相同的甲基化模式，由於甲基化模式來自親代生殖細胞，故稱為印記現象（圖6-15）。

老鼠的**第二型類胰島素生長因子受體基因**(insulin-like growth factor II receptor gene; *Igf2r*)是研究印記現象最典型的範例。*Igf2r*基因具有兩個**分歧性甲基化區**(differentially methylated region; DMR)，DMR1位於*Igf2r*基因啟動子，在受精之後，父系*Igf2r*對偶基因的DMR1逐漸被甲基化，阻礙了父系*Igf2r*對偶基因的表現，故只有來自

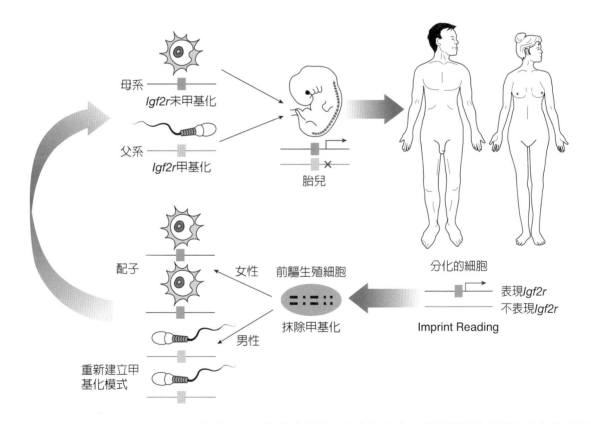

■ 圖6-15　印記現象。印記現象起始於生殖細胞發育早期，細胞經由未知機制抹除染色體上所有的甲基化，隨後重新建立新的特殊DNA甲基化模式，由於精子與卵子中之基因體有不同的甲基化模式，經過精、卵交配之後遺傳給子代的甲基化模式，來自父系的染色體與來自母系的染色體各不相同。以*Igf2r*基因為例，父系染色體上的*Igf2r*基因被甲基化，而母系染色體上的*Igf2r*基因並未甲基化，故體細胞中只有母系染色體上的*Igf2r*基因會表現。

母親的*Igf2r*基因能夠正常表現（圖6-15）。另一個DMR稱為DMR2，位於*Igf2r*基因的第2插入子上，此區是反意基因*Air*的啟動子，反向轉錄一條反意RNA，干擾*Igf2r* RNA的功能與穩定性，此區只在卵細胞成熟過程中被甲基化，使反意基因*Air*無法轉錄，故來自母親的*Igf2r*基因所產生的 mRNA不會受到反意RNA的干擾，能夠正常表現；反之，父系*Igf2r*對偶基因的DMR2未被甲基化，故即使某些DMR1低度甲基化的父系*Igf2r*對偶基因能產生少量mRNA，也會受到反意RNA的干擾，父系*Igf2r*對偶基因完全無法表現（圖6-15）。這種分歧性甲基化忠實的傳承給子細胞，使個體的所有體細胞皆具有這種甲基化模式。

甲基化的維持與傳承

談到這裡仍然有幾個關鍵問題沒有答案，例如：DNA甲基化及非甲基化如何在胚胎發育期間發生？如何能維持CpG的甲基化？甲基化分布模式如何能傳承給子細胞？這些問題的答案，近年來已經逐漸釐清。早期胚胎發育期新生甲基化(de novo methylation)反應，由細胞核內的**DNA甲基轉移酶3A** (DNA methyltransferase 3A; DNMT3A)及**DNA甲基轉移酶3B** (DNA methyltransferase 3B; DNMT3B)負責催化，DNMT3B基因突變的老鼠與人類，其染色體**中節周邊重複序列**(pericentromeric repetitive DNA sequence)及無活性的X性染色體皆無法正常甲基化，造成個體外表型的不正常。甲基化分布模式的傳承則由DNMT1負責。細胞分裂之後，會產生**半甲基化現象**(hemimethylation)，即一條DNA股線甲基化，另一條新生股線未甲基化，此時DNMT1能辨識半甲基化位置，並將新合成的DNA股線甲基化（圖6-16）。DNA甲基轉移酶2 (DNA methyltransferase 2; DNMT2)是分子量最小的DNMT，用來甲基化因DNA修補、DNA重組、DNA突變產生的CpG。未被甲基化的CpG島，也能透過目前未知的機制維持非甲基化，某些研究發現，體細胞基因體甲基化只會發生在那些已經被其他機制所靜止的基因，如組蛋白H3-K9先被甲基化。

甲基化 CpG 接合蛋白

最後剩下一個重要的問題，即甲基化CpG如何能抑制其下游的基因？關鍵在於一群具承接蛋白(adaptor protein)功能的甲基化CpG接合蛋白(methyl CpG-binding protein; MeCP)，這些蛋白分子皆具有一段甲基化CpG接合區(methyl CpG-binding domain; MBD)，依據辨識的序列不同，分為兩類，第一類辨識對稱的甲基化CpG，包括MBD1、MBD2、MBD4及MeCP2等，MeCP2及MBD1參與基因活性的抑制及異染色體的維持、核體的重整等，MBD2-4主要是抑制下游基因的活性，MBD5-6的功能還在研究中。

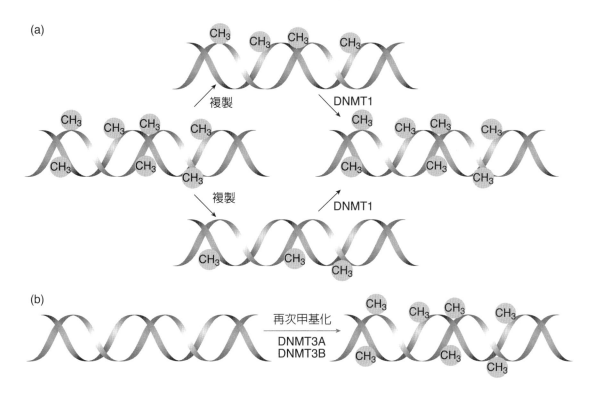

■ 圖6-16 DNMT1在DNA複製後產生的半甲基化過渡期間,負責甲基化新合成的DNA股線;DNMT3A 及DNMT3B則負責將完全未甲基化的區段甲基化。

MeCP2及MBD必須藉由協同因子的媒介,才能達到抑制機轉錄的目的,如MeCP2的協同 因子為N-coR/HDAC3複合體,MBD1的協同因子為HDAC1/2/3。早期發現的MeCP1其 實是MBD2與核體重整與去乙醯酶(nucleosome remodeling and deacetylase; NuRD)的複 合體,而NuRD則是具有MBD3及多種HDAC的複合體;另一類甲基化CpG接合蛋白稱為 Kaiso,辨識5'-m⁵CGm⁵CG-3'模組。MBD蛋白隨後徵召HDAC/mSin3,使核體的組蛋白 去乙醯化,抑制基因的活化(圖6-17)。MeCP2及某些MBD蛋白除了能辨識含甲基化胞 嘧啶的CpG之外,還能辨識氫氧化甲基胞嘧啶(hydroxymethylcytosine; 5-hmC),催化甲 基胞嘧啶氫氧化反應的酵素為TET家族蛋白(TET1, TET2, TET3),TET蛋白是鐵離子依 賴性氫氧化酵素(Fe(II)-dependent dioxygenase),其實5-hmC很容易被進一步去甲基化, 所以如果造成TET的基因突變,DNA會呈現高甲基現象(hypermethylation)。

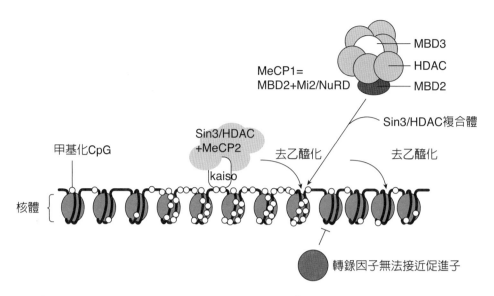

■ 圖6-17　甲基化CpG接合蛋白(MeCP)。第一類辨識對稱m⁵CG的蛋白包括MBD1、MBD2、MBD4及
　　　　　MeCP2等。MeCP1是MBD2與NuRD的複合體，而NuRD則是具有MBD3及多種HDAC的複
　　　　　合體；另一類甲基化CpG接合蛋白稱為Kaiso，辨識5'－m⁵C G m⁵C G－3' 模組。

6-4　RNA甲基化與表觀調控

　　RNA的修飾也是表觀遺傳的決定因子之一，在此延續DNA甲基化的議題，RNA的表觀修飾也涉及甲基化，最常見的是N⁶甲基腺苷(m6A)，還包括N¹甲基腺苷(m1A)、N⁵甲基胞苷(m5C)、N⁷甲基鳥苷(m7G) 等，m6A RNA參與了多項RNA相關的代謝途徑與功能，包括RNA剪接、轉移（由細胞核輸出到細胞質）、轉譯、穩定與分解，m6A表觀修飾當然涉及某些病變，如致癌基因與腫瘤抑制基因的表達等。m6A的產生與影響需要一系列的協同酵素與蛋白的輔助（表6-2），催化RNA腺苷甲基化的酵素為位於細胞核中的m6A甲基轉移酶複合體(nuclear methyltransferase complex; MTC)，主要含類甲基轉移酶3 (METTL3)、METTL1ci4、METTL16及其他次單元，整個MTC的分子量可達1,000 KDa，是m6A的作者(writer)。

　　RNA分子之m6A在細胞核中能為異質核內核糖蛋白(heterogenous nuclear ribonucleoprotein; hnRNP)如HNRNPA2B1所辨識，HNRNPA2B1接合在m6A共識模組(m6A consensus motif)上，對原型RNA分子進行剪接處理（參閱第8章），其剪接處理的目標還包括miRNA等無編碼RNA (noncoding RNA; ncRNA)，協同剪接反應的還包括YTH功能區蛋白(YTH domain-containing protein; YTHD)家族的YTHDC1，這些因子是

m6A的核內讀者(reader)。細胞核中還有m6A去甲基酶(m6A demethylases)，能去除腺苷上的甲基，這類酵素包括FTO及ALKBH5等，是m6A的核內清除者(eraser)。

經過m6A修飾的RNA離開細胞核，進入細胞質之後，能被另一組細胞質中的蛋白所辨識，即YTH功能區蛋白(YTH domain-containing protein; YTHD)，YTHDF2如接在RNA的5'-UTR上，能提升RNA分子的穩定性，不過主要接在3'端，促進RNA的分解，此時細胞質中的m6A去甲基酶(m6A demethylases)發揮作用，能去除腺苷上的甲基，增加RNA分子的穩定性。甲基化的RNA還能經由m6A接合參與蛋白合成的真核起始因子3(eukaryotic initiation factor 3; eIF3)，促進RNA轉譯為蛋白質。

mRNA在細胞質中的穩定因子為類胰島生長素mRNA接合蛋白(Insulin-like growth factor mRNA-binding protein; IGF2BP)，IGF2BP有三型(IGF2BP1, 2, 3)，哺乳類細胞中估計約有7,000個轉錄的mRNA帶有m6A修飾，其中超過5,000個（約80%）m6A RNA分子至少接一種IGF2BP，IGF2BP的接合位含GGAC模組，主要在mRNA的3' UTR，IGF2BP接在3'端，增加RNA分子的穩定性，在細胞處在熱休克壓力下，IGF2BP還可能促進mRNA的轉譯。研究證據顯示，IGF2BP是一種致癌蛋白(oncoprotein)，IGF2BP可能經由穩定某些致癌基因的mRNA（如MYC），使癌症患者病情惡化。

表6-2 m6A的產生與協同酵素與蛋白

區間	角色	複合體／家族	次單元	功能
細胞核	作者(writer)	核內甲基化複合體 (nuclear methyltransferase complex; NMT)	甲基轉移酶3、14、16及WTAP、RBM15/15B、VIRMA、ZC3H13	在腺苷N^{6}位置接一個甲基(-CH$_3$)；穩定複合體
	讀者(reader)		YTHDC1	RNA剪接(splicing)協助RNA輸出
		HNRNP家族	HNRNPA2B1、hnRNPC、hnRNPG	RNA剪接
	清除者(eraser)	m6A去甲基酶(m6A demethylases)	FTO, ALKBH5	移除腺苷上的甲基
細胞質	讀者(reader)	YTH功能區蛋白(YTH domain-containing protein; YTHD)家族	YTHDC2 YTHDF1/3	協助eTF3/eIF4A進行mRNA的轉譯
	清除者(eraser)		YTHDF2/3、YTHDF2	促使mRNA在細胞質中分解
	讀者(stabilizer)		IGF2BP1/2/3	提升RNA分子的穩定性
			FMRP	RNA穩定性與移位(localization)

6-5　小RNA的干擾機制

1990年左右，R. Jorgensen利用一種與植物色素相關的*ChsA*基因(*ChsA* gene)轉殖牽牛花(petunia)，試圖改變其花色，結果進入細胞中的轉殖基因消失了，連帶細胞的色素基因產生的mRNA也測試不到，顯然是被某種機制分解了，Jorgensen將觀察到的現象稱為協同抑制機制(co-repression)，不過他並不能解釋這種由外來基因引起的mRNA分解現象。科學家隨後在其他植物、細菌及病毒的實驗系統中，陸續發現相似的現象，於是統稱為轉錄後基因靜止現象(posttranscriptional gene silencing; PTGS)，轉殖基因轉錄產生的含意RNA (sense RNA)與反意RNA (anti-sense RNA)皆能誘導PTGS。

1998年2月，美國的兩位科學家Andrew Z. Fire及Craig C. Mello在*Nature*雜誌發表了一篇關鍵性的文章，利用線蟲*C. elegans*為動物模式，證明轉殖基因轉錄產生的RNA，經常能與具有互補或部分互補序列的mRNA形成部分雙股結構，此雙股RNA (double strand RNA; dsRNA)結構可能是引起mRNA分解現象的主因，隨後的一系列研究揭示了詳細的轉錄基因靜止與RNA干擾機制。這兩位科學家同時獲得2006年諾貝爾生理醫學獎的殊榮。

RNA干擾機制的關鍵因子是小RNA (small RNA)主要包含微RNA (microRNA; miRNA)及短干擾RNA或干擾RNA (short interference RNA; siRNA)，由siRNA參與的RNA干擾途徑簡稱為RNA干擾現象(RNA interference; RNAi)。miRNA的來源是基因體內的非編碼DNA區段，而siRNA則來自長雙股RNA (double strand RNA; dsRNA)，雙股RNA可以來自病毒、外來轉殖基因，也可以來自細胞本身的基因體。

🔍 RNAi 干擾機制

科學家發現，PTGS是植物對抗病毒感染的重要機制之一，經過胞內的RNA干擾機制，病毒的dsRNA很快的被切割成短小的siRNA，siRNA能在細胞之間傳遞，並布滿整個植株，當植物再遭遇相同病毒感染時，即可與病毒基因轉錄的RNA形成雙股RNA，啟動RNA分解機制，使其無法正常增殖。這種抗病毒機制必定在演化過程中存在已久，因為某些植物病毒也演化出對抗PTGS的機制，如*Tombusvirus*家族的病毒(family *Tombusvirus* virus)能產生分子量19 KDa的抑制因子(p19)，p19同質雙倍體能將siRNA包埋起來，使其無法發揮功能。RNAi途徑是植物及無脊椎動物細胞對病毒感染主要的防禦機制，哺乳動物的細胞中RNAi途徑已經不重要，因為哺乳動物的細胞演化出另一種對病毒感染的防禦機制（干擾素途徑；interferon pathway），取代了RNAi干擾途徑(RNAi interference pathway)，目前只發現老鼠的卵細胞還使用RNAi途徑做病毒感染的防禦。

啟動RNAi防禦途徑的是Dicer。Dicer RNA核酸內切酶(Dicer RNA enonuclease)是分子量約200 KDa的RNase III核酸內切酶，在細胞質中負責將dsRNA切割成片段，最先在果蠅細胞中發現，其分子結構包含4個功能區，N端為RNA解旋酶活性區(RNA helicase domain)，隨後是兩個重複的RNase III活性區，C端則為PAZ區(Piwi/Argonaute/Zwille domain; PAZ domain)；PAZ區是Argonaute蛋白家族(Argonaute protein family; AGO protein)的共同標記，具有接合RNA的功能（圖6-18）。Dicer將dsRNA切割為約20~23 nt片段之後，再以Dicer蛋白N–端的解旋酶活性區從5'端將雙股分開，釋出的單股RNA即稱為siRNA。Dicer隨後協助siRNA與Argonaute蛋白(Argonaute proteins)結合成RNA誘導靜止複合體(RNA-inducing silencing complex; RISC)。當RISC中的siRNA與目標mRNA的3'-端非轉譯區(3'UTRs)序列配對之後，RISC中的AGO蛋白隨即以其核酸內切酶活性，將mRNA切割成片段，使病毒mRNA因分解而失去功能（圖6-19）。

微 RNA 干擾機制

微RNA (micro RNA; miRNA)轉錄自基因體內的非編碼DNA區段，無編碼蛋白質的RNA (nc RNA)也是轉錄自基因體DNA，依據長度可分為長無編碼RNA（non-coding RNA; LncRNA；約rRNA的長度）、中等長度無編碼RNA（約tRNA的長度），以及長度約50~100 nts的小RNA (small RNA)，近年來的研究發現，無編碼RNA對細胞而言，具有重要的功能，影響層面包括基因的轉錄、RNA的修飾、轉譯與穩定度。大約有70%的基因受到反意RNA的調節，有些則具有RNA酵素(ribozyme)活性。而本小節要討論的miRNA， small RNA中很大部分是miRNA。能轉錄miRNA前驅RNA的無編碼DNA普遍存在於各種生物物種細胞中，主要來自重複序列DNA片段、異常RNA及轉位子(transposon)產生的RNA。形成miRNA的步驟如下（圖6-20）：

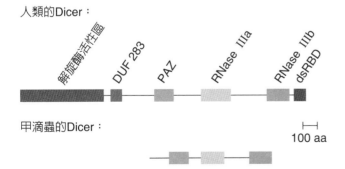

DUF 283：雙股RNA接合活性區
PAZ區：Argonate蛋白家族共有的序列
RNASE IIIa：RNA分解酶活性區–α
RNASE IIIb：RNA分解酶活性區–β
dsRBD：雙股RNA接合區

■ 圖6-18　Dicer蛋白分子中的功能區。Dicer具有RNase III活性，分子結構包含4個功能區，N端為RNA解旋酶活性區，隨後是兩個重複的RNase III活性區，C端則為PAZ區，是Argonaute蛋白家族的共同標記，PAZ區具有接合RNA的功能。

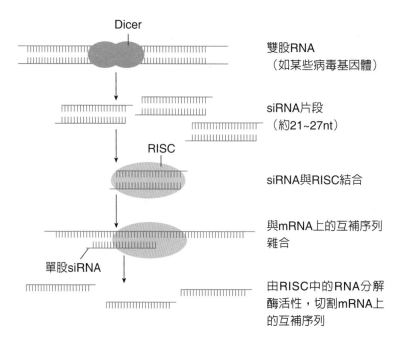

■ 圖6-19　RNA干擾機制。Dicer將雙股結構的RNA切割成21~27 nts小片段的siRNA，siRNA隨即與
　　　　 Argonaute蛋白（核酸內切酶）結合成RISC，誘發RNA干擾機制。當mRNA核苷酸序列與
　　　　 siRNA互補時，Argonaute蛋白隨即將mRNA切割成片段，使mRNA因分解而失去功能。

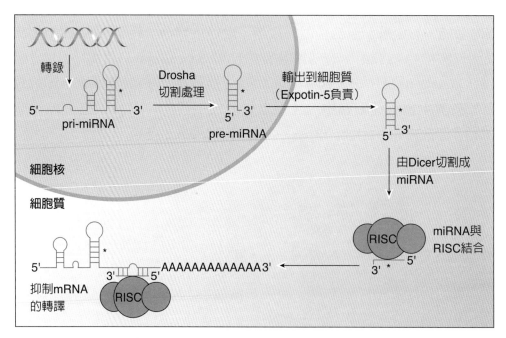

■ 圖6-20　Dicer蛋白分子中的功能區。Dicer具有RNase III活性，分子結構包含4個功能區，N端為RNA
　　　　 解旋酶活性區，隨後是兩個重複的RNase III活性區，C端則為PAZ區，是Argonaute蛋白家族
　　　　 的共同標記，PAZ區具有接合RNA的功能。

1. 轉錄產生的RNA稱為初級miRNA (pri-miRNA)（前驅RNA），pri-miRNA因自我互補產生雙股結構，類似髮夾結構(hairpin structure)，再與微處理因子複合體(microprocessor complex)結合，此複合體主要次單元是Drosha及DGCR8，Drosha RNA核酸內切酶(Drosha RNA enonuclease)是具有第三型RNA分解酶活性的酵素（RNase III；Drosha是對dsRNA具有專一性的RNA內切酶），能將pri-miRNA切割成較短的原型miRNA (pre-miRNA)，Drosha大約切除了70 nts的長度，產生的pre-miRNA在3'-端留下約2 nts的單股尾端，以利隨後加上一個甲基(2'-O-methyl group)，增加轉送過程中的穩定度。DiGeorge Critical Region 8 (DGCR8)蛋白的C端具有兩個dsRNA接合區(dsRNA-binding domain; dsRBD)，辨識並接合RNA髮夾結構的頂端，協助穩定Drosha與初級miRNA的複合結構，以利Drosha對RNA的切割。

2. pre-miRNA隨後在輸出素–5 (exportin 5)的引導下離開細胞核，進入細胞質中。Dicer（另一種RNaseIII）能辨識並接合在pre-miRNA的雙股結構上，隨後將pre-miRNA進一步切割產生21~23 nts長度的miRNA。

3. miRNA也循著相似的途徑與Argonaute蛋白結合成RISC（圖6-20），Dicer有Dicer1及Dicer2兩種，Argonaute蛋白家族(AGO protein)含AGO 1~4等四種，以哺乳類細胞而言，產生siRNA及miRNA途徑並不特別使用哪一種Dicer或AGO，不過果蠅細胞用Dicer1產生miRNA，AGO1與miRNA組合成RISC，而用Dicer2產生siRNA，AGO2與 siRNA組合成RISC。以植物細胞而言，Dicer的同質性蛋白稱為DCL蛋白家族(DCL protein family)，共有DCL1-4等四種，植物的DCL1及DCL4產生的RNA片段長度為21 nt，DCL2產生的RNA片段長度為22 nt，DCL3產生的RNA片段長度為24 nt。植物細胞也用Dicer1產生miRNA，AGO1與miRNA組合成RISC，而用Dicer1或Dicer2產生siRNA，AGO2與siRNA組合成RISC。不過植物的AGO對miRNA及siRNA的5'-端核苷酸種類有偏好，如AGO1偏好5'–端核苷酸為U的small RNA，而AGO2及AGO4偏好5'-端核苷酸為A的small RNA。

🔍▎ RISC 的功能

RISC產生的效應至少包括下列三種：

1. 切割與siRNA或miRNA互補之mRNA：mRNA核苷酸序列與siRNA或miRNA互補時，RISC能與之接合，AGO蛋白隨即以其核酸內切酶活性，將mRNA切割成片段，使mRNA因分解而失去功能。由於siRNA能重複使用，且植物細胞中可能以siRNA為引子，利用RNA依賴性RNA聚合酶(RNA-dependent RNA polymerase; RdRp)合成更多dsRNA，故此RNA干擾機制會產生放大效應，使細胞質中與siRNA互補的mRNA很快的消失，這就是Jorgensen等人所見到的現象。

2. 阻礙蛋白質合成反應：此效應主要由miRNA所引起，RISC中的miRNA會與mRNA的3'端非轉譯區(3'-untranslated region; 3' UTR)產生完全或不完全的互補，使RISC附著在mRNA的3' UTR上，此現象干擾了mRNA進行轉譯，使合成蛋白質的工作無法進行，基因無法正常表現。

3. 引起轉錄基因靜止現象：轉錄基因靜止現象(transcriptional gene silencing; TGS)涉及某些異染色體區的形成與維持，也促使某些DNA片段的甲基化。如中節專一性的miRNA能與Ago1及Chp1、Tas3等蛋白因子結合成RNA誘導之轉錄靜止(RNA-induced transcriptional silencing; RITS)複合體，RITS藉由miRNA與DNA序列的互補雜合，接合在染色質上，隨即徵召H3-K9 (histone 3-lysine 9)甲基轉移酶Clr4到位，將鄰近的組蛋白甲基化，甲基化的核體藉由Swi6（或稱為HP1）等因子的協助，形成並維持DNA的異染色質結構。

▶ **延伸學習**　　　　　　　　　　　　　　　　Extended Learning

內生性 dsRNA

　　內生性dsRNA對許多物種而言也很關鍵，如植物經由RdRPs將單股RNA複製為雙股RNA，產生內生性dsRNA，再藉由DCL (Dicer)切割為長度22~24 nt的siRNA。植物及線蟲細胞中，反轉錄轉位子(retrotransposed elements)及轉殖基因具有倒置成排重複序列(inverted tandem repeats)，這些DNA片段也能經由雙向轉錄產生dsRNA，或經由RNA依賴性RNA聚合酶(RdRp)合成dsRNA，這類dsRNA也能經由Dicer誘發RNA干擾機制，這種產生內生性dsRNA的機制，陸續在廣泛的物種發現，包括真核細胞單細胞原生動物、真菌、無脊椎動物細胞。

▶ **延伸學習**　　　　　　　　　　　　　　　　Extended Learning

PiRNA 途徑

　　包括果蠅、蚊子、老鼠等物種的細胞中，也存在siRNA及miRNA以外的第三條RNA干擾途徑，稱為PIWI交互作用RNA途徑(Piwi-interacting RNA pathways; Pi RNA pathway)，簡稱piRNA途徑，物種演化出這個RNA干擾途徑是針對反轉錄轉位子，單股RNA主要由殘餘的反轉錄轉位子轉錄而來，這個區段稱為piRNA聚集區(piRNA clusters)，原型piRNA (primary piRNA)經過初步切割後，與Piwi家族Argonaute蛋白（如Piwi蛋白或Aubergine）結合，由Argonaute蛋白內切酶活性切成24~30 nts長度的成熟piRNA，piRNA經常是反轉錄轉位子的反意RNA，與反轉錄轉位子互補形成雙股RNA，隨後由Argonaute蛋白（如AGO3）進一步分解反轉錄轉位子的RNA，抑制反轉錄轉位子的活性。反轉錄轉位子將會在第12章詳述。

siRNA及miRNA雖然只是20 nts左右的小RNA片段，不過涉及維持基因體的穩定（如抑制轉位子轉位等）、對抗入侵的核酸（如抑制病毒基因體的表現）及維持染色質正常的結構（如中節、端粒等異染色質區），且涉及多種物種胚胎發育期的基因調控。醫學研究陸續發現miRNA與多種疾病關係密切，如癌症、高血脂、病毒相關疾病等，近十多年以來針對miRNA與疾病診斷與治療相關文獻，大量的發表在國際期刊中，尤其某些miRNA已經確認在腫瘤細胞中有顯著變化，如微RNA-21 (microRNA-21; miR-21)及miR-17-92聚集體（17-92 cluster，由6種miRNA組成）的表達，在腫瘤細胞中顯著提升；反之，如微RNA let-7 (micoRNA-let7; let-7)及微RNA-34 (microRNA-34; miR-34)家族的表現在腫瘤細胞中經常是下調的，某些有組織專一性的miRNA，其表達在腫瘤細胞中也經常有下調的現象，如微RNA-122 (microRNA-122; miR-122)是肝細胞中有組織專一性的miRNA，且是肝細胞中含量最多的miRNA，不過在肝細胞腫瘤中，miR-122的表達水平顯著被調降，在B型肝炎病毒(HBV)感染的肝癌細胞中，miR-122的表達水平顯著下降。不過miR-122卻是C型肝炎病毒(HCV)在肝細胞中複製過程中不可缺的因子，能增進HCV之RNA的穩定性。故藥廠研發出針對C型肝炎的miRNA抑制藥物RG-101 (Regulus Therapeutics Inc.)，已經進入人體一期臨床試驗，RG-101是miR-122的反意核苷酸序列，能抑制C型肝炎病毒增殖。另一種抑制miR-122的藥是Miravirsen (Santaris Pharma A/S)，也是miR-122的反意寡核苷酸，是長度為15 nts且經過亞甲基橋修飾(methylene bridge)的閉鎖式核酸(locked nucleic acid)，Miravirsen已經完成第二期人體臨床試驗。除此之外，目前針對心臟、腎臟、癌症等多種疾病的治療，已經有數種與miRNA相關的藥物進入人體試驗，例如以 miR-155的反意寡核苷酸Cobomarsen (Viridian Therapeutics)治療某些淋巴瘤(lymphoma)，已經完成第二期人體臨床試驗。

第一章提過的新世代定序(NGS)技術，對miRNA的研究產生深遠的影響，因為目前的研究都針對已知的miRNA，但是NGS經由特定DNA序列的比對，能直接從全基因體中找出miRNA，目前在超過270種生物物種中，辨認出超過35,000種不同的miRNA，某些miRNA與疾病有顯著的相關性，未來皆可能成為臨床診斷與治療的新標靶。網路上已經有數種針對miRNA的數據庫，包括miRBase (http://www.mirbase.org)、miRDB (http://www.mirdb.org)等。

siRNA在醫療上的運用，主要機轉在直接分解某特定基因的mRNA，抑制此基因的正常表達，或清除致病性病毒的RNA。siRNA在癌症及其他疾病的臨床治療上的應用，還在研發階段，不過自2018年起，陸續有幾種siRNA製劑被美國FDA核准臨床使用，包括以抗transthyretinn (TTR)基因之siRNA (Patisiran, Onpattro®)，治療TTR蛋白誘導的澱

粉樣病變(transthyretin amyloidosis)，抗PCSK9基因之siRNA (Inclisiran, Leqvio®)，治療高膽固醇血症(hypercholesterolemia)等。

▶ 延伸學習 　　　　　　　　　　　　　　　　　　　　　　Extended Learning

miR-34 與腫瘤

　　miR-34家族含miR-34a、miR-34b、miR-34c等三種miRNA，研究者首先在多發性骨髓癌(Multiple myeloma)細胞中，發現miR-34家族表達的異常，後續發現miR-34涉及包括攝護腺癌、脾臟癌、神經膠母細胞癌等多種癌細胞的分化。miR-34能抑制癌細胞的上皮間質轉換(epithelial-mesenchymal transition, EMT)，抑制癌細胞的生長、侵入與轉移，miR-34-b/c的癌症抑制功能大於miR-34a。miR-34直接活化p53基因，促使細胞停止細胞循環，加上miR-34對Bcl-2、survivin等抗細胞凋亡因子的抑制，誘導細胞進入細胞凋亡程序，miR-34家族的表達下調，使DNA損傷的細胞無法凋亡，可能是細胞轉型為腫瘤的原因之一，當然miR-34還能直接影響多種基因的表達，如c-myc、c-met等與細胞循環有關的基因，多方面影響細胞的增生與分化。miR-34家族的表達水平能影響腫瘤細胞對化療藥物的敏感性（如erlotinib），包括非小細胞肺癌(NSCLC)、肝癌(HCC)、乳癌等，增加miR-34a的表達水平顯著提升腫瘤對藥物的敏感度，在動物的腫瘤模型實驗中，直接增加miR-34a的表達也顯著抑制腫瘤的生長。miR-34的製劑MRX34，已經在2013年針對7種癌症的病患，進行第一期臨床實驗。

Molecular Biology

07
CHAPTER

傳訊RNA的轉錄後修飾

真核細胞新合成的傳訊RNA (messenger RNA; mRNA)稱為原型mRNA (pre-mRNA)，因為此新合成mRNA的5'端與3'端皆需要經過一系列的處理與修飾，才能增加其穩定性，也才能通過核膜的障礙，進入細胞質中；此外，無編碼的插入子也需要在細胞核中預先剪除，產生的切口也要進行銜接的動作，這一部分的處理稱為**剪接作用** (splicing)。這些對pre-mRNA的處理與修飾過程，需要數十種酵素與蛋白質因子的參與。90年代初期在錐形蟲(*Trypanosoma brucei*)特殊粒線體的kinetoplast (kinetoplast in mitochondria)中發現，轉錄後的RNA還可能經過類似編輯的過程，改變某些核苷酸序列，隨後發現這是在生物界普遍存在的現象，故RNA編輯已被認為是RNA轉錄後常見的處理與修飾項目。前一章討論過的RNA甲基化(N^6-methyladenosine; m6A)是一種表觀調控，也可視為mRNA轉錄後重要的修飾反應之一。近年來得利於已經商品化的CRISPR/Cas技術，一些與基因突變及DNA/RNA異常甲基化相關之疾病，已經能經由人為操控的RNA編輯與特殊酵素系統，進行矯正與治療，也增加醫學界對RNA編輯與甲基化的重視。

1997年，Dantonel等人發現純化一般性轉錄因子TFIID時，3'端處理酵素CPSF（詳見7-2節）同時被純化出來，顯然在細胞核中，TFIID與CPSF同時在RNA pol II的轉錄複合體中，但是負責轉錄啟動的因子怎麼會和負責終止轉錄的因子湊在一起呢？隨後的研究發現，CPSF從一開始就接在RNA pol II尾端的CTD上，隨著轉錄的進行與新生mRNA的延長，向3'方向移動，隨時準備處理pre-mRNA的3'端。如果以分子生物技術刪除RNA pol II的CTD，則細胞中的pre-mRNA 3'端將無法被適當的修飾。其實，包括負責5'端修飾、3'端修飾與插入子剪接的酵素，皆能與磷酸化的CTD接合，顯然pre-mRNA的處理與修飾工作，在轉錄反應尚未全部完成之前就已經開始進行了。從酵母菌細胞到人類細胞的一脈演化過程中，所有涉及5'端修飾、3'端修飾與插入子剪接的酵素與因子，其基因與分子結構皆有高度保留性(highly conservative)，即核苷酸序列與胺基酸序列皆有很高的同質性，可見pre-mRNA的處理與修飾對生物體的存活，扮演極關鍵的角色。

7-1 　5'端帽化作用

帽化反應只發生在RNA pol II所催化轉錄的mRNA上，大約在合成25~30個核苷酸長度(25~30 nt)時，5'帽化反應(5' capping)就已經開始進行，甚至某些mRNA在此時已經完成帽化，以確保新合成mRNA 5'端的穩定，未被帽化的mRNA在細胞核中會很快的被核酸外切酶所分解，無法在細胞核中聚集，也不會有機會輸出到細胞質中，尚在進行的轉錄也會因此中斷。

　　能夠如此迅速完成反應，主要由於催化帽化反應的酵素皆「裝載」在RNA pol II的CTD上，當受質（mRNA之5'端）一出現，立即進行反應。5'端的帽化需要數種酵素的參與，參與帽化的酵素直接且專一性的附著在RNA pol II的磷酸化CTD上，CTD上的YSPTSPS模組是酵素辨識的胺基酸序列，且模組上的絲胺酸(serine, Ser)必須磷酸化；換言之，未磷酸化的CTD並不能附著帽化的酵素，轉錄的mRNA也無法帽化。

催化帽化的步驟

　　參與帽化反應的酵素有3種，分別負責3個步驟的反應（圖7-1）：

1. **步驟一：RNA三磷酸分解酶**(RNA 5'-triphosphatase; RT)負責將5'端第一個核苷酸的γ-磷酸根移除，為隨後的反應作準備。

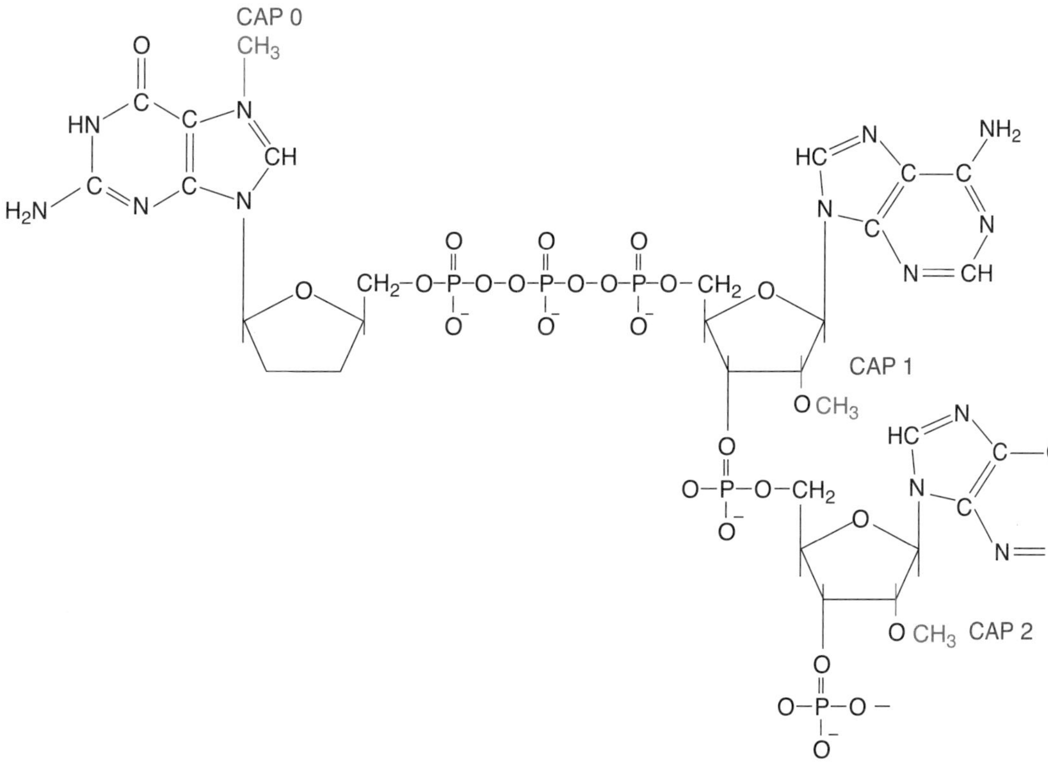

■ 圖7-1　pre-mRNA 5'端帽化的分子結構。帽化反應的酵素有3種，分別為：(1) RNA三磷酸分解酶，負責將5'端第一個核苷酸的γ-磷酸根移除；(2) RNA鳥嘌呤轉移酶（帽化酵素），形成5'端的guanosine 5',5'-triphosphate結構；(3) RNA-鳥嘌呤-7-甲基轉移酶，在cap 0之N7位加上一個甲基；2'–O–甲基轉移酶(2'-O-methyl transfrae)在cap 1之五碳糖2'位加上一個甲基；約有10~15％的5'端cap 2也會被2'-O-甲基轉移酶甲基化。

2. **步驟二：RNA鳥嘌呤轉移酶**（RNA guanylyltransferase; GT；又稱為帽化酵素）以GTP為受質，利用斷裂高能鍵釋出的能量，形成GMP與5'端β-磷酸根之間的共價鍵，完成5'端的第一階段修飾工作。此時的5'端為guanosine 5',5'-triphosphate結構（圖7-1）。

3. **步驟三：** 5'端的帽化及5'端的核苷酸受到多種甲基轉移酶的修飾。**RNA–鳥嘌呤–7–甲基轉移酶**(RNA guanine-N^7-methyltransferase; RNMT)在鳥嘌呤(cap 0) N^7位加上一個甲基。此外**2'-O-甲基轉移酶**(2'-O-methyltransferase)隨後在5'端第一個核苷酸（cap 1；經常是腺嘌呤）之五碳糖2'位加上一個甲基，部分cap 1的N6位也會被甲基化；約有10~15%的5'端第二個核苷酸(cap 2)也會被2'-O-甲基轉移酶甲基化，即五碳糖2'位加上一個甲基（圖7-1）。

　　酵母菌的RT與GT分別命名為Cet1及Ceg1，相對於酵母菌，哺乳類（包括人類）只由單一種酵素兼具RT與GT活性，故稱之為RNGTT (RNA Guanylyltransferase & 5'-Phosphatase)。酵母菌的RNMT稱為Abd1，哺乳類（包括人類）的鳥嘌呤甲基化酵素即稱為RNMT。5'端的帽化反應完成後，5'-帽接合複合體(Cap-binding protein complex; CBC)隨即與5'端帽接合，以保護新合成mRNA的5'端，另一方面開始誘導第一個內插子的剪除與外顯子的銜接，CBC也能協助修飾完成的mRNA「裝載」在mRNA輸出複合體上，以利mRNA離開細胞核，轉送到細胞質中。酵母菌的CBC由Cbc1及Cbc2組成，哺乳類（包括人類）的CBC由Cbp20及Cbp80組成。當mRNA進入細胞質後，負責保護5'端帽的蛋白因子換成eIF4F，eIF4F是轉譯起始的重要因子

7-2　3'端的轉錄後處理

　　mRNA的3'端如果未能適當的處理與修飾，此mRNA也會很快的被分解。此外，經適當處理與修飾過的3'端，在mRNA後續轉送至細胞質的過程中，扮演重要的角色，且能促進mRNA在細胞質中的轉譯。3'端的處理與修飾涉及兩個主要步驟，即由核酸內切酶主導的**切割反應**，以及由聚腺苷聚合酶主導的**聚腺苷反應**，故負責處理與修飾3'端的「機器」是一種很大、很複雜的複合體，稱為切割與聚腺苷複合體(Cleavage and polyadenylation complex; CPAC)，由20種以上的蛋白次單元組成，總分子量約1.5 MDa，CPAC隨後在**聚腺苷接合蛋白**(poly (A)-binding protein; PABP)協助下，完成3'端的處理。直接參與反應的主要酵素包括下列五種：

1. 切割與聚腺苷專一性因子(cleavage/polyadenylation specific factor; CPSF)。

2. 切割激發因子(cleavage stimulation factor; CstF)。

3. 切割因子I (cleavage factor I; CF I)。

4. 切割因子II (cleavage factor II; CF II)。

5. 聚腺苷聚合酶[poly(A) polymerase; PAP]。

　　早期研究發現，RNA pol II轉錄的終止與聚腺苷反應的完成有密切關係，3'端的切割反應是RNA pol II轉錄的終止訊號（參考第5章）。

🔍▶ 3' 端的順向訊號

　　3'端的處理與修飾有賴順向訊號（*cis* elements；RNA上的核苷酸序列訊號）的引導（圖7-2）：

1. 與3'端切割反應有關的順向訊號，位於切割點下游約50 nt的位置，為一組富含GU的序列(GU-rich sequence)，約70%的mRNA有此順向元素，此序列引導CPSF、CstF及CF I、CF II聚集到新合成mRNA尾端，主要由CstF辨識此GU-rich sequence。

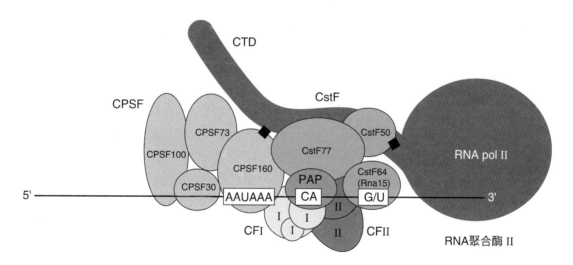

■ 圖7-2　3'端的處理與修飾的順向訊號與因子。3'端的處理與修飾有賴順向訊號的引導：(1)位於切割點下游約50 nt的富含GU的序列引導CPSF、CstF及CF I、CF II聚集到新合成mRNA尾端；(2)位於聚腺苷合成反應起點上游約10~35 nt的5'-AAUAAA-3'由 CPSF辨識；(3)有些mRNA的3'端切割點上游附近，具有CA雙核苷酸序列，是PAP的辨識位。CPSF是異質四倍體，由CPSF-160、CPSF-100、CPSF-73及CPSF-30構成；CstF是異質三倍體，由 CstF-77、CstF-64及CstF-50所構成；CF I（灰色）含三種次單元；CF II（深藍）含兩種次單元；PAP是具有酵素功能的單一多肽鏈，分子量約70 KD。

2. 與聚腺苷反應有關的順向訊號為5'-AAUAAA-3'，位於聚腺苷反應起點上游約10~35 nt，約90%的mRNA皆有此順向元素，CPSF能辨識此訊號元素，不過必須與CstF結合，才能對此序列有較強的親和力。研究顯示新合成mRNA尾端如果缺少5'-AAUAAA-3'順向訊號，細胞核內的mRNA會很快的失去穩定性。

3. 有些mRNA的3'端切割點上游附近，具有CA雙核苷酸序列，是PAP的辨識位，但不是絕對需要的訊號。

催化切割與聚腺苷反應的反向因子

催化切割與聚腺苷反應的反向因子（*trans* factors；辨識、接合或聚集在順向元素上的蛋白因子）主要是CPAC，由於酵母菌細胞的CPAC次單元在命名與組成上，與哺乳類細胞頗有差異，故以下將以哺乳類細胞的CPAC為例詳述如下：

CPSF

CPSF辨識3'端的聚腺苷訊號序列(poly (A) signal sequence; PAS) 5'-AAUAAA-3'，同時也以核酸內切酶活性切割3'端，並引導PAP加入3'端處理複合體。CPSF含四種多肽鏈次單元（CPSF-160、CPSF-100、CPSF-73及CPSF-30）及數種輔助因子，這些次單元組成聚合酶專一因子(polymerase specific factor; PSF)及切割因子(cleavage factor; CF)等兩個模組。PAF模組含CPSF-160與CPSF30加上兩種輔助因子(CPSF-160-WDR33-hFip1-CPSF-30)。CPSF30分子結構中含有5個鋅指模組，顯然CPSF-30為直接與RNA分子接合的次單元，負責接合PAS的AA序列，WDR33(WD Repeat Domain 33)穩定了CPSF PAS結構，增強CPSF對PAS的親和力，CPSF-160則做為複合體的支架，且負責與CstF-77及PAP接合，直接參與3'端處理「機器」的組成工作，CPSF-160在轉錄起點就與TFIID接合，不過當RNA pol II的CTD磷酸化之後，CPSF-160協同其他次單元轉而附著在CTD上，隨著轉錄的進行及新生mRNA的延伸，朝著DNA模板的3'端移動。兩分子的人類Fip1能與CPSF-30的鋅指結構接合，CPSF-30-(hFip1)$_2$複合體 負責徵召聚腺苷聚合酶(PAP)到mRNA之3'端，以利後續的聚腺苷合成反應。hFip1全名為人類PAP作用因子-1 (human factor interacting with poly (A) polymerase 1)，分子量37.8 KDa，早期發現能徵召PAP到mRNA3'-端，隨後發現是CPSF-30與Cst77的主要輔助因子。

CF模組含CPSF-100、CPSF-73及輔助因子symplekin，CPSF-73具核酸內切酶活性，切割點在PAS下游約20nts的位置，CPSF-100是無活性的核酸內切酶(psudonuclease)，symplekin作為複合體的支架，近年來發現一種環指功能區接合蛋白6 (RING finger-domain)的視網膜母細胞瘤接合蛋白6（retinoblastoma-binding protein 6; RBBP6；一種泛化子接合酶）也是輔助因子，能與CPSF-73及WDR33/CPSF-100交互作用。

CstF

CstF由三種次單元組成，也依據其分子量命名為CstF-77、CstF-64及CstF-50，其中CstF-64的分子結構具有RBD，負責辨識富含GU的序列，並接合mRNA。以老鼠、雞、人類的CstF-64胺基酸序列做比較，發現相似度極高，顯示此功能區的突變會危及細胞的存活。CstF-77是複合體的整合橋樑，促進三種次單元的組合，以及接合CPSF；而CstF-50則是CstF與RNA Pol II 的CTD承接器。

CF I 及 CF II

3'端的切割反應還需要兩種蛋白因子的協助，分別是CF I及CF II。哺乳類細胞中的CF I含有三種次單元，分子量分別為68 KDa、59 KDa、25 KDa，命名為CFIm68、CFIm59、CFIm25（"m"代表哺乳類mammalian），CFI不具有核酸切割酶活性，不過這三種次單元皆能直接與mRNA接合，且其接合位鄰近切割點及聚腺苷反應的起始點，即接合在PAS上游的接合序列，穩定切割的複合體，協助3'端的切割反應。人類CF II由人類C1p1 (hC1p1; 47 KDa)及人類Pcf11 (hPcf11; ~200 KDa)組成，hPcf11能與RNA pol II交互作用，hC1p1具有RNA激酶(RNA kinase)活性，CFII以何種機制協助3'端的切割反應仍然在研究中。

PAP

完成切割之後，5'-端的mRNA由CPSF-30-(hFip1)2複合體引導聚腺苷聚合酶(poly(A) polymerase; PAP)就定位，開始催化聚腺苷聚合反應(polyadenylation)，被切除的3'-端游離RNA片段則被核酸外切酶如Xrn2所分解，所採取的「魚雷模式」在分解過程中，同時使RNA Pol II與基因之DNA模板脫離，終止轉錄反應（此部分在第5章之「RNA pol II終止子」一節有詳述）。被切除的3'-端游離RNA片段具有CstF接合序列（在酵母菌細胞為CF1A），協助活化CPAC的切割活性，同時也避免5'-端的mRNA被外切酶分解，此時CstF77也扮演調節的角色，讓PAP在切割過程中不要過早與CPAC結合。

PAP所進行的腺苷聚合反應分為兩階段，第一階段緩慢合成約10~12個腺苷長度的寡核苷片段，此步驟需要CPSF的協助。第二階段，PAP在聚腺苷接合蛋白II [poly(A)-binding protein II; PABP II]的輔助下，快速地完成約200~250 nt長度的聚腺苷尾端，不過當mRNA離開細胞核，進入細胞質之後，尾端會被適度修剪為約170~210 nt長度，在mRNA被分解前，仍然會持續縮短。

PAP 是具有酵素功能的單一多肽鏈，分子量約70 KDa，沒有次單元，其催化活性位於多肽鏈的N端，此區段具有一般**核苷酸轉移酶**(nucleotidyltransferase)家族特有的蛋

白質二級結構，即由2條α螺旋所連結的5條**逆平行β摺板**(anti-parallel β-sheets)所構成。PAP分子結構還具有兩個**核區位訊號**(nuclear localization signal; NLS)，協助PAP由細胞質轉送入細胞核內。其實，包括CPSF、CstF、CF I/II皆在細胞質合成，再轉送至細胞核內。PAP具有多種異構型(isoforms)，如老鼠的細胞中就具有6種異構型，皆為同一種pre-mRNA經過替代型剪接(alternative splicing)所產生的。

▌ PABP II

聚腺苷接合蛋白II (PABP II)為分子量49 KDa的單一多肽鏈，由於細胞質中也有一種分子量70 KDa的PABP，故細胞核中的PABP稱為核PABP（nuclear PABP或稱為PABPN1）。哺乳類的PAP與CPSF的親和力不高，當PAP合成初期的寡腺苷片段時，PABPN1同時接合PAP與初期的寡腺苷，增加PAP與寡腺苷片段的親和力，同時使PAP的活性增強數十倍，研究發現如CPSF與PABPN1同時與PAP相互作用，能使PAP催化的聚腺苷反應速率增加上萬倍。PABPN1能接合在聚腺苷尾端，在細胞核及細胞質中穩定mRNA的結構，防止新合成的聚腺苷尾端被核酸內切酶切割，且控制聚腺苷尾端的長度。

▓ 表7-1　處理與修飾3'-端的酵素與因子

酵素與因子	英文與縮寫	次單元	主要功能
切割與聚腺苷專一性因子	Cleavage/polyadenylation specific factor (CPSF)	**mPSF** 　CPSF-160 CPSF-30 　WDR33 　hFip1 **mCF** 　CPSF-100 　CPSF-73 　Symplekin 　RBBP6	辨識3'端的5'-AAUAAA-3'位時，同時也接合CstF，並引導PAP加入3'端處理複合體，酵母菌細胞的Pap1與Fip1緊密結合，故被視為CPSF的次單元，而哺乳類的PAP與CPSF的親和力不高。 「m」：mammalian 「h」：human
切割激發因子	Cleavage stimulation factor (CstF)	CstF-77 CstF-64 CstF-50	負責辨識富含GU的序列，接合mRNA
切割因子I	Cleavage factor I (CF I)	CFIm68 CFIm59 CFIm25	直接與mRNA接合，且其接合位鄰近切割點及聚腺苷反應的起始點
切割因子II	Cleavage factor II (CF II)	CF IIA (hC1p1＋hPcf11) CF IIB	協助切割反應
聚腺苷聚合酶	Poly(A) polymerase (PAP)	單一多肽鏈 （約70 KDa）	負責腺苷的聚合工作
聚腺苷接合蛋白II	Poly(A)-binding protein II (PABP II)	單一多肽鏈 (49 KDa)	協同CPSF促進PAP的聚合反應，控制聚腺苷尾端的長度；在細胞核及細胞質中穩定mRNA的結構。

註：本表之訊息以哺乳類細胞為主，酵母菌細胞中之3'-端處理酵素與因子另有命名。

1977年，P. Sharp與R. J. Roberts兩個獨立研究群利用電子顯微鏡，觀察第二型腺病毒(adenovirus 2) DNA-mRNA雜合的影像，證明了插入子的存在，並發現RNA 剪接的現象（圖7-3）。Sharp等人以*Eco*R1A限制酶(*Eco*R1A restriction endonuclease)切下的病毒*hexon*基因片段（圖7-3a）含4個外顯子，4個外顯子之間分別由3個插入子加以間隔，當此DNA分解為單股分子之後，與細胞質的Hexon mRNA互補雜合時，由於插入子在mRNA成熟階段已經被去除，故DNA插入子部分的核苷酸在mRNA上找不到相對互補的核苷酸，於是被排除在雜合複合體之外，呈現套環結構(looping-out)（圖7-3b）。顯然插入子的去除與切點的重新接合(mRNA splicing)是pre-mRNA修飾過程中很重要的步驟。典型的人類基因平均具有8個外顯子，外顯子長度平均約為145 nt，而插入子平均長度為外顯子的數倍至數十倍，故切除插入子之後的成熟mRNA，其長度與pre-mRNA之間有相當的差別。

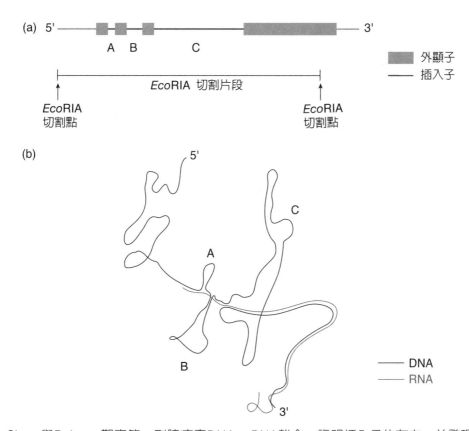

■ 圖7-3　Sharp與Roberts觀察第二型腺病毒DNA-mRNA雜合，證明插入子的存在，並發現RNA剪接現象。(a)以限制酶EcoR1A切下的病毒hexon基因片段含四個外顯子；(b) DNA插入子部分被排除在雜合複合體之外，呈現套環結構。

插入子的種類

依據插入子(intron)剪接機制的不同，插入子可分為三群，以**第一群插入子**(group I intron)及**第二群插入子**(group II intron)為模板所轉錄的RNA，皆具有自我剪接的功能；換言之，這些RNA本身就具有類似酵素的功能，足以催化核苷酸之間磷酯鍵的斷裂與接合，這種RNA是典型的**RNA酵素**(ribozyme)。第三群插入子的剪除與事後外顯子的接合工作，主要由構造複雜的**剪接體**(spliceosome)負責進行。第一群插入子及第二群插入子存在於葉綠體及粒線體的DNA中，以及某些原生動物細胞中的DNA，轉錄成原型RNA後能自我剪接；而大多數真核細胞細胞核中的基因插入子皆為第三群插入子。

從RNA pol II合成新生的mRNA，到成熟的mRNA離開細胞核為止，RNA分子皆不斷的與各種**異質性核糖核酸蛋白顆粒**(heterogenous ribonucleoprotein particle; hnRNP)的分子交互作用，故此階段的mRNA又稱為**異質性細胞核RNA** (heterogenous nuclear RNA; hnRNA)。hnRNP是由蛋白質與小段核RNA組成的複合體，分子量約在34~120 KDa之間，相對於DNA、RNA等大分子，小段RNA被稱為**小核RNA** (small nuclear RNA; snRNA)，故hnRNP也稱之為snRNP，或snurps。RNP所含的蛋白質大多具有一段約80個胺基酸長度的**RNA接合功能區**(RNA-binding domain; RBD)，又稱為RNP模組；某些snRNP中的蛋白質還含有另一套由三個胺基酸組成的RNA接合功能區，稱為RGG模組(RGG motif)，RGG顧名思義為Arg-Gly-Gly組成的模組，一般RGG在模組中重複五次，以強化與RNA的親和力。pre-mRNA與snRNP的接合可防止mRNA分子內因為核苷酸自我配對，而產生錯誤的二級結構，而且某些snRNP組成剪接體，直接參與了每一階段的插入子剪接工作。snRNP的催化功能不是來自其蛋白質成分，而是依賴snRNP所含有的RNA分子，故參與剪接的snRNP也是一種具有催化作用的RNA酵素複合體。

剪接體

高等生物第三群插入子的剪接體由數種剪接用snRNP (snRNP for splicing)所組成，分別命名為U1 snRNP、U2 snRNP、U4 snRNP、U5 snRNP及U6 snRNP，其中U4、U5、U6必須組合成一個大複合體，才能參與剪接的工作。剪接體的蛋白輔助因子超過150種，最主要的是負責確定外顯子與插入子的因子，包括帶有RNA辨識模組(RNA recognition motif; RRM)的SR蛋白家族(SR protein family)成員及SR相關蛋白(SR-related protein)，這群蛋白的C端含有一段或數段內在無組織區(intrinsically disordered region; IDR)，不過IDR富含絲胺酸／精胺酸(serine/arginine; S/R)，故稱這群蛋白為**SR蛋白家族**(SR protein family)，而這段IDR則稱為RS模組(RS domain)。SR蛋白以RRM與RNA接合，而以C端的RS模組與其他因子（如U2AF1等）交互作用，且RS模組內的胺基酸經常

被磷酸化，磷酸化的SR蛋白才能參與剪接複合體的組合。此外某些非剪接體hnRNP也會影響剪接工作，將在下文詳述。

剪接體與一般核酸辨識因子一樣，也會辨識特定的核苷酸序列（順向訊號）；換言之，插入子與外顯子之間的交界點具有特殊的順向訊號，使剪接體能辨識正確的切割位置（圖7-4），"Y"代表任何一種嘧啶(pyrimidine; C or U)，"N"代表任何一種核苷酸(A、G、U、C)，"R"代表任何一種嘌呤(purine; A or G)，插入子5'端的順向訊號為5'-AGGURAGU-3'，黑色代表外顯子3'-端，藍色代表插入子5'端；換言之，"GURAGU"為插入子5'端GU訊號(5'-GU signal)的共識序列。3'端的順向訊號主要是5'-YAGN-3'，"AG"是插入子3'端AG訊號(3'-AG signal)。除了界線上的訊號之外，剪接體還須辨識一小段稱為分支點(branch point)的序列，其共識序列為5'-YNYURAC-3'，其中粗體字的A是關鍵，其2'-OH的未成對電子能與插入子5'-端斷裂產生的磷酸根形成新的磷酯鍵，穩定了剪接反應的中間複合體，以利隨後插入子3'-端的斷裂與接合（圖7-5；詳見下一段）。介於分支點與3'端AG訊號之間，有一段富含嘧啶的模組稱為嘧啶軌跡(Y…YNY; pyrimidine tract; Py tract)，也是剪接過程中可讓剪接因子辨識的標記。

🔍 剪接體進行的剪接作用

剪接體的snRNP遵循著一定程序，依序組合成不同功能的剪接複合體(splicing complex)（圖7-6），簡述如下：

▌E 複合體 (E complex)

U1 snRNP首先辨識插入子5'端的GU訊號並接在5'端剪接位，為隨後的剪接體的組合標示位置。U1 snRNA在本身接近5'端的部分，具有一段核苷酸序列的(5'-UACUUAC-3')，能與插入子5'端的序列(5'-GUAAGUA-3')互補（圖7-7a）。在此同時，U2附屬因子(U2 auxiliary factor; U2AF)則負責辨識Py軌跡及3'端AG訊號；事實上，U2AF含有兩種次單元，分別是*U2AF1*基因編碼的U2AF35 (35KDa)，以及*U2AF2*基因編碼的U2AF65 (65KDa)，U2AF65帶有3個RNA辨識模組(RRM)，負責接合Py軌跡，而U2AF35則接合3'端AG訊號，而且直接與SR蛋白接合。此外，剪接因子-1 (splicing factor-1; SF1)辨識分支點，並接合在分支點上，且與U2AF2交互作用，為U2 snRNP的進入做準備。SF1分離自酵母菌細胞，而在哺乳動物的直屬同源性蛋白(orthology)稱為哺乳類分支點接合蛋白(mammalial branchpoint binding protein; mBBP)。U1 snRNP、U2AF雙倍體及SF1（或mBBP）組成E複合體，啟動一系列剪接作用。

■ 圖7-4　插入子與外顯子之間以及插入子內的順向訊號。如圖，插入子5'端的順向訊號為5'-AGGURAGU-3'，"GU"為插入子5'端的共識序列；3'端的順向訊號主要是5'-YAGN-3'。分支點共識序列為5'-YNYURAC-3'，其中粗體字的A是關鍵，能與插入子5'端斷裂端形成分支點。介於分支點與3'端AG訊號之間，有一段模組稱為嘧啶軌跡(Yn)。

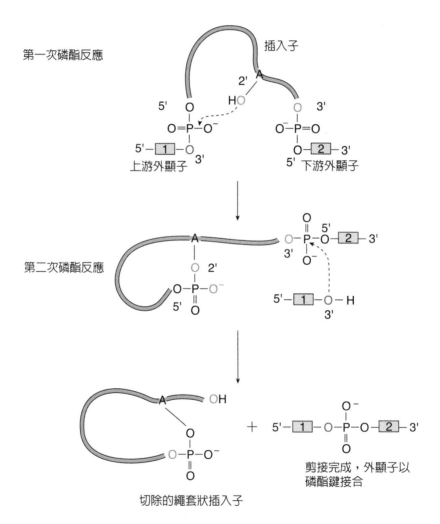

■ 圖7-5　插入子剪接過程中的兩次磷酯鍵形成機制。第一次由分支點的腺核苷(A) 2'-OH的未成對電子與插入子5'端的磷酸根形成新的磷酯鍵；第二次由外顯子#1的3'-OH端攻擊插入子3'末端，造成外顯子#1與#2的接合。

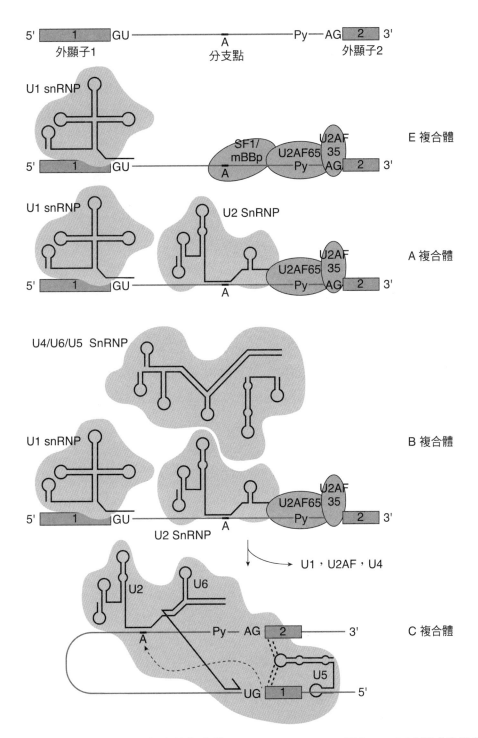

■ 圖7-6　剪接體的反應程序及期間組成的複合體。U1 snRNP、U2AF及SF1/mBBP組成啟動剪接作用的E複合體；U2 snRNP取代了SF1/mBBP，接在分支點上，形成A複合體；U4/U6/U5三種snRNP組成的三倍體與U2 snRNP接合之後，形成B複合體；由U4/U6/U5主導，5'端從外顯子的交接處斷裂，隨即與分支點形成2,5'磷酯鍵，構成類似繩套構造，此時U1、U2AF及U4脫離複合體，插入子的3'端隨後也產生斷裂，此時稱為C複合體。

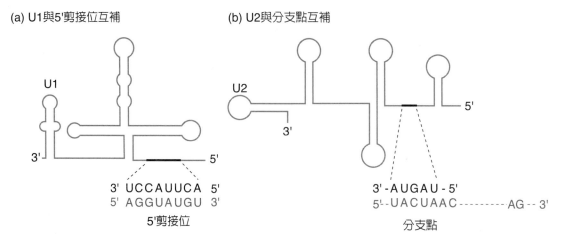

(a) U1與5'剪接位互補　　　　　　(b) U2與分支點互補

U1

3'
3' UCCAUUCA 5'
5' AGGUAUGU 3'
5'剪接位

U2

3'
3' - AUGAU - 5'
5' - UACUAAC -------- AG -- 3'
分支點

■ 圖7-7　　U1及U2 snRNA辨識序號序列的機制。(a) U1 snRNA接近5'端的5'-UACUUAC-3'能與插入子
　　　　　5'端的5'-GUAAGUA-3'互補；(b) U2 snRNP接近5'端的5'-UAGUA-3'，能與插入子分支點序列
　　　　　5'-UACUAAC-3'部分互補。

A 複合體 (A complex)

　　U2 snRNP取代了SF1，接在分支點上。U2 snRNP接近5'端的部分具有一段核苷酸序列(5'-UAGUA-3')，能與插入子分支點序列(5'-UACUAAC-3')部分互補（圖7-7b）。U2 snRNP類似分支點與5'端的承接器。

B 複合體 (B complex)

　　此複合體分為B1及B2複合體。B1指U4/U6/U5三種snRNP組成的三倍體與U2 snRNP接合之後的大複合體，此時插入子接合了U1 snRNP、U2 snRNP、U4/U6/U5 snRNP以及U2AF等主要參與剪接的因子。當U4/U6/U5三倍體到位之後，U1 snRNP及U2AF完成任務，脫離插入子，此時的複合體稱為B2複合體。

C 複合體 (C complex)

　　剪接體由U4/U6/U5三倍體主導，催化剪接反應。首先U1及U4脫離剪接複合體，U6取代U1接合在插入子的5'端上，由U5將插入子的5'端與3'端聚集起來，並促使5'端與外顯子的交接處斷裂，形成帶有磷酸根的5'游離端，此5'端隨即與分支點上的腺苷2'-OH形成2,5'磷酯鍵（見圖7-5）（正常之核酸鏈中的磷酯鍵為3',5'鍵），此時稱為C1複合體，U6則扮演分支點上之U2與握有5'游離端之U5間的橋樑（圖7-6及圖7-8）。2,5'磷酯鍵使插入子構成類似繩套結構(lariat structure)，促使插入子的3'端也產生斷裂，此時稱為C2複合體。

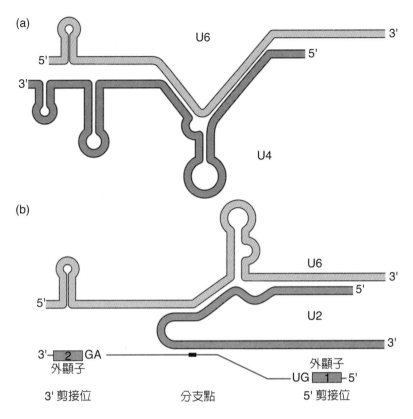

(a)

U6

U4

(b)

U6

U2

外顯子

外顯子

3' 剪接位　　　　　　　　分支點　　　　　　　5' 剪接位

■ 圖7-8　　U6與U2、U4的相關位置。U6所扮演的角色為分支點上之U2與握有5'游離端之U4間的橋樑。

　　5'端及3'端皆被切斷之後，整個類似繩套的插入子隨即脫離剪接體，留下兩個外顯子的游離端，於是5'端的外顯子與3'端的外顯子在U5的協助下銜接起來，形成新的3',5'磷酯鍵（見圖7-5），完成插入子剪接的工作。

> ▶ **延伸學習**　　　　　　　　　　　　　　　　　　　　Extended Learning
>
> 　　剪接體中的次單元對mRNA 3'端修飾作用也有影響，尤其是在聚腺苷合成起始點附近能發現U1 snRNP；換言之，U1 snRNP能接合在3'-端切割與聚腺苷處理「機器」附近，調控其反應效率，例如在SV40病毒基因體轉錄研究中發現，U1 snRNP能直接與CPSF-160交互作用，促進3'端切割與聚腺苷反應，但是過量的U1 snRNP對PAP的活性則會產生抑制效果。

▶ 延伸學習

　　雖然由多種小核糖蛋白組成的mRNA的剪接體，已經能處理插入子的剪除與外顯子的銜接，不過還需要一些蛋白因子的協助與調節，由酵母菌的突變實驗中，發現某些基因失去功能後，會明顯影響原型mRNA轉錄後處理(pre-mRNA processing; PRP)，這些基因統稱為*Prp*基因。*Prp*基因編碼的蛋白分子皆歸屬於DexD/H家族的ATPase，其中有些具有ATP-依賴性RNA解旋酶(ATP-dependent RNA helicase)活性，能協助剪接體中的snRNA。從酵母菌細胞之研究發現多種Prp，包括已知的Prp5p、Sub2p、Prp28p、Brr2p、Prp2p、Prp16p、Prp22p及Prp43p等8種，「p」代表基因的蛋白產物(protein)，在人類細胞中找到的同質蛋白(homologus protein)則加上「h」，如hPrp5p、hPrp22p、hPrp16p等。

　　Prp在剪接反應中的功能已經被確認如下：

1. Prp5p能與U2AF交互作用，協助E複合體的組合。
2. Prp2p能同時與U1, U2AF及SF1交互作用，穩定E複合體，且協助B1複合體轉換為B2複合體。
3. Prp28p協助U6取代U1接合在插入子的5'端上。
4. Prp8p為U5 snRNP的次單元，協助Brr2p(ATPase)，Brr2在B1複合體轉換為B2複合體時，使U1及U4脫離剪接體。
5. Prp16p協助C1複合體形成2,5'磷酯鍵繩套結構，進入C2複合體階段。
6. Prp22p及Prp43p協助剪接完成的mRNA從剪接體釋放出來。

🔍 SR 蛋白家族 (SR protein family)

　　原型mRNA的剪接過程是受到調控的，有多種協同蛋白協助剪接體正確的找到插入子，以及插入子5'–端(GA)、3'–端(AG)、分支點等重要的剪接訊號，剪接調節蛋白(splicing regulator proteins)本身也需要接在mRNA上的特定位置，包括位於外顯子內的外顯子剪接促進子(exonic splicing enhancers; ESE)及外顯子剪接靜止子(exonic splicing silencers; ESS)等特殊RNA序列，剪接調節蛋白也能辨識插入子中的mRNA序列，包括內插子剪接促進子(intron splicing enhancers; ISE)及插入子剪接靜止子(intron splicing silencers; ISS)。

　　人類細胞中的SR蛋白家族包括至少12種蛋白因子，在其他物種細胞中也有多種SR蛋白，低等真核細胞生物如裂殖酵母菌(*Schizosaccharomyces pombe*)具有兩種SR蛋白，而釀酒酵母菌(*Saccharomyces cerevisea*)則不具有SR蛋白。SR蛋白分子結構中，RNA接合區位於N端，稱為**RNA辨識模組**(RNA recognition motif; RRM)，而C端含有**SR功能區**（arginine/serine-rich domain，這類蛋白因SR-rich而稱為SR蛋白），負責蛋白分子間的交互作用（圖7-9），即使將12種人類SR蛋白之間的RNA接合區互換之後，新組合的SR

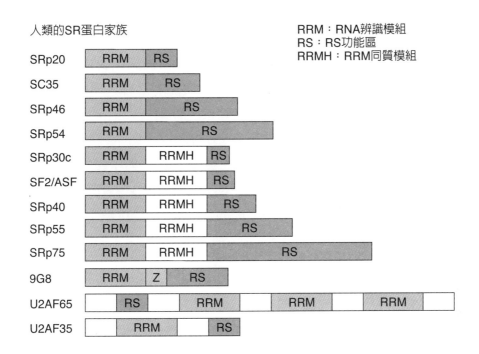

人類的SR蛋白家族

RRM：RNA辨識模組
RS：RS功能區
RRMH：RRM同質模組

■ 圖7-9　　人類SR蛋白家族分子結構。一般SR蛋白分子中，N端含有RNA接合區，稱為RNA辨識模組
(RRM)，而C端含有RS功能區，負責蛋白分子間的交互作用。RRMH (RRM homology)為類
似RRM 的序列；Z代表鋅指(zinc knuckle)。

蛋白仍然能夠發揮功能。其他具有RRM及RS功能區的相關蛋白(SR related proteins)包括
U2AF（U2AF35及U2AF65）、snRNP蛋白成分（U1-70K、U5-100K、U4/U6‧U5-27K
等）等。SR蛋白及SR相關蛋白與插入子剪接作用關係密切，SR蛋白在U2SF還未到位
前，即與ESE接合，隨後協助U2AF及U2 snRNP與插入子3'-端的接合，啟動剪接反應。
RS功能區必須被磷酸化，才能協助剪接複合體的組合，SR蛋白隨後被去磷酸化，以協助
處理後的mRNA輸出到細胞質。

　　接在剪接促進子位置的SR蛋白稱為SR剪接因子(SR splicing factor; SRSF)，SRSF同
時協助U1 snRNP接在5'-端(GA)剪接訊號上（如SRSF1）、U2AF辨識3'-端(AG)剪接訊號
（如SRSF11）。值得注意的是SR蛋白能與RNA pol II轉錄複合體一起被純化出來，顯示
在mRNA轉錄過程中，SR蛋白就開始與新合成的mRNA發生作用，不要忘了原型RNA的
插入子剪接工作，是在細胞核中完成的，剪接完成後，SR蛋白還參與轉送mRNA至細胞
質的工作。

　　以人類基因而言，大多數編碼蛋白質的基因都具有數個、甚至10個以上的插入
子，無可避免的會有一種以上的剪接方式，不同剪接方式稱為替代型剪接(alternative
splicing)，能使同一個基因產生一種以上的蛋白質產物，可能被輸送至細胞內不同區間

(compartment)，或分泌至胞外的不同組織中，產生不同的活性。剪接調節蛋白也是一群具有RNA辨識模組(RRM)的蛋白家族，直接影響mRNA的剪接方式，如NOVA剪接調節蛋白(NOVA splicing regulatory protein)及RBFox剪接調節蛋白(RNA-binding Fox splicing regulatory protein)的功能與其作用的位置有關，以圖7-10為例，如果NOVA及RBFox接在外顯子#2的上游插入子，NOVA同時接在外顯子#2上，則會抑制上游插入子的剪接反應，轉而剪除外顯子#1與外顯子#3之間的片段，剔除外顯子#2；反之，如果NOVA及RBFox接在外顯子#2的下游插入子上，則有利於外顯子#2上游插入子的剪接反應，使外顯子#2保留下來。由於不同的組織中NOVA及RBFox的作用位置不同，造成替代型剪接的方式有組織專一性，換言之，相同的基因轉錄的mRNA，在不同組織中會轉譯出胺基酸結構與功能不盡相同的蛋白。替代型剪接(alternative splicing)將在第7-5小節中詳述。

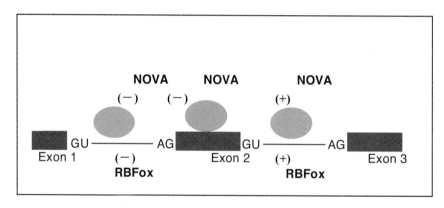

■ 圖7-10　Nova及RBFox的功能與其作用位置的相關性。Exon2是可能被剪接後剔除的外顯子；(－)代表抑制剪接，(+)代表促進剪接。

7-4　自我剪接的插入子

以第一群插入子及第二群插入子為模板所轉錄產生的RNA，是典型的**RNA酵素**(ribozyme)，具有自我剪接的能力，不過兩者的反應機制有所差異；此外，某些插入子還編碼具有酵素活性的蛋白質。

第一群插入子

第一群插入子(gropu I intron)存在於類病毒分子(viroid)、酵母菌粒線體DNA以及多種原生生物界細胞中，在高等生物細胞的粒線體及葉綠體DNA中，也具有第一群插

入子。這一類插入子由Thomas Cech等人在80年代研究鞭毛蟲*Tetrahymena*時發現，這種插入子具有自我催化剪接的能力，不過需要**鳥苷**(guanosine)或GTP作為輔酶；此外，催化反應得以進行的關鍵是外顯子#1之3'端一個**內在引導序列**(internal guide sequence; IGS)，插入子5'端附近的核苷酸序列與IGS產生不完全的互補，穩定了外顯子#1的3'端與插入子5'端的結構（圖7-11）。

反應步驟如下（圖7-11）：

1. **步驟一**：鳥苷或GTP提供了3'-OH的未成對電子，形成**嗜原子核中心**(nucleophilic center)，催化剪接工作的第一步，即切斷插入子5'端與外顯子#1之間的磷酯鍵，自己與插入子5'端形成磷酯鍵。

2. **步驟二**：外顯子#1的3'端形成一個3'-OH游離根，此新形成的嗜原子核中心隨即再與插入子3'端與外顯子#2交接的磷酸根反應，切斷插入子3'端與外顯子#2之間的磷酯鍵。以*Tetrahymena*第一類插入子而言，插入子3'端與外顯子#2交界的核苷酸為鳥苷(5'-GpU-3')。

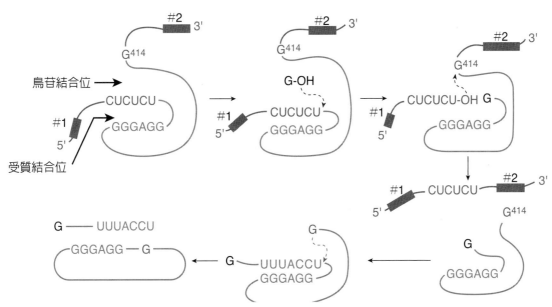

■ 圖7-11　第一群插入子反應的特性與步驟。(1)鳥苷或GTP催化切斷插入子5'端與外顯子#1之間磷酯鍵的反應；(2)外顯子#1的3'端形成一個3'-OH游離根，隨即再與插入子3'端與外顯子#2交接的磷酸根反應，切斷插入子3'端與外顯子#2之間的磷酯鍵；(3)外顯子#1的3'端同時與外顯子#2之5'端形成磷酯鍵，接合成完整的RNA股線；(4)被切除的插入子5'端鳥苷帶有3'-OH游離根，隨即與游離片段鄰近IGS的核苷酸起反應，使游離片段環狀化。

3. **步驟三**：外顯子#1的3'端同時與外顯子#2之5'端形成磷酯鍵，銜接兩個外顯子，接合成完整的RNA股線；而被切除的插入子5'端及3'端皆為鳥苷，帶有3'-OH游離根的3'端隨即與游離片段鄰近IGS的核苷酸起反應，使游離片段環狀化(cyclization)，再逐漸被分解。

　　整個反應過程，插入子的RNA呈現了**核酸內切酶**(endonuclease)及**接合酶**(ligase)的活性；此外，這種結構的RNA分子還具有**磷酸分解酶**(phosphatase)活性。在此值得強調一個重要概念，如圖7-11所示，RNA不是以線狀的形式存在，由於RNA分子內部常會產生核苷酸不完全的互補，而形成反序對稱(palindrome)或套環(loop)等二次結構，某些二次結構在RNA功能與處理上，具有特殊意義。

　　第一群插入子除了本身具RNA酵素活性之外，還編碼了一種具有**成熟酶**(maturase)活性的蛋白質，這類蛋白稱為**插入子編碼蛋白**(intron-encoded protein; IEP)，在自我剪接過程中，此種酵素能增加插入子分子結構的穩定，促進剪接反應的進行。此外，某些第一群插入子（如某些病毒基因的插入子）還編碼位置專一性的核酸內切酶，使這類插入子類似轉位子，能在基因體中轉移位置，故這種插入子又稱為移動性插入子(mobile intron)，不過只嵌入某些特定的位置。

🔍 第二群插入子

　　第二群插入子(group II intron)原先只在真菌基因中發現，隨後又發現許多物種的葉綠體與粒線體DNA也具有第二群插入子；此外某些物種的tRNA及rRNA基因中，也有第二群插入子。這一類插入子不需要輔助因子，主要依賴其特殊的二級分子結構，使插入子5'端與3'端的空間位置彼此接近，有利於插入子的切割與外顯子的銜接（圖7-12）。第二群插入子的自我催化機制已逐漸明朗，雖然各物種間第二群插入子的核苷酸序列相似性很低，不過整體而言，其二次空間結構與剪接體有相當程度的相似，而特定位置的腺苷(A-OH)也是反應的關鍵，位於二級分子結構的第六區(Domain VI; d6)，其功能類似mRNA剪接體的分支點(branch point)；換言之，5'端的游離磷酸根會與分支點的腺苷之未成對電子反應，構成2', 5'磷酯鍵，切割外顯子#1之3'-端與插入子的5'-端鍵結，2, 5'磷酯鍵使插入子構成類似繩套結構(lariat structure)。下一步反應是使外顯子#1的3'OH-端接近插入子與外顯子#2之間的剪接點(splicing site)，切斷插入子與外顯子的鍵結，同時使外顯子#1接上外顯子#2，完成剪接反應，釋出游離的插入子，此時插入子仍維持繩套結構，且攜帶有插入子內編碼的蛋白基因(intron-encoded protein)，此剪接機制類似處理第三群插入子的剪接體，故有部分科學家懷疑，第二群插入子是第三群插入子在

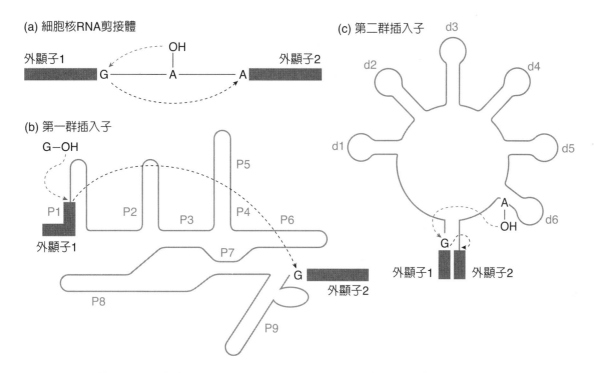

(a) 細胞核RNA剪接體

(b) 第一群插入子

(c) 第二群插入子

■ 圖7-12　第二群插入子特殊的二次分子結構及與其他插入子反應機制的對照。(a)剪接體的剪接反應；(b)第一群插入子反應模式；(c)第二群插入子特殊的二次分子結構；插入子5'端與3'端的空間位置彼此接近，分支點的A與插入子5'端反應；外顯子#1斷裂產生的游離端再與外顯子#2的5'端反應。

演化上的先驅構造。穩定此剪接結構的機制，有賴兩個類似互補的序列，分別是插入子上的外顯子接合位(exon binding site; EBS1)，序列為5'-GUGUUG-3'，以及外顯子上互補的插入子接合位(intron binding site; IBS1)，序列為5'-CAUAAC-3'，另一組是EBS2 (5'-GUGUA-3')互補IBS2 (5'-CACAU-3')。

　　第二群插入子與第一群插入子類似，也有編碼特定的蛋白酵素(IEP)，如核酸內切酶、成熟酶等，位於二級分子結構的第四區(Domain IV; d4)，且某些第二群插入子還編碼反轉錄酶(reverse transcriptase; RT)，以游離的插入子RNA序列為模板，合成互補DNA (complementary DNA; cDNA)，嵌入新的目標DNA中，轉錄之後的RNA，此段插入子又幾乎重新「復活」在另一基因中，這類IEP存在於少數細菌（如*Lactococcus lactis*）基因（如細菌的RNA基因）插入子，以及酵母菌、葉綠體、粒線體等之基因插入子中。

7-5 另類的剪接模式

　　剪接體主導的插入子剪接，也可能不遵循既有的外顯子－插入子排列，以不同模式進行剪接，最常見的是**替代型剪接**(alternative splicing)，替代型剪接可使同一種基因產生不同長度、結構與功能的蛋白質。

替代型剪接

　　剪接體所辨識的訊號遵循著GU-AG法則，不過剪接工作並不一定遵循GU-AG法則逐次剔除插入子，而往往產生**替代型剪接**；簡單的說，當 pre-mRNA剪接時，有時會使用不同位置的5'端及3'端剪接訊號，例如跳過外顯子#2之5'端AG位，而與外顯子#3之5'端AG位進行剪接，使成熟的mRNA少了外顯子#2的核苷酸序列，轉譯的蛋白質也隨著少了一段胺基酸序列（圖7-13）；例如細胞中參與纖維收縮的troponin T基因，在平滑肌細胞中，pre-mRNA剪接插入子時跳過外顯子#3，保留外顯子#1、#2及#4；在其他組織中，pre-mRNA剪接插入子時跳過外顯子#2，保留外顯子#1、#3及#4。剪接位的選擇與SR家族蛋白息息相關，圖7-10的NOVA與RBFox就是好的例子，RBFox類似SR蛋白，具有**RNA辨識模組**(RNA recognition motif; RRM)，典型的辨識序列為5'-GCAUG-3'，這種RBP辨識模組在插入子中不只一個，而且也會存在於外顯子中，如剪接調節蛋白接在某外顯子下游的插入子上，則此外顯子5'-端的剪接點(splicing site)會由剪接體進行剪接，使此外顯子包含於處理後的mRNA中；如果接在某外顯子上游或外顯子內的序列，則此外顯子5'-端的剪接點(splicing site)會被抑制，使此外顯子被剔除於處理後的mRNA

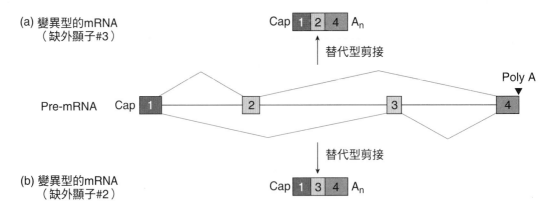

■ 圖7-13　替代型剪接。(a)如圖所示，當pre-mRNA剪接時，有時會跳過外顯子#3之5'端AG位，而與外顯子#4之5'端AG位進行剪接，使外顯子#3一併被剪除，轉譯的蛋白質也隨著少了外顯子#3編碼的寡肽鏈；(b)同理，如果剪接過程跳過外顯子#2，則轉譯的蛋白質也隨著少了外顯子#2編碼的片段。

（可參考圖7-10）。NOVA全名為神經腫瘤腹側抗原(neuro-oncological ventral antigen; NOVA)，NOVA家族含NOVA1及NOVA2，也是具有RRM的RNA接合蛋白，據估計細胞中約有700種替代剪接與NOVA有關，不過NOVA有組織專一性，如小腦與脊椎的神經細胞中使用NOVA1，大腦皮質細胞則使用NOVA2。除了NOVA與RBFox之外，SR剪接因子-1 (SR splicing factor-1; SRSF1)（又稱為替代剪接因子或SF-2; alternative splicing factor; ASF/SF2）接合外顯子內之**剪接促進子**(ESE)後，能促進距外顯子最近的插入子3' 端AG剪接位的活性，故SRSF對剪接體的影響，與NOVA與RBFox相反，ASF/SF2濃度愈高，愈能徵召U2 snRNP到剪接位，組成A複合體，剪接工作愈能遵循GU-AG法則逐次剔除插入子。

人類基因中，近95%產生替代型剪接現象，形成多於一種的mRNA，轉譯成兩種以上的蛋白質產物，可說是蛋白質組學(proteome)資料庫中蛋白歧異性的主要來源。如M型免疫球蛋白(IgM)基因需要依賴替代型剪接，才能產生製造IgD的mRNA，IgM藉由替代型剪接，也能產生分泌型IgM（分泌到細胞外，隨著血液循環全身）及膜蛋白型（成為B淋巴球的膜蛋白，擔負B淋巴球抗原受體的任務）。替代型剪接能使同一個基因產生一種以上的蛋白質產物，不同蛋白質產物在細胞中的位置與功能都可能不同，甚至有相牴觸的功能。多種研究顯示，因為突變而改變替代型剪接模式，往往產生功能異常或不完整的蛋白產物，這種突變與多種人類疾病（如癌症、遺傳性疾病）息息相關。

與細胞凋亡(apoptosis)有關的基因與蛋白就是很好的例子。GEO數據庫(Gene Expression Omnibus; GEO database)的資料中，與細胞凋亡直接或間接有關的蛋白有超過600種，細胞凋亡基因表現的異常，往往是細胞轉型為腫瘤的主要原因，故與細胞凋亡有關的蛋白功能是促進細胞凋亡或抑制細胞凋亡，攸關細胞、組織發育與功能，乃至人體的健康，而大多數細胞凋亡相關基因的原型mRNA，都有替代型剪接的現象。如抗凋亡因子Bcl-X有兩種，一種是無替代型剪接的長Bcl-X (Bcl-X$_L$)，一種是經過替代型剪接的短Bcl-X (Bcl-X$_S$)，Bcl-X$_L$分子結構上與Bcl-2類似，含有BH1、BH2、BH3功能區，而Bcl-X$_S$在替代型剪接過程中剔除了BH1、BH2功能區，少了這兩個功能區使Bcl-X由抗凋亡因子(anti-apoptotic factor)轉變為凋亡因子(apoptotic factor)，研究者發現，Bcl-X$_S$存在於半生期短的細胞，如淋巴球，誘導淋巴球的細胞凋亡；而Bcl-X$_L$則存在於半生期長的細胞，如腦部組織的神經元細胞。

　　凋亡蛋白酶(caspase)的功能，也會因為mRNA不同方式的內插子剪接，而產生不同功能的蛋白產物，以caspase-9為例，caspase-9是細胞凋亡途徑中的關鍵因子，經過替代型剪接的短caspase-9 (caspase-9S)卻是細胞凋亡的抑制因子。Caspase-2也有類似變化，caspase-2原型mRNA來自外顯子#9的區段，含有一個轉譯終止碼，如果原型mRNA含外顯子#9，則蛋白合成會在外顯子#9區段的終止碼提早停止轉譯，產生一條較短的caspase-2蛋白(Casp-2S)，具有抗凋亡活性；如果原型mRNA外顯子#9在替代型剪接過程中剔除，則蛋白合成不會遭遇終止碼，故會合成完整的長caspase-2蛋白(Casp-2L)，Casp-2L是細胞凋亡途徑中的關鍵因子。外顯子#9的替代型剪接與SRSF3有密切相關，如果SRSF3接合在外顯子#8，則剪接反應會掠過外顯子#9，以外顯子#8銜接外顯子#10。

　　替代型剪接也與性別發育有密切關係，果蠅的性別發育是典型的例子。果蠅的性別取決於X性染色體（sex chromosome；X染色體）與體染色體（autosomal chromosome；A染色體）數目間的比例（圖7-14）：

1. X/A比例較高，則在胚胎早期即能啟動sxl基因(sex-lethal gene; sxl gene)的早期啟動子(early promoter; P_E)，由P_E所轉錄的pre-mRNA只包括外顯子#1及外顯子#2，故產生較短的sxl基因產物。

2. 當晚期啟動子(late promoter; P_L)轉錄成pre-mRNA後，早期Sxl蛋白(sexlethal protein)接合在外顯子#3的5'端附近，干擾鄰近的AG剪接位，導致剪接時跳過外顯子#3，使成熟的mRNA缺少外顯子#3序列，轉譯的蛋白質缺少外顯子#3編碼的胺基酸，不過由於外顯子#3中帶有一個終止碼，故能完成mRNA轉譯，合成晚期Sxl蛋白。

3. 產生的晚期Sxl蛋白依序促進tra基因及tra2基因pre-mRNA的正常剪接，產生正常功能的Tra及Tra2蛋白因子。

4. Tra及Tra2蛋白因子配合多種SR蛋白因子，主導double-sex gene (dsx) pre-mRNA的剪接，使成熟的mRNA轉譯成誘導雌性發育的Dsx蛋白因子。總之，X/A比例較高的個體會因為sxl基因早期啟動子(P_E)的活化，經過一系列特定的替代型剪接，產生雌性Dsx蛋白，發育為雌果蠅。

5. 反之，X/A比例較低的胚胎，sxl基因早期啟動子(P_E)無法活化，導致晚期sxl pre-mRNA剪接時無法跳過外顯子#3。由於外顯子#3中帶有一個終止碼，使產生的mRNA無法轉譯成完整且有功能的Sxl蛋白，也伴隨使tra基因及tra2基因pre-mRNA無法正常剪接，無法產生正常功能的Tra及Tra2蛋白因子。dsx pre-mRNA在缺少Tra及Tra2蛋白因子之下，剪接成表現雄性Dsx蛋白因子的mRNA，誘導個體發育為雄果蠅。

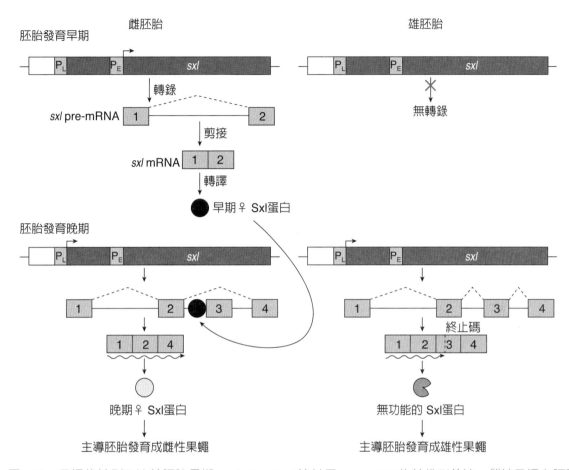

■ 圖7-14 果蠅的性別取決於胚胎早期sex-lethal (sxl)等基因pre-mRNA的替代型剪接。雌性果蠅在胚胎早期即能啟動sxl基因的早期啟動子(P_E)，轉錄的pre-mRNA只包括外顯子#1及外顯子#2，故產生較短的sxl基因產物；當晚期啟動子(P_L)轉錄成pre-mRNA後，短的SxI蛋白接合在外顯子#3的5'端附近，導致剪接時跳過外顯子#3，轉譯的蛋白質含外顯子#1、#2、#4編碼的胺基酸，具有活性。反之，雄性果蠅的胚胎sxl基因早期啟動子(P_E)無法活化，導致晚期sxl pre-mRNA剪接時無法跳過帶有終止碼的外顯子#3，使產生的mRNA無法轉譯成完整的SxI蛋白。

反式剪接

反式剪接(trans-splicing)最先在錐形蟲(Trypanosome spp.)的實驗系統中發現，即兩種pre-mRNA相互交換部分的外顯子；科學家發現，錐形蟲的變異性表面醣蛋白(variable surface glycoprotein; VSG)的mRNA 5'端皆有一段核苷酸序列完全相同、長39 nt的先導序列(leader sequence)，先導序列的DNA在錐形蟲基因體中約有200個拷貝。這種現象可能有數種解釋，不過在1986年，Murphy等人證明VSG pre-mRNA在剪接過程中，會形成Y型分支中間產物，確定了反式剪接機制的存在。這種剪接機制不只在錐形蟲細胞中發

現，且普遍存在於多種生物細胞中，如線蟲(C. elegans) 三種肌動蛋白(actin)的mRNA皆具有一段22 nt的先導序列。

先導序列的DNA與目標基因是獨立的兩個轉錄單元，錐形蟲的先導序列DNA轉錄成一段長約135~147 nt的mRNA，此mRNA的5'端含39 nt的先導序列，故稱為剪接先導RNA (spliced leader RNA; SL RNA)。剪接機器首先辨識SL RNA的GU訊號，然後切斷GU與先導序列間的磷酯鍵；SL RNA 5' GU端的游離磷酸根隨後與目標mRNA插入子的分支點反應，與分支點的A形成2',5'磷酯鍵，此時的mRNA構成代表反式剪接機制的Y型構造。先導序列3'端游離的OH根則與目標mRNA插入子的3' AG端反應，切斷目標插入子的3'端，且與其3'端外顯子相連結（圖7-15）。由於不同的目標mRNA插入子皆與同一種SL RNA進行反式剪接反應，故這些目標mRNA皆帶有相同的先導序列。

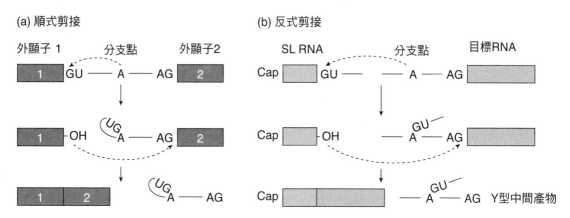

■ 圖7-15　順式與反式剪接機制。(a)順式剪接；(b)反式剪接：先導序列DNA轉錄成5'端含39 nt先導序列的RNA，剪接機器首先切斷GU與先導序列間的磷酯鍵；5' GU端的游離磷酸根隨後與目標mRNA插入子的分支點反應，構成代表反式剪接機制的Y型構造。先導序列3'端游離的OH根則與目標mRNA插入子的3' AG端反應，切斷目標插入子的3'端，且與其3'端外顯子相連結。

7-6　mRNA經核孔輸出的機制

核孔的結構與功能

從細胞核輸出大分子到細胞質，主要指mRNA、rRNA-snRNP、tRNA，或反向由細胞質輸入大分子，主要是核酸聚合酶、核體蛋白、轉錄因子、RNA處理所需之酵素與hnRNP蛋白次單元，不論是輸出或輸入，皆需經由複雜的程序通過細胞核膜上的核孔。以人類細胞而言，細胞核膜上的核孔是由約34種左右的蛋白所組成的大複合體(nuclear pore complex; NPC)，每個核孔蛋白(nucleoporin; Nup)皆有約32個拷貝(copies)，故整個核孔分子量約110 MDa，含約1,000個蛋白質分子，整體直徑約1,200 Å，中央孔道直徑約425 Å，分子量約40 KDa的大分子能自由擴散出入，大於此分子量的大分子（如mRNA，TAF1/TAF$_{II}$250），就需要藉由特殊之輸出或輸入因子(nuclear import/export factor)，以ATP依賴性機制（消耗能量）通過核孔。

　　核孔結構大致分成外環層(outer ring coat)、內環層(inner ring coat)、核內籃框結構(nuclear basket)及細胞質纖維結構(cytoplasmic filament)，在第9章討論細胞核蛋白輸入與輸出時，核孔結構還會再做介紹，可參考圖9-16。外環主要由核孔蛋白複合體(coat nucleoporin complex; CNC; outer ring)構成，又稱為Nup107-Nup160複合體，含10種核孔蛋白，構成內環之核孔蛋白(inner ring nucleoporin)包括Nup53、Nup93、Nup155、Nup205、Nup188、Nup98，以及由Nup54、Nup58、Nup62所構成的通道核孔蛋白三倍體(channel nucleoporin heterotrimer; CNT)，這些Nup多數含特殊的FG重複模組，此模組之胺基酸序列富含苯丙胺酸(phenylalanine; F)及甘胺酸(glycine; G)。FG重複模組對NPC的功能而言非常重要，如內環核孔蛋白之FG重複區，能與含有FG重複模組接合區(FG repeat-binding domain)的核轉運蛋白(karyopherins)交互作用，促進karyopherin-cargo複合體的輸入，或karyopherin-cargo-RanGTP複合體的輸出（cargo即準備輸出或輸入的大分子貨物）。協助RanGDP輸入的因子(RanGDP nuclear import factor) Ntf2，以及協助RNA輸出的異質雙倍體Nxf1-Nxt1，皆含有FG重複模組接合區。此外內環核孔蛋白Nup98的N-端區也含FG 重複模組，C-端則具有能造成自我切割的蛋白酶功能區(autoproteolytic domain)，顯然Nup98也能與karyopherin-mRNA複合體交互作用。此外一般核孔蛋白有32個拷貝，而Nup98有48個拷貝，有絲分裂時Nup98必須被磷酸化，核膜才會分解，可見Nup98在維持核孔複合體結構的重要性。

🔍 mRNA 的輸出機制

　　mRNA要順利通過NPC，需要至少兩類蛋白複合體的協助，一類是構成輸出子(exportin)的蛋白（受器與攜帶者），另一類是作為承接蛋白(adaptor proteins)的複合體。構成輸出子的蛋白，在酵母菌細胞中名為Mex67-Mtr2 mRNA輸出媒介子(mRNA export mediator)，在大多數後生動物（metazoans，包括哺乳類、人類）細胞核中，mRNA輸出媒介子稱為Nxf1/Nxt1（或稱為Tap/p15），核RNA輸出子-1 (nuclear RNA export factor 1; Nxf1)必須與類核輸送因子2輸出子1 (nuclear transport factor 2-like export factor 1; Nxt1)結合為雙倍體，才能發揮其功能，故Nxt1是Nxf1的輔助因子。Nxf1具有RNA接合區，不過Nxf1/Nxt1在未活化前呈閉鎖結構，無法與RNA接合，必須

經由承接蛋白複合體的活化，使Nxf1/Nxt1轉變成開放結構，才能與RNA結合，Nxf1再利用其C端具有的FG重複模組接合區，與富含FG重複模組的內環核孔蛋白交互作用，使Nxf1/Nxt1攜帶貨物（即RNA）通過核孔，進入細胞質。傳運過程中，帽化的5'-端(5'-capping)需要5'-端接合蛋白的保護，酵母菌為Cbc1/Cbc2；人類為Cbp20/Cbp80，直到細胞質中5'-端也還是需要Cbp的保護。與mRNA剪接處理有關的SR蛋白家族，有些也與mRNA的輸出有關，如SRp20與9G8等兩種SR蛋白，能接在mRNA的無插入子運輸元素(intronless transport element; ITE)上，負責徵召Nxf1/Nxt1到定位，以利隨後的輸送，酵母菌細胞之Npl3、Gbp2等SR家族蛋白也有類似功能（表7-2）。

除了輸出子(exportin)之外，輸出子-mRNA複合體欲通過核孔，還需要承接蛋白的協助，承接蛋白的複合體稱為TREX複合體(transcription-coupled export complex; TREX)，TREX附著於核籃上，類似輸出子-mRNA複合體在核孔的碼頭，引導其進入核孔。在人類細胞核中稱為TREX1，TREX1是個大複合體，含有Aly/Ref（或稱為Thoc4、Bef）、Uap56、Cip29、pDIP3、ZC11A等次單元，以及含7種次單元的THO次複合體。在哺乳類細胞中，Aly/Ref一方面與mRNA接合，一方面直接與Nxf1/Nxt1 (Mex67-Mtr2)輸出子作用，是主要的承接器(adaptor)，酵母菌細胞TREX-2的承接器稱為Yra1。在哺乳類細胞中，Uap56是具有DEAD-盒結構的解旋酶(DEAD-box helicase)，能水解ATP，提供能量穩定mRNA的3D結構，以利mRNA與承接器及輸出子作用；換言之，Uap56提供了mRNA輸出在核質端所需的能量，TREX-2所含的解旋酶是Sub2次單元（表7-2）。

在mRNA插入子剪接及外顯子銜接完成後，稱為外顯子連接點複合體(exon junction complex; EJC)的因子隨即附著上外顯子連接點，不過這個動作可能在插入子尚未剪接時（即轉錄的初期）就開始了，EJC大約涵蓋連接點兩邊24 nt的長度。EJC的功能主要是引導mRNA與輸出子會合，並且與某些SR蛋白穩定mRNA的緊密3D結構，為隨後轉送mRNA至細胞質做準備。當mRNA準備通過核孔之前，Uap56會脫離輸出複合體，不過EJC會隨著mRNA進入細胞質，且在mRNA開始轉譯時還附在外顯子連接點上，直到核醣體要經過連接點時才被「趕下來」。如果mRNA上出現異常的轉譯終止碼，核醣體提前中斷轉譯而離開，EJC此時負責召集如Upf等蛋白因子，隨後召來**去5'-端帽酵素**(decapping enzyme; DCP)切除5'-端帽，失去保護的mRNA很快成為5'→3'核酸外切酶的目標而被分解，無法完成合成蛋白質的工作。

當整個輸出複合體通過核孔而進入細胞質時，還需要數種因子的協助，才能使mRNA（貨物）從輸出複合體卸下來，包括ATP分解酶DDX19（在酵母菌細胞稱Dbp5）所提供的能量。剛離開核孔，最先遭遇的是核孔在細胞質端的小纖毛(fibril)，核孔纖毛

的主成分之一是Ran接合蛋白2 (Ran binding protein; RanBP2)，RanBP2不只接合Ran、Ran-GAP，還能與mRNA輸出子Nxf1/Nxt1接合，此時讓ATP-DDX19與Gle1-Nup42-Nup214組成的複合體有機會與Nxf1/Nxt1-mRNA複合體交互作用， Nxf1/Nxt1卸下mRNA，同時由ATP-DDX19承接（在酵母菌細胞稱Nup159），形成ATP-DDX19-mRNA複合體，此時在Gle1-Nup42-Nup214複合體的刺激之下，DDX19由開放結構轉變為閉鎖結構，同時啟動ATP分解酶活性，釋出的能量使mRNA脫離DDX19，準備與核糖體結合，轉譯合成蛋白質。可見DDX19於mRNA輸出過程中，在細胞質端提供所需的能量。值得注意的是，mRNA的輸出並未利用Ran-GTP的運輸途徑，與蛋白質的輸出、入有所不同。有關蛋白質的輸出與輸入，以及Ran-GTP的運輸途徑將在第9章詳述。

表7-2 mRNA輸出之相關蛋白因子

酵母菌細胞	哺乳類細胞	功能
Mex67	Nxf1 (Tap)	mRNA主要的轉運受體
Mtr2	Nxt1 (p15)	mRNA的輸出因子，與轉運受體組成異質雙倍體
Cbc1/Cbc2	Cbp20/Cbp80	接在mRNA之帽化5'-端保護mRNA
Npl3, Gbp2	SRp20, 9G8	參與mRNA剪接之SR蛋白家族，負責接合並引導轉運受體（如Nxf1/Nxt1）到將被運送的mRNA
TREX-2	TREX-1	附著在核籃上，為輸出子與mRNA進入核孔的起點，是多次單元組成之複合體
Yra1	REF/Aly	TREX的次單元，為mRNA-輸出子的主要承接器
Sub2	Uap56	TREX的次單元，為ATP依賴性解旋酶(DEAD-box helicase)，具ATPase活性
THO次複合體	THO次複合體	TREX複合體中的次級複合體，含7種次單元
EJC	EJC	exon junction complex，核糖核酸蛋白，核心蛋白含MAGOH、Y14、eIF4A3，引導mRNA與輸出子會合，穩定mRNA之3D結構
Dbp5	DDX19	DEAD-box ATPase
RanBP2	RanBP2	位於核孔在細胞質端的小纖毛上，mRNA-輸出子穿過核孔後與之接合，是後續反應平台
Gle1	GLE1	mRNA-輸出子細胞質端的平台，接合DDX19/Dbp5，刺激DDX19之ATPase活性
Nup42/159	Nup42/214	DDX19/Dbp5的輔助因子

7-7　細胞質RNA的修飾與分解

RNA 編輯

　　mRNA分子在細胞核中或進入細胞質後，可能有些核苷酸會在特殊機制下進行轉錄後修飾，改變核苷酸序列，此現象稱為**RNA編輯**(RNA editing)。RNA編輯存在於部分真核細胞生物的RNA，通常利用特殊的機制，使C的位置被U所取代，這種轉變常會產生終止碼（UAA、UGA或UAG），造成轉錄產物的改變。例如在肝細胞中的脂蛋白元B (apolipoprotein B; ApoB)基因，轉錄產生的mRNA完成轉譯後，可合成總長4,563個胺基酸，分子量512 KDa的蛋白質，稱為ApoB-100（即100%長度）；不過在腸壁細胞中的ApoB基因轉錄的mRNA，會遭遇RNA編輯現象的修飾，將序號第2,153的編碼由原先的CAA編輯成UAA，造成一個終止碼，使mRNA的轉譯在此中斷，故蛋白質只合成到第2,152個胺基酸，產生分子量250 KDa的ApoB-48（即48%長度），ApoB-100在血液中是膽固醇的攜帶者，而ApoB-48則是三酸甘油脂的攜帶者。ApoB mRNA編輯的反應，主要由ApoB編輯複合體(ApoB-editing complex; APOBEC)啟動，APOBEC的脫氨酶活性(cytosine deaminase)將胞嘧啶(cytosine; C)脫氨而轉變成尿嘧啶(U)。其實最早發現的胞嘧啶脫氨酶，是活化誘導性胞苷脫氨酶(activation-induced cytidine deaminase; AID)，AID與免疫球蛋白基因的體突變關係密切。隨後陸續發現多種APOBEC，APOBEC家族含11個基因，APOBEC-1能編輯*ApoB*基因轉錄之mRNA，且具有編輯DNA的功能，而APOBEC-3則普遍存在於免疫細胞，APOBEC-3在人類基因體中有七個同源基因(paralogs)，不過只有APOBEC-3A、APOBEC-3B、APOBEC-3G具有RNA編輯能力，其餘的APOBEC家族蛋白主要的目標核酸皆為DNA。單股DNA的C經過脫氨酶催化下轉變為U，如果未及時修補，則在下一輪DNA複製時，原先的C:G對會突變為T:A對。如在正常修補機制下，尿嘧啶(Uracil)會被Uracil -DNA glycosylase切除，留下無嘌呤／嘧啶位(AP site)，再經AP內切酶(AP endonuclease)切斷股線，隨後啟動DNA修補機制修復損傷處。C-to-U在自然狀態下較不常見，主要由於*APOBEC-1*基因的表達具有組織專一性，且APOBEC-1需要輔助因子如APOBEC1互補因子(APOBEC1-complementation factor; ACF)、RNA接合模組蛋白47 (RNA-binding motif protein 47; RBM47)等。

　　RNA編輯除了最常見的C-to-U，也會發生A-to-I編輯，基因體中也有許多A-to-I的點，不過大多位於插入子及非編碼區，A-to-I編輯在以後章節提到的Alu重複序列中也很常見，A-to-I編輯的酵素是腺嘌呤脫氨酶(Adenosine deaminase acting on RNA-1；ADAR1)。A-to-I的RNA編輯主要存在於某些組織細胞中，如人腦的神經組織，而紅斑性

狼瘡(SLE)患者細胞中A-to-I比例也高於正常人，在SLE患者組織細胞受到干擾素-α/β刺激時，會誘導ADAR1的表達增加，造成mRNA同時增加A-to-I編輯的位置，影響干擾素誘導的基因表達。

錐形蟲 kinetoplast 之 RNA 編輯

錐形蟲(*Trypanosoma brucei*)特殊粒線體的kinetoplast (kinetoplast in mitochondria)中的mRNA序列與基因的DNA序列不一致，隨後證明由DNA轉錄的mRNA還需要經過廣泛的RNA編輯(pan-edited RNA)，才能被用來做轉譯，如kinetoplast中的*COIII*基因(cytochrome oxidase III gene)轉錄成731 nt長度的mRNA，在RNA編輯過程中，使用了407個UMP，過程中也刪除了19個UMP；換言之，發生在kinetoplast中的RNA編輯過程中，可能嵌入(insertion) UMP，也可能刪除(deletion) UMP（圖7-16）。錐形蟲kinetoplast中mRNA的RNA編輯透過導引RNA (guide RNA; gRNA)的協助，由gRNA先辨識編輯位，再由RNA編輯核心複合體(RNA editing core complex; RECC)進行編輯反應，RECC分為兩類：(1) RECC1催化U的刪除，含RNA編輯內切酶1 (RNA-editing endonuclease1; REN1)、RNA編輯外切酶1&2 (RNA-editing exodonuclease 1&2; REX1&2)及RNA編輯接合酶1 (RNA-editing ligase1; REL1)，先由REN1切斷UU位，然後由REX1及REX2將游離的UU切除，最後由REL1將游離的5'-端與3'-端接合；(2) RECC2催化U的嵌入，含RNA編輯內切酶2 (RNA-editing endonuclease2; REN2)、RNA編輯末端尿嘧啶轉移酶2 (RNA-ending terminal uridylyltransferase; RET2)及RNA編輯接合酶2 (RNA-editing ligase2; REL2)，先由導引RNA中的5'-AAA-3'與目標位形成不完整配對，REN2辨識之後在5'-AAA-3'的互補RNA上切割，產生3'-OH游離端，然後由RET2以UTP為原料於3'-OH游離端接上UUU，與導引RNA中的-AAA-形成互補，最後由REL1將游離的5'-端與3'-端接合（圖7-16）。

CRISPR-Cas 人工編輯技術

生技操作RNA編輯的機制，原理與kinetoplast中的RNA編輯類似，有賴一個源於細菌，且帶有特定導引RNA (gRNA)的短反序對稱聚集重複序列(clustered regularly interspaced short palindromic sequences; CRISPR)，CRISPR能與Cas9核酸內切酶(Cas9 endonuclease)結合，由於CRISPR序列最先來自噬菌體，如果大腸桿菌被同一品系之噬菌體侵入，則CRISPR的導引RNA能辨識並與噬菌體DNA互補，此時Cas9即能將入侵的噬菌體DNA切割分解（圖7-17）。Cas13的發現提升了人工編輯RNA可操作性，Case13分子具有兩個HEPN核酸內切酶功能區(Higher Eukaryotes and Prokaryotes Nucleotide-

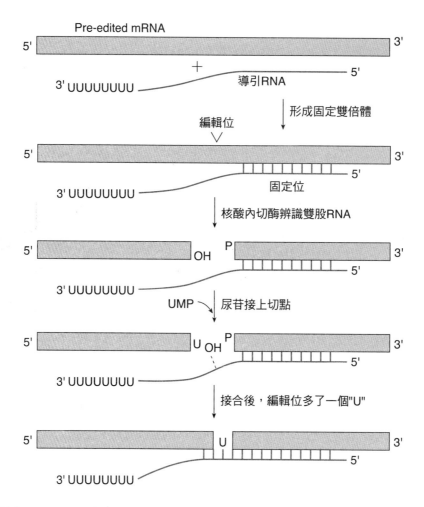

Pre-edited mRNA

■ 圖7-16　錐形蟲kinetoplast中mRNA的編輯機制。錐形蟲kinetoplast的mRNA透過導引RNA (gRNA)
的協助，由gRNA先辨識編輯位，再由核酸內切酶切除編輯位上的CMP；其空缺以1分子的
UMP補位；最後由接合酶接合核酸片段，最後產物多了一個U。

binding endoRNase domain; HEPN)，一個負責處理原型導引RNA (pre-gRNA)，一個
負責分解目標RNA，如果以遺傳工程技術操作如下：(1)產生無RNA分解活性的Cas13
(Cas13i)，並將APOBEC與Cas13i形成融合蛋白(fusion protein)，(2)讓CRISPR攜帶序
列專一性導引RNA，能辨識目標基因中之突變序列。此融合蛋白(Cas13i-APOBEC)與
特定導引RNA的複合體，即能以目標導向模式鎖定點突變位，將DNA上之T→C突變
點的C再換回U（不要忘了在mRNA上沒有T）（圖7-17）。某些醫學上重要的先天遺
傳疾病，大多與T-to-C突變有關，如ADA deficiency (CTG→CCG)、G6PD deficiency
(CTG→CCG)、Phenylketonuria (TTG→TCG)等。當然，如果將APOBEC換成RNA腺苷
脫氨酶2 (Adenosine deaminase acting on RNA 2; ADAR2)，則此技術能將G-to-A造成的

點突變，經過A-to-I編輯而矯正回來（I為肌核苷；inosine）。故RNA編輯技術理論上能用來重新修復突變基因，故對點突變引起的遺傳疾病或異常，是很有潛力的治療工具，尤其是基因產生T-to-C或G-to-A的點突變。此外因為腺苷甲基化(m6A)而引起的疾病如癌症、代謝症候群等，也能藉由RNA編輯技術去除特定位置的甲基化。

RNA 的分解機制

　　mRNA在細胞質中極不穩定，一般在24小時之內即被分解。如表7-3，大腸桿菌的mRNA平均半生期只有3~5分鐘，真核細胞如酵母菌的mRNA也只有22分鐘，人類細胞中的mRNA平均半生期也只有10小時左右。故細胞內的mRNA是非常動態的，基因體隨時皆有某些基因持續進行轉錄（結構性基因，constitutive genes），不斷的補充細胞質中所需的mRNA，也有某些受外在因素調節的誘導性基因(inducible genes)，適時適量的進行轉錄，當誘導因素不存在時，其mRNA也會在細胞質中很快的消失，故在細胞質中具有分解mRNA的酵素，是調節mRNA水平的必要機制。

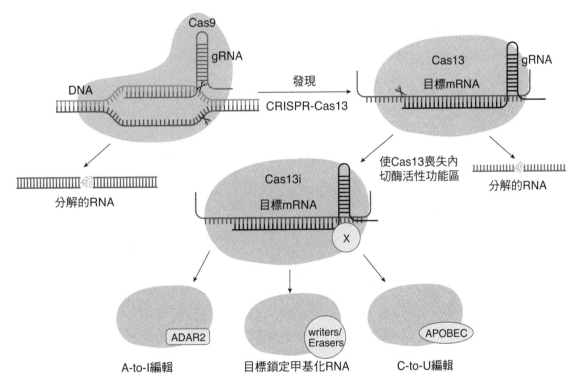

■ 圖7-17　利用CRISPR-Cas13技術修補突變基因。

表7-3　原核與真核細胞中mRNA的半生期

物種之RNA	平均半生期	半生期變化範圍
E. coli (bacterial) RNA	3~5 分鐘	2~10 分鐘
Saccharomyces cerevisiae (yeast) RNA	22 分鐘	1~60 分鐘
Human cell RNA	10 小時	4~24 小時

　　原核細胞RNA分解機制涉及核酸內切酶及外切酶，核酸內切酶RNase E可能是最先參與RNA切割的酵素，包括mRNA、rRNA等皆是RNase E的目標分子，切割反應由5'端往3'端進行，內切酶產生的片段再由核酸外切酶由3'端往5'端進行分解。研究結果顯示，細菌mRNA的分解，可能與原核細胞中的聚腺苷聚合酶(PAP)有關，PAP可在mRNA的3'端接上一段含10~40個腺苷($A_{10~40}$)的尾巴，負責分解mRNA的酵素可能先接合在聚腺苷尾部，再攻擊目標RNA。

　　酵母菌的mRNA分解機制則由核酸外切酶先辨識聚腺苷尾部，逐步的分解聚腺苷；隨後由去5'-帽酵素(decapping enzyme; DCP) Dcp1去除5'端的甲基，mRNA隨即被核酸外切酶Xrn1及Rat1核酸外切酶(Rat 1 exonuclease)由5'端往3'端方向分解。由於mRNA分解酶主要辨識聚腺苷尾部，故細胞質中的PAB蛋白對mRNA的分解有干擾作用。人類細胞分解mRNA的機制與酵素大致相同，人類去5'-帽酵素為DCP1A及DCP1B，核酸外切酶為XRN1及XRN2。

　　去除5'端也很容易成為RNA外切酶體(RNA exosome)的目標，這是一種演化上高度保留的RNA分解複合體，內含3'→5'核酸外切酶，核酸內切酶，以及促進RNA快速分解的解旋酶(helicase)，真核細胞的RNA exosome核心含有9種次單元。酵母菌細胞之核心次單元以Rrp命名，全名是核糖體RNA處理蛋白(Ribosomal RNA processing protein)，如Rrp4、Rrp40~46，Rrp44為核心中具3'→5'核酸外切酶活性的次單元。人類細胞中RNA exosome核心次單元命名為EXOSC1~9，外加具外切酶活性的Rrp44。RNA exosome除了核心酵素之外，還含有輔助因子，輔助因子中，含具有3'→5'核酸外切酶活性的Rrp6，以及解旋酶活性的Ski2及Mtr4（人類細胞中稱為SKIV2L, SUPV3L1）。

　　如前一章討論過的腺苷甲基化RNA (m6A)，被輸出到細胞質之後，某些因子會維持此mRNA的穩定，不過遭遇因子如YTHDF2/3、YTHDC2（m6A RNA結合蛋白），即會加速其分解，YDHTF2能徵召RNase P/MRP核酸內切酶複合體與目標mRNA結合，使遭遇YDHTF2的mRNA容易被RNase P/MRP所分解，YDHTF2與RNase P/MRP之間的承接蛋白(adaptor protein)為熱反應蛋白12 (heat-responsive protein 12; HRSP12)。粒線體RNA處理核酸酶(mitochondrial RNA-processing RNase; MRP RNase)原先在粒線體中發現，不過隨後研究證實MRP RNase負責處理5.8S rRNA，RNase P則負責處理tRNA（參閱圖8-4），兩者組成的複合體能辨識並分解YTHDF2-m6A RNA。

　　真核細胞mRNA數量的動態平衡往往受到細胞外的因素所控制，運鐵蛋白受體(transferrin receptor; TfR) mRNA是被深入研究過的範例。TfR mRNA的3'尾端大致有700 nt長，具有五段富含AU的序列元素[AU-rich element (ARE); 5'-$(AUUUA)_n$-3']，由於此序列元素與鐵離子含量有關，故又稱為鐵反應元素(iron response element; IRE)，細胞內則有一種接合IRE的蛋白，稱為IRE接合蛋白(IRE-binding protein; IRE-BP)，當細胞內鐵離子濃度過低時，IRE-BP會接合在IRE上，干擾TfR mRNA的分解，使細胞內有足夠的TfR以輸入鐵離子；反之，如果細胞內有適量的鐵離子時，IRE-BP以不同的空間結構存在，此時IRE-BP無法接合在IRE上，使IRE發揮功能，促進 TfR mRNA的分解，使細胞內TfR數量減少，也減低鐵離子的輸入量（圖7-18）。

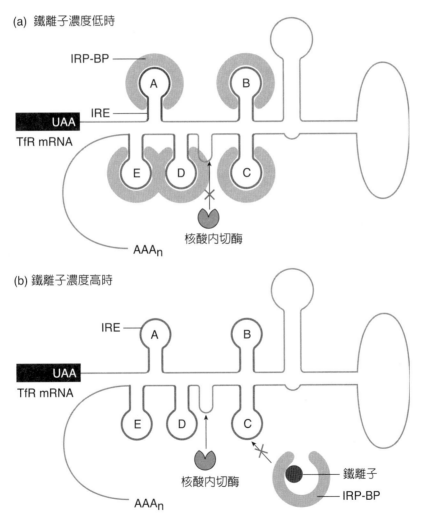

■ 圖7-18　細胞內鐵離子濃度對TfR mRNA穩定性的調節。(a)當細胞內鐵離子濃度過低時，IRE-BP會接合在IRE上，干擾TfR mRNA的分解，使細胞輸入足夠鐵離子；(b)當細胞內不缺鐵離子時，IRE-BP無法接合在IRE上，IRE即促進TfR mRNA的分解，減少細胞內TfR數量。

　　Clb2有絲分裂週期素(Clb2 a cyclin for cell cycle)的mRNA有特殊的分解機制。Clb2是一種有絲分裂的週期素(cyclin)，Clb2在有絲分裂末期需要被分解，細胞才能完成循環週期，進入另一個G1-S-G2-M週期。研究發現，如果一種位置專一性核酸內切酶(MPR RNA endonuclease)發生突變，則Clb2蛋白與週期素激酶(CDK)會聚集在有絲分裂末期，無法被分解，造成細胞週期延遲，酵母菌無法完成分裂，呈現啞鈴狀外型(dumbbell-shaped)的細胞核。推論RNase MRP與Clb2分解有密切相關。隨後研究發現，Clb2基因轉錄的mRNA，其5'–非轉譯區(5'-untranslated region; 5'-UTR)在有絲分裂末期會被RNase MRP核酸內切酶分解，失去5'–端帽的RNA，隨後會被Xrn1 5'→3'核酸內切酶(Xrn1 5'→3' endonuclease)所分解，mRNA被分解之後，Clb2蛋白的量跟著減少。

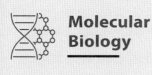
Molecular Biology

08
CHAPTER

轉譯－合成蛋白質

　　基因呈現其外表型(phenotype)的過程稱為表達(expression)。只有一段特殊序列的核苷酸是無法表達其遺傳訊息的，大多數編碼蛋白質的基因，必須先將其遺傳訊息轉錄到mRNA上，再由mRNA經由轉送RNA (transfer RNA; tRNA)及核糖體(ribosome)的協助，轉譯成含有特殊胺基酸序列的多肽鏈，一個有功能的蛋白分子可能僅由一條多肽鏈所構成，不過有不少蛋白質需要一條以上的多肽鏈，才能具備應有的功能，有的甚至需要與相同蛋白形成同質雙倍體(homodimer)，或與不同蛋白形成異質雙倍體(heterodimer)，細胞中由多種蛋白質組成複合體，以執行某特殊功能的現象也並不少見。可見從DNA核苷酸序列到完整表達其遺傳訊息，是個複雜的過程，剔除(knock-out)或失控(dysregulation)任何一個關節，都會影響基因表達，以及相關的細胞與組織功能，且經常成為某些疾病的危險因子與診斷因子。胺基酸序列是蛋白質的一級構造，轉譯工作必須將DNA→mRNA一路傳遞而來的遺傳訊息，忠實的「翻譯」成胺基酸序列。蛋白質的功能隱含在胺基酸的序列中，即所攜帶的胺基酸種類、數目與排列，決定了此蛋白質的大小、親水性或疏水性、外型、結構複雜度與功能。蛋白質還需要經過適當的摺疊(folding)與修飾(modification)，再轉送到特定的區位(localization)或區間(compartment)，才能正確的表達基因所攜帶的外表型。原核細胞由於沒有核膜的屏障，且為了配合很快的分裂速度（大腸桿菌可在每20~30分鐘分裂一次），mRNA的3'端還在進行轉錄，新合成的5'端已經開始附著核糖體，進行轉譯的工作，合成新的蛋白質。真核細胞則必須先轉錄合成與處理原型mRNA，再經由特殊轉送因子從細胞核輸出成熟mRNA到細胞質，細胞質中的mRNA才可用來合成蛋白質。真核細胞細胞質中的mRNA平均長度約為1,000~2,000 nts，5'-端的非轉錄區(5'-UTR)約在100 nts左右，含5'-端帽，隨後才是轉譯起始點，經過編碼區到轉譯終止訊號，終止訊號下游還有一段3'-端的非轉錄區(3'-UTR)，可長達1,000 nts以上，含100~200 nts長的聚腺苷尾端(poly(A) tail)，蛋白質編碼區的核苷酸數量依多肽鏈長度而定。

8-1 🔬 轉送RNA (tRNA)

🔍 ▉ 密碼子 (codon) 與反密碼子 (anticodon)

　　解析遺傳訊息與胺基酸之間的關係，是研究基因表現的關鍵課題。1950年代末期，分子生物學家已經證明每3個核苷酸決定一個胺基酸，故每3個核苷酸組成一個**密碼子** (codon)，密碼子構成核酸分子上的遺傳密碼。不過核苷酸序列如何與胺基酸的種類相對應，直到1960年代初期才由Marshall Nirenberg及Johann Matthei以人工合成的mRNA陸

續解讀了所有的密碼子。由A、U、C、G所構成的密碼子理論上應該有4×4×4＝64種，不過生命世界中的典型胺基酸只有20種，顯然並不契合。解讀了密碼子之後發現，大多數密碼子皆能與某一種胺基酸相對應（如表8-1），這種關係稱為**編碼**(coding)，只有三種密碼子不對應任何胺基酸，故稱之為**無意義密碼子**(nonsense codon)，分別是UAG、UAA、UGA。隨後又發現轉譯時若遭遇這三種密碼子，蛋白質的合成工作會立即終止或中斷，故又稱之為**終止碼**(stop codon)。與胺基酸相對應的密碼子之中，往往有數種密碼子同時對應一種胺基酸，如CUU、CUC、CUA、CUG同時編碼白胺酸 (Leu)，這四種密碼子稱為**同義碼**(synonym)，這種現象稱為密碼子的**弱化現象**(degeneracy)；而AUG只編碼甲硫胺酸 (Met)，不過大多數mRNA的轉譯皆從AUG開始，故AUG被稱為**啟始碼**(start codon)。

表8-1　密碼子的編碼表

5' 端	Second position				3' 端
	U	C	A	G	
U	Phe	Ser	Tyr	Cys	U
	Phe	Ser	Tyr	Cys	C
	Leu	Ser	**Stop**	**Stop**	A
	Leu	Ser	**Stop**	Trp	G
C	Leu	Pro	His	Arg	U
	Leu	Pro	His	Arg	C
	Leu	Pro	Gln	Arg	A
	Leu	Pro	Gln	Arg	G
A	Ile	Thr	Asn	Ser	U
	Ile	Thr	Asn	Ser	C
	Ile	Thr	Lys	Arg	A
	Met	Thr	Lys	Arg	G
G	Val	Ala	Asp	Gly	U
	Val	Ala	Asp	Gly	C
	Val	Ala	Glu	Gly	A
	Val	Ala	Glu	Gly	G

🔍 搖擺配對 (wobble pair)

在轉譯過程中，負責攜帶胺基酸且辨識mRNA上密碼子的分子是tRNA，tRNA分子中具有一段由3個核苷酸組成的模組，能與密碼子呈華生－克立克鹼基配對(Watson-Crick base pair)（A:U；C:G，mRNA轉錄過程中，U取代了T），這種關係稱為**互補**

(complementation)，而此tRNA上的模組稱為**反密碼子**(anticodon)。不過兩者仍然遵循雙股DNA的互補規則，即密碼子的5' → 3'方向與反密碼子相反，如：

密碼子

mRNA　5'－－**CAG**－－3'

tRNA　3'－－**GUC**－－5'

反密碼子

　　理論上，61種密碼子應該要有61種tRNA，攜帶61種反密碼子，基於密碼子的弱化現象，應該會有兩種或兩種以上的tRNA攜帶相同的胺基酸，這組攜帶相同胺基酸的tRNA稱為同功tRNA (isoaccepting tRNA)。不過是否需要61種tRNA，攜帶61種反密碼子？答案是否定的。當反密碼子在辨識密碼子時，mRNA的第1核苷酸及第2核苷酸對於此反密碼子的互補作用相對穩定，第3核苷酸的互補狀態則較不穩定；換言之，tRNA反密碼子第1核苷酸與mRNA密碼子的第3位核苷酸對應時，可能不必謹守華生—克立克配對原理，這種現象稱為**搖擺配對**(wobble pair)（表8-2），其實這個假設是克立克自己於1966年提出來的，搖擺配對產生的**Two out of Three法則**(Two out of Three rule)，是導致密碼子弱化現象的主要原因。

　　如攜帶某種胺基酸的tRNA，反密碼子第1核苷酸鹼基為肌核苷(inosine; I)（如IAG），則此tRNA就能辨識U 或 C 或 A，故mRNA密碼子第3核苷酸鹼基為U 或 C 或 A 的密碼子（如CUU、CUC、CUA），就會編碼同一種胺基酸。

　　由近年來不同基因體數據庫分析顯示，人類的基因體有610個tRNA基因，不過依照tRNA基因轉錄的RNA，考量其可能的分子內潛在配對與化學鍵，能構成類似tRNA二級(2D)結構的基因只有423個，而其中只有264種tRNA基因序列，顯然某些tRNA基因有一個以上的拷貝。此基因體分析結果也顯示，有功能的tRNA遠超過61種反密碼子，可見搖擺配對只影響反密碼子與密碼子的相對量，不影響反密碼以外的核苷酸序列，即不同tRNA序列可能有相同的反密碼子，如將反密碼子看作是解碼者，則這些具有相同反密碼子但核苷酸序列不盡相同的tRNA可稱為同解碼者tRNA (isodecoder tRNA)。

表8-2　反密碼子與密碼子的搖擺配對

tRNA上反密碼子第1核苷酸鹼基	mRNA密碼子的第3核苷酸鹼基
C	G
A	U
U	A 或 G
G	C 或 U
I	U 或 C 或 A

tRNA 的結構

tRNA為具有特殊2D及3D結構的RNA分子（圖8-1），具有兩種功能：(1)以其3'端連結特定的胺基酸；(2)以其反密碼子辨識mRNA上的編碼。平均一個tRNA分子含有70~80個核苷酸，其2D結構（圖8-1a）有四區呈現分子內互補結構，也因此產生了三個套環，由接近tRNA 5'端的結構**D環**(D-loop tRNA structure)起，依序為**反密碼子環**(anti-codon loop)及**TΨCG環**(TΨCG loop)。如果以3D結構來看（圖8-1b），tRNA分子呈近似L形的結構，L形一端為反密碼子環，負責辨識密碼子；另一端則連結胺基酸，此端含tRNA的5'端與3'端，稱之為**接受柄**(acceptor stem)。

1. D環：因為含有尿嘧啶衍生物二氫尿苷(dihydrouridine; D)而得名（圖8-2），不同種類的tRNA含有不同數量的二氫尿苷。

2. 反密碼子環：含有反密碼子，其核苷酸鹼基也常用核苷酸的衍生物，如腺嘌呤的衍生物－肌核苷(inosine; I)等（圖8-2）等。

3. TΨCG環：因為含有尿嘧啶衍生物－偽尿嘧啶(pseudouridine; Ψ)（圖8-2）而得名。此段序列原先是UUCG，不過第1個鹼基甲基化為T，第2個鹼基重整為偽尿嘧啶(Ψ)。

所有tRNA分子皆在TΨCG環的5'端含有**額外環**(extra arm)，額外環的長短不一，大致分為兩類：第一類tRNA，額外環的長度較短小，在3~5個核苷酸之間，占約75%；第二類tRNA，額外環的長度較長，約在13~21個核苷酸之間，約占25%。

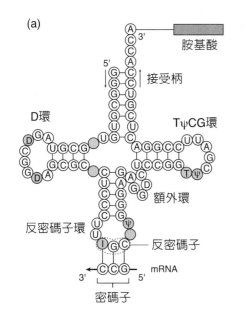

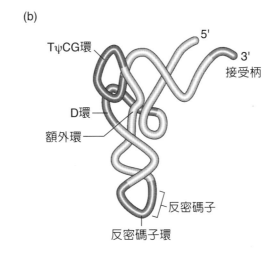

■ 圖8-1　tRNA的分子結構。(a)圖為二次結構，有四區互補結構，產生三個套環；(b)圖為3D的L型結構。

(a)正常鹼基

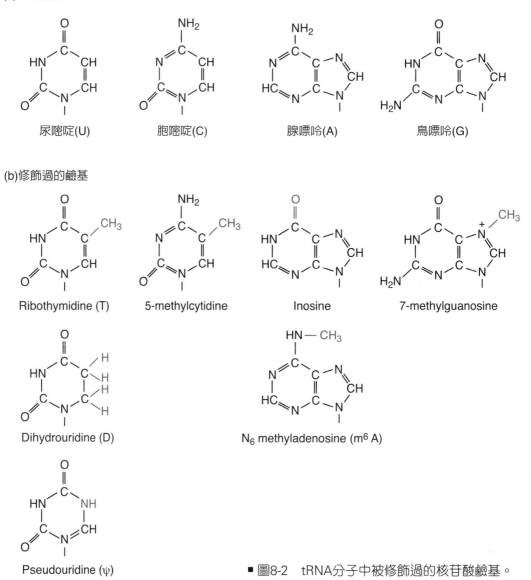

尿嘧啶(U)　　　　胞嘧啶(C)　　　　腺嘌呤(A)　　　　鳥嘌呤(G)

(b)修飾過的鹼基

Ribothymidine (T)　　5-methylcytidine　　Inosine　　7-methylguanosine

Dihydrouridine (D)　　N₆ methyladenosine (m⁶ A)

Pseudouridine (ψ)　　　■ 圖8-2　tRNA分子中被修飾過的核苷酸鹼基。

　　tRNA以其攜帶的胺基酸命名，如攜帶麩胺酸(glutamine)的tRNA稱為tRNA^{glu}；攜帶絲胺酸(serine)的tRNA稱為tRNA^{ser}。此外，原核細胞中辨識轉譯啟始碼AUG的tRNA攜帶特殊的N–甲醯甲硫胺酸(N-formyl-methionine; fMet)（圖8-3），故稱為tRNA$_f^{Met}$；真核細胞中辨識轉譯啟始碼AUG的tRNA攜帶甲硫胺酸 (Met)，故稱為tRNA$_i^{Met}$。

🔍 ◗ tRNA 的修飾及剪接機制

　　以酵母菌細胞為例，基因體含有272個類似有功能的tRNA基因，其中只有53種tRNA基因序列，顯然與人類tRNA類似，某些tRNA基因有一個以上的拷貝，以線狀DNA的角度而言，這些基因散布在16條染色體中；以實際分布的區位而言，tRNA及參與修飾

tRNA的酵素基因，皆位在核仁涵蓋的區域內。tRNA基因的轉錄由RNA聚合酶III負責，合成的RNA稱為原型tRNA (pre-tRNA)，因為此RNA分子還需要經過處理，才能成為有功能的tRNA。pre-tRNA的處理包括數種反應，即修剪5'端及3'端多出來的片段、剪接插入子(intron)及修飾某些核苷酸的鹼基（圖8-4）等。

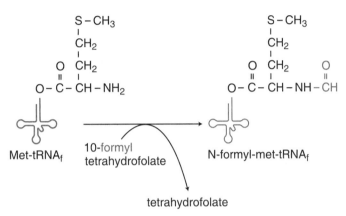

■ 圖8-3　原核細胞辨識轉譯啟始碼AUG的tRNA攜帶特殊的N–甲醯甲硫胺酸(fMet)，故稱為tRNA$_f$^{Met}。tRNA$_f$^{Met}先與甲硫胺酸連結之後，甲硫胺酸才被甲醯化(N-formylated)。甲醯化使新合成的第一個N端胺基酸的胺基不再與其他分子產生化學反應。

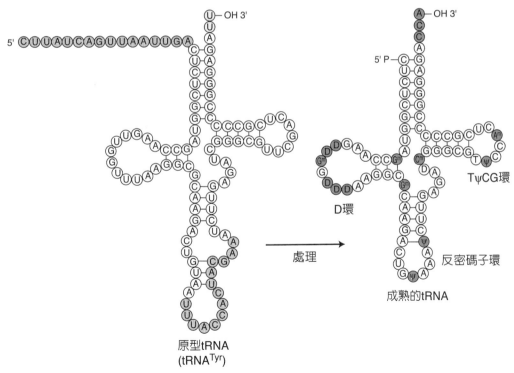

■ 圖8-4　pre-tRNA。由RNA聚合酶III轉錄的RNA稱為pre-tRNA，pre-tRNA含有待修剪的5'端（藍色）及3'端（淺藍色）片段、待剪接的插入子（灰）；待修飾的核苷酸鹼基（深藍色）及3'端加入的CCA（深灰色）。

切除 5' 端與 3' 端片段

pre-tRNA的5'端比成熟的tRNA多出十多個核苷酸，負責切除此片段的酵素為**核糖核酸內切酶P** (RNase P)，RNase P是一種很特殊的酵素，是典型的**核糖核酸蛋白** (ribonucleoprotein; RNP)，以大腸桿菌的RNase P而言，含有一條14 KDa的多肽鏈及一條長度377 nt的RNA，稱為M1 RNA。在高Mg^{2+}濃度的溶液中（約20~50 mM），M1 RNA本身就具有核酸內切酶的活性，可見M1 RNA是一種RNA酵素(ribozyme)；在低Mg^{2+}濃度的溶液中（約5~10 mM），M1 RNA需要有蛋白質次單元的存在，才能發揮核酸內切酶的活性，顯然為了維持酵素活性，M1 RNA需要有特殊的3D結構。

pre-tRNA的3'-端也需要核酸內切酶加以修剪，主要由於RNA Pol III轉錄tRNA終止前，會合成一段長短不等的聚尿嘧啶(poly U)尾端，由於RNA pol III的次單元C11具有核酸外切酶活性，故pol III會裁剪過長的poly U尾端，不過當護送子(chaperon)蛋白La (La protein)以其RNA辨識模組接在poly U上時，即穩定tRNA之3'-端，且使其免於繼續被核酸外切酶所分解，La蛋白的接合也說明了為何原型tRNA皆從5'-端處理後，再輪到3'-端。能處理3'-端的酵素包括演化上高度保留的RNase Z核酸內切酶，以及Rex1p核酸外切酶，在La的保護下，RNase Z核酸內切酶會優先切割3'-端多餘的序列，而Rex1p會與La蛋白競爭接合poly U尾端，如果RNase Z未能完成修剪工作，Rex1p會負責善後。修剪之後，tRNA3'-端在特殊的tRNA核苷酸轉移酶(tRNA nucleotidyl transferase)催化之下，接上5'-CCA-3'等三個核苷酸，故tRNA分子的3'端皆為CCA-3'（見圖8-1），CCA-3'負責連結合成蛋白的胺基酸。另一種與3'-端處理有關的護送子(chaperon)是Lsm蛋白，Lsm2p-8p複合體涉及U6 snRNA及原型tRNA的代謝，具體機制尚需進一步研究。

剪接插入子

粒線體及葉綠體內的pre-tRNA具有第二群插入子（見第7章），能自我剪接；不過真核細胞之細胞核產生的pre-tRNA，需要多種酵素的參與才能完成剪接的工作（圖8-5）：

1. **步驟一**：插入子由tRNA剪接核酸內切酶(tRNA splicing endonuclease)直接切除，切除之後殘留游離的5'端及3'端。負責此切除工作的tRNA核酸內切酶由4種次單元所構成，分別為Sen 2、Sen 15、Sen34及Sen 54，Sen 54依據D環與反密碼子環間的保守距離，確認切除的位置與長度，Sen 34切除3'端，而Sen 2則負責切除5'端（圖8-6）。

2. **步驟二**：殘留的5'端-OH根以GTP為受質，在聚核糖核酸5'-氫氧化激酶(polyribinucleotide 5'-hydroxyl kinase; CLP1)的催化下磷酸化，tRNA接合酶(tRNA ligase)隨後從ATP取得單磷酸腺苷，再將其轉移到磷酸化的5'端，此時的5'端已經具備有核酸接合所需的能量。

3. **步驟三**：殘留的3'端磷酸根經過2', 3'-環苷的過渡結構，再將磷酸根轉移到2'位置上，使3'端帶OH根，準備與5'端反應。

4. **步驟四**：由tRNA接合酶主導，兩個游離端終於銜接起來，最後由磷酸轉移酶(2'-phospho-transferase)移除2'位的磷酸根，完成tRNA插入子的剪接工作。

此處的tRNA接合酶歸屬於特殊的RNA接合酶家族，稱為RTCB接合酶家族，最先在原核細胞中發現RtcB蛋白是一種環境壓力下表達的基因產物(stress response protein)，參與修補因壓力損傷的RNA，後來發現這一家族的蛋白從原核到真核高等生物細胞中被高度保留，能封住具有2', 3'-環苷與5'-OH端的RNA缺口，人類的RTCB接合酶是個分子量228 KDa的異質五倍複合體(hetero-pentameric complex)。

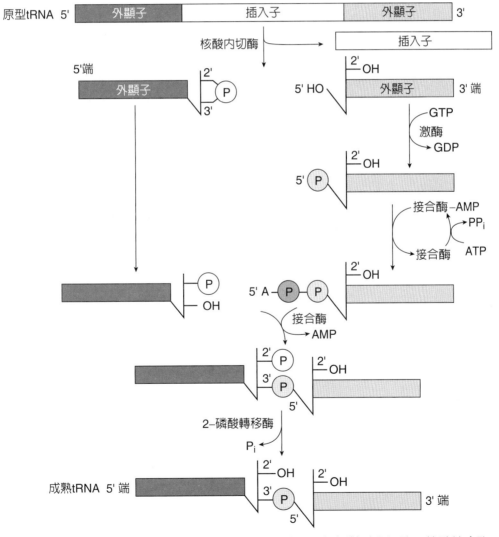

■ 圖8-5　真核細胞pre-tRNA插入子的剪接程序。剪接程序需要包括核酸內切酶、核酸接合酶、磷酸轉移酶等多種酵素的參與，還需要GTP及ATP等提供能量。

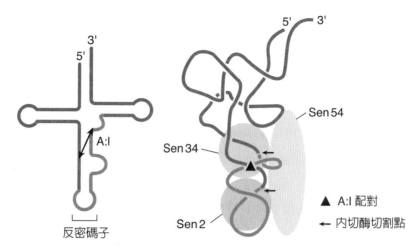

■ 圖8-6　切除pre-tRNA插入子的核酸內切酶作用機制。Sen 54確認切除的位置與長度，Sen 34切除3′端，而Sen 2則負責切除5′端。

8-2　胺基酸乙醯tRNA (aminoacyl tRNA; aa-tRNA)

　　從某種角度來看，tRNA本身只是一個裝載工具，裝著胺基酸到達適當的位置，參與蛋白質的合成工作，故分子生物學家習慣將未結合胺基酸的tRNA稱為無任務的tRNA或空載tRNA (uncharged tRNA)，而以酯鍵(ester bond)與胺基酸結合的tRNA分子稱為胺基酸乙醯tRNA (aminoacyl tRNA)。原核細胞及真核細胞中的胺基酸乙醯tRNA，分別來自20種胺基酸與其專屬的tRNA以共價鍵結合，可見合成胺基酸乙醯tRNA的酵素也需要有辨識特殊胺基酸與tRNA的能力，負責這一階段工作的酵素稱為胺基酸乙醯tRNA合成酶(aminoacyl tRNA synthetase; aaRS)。高等生物蛋白質使用的胺基酸有22種，除了20種典型的胺基酸之外，還加上phosphoserine (Sep)及pyrrolysine (Pyl)等由絲胺酸(serine)與離胺酸(lysine)衍生而來的胺基酸。aaRS分別協助胺基酸與特定的tRNA結合。人類基因體有37個基因編碼aaRS，因為17種粒線體特有的aaRS酵素，也來自17個細胞核中的*aaRS*基因，加上18種細胞質中含有的aaRS酵素，來自18個基因，不過麩醯胺酸aaRS (GlnRS)及脯胺酸aaRS (ProRS)來自同個基因，產生GlnRS-ProRS融合蛋白，而苯丙胺酸aaRS兩個次單元分別來自兩個基因(*PheRS-a/PheRS-b*)，故18種aaRS仍然來自18個*aaRS*基因，催化合成18種胺基酸乙醯tRNA，2個基因產生的aaRS（*GlyRS*及*LysRS*）是細胞質與粒線體皆能使用的aaRS，滿足20種細胞質中典型胺基酸的需求。細胞質中LysRS有兩種，再加上phosphoserine (Sep)及pyrrolysine (Pyl)的aaRS，總共有23種aaRS。

胺基酸乙醯 tRNA 的合成

　　aaRS首先辨識專屬的胺基酸及tRNA，使兩者分別接合在催化位及tRNA接合區上，催化位上的另一個位置則接合1分子的ATP，ATP是整個反應的能量供應者（圖8-7）；隨後催化兩步驟的合成反應（圖8-8）：

1. **步驟一**：胺基酸的COOH根與ATP反應，由碳原子接觸ATP的α-磷酸根，取代了接在α-磷酸根上的雙磷酸(pyrophosphate)，產生aminoacyl-AMP，這是典型的線狀排列取代反應機制(line displacement reaction)。

$$\text{Amino acid} + \text{ATP} \rightarrow \text{Aminoacyl- AMP} + 2\ P_i$$

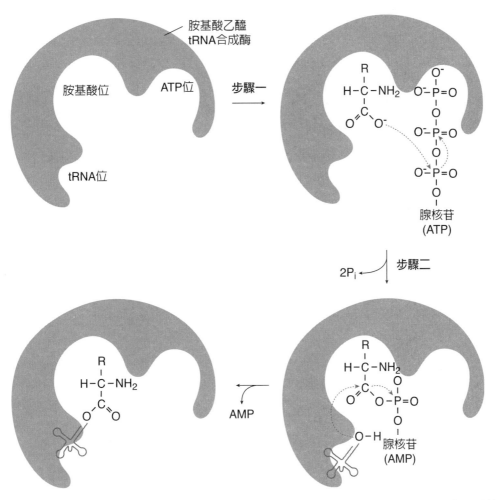

■ 圖8-7　胺基酸乙醯tRNA合成酶的作用機制。首先辨識專屬的胺基酸及tRNA，使兩者分別接合在催化位及tRNA接合區上，催化位上的另一個位置則接合1分子的ATP，ATP是整個反應的能量供應者。

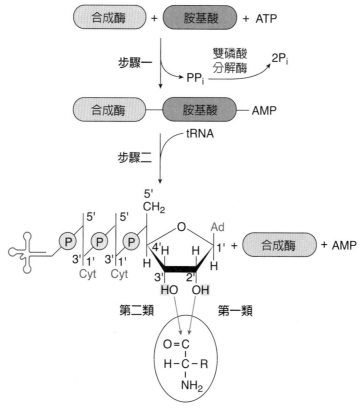

■ 圖8-8　胺基酸乙醯tRNA合成酶催化兩步驟的合成反應。胺基酸的COOH根與ATP反應，產生 aminoacyl-AMP；aminoacyl-AMP與tRNA 3' 端核糖的2' 位或3' 位的OH根反應，產生一個典型的酯鍵。

2. **步驟二**：aminoacyl-AMP與tRNA 3'端腺苷核糖的2'位或3'位的OH根反應，由氧原子接觸胺基酸COOH根的碳原子，取代了AMP，使胺基酸與tRNA之間產生一個典型的酯鍵，整個產物稱為胺基酸乙醯tRNA，胺基酸與tRNA之間的酯鍵是高能鍵，此能量將協助隨後肽鍵(peptide bond)的形成。

$$Aminoacyl\text{-}AMP + tRNA \rightarrow aminoacyl\text{-}tRNA + AMP$$

🔍 ▶ 胺基酸乙醯 tRNA 合成酶 (aminoacyl tRNA synthetase; aaRS)

　　由上述之合成過程可知，aaRS具有多重功能，即aaRS分子中含有多個功能區 (domain)。依據23種aaRS的結構與專一性，大致可分為兩種類型：

1. 第一類aaRS包含有11種，其專一性分別針對methionine (Met; M)、valine (Val; V)、 isoleucine (Ile; I)、leucine (Leu; L)、cysteine (Cys; C)、glutamic acid (Glu; E)、 glutamine (Gln; Q)、arginine (Arg; R)、tryptophan (Trp; W)、tyrosine (Tyr; Y)等

10種胺基酸，隨後科學家在古菌(Archaea)與某些細菌細胞中分離出合成Lysyl-tRNA的aaRS，發現屬於第一類aaRS；第一類aaRS結構上為單倍體，只有TyrRS (tyrosine aaRS)及TrpRS (tryptophane aaRS)為同質雙倍體，單倍體多肽鏈可依據功能主要分為催化區（胺基酸及ATP接合區）、tRNA分子接受柄接合區、反密碼子接合區，功能區的排列順序由N-端區→催化區→反密碼子接合區→C-端區（圖8-9a），催化區中包含了tRNA分子接受柄接合區及ATP接合區，MetRS的N-端還含有一段具glutathione S-transferase (GST)酵素活性。第一類aaRS的ATP接合區含五個胺基酸(KMSKS)組成的模組(motif)及四個胺基酸(HIGH)組成的模組，這兩種模組在物種演化過程中被高度保留，顯見其重要性。催化區3D結構含有5個平行β板(parallel β-sheets)，稱為Rossman折疊(Rossman fold)，接上tRNA接受柄類雙股結構的副凹溝(minor groove)。第一類aaRS催化胺基酸與tRNA3'-端腺苷核糖的2'-OH形成胺基酸乙醯鏈（圖8-8）。

2. 第二類aaRS有12種，其專一性分別針對alanine (Ala; A)、histidine (His; H)、proline (Pro; P)、threonine (Thr; T)、serine (Ser; S)、glycine (Gly; G)、phenylalanine (Phe; F)、aspartic acid (Asp; D)、asparagine (Asn; N)；真核細胞與大多數細菌細胞中的lysine-tRNA之aaRS屬於第二類，加上phosphoserine及pyrrolysine等兩種胺基酸衍生物。第二類aaRS結構上為同質雙倍體、同質四倍體或異質四倍體，只有丙胺酸alanine aaRS是單倍體，結構上多肽鏈可依據功能分為4個功能區，分別含催化區（胺基酸及ATP接合區）、tRNA分子接受柄接合區及反密碼子接合區，大多數第二類aaRS功能區的排列也是由N-端區→催化區→反密碼子接合區→C-端區（圖8-9a），催化區中包含了tRNA分子接受柄接合區及ATP接合區。不過AspRS、AsnRS、LysRS的反密碼子接合區接近N-端，即N-端區→反密碼子接合區→催化區→C-端區（圖8-9b）。第二類aaRS的ATP接合區含有三種功能類似的模組，分別稱為motif 1、motif 2及motif 3，motif 1與另一分子的aaRS形成雙倍體，motif 2及motif 3分別接合ATP及胺基酸。催化區3D結構含有7個平行β板(parallel β-sheets)，接上tRNA接受柄類雙股結構的主凹

(a)第一類及部分第二類aaRS功能區排列

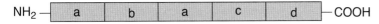

NH₂ ─ a │ b │ a │ c │ d ─ COOH

(b)AsnRS, AspRS, LysRS功能區排列

NH₂ ─ c │ a │ b │ a ─ COOH

a＝催化位（胺基酸及ATP接合位）　　c＝反密碼子接合位
b＝接受柄接合位　　　　　　　　　d＝寡多倍體接合位

■ 圖8-9　兩種胺基酸乙醯tRNA合成酶的功能區排列方式。

溝(major groove)。第二類aaRS催化胺基酸與tRNA 3'-端CCA以共價鍵結合，胺基酸的-COOH與腺苷核糖之3'-OH形成胺基酸乙醯鍵（圖8-8）。

到底何種機制使aaRS對胺基酸與tRNA具有如此高的專一性？一般而言，aaRS對tRNA分子接受柄接合區與反密碼子接合區皆有辨識功能，如果是非專屬的tRNA進入接合區，其親和力相對的低，使兩者之分離速率大於結合速率，使胺基酸乙醯反應來不及進行；此外，合成催化位的大小也是關鍵，如果胺基酸太大，則無法進入催化位，如果胺基酸太小，則進入後會很快的被水解。在人類及其他哺乳類細胞的細胞質內，有九種aaRS聚集成一個分子量很大的複合體，稱為tRNA多重合成酶複合體(tRNA multi-synthetase complex; MSC)，MSC還需要三種非酵素蛋白加入(p43, p38 and p18)，MSC的形成可能是為了加速胺基酸乙醯tRNA的合成，以利轉譯的進行。

8-3 核糖體

核糖體可視為合成蛋白質的機器，本身不是胞器，而是個由核糖核酸與蛋白質組成的大型核糖核酸蛋白複合體(ribonucleoprotein complex)，在高倍電子顯微鏡之下可明顯的看到粗糙型內質網膜上的核糖體。不論是真核或原核細胞，核糖體皆由兩種次單元所構成，不過大小差異很大。

核糖體結構與組成分子

原核細胞核糖體

原核細胞中的核糖體總沉降係數為70S，故稱為70S核糖體(70S ribosome)（圖8-10），總分子量約2.3 MDa（百萬道爾頓）。核糖小次單元(ribosomal small subunit)的總分子量為0.85~0.93 MDa左右，沉降係數為30S（S代表沉澱係數單位；Svedberg unit）（參閱圖2-15），故稱為30S核糖體(30S ribosomal subunit)，含有一條核糖體RNA (ribosomal RNA; rRNA)，沉降係數為16S，總長度約為1,542 nt；此外含有21種蛋白質。1970年Kaldschmidt及Wittman等人以2D電泳技術，將此21種核糖體蛋白(ribosomal protein)分開來，分別命名為S1、S2…S21；小次單元負責辨識並接合mRNA，啟動整個轉譯反應。

核糖體大次單元(ribosomal large subunit)的總分子量為1.45~1.59 MDa左右，沉降係數為50S，故稱為50S核糖體(50S ribosomal subunit)，含有兩條rRNA，較長者沉降係數為23S，總長度約為2,904 nt，較短者沉降係數為5S，總長度約為120 nt。Kaldschmidt及Wittman等人的2D電泳圖譜看到33種，將此33種核糖體蛋白分別命名為L1、L2…L33

（當時只命名到L33）；大次單元負責接合胺基酸乙醯tRNA，且執行整個轉錄反應的步驟，包括啟始期(initiation)、延伸期(elongation)與終止期(termination)。

▌真核細胞的核糖體

　　真核細胞中的核糖體某些在細胞質中，某些附著在粗糙型內質網上，總沉降係數為80S，故稱為80S核糖體(80S ribosome)（圖8-10）（酵母菌細胞的核糖體為78S核糖體(78S ribosome)），總分子量約4.5 MDa。小次單元沉降係數為40S，故稱為40S核糖體次單元(40S ribosomal subunit)，總分子量約1.4 MDa，含有一條rRNA，沉降係數為18S，此外含有33種蛋白質。大次單元的沉降係數為60S，故稱為60S核糖體次單元(60S

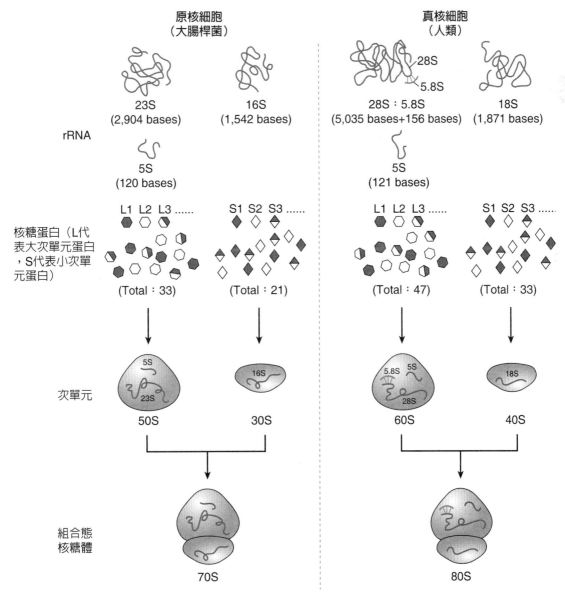

■ 圖8-10　原核細胞與真核細胞核糖體的次單元結構。

ribosomal subunit)，總分子量約2.8 MDa，含有3條rRNA，分別為28S、5.8S及5S，總分子量分別約為1.4、0.5及0.4 MDa（酵母菌的大次單元含25S、5.8S及5S）；此外含有47種蛋白質（酵母菌的大次單元含46種蛋白質）。 物種之間rRNA的長短差異很大（表8-3），不過在功能與成熟過程上皆很相似。核糖體蛋白的演化保留性很高，酵母菌80S核糖體總共含79個核糖蛋白，其中有67種在細菌或古菌(Archaea)細胞中可找到直屬同源蛋白，只有12種核糖體蛋白是酵母菌特有的；包括無脊椎動物與脊椎動物（含人類）細胞的80S核糖體總共含80個核糖體蛋白，比酵母菌多一個L28（或稱eL28），且有13種核糖體蛋白是特有的。每個核糖體蛋白各有其功能，如uS7/eS7協助mRNA及tRNA進入核糖體E位；eS12協助tRNA在A位解讀mRNA上的編碼；eL27能協助tRNA接合在核糖體上；eL37能接合23S rRNA。

表8-3　真核細胞rRNA的大小與長度

物 種	小次單元	大次單元			
	18S	25S	28S	5.8S	5S
釀酒酵母菌 *Saccharomyces cerevisiae*	1,798 nt	3,392 nt	—	158 nt	118 nt
錐形蟲（無脊椎動物） *Trypanosome cruzi*	2,315 nt	—	4,151 nt	172 nt	110 nt
人類（脊椎動物） *Homo sapiens*	1,871 nt	—	5,035 nt	156 nt	121 nt

▶ **延伸學習**　　　　　　　　　　　　　　　Extended Learning

核糖體蛋白的統一命名

　　有鑑於從細菌或古菌等原核細胞生物到真核細胞生物，核糖體蛋白有高同質性，卻又分別以自己的系統命名，造成混淆與重疊性，2012年由Strasbourg 的研究團隊提議，將不同物種的核糖體蛋白統一命名，經過 2013年的一次學術研討會中取得共識後，由Nenad Ban等人整理發表一套核糖體蛋白新命名系統，以 "u" 代表跨物種（細菌、古菌、真核生物）皆有同質性蛋白(universal)；"b" 代表細菌特有的核糖體蛋白(bacteria)；"a" 代表古菌特有的核糖體蛋白(archaea)；"e" 代表真核細胞特有的核糖體蛋白(eukaryotic cells)，如果想區分細胞質(cytoplasm)與粒線體(mitochondria)的核糖體蛋白，則以 "c" 及 "m" 做區分。例如uS10是小次單元第10號核糖體蛋白（在真核細胞中原名是S20），跨物種之間皆有同質性；而eS10是真核細胞特有的小次單元第10號核糖體蛋白（在真核細胞中原名是S10）；bL27是細菌特有的大次單元第27號核糖體蛋白（在原核細胞中原名是L27）；而eL27是真核細胞特有的大次單元第27號核糖體蛋白（在真核細胞中原名也是L27）。

rRNA 的合成與處理

　　原核細胞的rRNA基因鹼基對數目與其核糖體中的rRNA長度大約相同，如大腸桿菌的基因體中，16S、23S及5S的基因分別含有1,554 bp、2,914 bp及124 bp，可見原核細胞rRNA基因轉錄為rRNA之後，隨即用來組合成核糖體，不作進一步修飾。核糖體的組合涉及rRNA與核糖體蛋白的聚合，而數十種蛋白質的聚合有一定的先後程序，或稱協同結合反應，即先期核糖體蛋白與rRNA組合的先期核酸蛋白複合體，會對後續加入之蛋白增加親和力，如依據Held等人在1974年發表的研究顯示，30S次單元的21種蛋白質組合過程中，S4與S8為先期組合蛋白，隨後增加S20對rRNA S4/S8複合體的親和力，S8及S20同樣增加S7對16S rRNA的親和力；S4與S20則促進S16與rRNA－蛋白複合體的親和力，這種現象使每個核糖體蛋白在30S次單元中組合過程依序加入，使每個核糖體蛋白有其特殊位置（圖8-11），而不是任意堆砌。

　　真核細胞的核糖體次單元在核仁區進行組合，接近成熟的次單元經過特殊機制通過核孔，轉送到細胞質中，兩種次單元再組合成完整的核糖體。rRNA基因呈多次成排重複存在於基因體中，含有4種rRNA基因，18S、28S、5.8S基因群類似細菌的操縱組，由RNA聚合酶I負責轉錄成一條比成熟rRNA長的47S原型rRNA (pre-rRNA)，再於核仁區剪裁為三條成熟的rRNA，隨後才能與一系列核糖體蛋白組合；鄰近的5S基因則由RNA

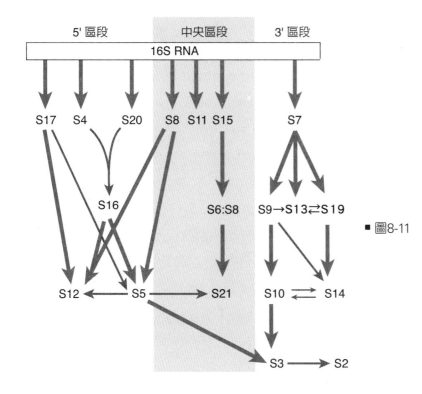

■ 圖8-11　30S次單元與21種蛋白質組合的先後順序。如S4與S20結合之後，再結合S16；S4/S20/S16複合體再接上S5，S4/S20/S16/S5再接上S12；或S4/S20/S16直接結合S12/S17複合體。

聚合酶III負責轉錄成原型5S rRNA，原型5S rRNA也需經過剪裁，再加入大次單元的組合。以酵母菌而言，一個rRNA基因重複單元長度有9.1 kb，而經過剪裁後的4種rRNA總長度才五千多個核苷酸。圖8-12以酵母菌細胞為例，說明合成rRNA及組合成核糖體的詳細過程，酵母菌的pre-rRNA較多細胞生物的pre-tRNA小，只有35S，且大次單元所含的rRNA為5S、25S、5.8S，不過新合成核糖體的程序是與其他真核細胞物種相同的。

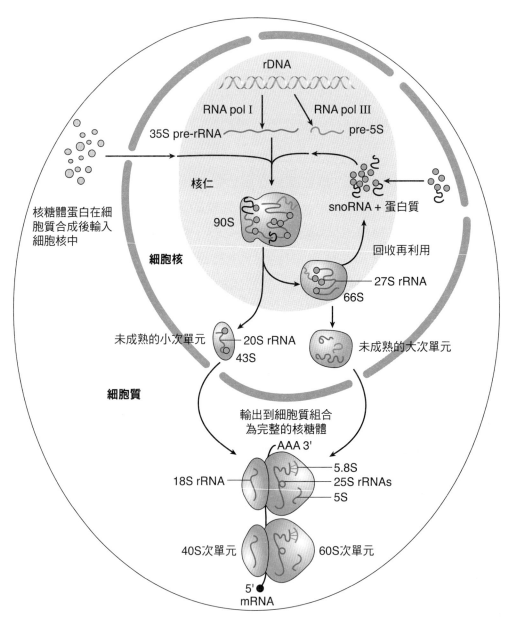

■ 圖8-12　真核細胞核糖體次單元組合的程序（**以酵母菌細胞為例**）。真核細胞的核糖體次單元在核仁區進行組合，接近成熟的次單元經過特殊機制通過核孔，轉送到細胞質中，兩種次單元再組合成完整的核糖體。

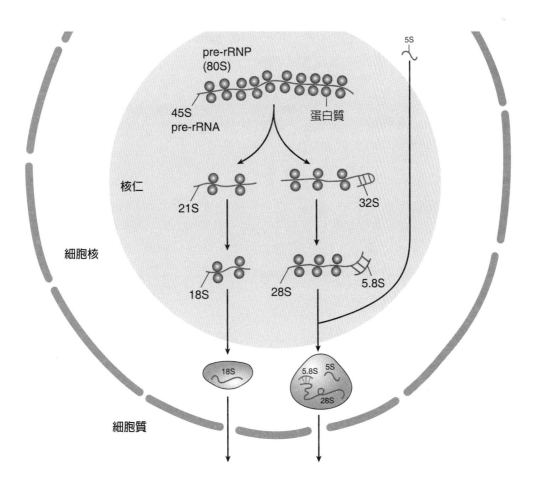

■ 圖8-13　人類細胞由RNA聚合酶I轉錄的pre-rRNA切割成18S、28S、5.8S rRNA的流程。5S由RNA聚合酶III轉錄。

　　以大多數真核細胞而言（包括人類細胞），rRNA基因轉錄產生的原型rRNA主要是45S pre-rRNA（酵母菌pre-rRNA則只有35S），整個pre-rRNA從染色體釋出並轉送至核仁之後，就有多種**小核仁RNA** (small nucleolar RNA; snoRNA)參與剪裁及修飾的工作；此外，還需要超過100種以上的蛋白質因子輔助。如多種C/D-box snoRNP家族(C/D-box snoRNA family)的snoRNA與協同蛋白組成的核糖核酸蛋白複合體U3 snoRNP，負責pre-rRNA 5'端的剪裁工作，並切出一段21S的pre-rRNA（酵母菌為20S），21S pre-rRNA已經能夠與核糖體蛋白組合成原型核糖體小次單元，並被轉送至細胞質中。此21S pre-rRNA的3'端再經過小幅剪裁後，產生18S rRNA，完成40S小次單元的修飾與組裝工作（圖8-13）。另一段約32S（酵母菌為27S）的pre-rRNA則由snoRNA加以修飾與剪裁，處理工作的最後產生5.8S rRNA及28S rRNA（酵母菌為25S）的成熟rRNA，此時成熟rRNA加上由RNA聚合酶III轉錄的5S rRNA，以及多種核糖體蛋白，形成原型核糖體大次

單元，被轉送至細胞質中。原型大次單元的核糖體蛋白在細胞質中進行最後的組合與交換，完成60S大次單元的修飾與組裝工作（圖8-13）。

延伸學習
Extended Learning

rRNA 的修飾

多種H/ACA-box snoRNP家族（H/ACA-box snoRNP family；如Cbf5p；涉及對rRNA鹼基的修飾）與RNase MRP家族(RNase MRP snoRNP family)的snoRNP參與多次的切割與修飾，例如H/ACA-box家族之snoRNP就涉及將多處尿嘧啶修飾為偽尿嘧啶(Ψ)，而RNase MRP家族的snoRNP則具有核酸內切酶活性，負責剪裁工作；此外處理過程中還需要多種ATP–依賴型RNA解旋酶（如Dbp4p、Dbp10p等）的協助，解除RNA的二級結構，以利處理工作的進行。Thomas Cechz發現某些原生生物如眼原蟲（*Tetrahymena thermophila*；一種鞭毛蟲）的rRNA，自身具有含內切酶活性的第一群插入子(group I introns)，能進行自我修剪的工作。

延伸學習
Extended Learning

核糖體蛋白操縱組及其自我調控

原核細胞的核糖體蛋白具有一套自我調控的機制。核糖體蛋白基因大多以操縱組的方式存在，而每一種操縱組皆受到其中一種核糖體蛋白的調控，以*str*操縱組(*str* operon)為例，S7蛋白為**調控因子**，由於S7對自己的mRNA具有一定的親和力，*str*操縱組轉錄的mRNA會與16S rRNA競爭S7，當S7蛋白的量過多時，過多的S7蛋白會開始接合在自身的mRNA上，干擾mRNA的轉譯，使S7、S12等*str*操縱組中的基因表現受到抑制，因而產生自我調控的效果（表8-4）。

表8-4　核糖體蛋白操縱組及其自我調控之調控子

操縱組	構造基因	調控子
str	包括S12、S7、EF-G、EF-Tu等4種蛋白之基因	S7
spc	包括L14、L24、L5、L14、L8、L6、L18、S5、L30、L15、X、Y等12種蛋白之基因	S8
S10	包括S10、L3、L2、L4、L23、S19、L22、S3、S17、L16、L29等11種蛋白之基因	L4
α	包括S13、S11、S4、α（RNA聚合酶次單元）、L17等5種蛋白之基因	S4
rif	包括 L11、L1等2種蛋白之基因	L1
L11	包括L10、L7、β、β′（RNA聚合酶次單元）等4種蛋白之基因	L7

8-4 轉 譯

　　大致瞭解胺基酸乙醯tRNA及核糖體的結構之後，應該可以開始描述轉譯的程序了。原核細胞的轉譯(translation)較為簡單、快捷，為了適應細菌細胞快速的分裂步調以及新生細胞蛋白質的需求，往往在mRNA 3'端尚未完成轉譯時，其5'端就開始附著核糖體及胺基酸乙醯tRNA，進行蛋白質的合成工作。而真核細胞的轉錄與轉譯以核膜區隔開來，不可能同時進行，mRNA需要經由特殊機制「輸出」到細胞質中（詳見第七章RNA的輸出機制），且轉譯相關因子的活化也受到較複雜的調控。

原核細胞轉譯啟始複合體

　　轉譯的啟始必須在時間與空間上充分配合；換言之，核糖體如何適時辨識mRNA的轉譯啟始碼，組成穩定的啟始複合體，是轉譯是否成功的關鍵步驟。Shine及Dalgarno等人於1975年提出假說，指出每種細菌的mRNA的5'端皆有一段核糖體接合序列，與小次單元的16S rRNA部分序列互補，此核糖體接合序列的**共識序列**為5'-AGGAGGU-3'，稱為**Shine-Dalgarno序列**(Shine-Dalgarno sequence; SD sequence)；而與此序列相對的16S rRNA則有一段互補共識序列： 5'-PyCACCUCCUUA-3'（圖8-14）。每一種mRNA的Shine-Dalgarno序列不一定很完整，如早期研究發現大腸桿菌噬菌體R17的A蛋白(A protein) mRNA具有完整的Shine-Dalgarno序列，而R17的複製酶(replicase) mRNA則只含5'-AUGAGGA-3'序列，R17外套蛋白(coat protein) mRNA只具有5'-CGGGGUU-3'，mRNA的核糖體接合序列愈接近Shine-Dalgarno共識序列，愈能與核糖體組成穩定的啟始複合體，也愈能有效率地進行轉譯，而同一種細菌16S rRNA的共識序列是一樣的，故對16S rRNA而言，某些mRNA的啟始點較不易辨識，轉譯的效率就受到影響。至少13種因子協助轉譯啟始複合體的形成，原核細胞轉譯啟始複合體的組成程序如下（圖8-15）：

1. **步驟一**：30S次單元與轉譯啟始因子(translation initiation factor)形成轉譯啟始前複合體(translation preinitiation complex; PIC)。如啟始因子3 (initiation factor 3; IF3)先結合30S，IF3-30S複合體的形成增進IF2對30S的親和力，IF2是很重要的轉譯起始因子，因為IF2是典型的G蛋白家族成員，有GTP分解酶活性，且是核糖體依賴性GTP分解酶，能分解GTP為GDP+Pi，同時釋出能量，顯然GTP為爾後之反應儲備能量，此時IF2帶著GTP與30S接合，啟始因子1 (initiation factor 1; IF1)隨即與IF2一起接上30S，30S次單元與轉譯啟始因子組成的複合體稱為轉譯起始複合體(translation initiation complex; TIC)，準備迎接fMet-tRNA$_i^{Met}$，這是第一個胺基酸乙醯tRNA，

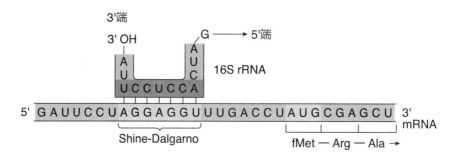

■ 圖8-14　Shine-Dalgarno序列與其序列相對的16S rRNA共識序列。

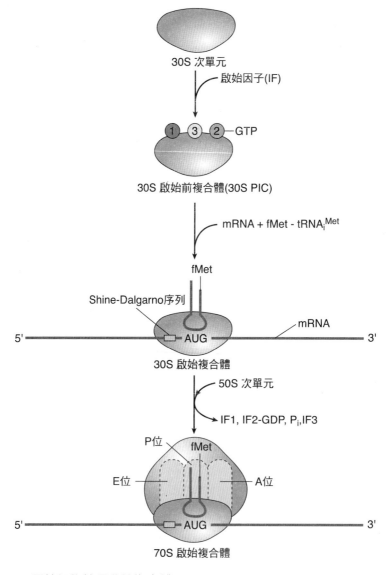

■ 圖8-15　原核細胞轉譯啟始複合體(translation initiation complex)的組成程序。

IF1對IF2及UF3的活性有促進作用。原核細胞的IF3是一種多功能的蛋白因子：(1) IF3抑制50S太早與30S接合；(2)隨著轉譯起始複合體逐漸形成，IF3穩定30S次單元的複合體結構，使mRNA能嵌入30S次單元的結構中，成為啟始複合體的一部分，以利啟始複合體從m7G-capped 5'-端朝向3'的方向搜尋啟始點；(3) IF3穩定30S次單元的rRNA與核糖蛋白組成的特定結構，並且IF3堵住核糖體構成的E位，其N-端功能區則引導第一個胺基酸乙醯-tRNA進入P位；這時IF1因子負責堵住A位（圖8-16）。

2. **步驟二**：轉譯起始複合體的IF2-GTP引導fMet-tRNA$_i^{Met}$附著在複合體上，結構的改變使mRNA得以與30S核糖體小次單元會合，此時小次單元中的16S rRNA辨識Shine-Dalgarno序列，與Shine-Dalgarno序列形成分子間配對，使30S次單元很接近AUG啟始碼，並向mRNA的3'端移動，尋找起始碼AUG，此時稱為30S啟始複合體(30S initiation complex)（圖8-15）。實驗證明沒有完整的30S啟始複合體，fMet-tRNA$_i^{Met}$對30S的親和力很低，更無法與AUG啟始碼接合。

3. **步驟三**：50S隨後與30S啟始複合體組合成完整的70S核糖體，稱為70S啟始複合體(70S initiation complex)，完整的70S核糖體構成了轉譯所需要的三個功能位，即P位（核糖體P位，P site in ribosome）、A位（核糖體A位，A site in ribosome）及E位（核糖體E位，E site in ribosome）（圖8-16）。結合50S大次單元之後，IF2的核糖體依賴型GTP分解酶(ribosome-dependent GTPase)活性將GTP水解為GDP，釋出能量使fMet-tRNA$_i^{Met}$進入P位，同時釋出Pi。IF3從原先的30S轉移到50S上，以穩定70S的

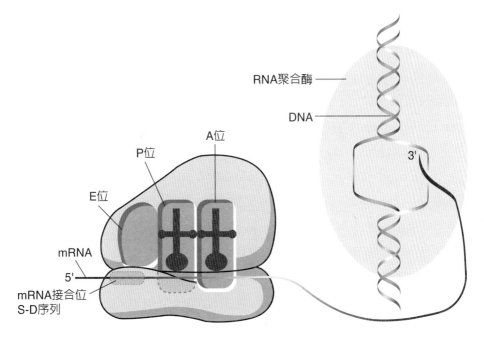

■ 圖8-16　70S核糖體構成的三個功能位，即P位、A位及E位。

結構，且協助fMet-tRNA$_i^{Met}$進入P位。此時fMet-tRNA$_i^{Met}$與IF2分離，包括IF1、IF2-GDP、IF3陸續離開。23S與16SrRNA共同組成核糖體的A位、P位及E位，隨後構成肽鍵轉移酶活性中心(peptidyl transferase center)，負責在胺基酸之間形成肽鍵(peptide bond)，其中需要特定區段的rRNA參與，以及某些核糖體蛋白的協助，這部分的說明詳見附錄四。

　　摘要整個轉譯啟始過程：(1)「轉譯啟始前複合體」（30S+轉譯啟始因子；PIC）接合IF2及IF1之後，組成「轉譯啟始複合體」(TIC)；(2)mRNA加入後組成「30S啟始複合體」，此時30S次單元很接近AUG啟始碼；(3) 50S隨後加入30S啟始複合體，組成「70S啟始複合體」，此時的啟始複合體已經具備完整的核糖體-mRNA結構，準備好合成第一個肽鍵。幾乎所有轉譯啟始因子都可以回收再利用。

🔍▶ 真核細胞轉譯啟始複合體

　　由原核細胞轉譯啟始複合體的組合過程中，應該可發現整個程序有兩個關鍵，即小次單元必須辨識並附著在啟始碼附近，且必須依賴數種蛋白質及共識核苷酸序列的輔助。真核細胞的轉譯也依循的類似圖8-15的模式進行，且蛋白質及核苷酸分子的輔助因子系統更加複雜。真核細胞的轉譯啟始因子前方加上一個小寫e，即真核啟始因子(eukaryotic initiation factor; eIF)如：真核啟始因子1 (eukaryotic initiation factor 1; eIF1)，真核啟始因子2 (eukaryotic initiation factor 2; eIF2)。真核細胞轉譯啟始複合體的組成程序簡述如下（圖8-17）：

1. **步驟一**：eIF2-GDP脫離40S核糖體次單元，隨即與eIF5接合，開始新的轉譯啟始循環。真核啟始因子2 (eIF2)是異質三倍數，是典型的GTP接合蛋白(GTP-binding protein)家族的成員，由α、β、γ等3種次單元所構成，βγ次單元與eIF5蛋白因子的C-端區(C-terminal domain;CTD)作用，由γ次單元負責接合GDP。隨後eIF2B加入反應，將eIF2γ次單元所攜帶的GDP換成GTP，故eIF2B是鳥嘌呤核苷酸交換因子(guanine nucleotide exchange factor; GEF)，與eIF2B作用的是eIF2α次單元，在環境壓力下（如胺基酸不足），eIF2α次單元會被激酶(kinase)磷酸化，eIF2αP作用在eIF2B的αβδ次單元上，抑制eIF2B的GEF活性，同時也抑制了細胞整個合成蛋白的轉譯反應。eIF5的C-端區能抑制GDP與eIF2分離(GDP dissociation inhibitor)，故在eIF2B催化GEF反應時，eIF5必須先脫離eIF2。此時產生的eIF2-GTP-eIF2B已經準備好迎接第一個胺基酸乙醯tRNA。第一個胺基酸乙醯tRNA是Met-tRNA$_i^{Met}$，eIF2-GTP與Met-tRNA$_i^{Met}$形成三合體(ternary complex;TC)，同時eIF2B脫離eIF2-GTP，eIF5再重新與eIF2接合。eIF2-GTP對Met-tRNA$_i$的親和力是eIF2-GTP對Met-tRNA$_m$的20倍，

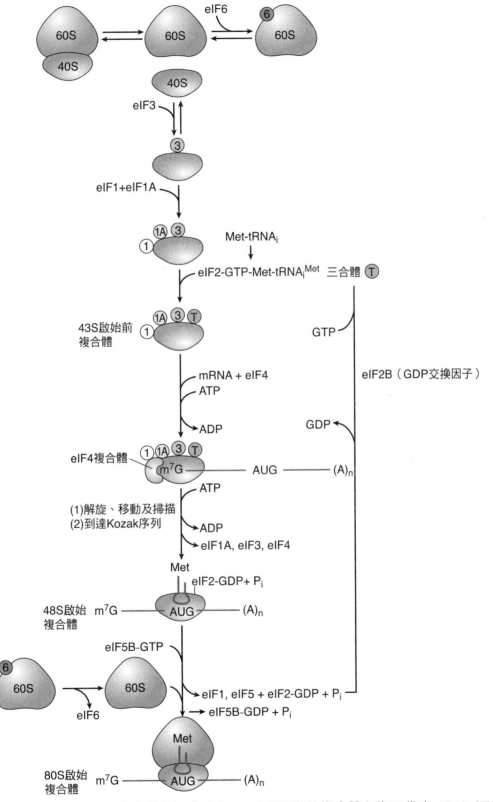

■ 圖8-17 真核細胞轉譯啟始複合體的組成程序；43S原型啟始複合體上的(T)代表eIF2A-GTP-Met tRNAᵢᴹᵉᵗ三合體(temary complex)。eIF5在形成eIF2-GTP-eIF2B時離開eIF2，當43SPIC形成時再重新與eIF2接合。

故AUG雖然也是轉譯過程中methionine的編碼，不過轉譯起始的胺基酸一定是Met-tRNA$_i$。

2. **步驟二**：在正常真核細胞中，80S核糖體與兩個游離的次單元之間呈動態平衡，如果游離態的40S與eIF3相接合，則eIF3能干擾40S與60S的再組合，40S隨後開始參與啟始前複合體(preinitiation complex; PIC)的組合工作；而60S則與eIF6接合，由eIF6負責防止游離態60S太早與40S次單元組合。哺乳類的eIF3本身是個含有13個次單元的複合體，是12種轉譯起始因子中最大的，也是一種多功能的因子。eIF3與eIF1-eIF1A離開80S核糖體之後，重新接合在40S小次單元上，隨後徵召eIF5-TC接合在40S上，形成43S起始前複合體(43S pre-initiation complex; PIC)；另一種可能是eIF3-eIF1-eIF1A先與eIF5-TC結合成多因子複合體(multifactor complex; MFC)，然後再與40S次單元接合，形成43S起始前複合體(43S PIC)。

3. **步驟三**：攜帶有Met-tRNA$_i^{Met}$的43S啟始前複合體，已經準備好與mRNA接合，此時將需要精確地辨識mRNA上AUG啟始碼之所在位置。真核細胞有兩種機制可協助啟始碼的辨識：(1) AUG啟始碼鄰近的核苷酸具有類似細菌的Shine-Dalgarno共識序列，稱為Kozak序列(Kozak sequence)，不過此序列涵蓋AUG：5'-GCC**A**CC**A**UGG-3'，AUG上游第三個A（劃底線者）是43S啟始前複合體辨識AUG的關鍵訊號；(2)鄰近AUG的甲基化5'帽(m^{7}G-cap)也是協助43S啟始前複合體尋獲mRNA 5'端的指示燈，關鍵因子為eIF4F複合體(eIF4F complex)（圖8-18）。

早在43S複合體還未遭遇mRNA之前，eIF4F複合體已經接合在mRNA上，不過要等43S複合體與mRNA-eIF4F複合體會合，才開始進行辨識轉譯起始點的工作。

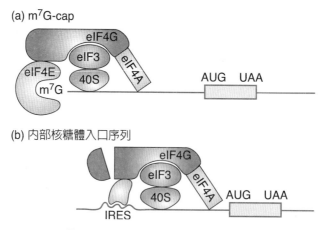

■ 圖8-18　eIF4F主導構成的5'端m^{7}G-cap辨識複合體及IRES辨識複合體。(a) eIF4F的eIF4E能辨識m^{7}G-cap，是5'帽接合蛋白；eIF4G則是接合平台，負責固定eIF4A、eIF4B、eIF4E及eIF3；(b)如HCV的RNA具有IRES，不需辨識m^{7}G-cap。

eIF4F複合體由三種次單元組成，較小的45 KDa次單元稱為eIF4E，能辨識m^7G-cap，是5'帽接合蛋白；分子量最大的的eIF4G(220 KDa)則是一個接合平台，負責固定eIF4A、eIF4B及eIF4E，另一次單元eIF4A具有ATP分解酶(ATPase)及**RNA解旋酶**(RNA helicase)活性，eIF4B則是eIF4A的輔助因子，在此階段，接在3'-端Poly(A)尾端的Poly(A)接合蛋白(PABP)也會同時與eIF4G接合，穩定mRNA-eIF4複合體。此時43S複合體的eIF3扮演護送子(chaperone)的角色，穩定eIF4複合體-TC與40S核糖體次單元的接合結構，eIF3a次單元能接合eIF1及eIF2，而eIF3abgj次單元則與40S次單元的18SrRNA及核糖體蛋白交互作用。43S啟始前複合體在eIF4複合體的協助下，先「著陸」在m^7G-cap位置，隨後向3'端方向移動，掃描AUG的關鍵訊號，或者在Kozak序列著陸，朝下游（3'-端）AUG方向掃描，過程中需要eIF4A藉由水解ATP以提供能量， eIF4A以其解旋酶活性鬆開mRNA的次級結構。啟始複合體的掃描工作，需要eIF1及eIF1A的參與，eIF1的蛋白分子C-端尾部(C-terminal tail; CTT)，負責遮蔽核糖體40S上為P位預留的位置（原型P位，pre-P site），防止接在上面的Met-tRNA$_i^{Met}$干擾掃描的進行，eIF1A則接在鄰近A位預留的位置（原型A位，pre-A site），防止Met-tRNA$_i^{Met}$誤占了A位。

4. **步驟四**：當43S啟始前複合體(43S PIC)到達AUG位置時，eIF2-GTP協助Met tRNA$_i^{Met}$進入40S次單元上的原型P位，此時eIF1必須離開，以利tRNA$_i^{Met}$的反密碼子與AUG接合。eIF5蛋白因子的N-端區(NTD)具有活化GTP水解酶(GTPase)的活性，稱為GTPase活化蛋白(GTPase activating protein; GAP)，故當43S PIC完成辨識AUG時，eIF5促使eIF2之GTPase活化，並分解GTP為GDP+Pi，Pi被釋出，eIF2-GDP也由於親和力降低而與tRNA$_i^{Met}$分離，此時形成的複合體稱為48S啟始複合體(48S initiation complex)。形成接合AUG的48S啟始複合體之後，eIF2-GDP離開複合體，研究顯示為了防止GDP與IF2解離，eIF5也隨著離開48S啟始複合體。

5. **步驟五**：48S啟始複合體與60S組合之前，有啟始因子eIF5B-GTP加入複合體，而eIF2-GDP的釋出也是60S次單元與40S次單元組合的必要條件。此時eIF1雖然離開了複合體，eIF1A仍然留著，eIF1A協助eIF5B-GTP接合48S啟始複合體，研究顯示在組合成完整的80S核糖體之前，eIF3及eIF4B、eIF4F也離開了複合體。80S核糖體形成後，呈現轉譯反應必須具備的完整A位及P位，eIF5B的GTPase活性水解GTP為GDP+Pi，釋出之能量用來促使tRNA$_i^{Met}$進入80S核糖體P位，eIF5B-GDP同時離開核糖體，完成任務的eIF1A也在此時離開，此時80S核糖體已準備好合成蛋白質的轉譯工作。

Pelletier等人於80年代末期，發現某些病毒基因轉錄的mRNA（如C型肝炎病毒的mRNA），eIF4複合體在轉譯啟始階段不需要辨識m^7G-cap，而是從內部核糖體入口序列(internal ribosome entry site; IRES)接合mRNA，組成轉譯啟始前複合體（圖8-18），90年代陸續發現一般真核細胞也有這種結構，現在證明約10~15%的細胞的mRNA，在大約離AUG啟始碼上游100 nts的5'-端非轉譯區(5'-UTR)都具有IRES，IRES是一段次級結構複雜的RNA，含有數個幹狀套環結構，細胞可能在不良環境下利用IRES，加快轉譯的速率。

多肽鏈的合成與延伸

當核糖體及mRNA、Met $tRNA_i^{Met}$（原核細胞為fMet-$tRNA_i^{Met}$）皆就定位之後，轉譯工作正式開始，此階段稱為轉譯延伸(elongation translation)。不論是原核或真核細胞，轉譯過程皆涉及三種關鍵要素：(1)核糖體提供的三個功能區位；(2) rRNA的**肽鏈轉移酶**(peptidyl transferase)活性；(3)攜帶GTP的轉譯延伸因子。以原核細胞而言，30S與50S合力構成三個功能區位，分別為A位、P位及E位，A位接合預備加入多肽鏈的胺基酸乙醯tRNA (aminoacyl tRNA; aa-tRNA)；P位接合已經合成的多肽鏈乙醯tRNA (peptide-tRNA)；E位則提供已經完成任務的無裝載tRNA (uncharged tRNA)一個短暫停留的位置。預備加入多肽鏈的胺基酸在肽鏈轉移酶的催化下，與多肽鏈形成新的肽鏈(peptide bond)，催化肽鏈轉移反應的酵素是23S rRNA，故23S rRNA是典型的RNA酵素(ribozyme)。

原核細胞轉譯增長的程序為下（圖8-19）：

1. **步驟一：胺基酸乙醯tRNA進入A位**：攜帶多肽鏈第二個胺基酸(aa_2)的胺基酸乙醯tRNA (aa-tRNA)進入A位，此tRNA的反密碼子與mRNA上緊鄰AUG的第二組密碼子互補配對。此一過程需要轉譯延伸因子Tu (elongation factor-Tu; EF-Tu)的協助。EF-Tu類似IF2，是GTP接合蛋白(GTP-binding protein)（GTP水解酶），aa-tRNA在進入A位之前，必須先與EF-Tu-GTP結合，形成EF-Tu-GTP-aa-tRNA三合體(EF-Tu-GTP-aa-tRNA ternary complex)，三合體進入A位之後，EF-Tu的GTP分解酶(GTPase)活化將GTP水解為GDP+Pi，此水解反應需要50S的L7及L12核糖體蛋白的協助。GTP水解釋出的能量穩定了tRNA與mRNA的互補接合，也容許EF-Tu-GDP脫離aa_2-tRNA，離開核糖體，EF-Tu-GDP脫離之後，肽鏈轉移反應才能進行。EF-Tu-GDP必須再還原回EF-Tu-GTP，此一反應也是由GDP交換因子協助完成，此時的GDP交換因子(GDP exchange factor; GEF)為轉譯延伸因子Ts (elongation factor-Ts; EF-Ts)（圖8-19），故缺少EF-Ts的細胞，轉譯工作也無法進行。

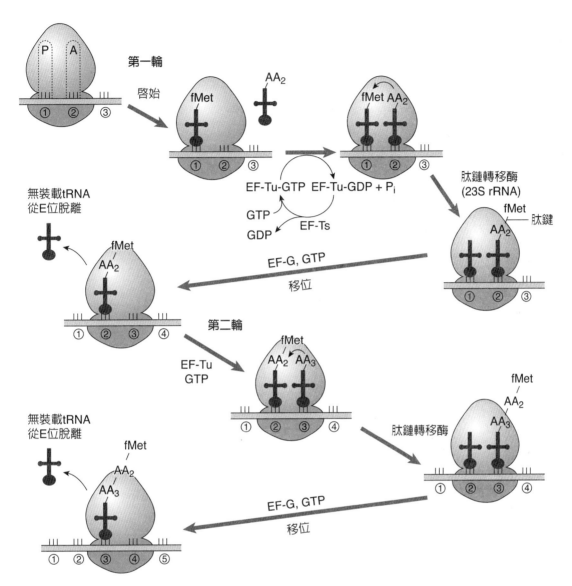

■ 圖8-19 原核細胞轉譯延伸的程序。延伸程序包括胺基酸乙醯tRNA進入A位、肽鏈轉移酶催化的反應、移位作用及無裝載tRNA脫離核糖體。

2. **步驟二：肽鏈轉移反應**（圖8-20）：在23S rRNA的催化下，A位的胺基酸NH_2功能基

與P位 $$\text{peptide} - \overset{\displaystyle \|}{\underset{\displaystyle \text{O-tRNA}}{C}} = O$$ 的C原子反應，形成新的肽鏈，稱為肽鏈轉移反應(peptidyl

transfer reaction)。事實上多項實驗結果顯示，23S的肽鏈轉移酶活性中心(peptidyl transferase center; PTC)是在23S rRNA的第五功能區(Domain V on 23S rRNA)，約涵蓋A2060-C2610的範圍。

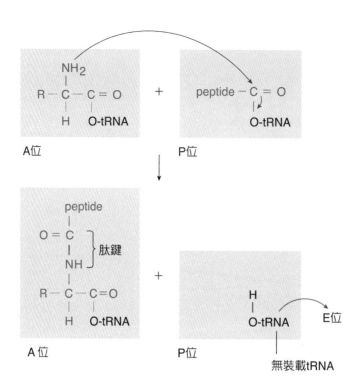

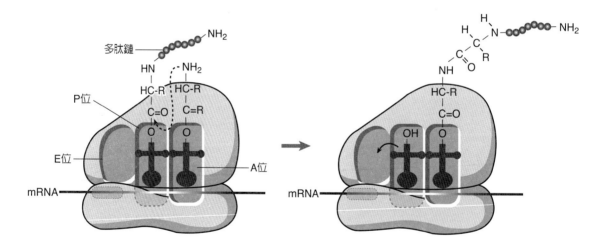

■ 圖8-20　肽鏈轉移反應的機制。在23S rRNA的催化下，A位的胺基酸NH_2功能基與P位peptide－C＝O的C原子反應，形成新的肽鏈。原先在P位的多肽鏈接在A位的新胺基酸上。

　　Nissen等人在2000年成功地解讀出50S大單元的結構，證明23S rRNA的第2,451個核苷酸（此位置為腺苷；A2451）是具肽鏈轉移反應酵素活性的催化位(catalytic site)，A2451能與進入P位的tRNA第76個核苷酸(A76)交互作用，協助肽鏈轉移反應，而G2061及G2447負責穩定PIC結構，G2251及G2252則分別與C75-C74交互作用。23S rRNA的U2585也是關鍵核苷酸，在A位呈空位時保護P位多肽鏈-tRNA，不

會與其他功能鍵起反應，待胺基酸乙醯tRNA進入A位時，引起23S rRNA空間結構改變，暴露出多肽鏈-tRNA，準備與新胺基酸的α-NH_2起反應，形成新的肽鏈，而鄰近的G2583能與A位的tRNA序列A76形成鹼基配對，穩定PIC結構。在A位的PIC附近的核苷酸還包括U2506、U2584、A2602，當23S rRNA空間結構改變時，這幾個核苷酸會移位，以利A位的胺基酸乙醯tRNA進行肽鏈轉移反應。Domain V所含的第92號髮夾幹狀套環(hairpin stem loop92; H92; A2546-U2562)含U2552-C2556等五個關鍵核苷酸，例如U2555能與A位的tRNA序列C74形成鹼基配對，G2553能與A位的tRNA之C75形成鹼基配對，C74及C75都是接近tRNA的CCA尾端，也就是與胺基酸形成鍵結的部分。G2553不但能穩定PTC的結構，而且可能直接參與肽鍵的合成反應（詳見附錄四）。肽鏈轉移反應使原先在P位的多肽鏈（n個胺基酸）與tRNA分離並離開P位，接連在A位的胺基酸乙醯tRNA上，使A位上的多肽鏈具n＋1個胺基酸，此時P位上的tRNA為無裝載tRNA。

3. **步驟三**：移位作用：不論是A位或P位，皆有一部分在30S上，一部分在50S上，當核糖體移動時，兩部分可暫時分離，稱為混合狀態模式(hybrid state model)，這是目前普遍用來解釋移位作用(translocation)的模式。新的胺基酸接上多肽鏈(n＋1)之後，多肽鏈乙醯tRNA的反密碼子─密碼子結構仍然在A位上，不過n＋1多肽鏈與tRNA的3'端由於50S向mRNA之3'端方向移動，使n＋1多肽鏈進入50S的P位，於是P位的50S部分接近30S之A位部分上方（P/A位）；在分子結構趨向穩定的前提下，30S隨後跟著向mRNA之3'端方向移動，使多肽鏈乙醯tRNA的反密碼子─密碼子結構進入30S之P位部分（P/P位），空出A位以迎接下一個aa-tRNA；而此時核糖體的移位也使無裝載tRNA進入E位。整個過程需要攜帶GTP的轉譯延伸因子G (elongation factor-G; EF-G)的參與，EF-G也是GTP接合蛋白，具GTP分解酶活性，GTP在移位之前即被水解為GDP＋P_i，所釋出的能量促進了核糖體50S的移位，也使30S產生結構改變，以利隨後的移位；此外，GTP水解之後，EF-G才能脫離核糖體（圖8-19）。

4. **步驟四：無裝載tRNA脫離核糖體**：進入E位的無裝載tRNA只做短暫的停留，隨即脫離核糖體，下一個aa-tRNA也進入A位，代表另一循環轉譯延伸反應的展開，如果一個多肽鏈由100個胺基酸所構成，則此轉譯延伸循環要進行99次，可見不論是真核或原核細胞皆需要含有足夠量的轉譯延伸因子與GTP。無裝載tRNA的脫離動作也需要能量，此時能量的供應者為ATP，由RbbA〔一種核糖體依賴型ATP分解酶(RbbA; a ribosome-dependent ATPase)〕負責催化ATP的水解反應。

原核細胞的EF-Tu是GTP接合蛋白，提供肽鏈轉移反應所需要的能量，在每個細菌細胞中約含70,000個EF-Tu分子，占細菌細胞中總蛋白量的5%左右，可見細菌隨時

在合成蛋白質，以配合其快速分裂增殖的需要，在適當環境及營養條件下，細菌大約每30分鐘就分裂一次。由於細胞中有大量的EF-Tu分子，故幾乎所有新合成的胺基酸乙醯-tRNA，都能與EF-Tu組合成三合體。EF-Ts分子是鳥嘌呤核苷交換因子(guanine nucleotide exchange factors; GEF)，在每個細菌細胞中約含10,000個分子，EF-Tu-EF-Ts複合體只是短暫的存在，當EF-Tu-GDP快速換成EF-Tu-GTP之後，EF-Tu與EF-Ts隨即分開（圖8-19）。

表8-5 真核細胞與原核細胞的轉譯因子對照表

原核細胞 轉譯因子	真核細胞 轉譯因子	主要功能
IF-1	eIF-1、eIF-1A	穩定啟始前複合體，協助對AUG的掃描
IF-2	eIF-2	攜帶GTP與胺基酸乙醯tRNA組合成三合體；IF-2具有GTPase活性，水解GTP提供能量協助tRNA$_i^{Met}$進入40S核糖體次單元之原型P位
—	eIF-2B	為GEF，促使eIF-2-GDP→eIF-2-GTP
IF-3	eIF-3	穩定游離態及啟始複合體30S或40S
—	eIF-4F	eIF-4F由eIF4-E、eIF4A及eIF-4G組成；eIF4-E為5'-cap接合蛋白，eIF-4G為多種啟始因子的接合平台
	eIF4A、eIF4B	eIF4A為ATPase，也是RNA解旋酶，eIF4B是輔助因子
—	eIF-5	為GTPase活化因子(GAP)，促進eIF-2之GTPase水解GTP為GDP+Pi，eIF5還能抑制eIF-2-GDP脫離
	eIF5B	為GTPase，水解GTP提供能量協助tRNA$_i^{Met}$進入80S核糖體P位
—	eIF-6	穩定游離態60S
EF-Tu	eEF-1α (eEF-1A)	為GTPase，水解GTP提供能量協助胺基酸乙醯tRNA進入A位
EF-Ts	eEF-1γβ	為GEF，促使EF-Tu-GDP→EF-Tu-GTP（原核）；促使eEF-1A-GDP→eEF-1A-GTP（真核）
EF-G	eEF-2	為GTPase，水解GTP提供能量協助核糖體移位
RbbA	eEF-3	核糖體依賴型ATP分解酶，協助無裝載tRNA脫離E位
RF-1、RF-2	eRF-1	辨識終止碼、促進多胜肽鏈與tRNA間酯鍵的水解斷裂，釋出多胜肽鏈
RF-3	eRF-3	為GTPase，使RFs脫離核糖體
RRF	—	與50S接合，與EF-G共同促使多胜肽鏈脫離核糖體

真核細胞的轉譯反應程序演化自原核細胞，故與原核細胞大致相同，故不再重複說明。真核細胞的核糖體由40S與60S合力構成A位、P位及E位，轉譯延伸因子分別為真核轉譯延伸因子1 (eukaryotic elongation factor-1; eEF-1)及真核轉譯因子2 (eukaryotic elongation factor-2; eEF-2)、真核轉譯因子3 (eukaryotic elogation factor-3; eEF-3)等，功能上與原核細胞的對照如表8-5，皆具有GTP或ATP分解酶活性。eEF-1在功能上對應EF-Tu，無論在構造與功能上，皆屬於典型的真核細胞GTP接合蛋白，這類蛋白簡稱

G–蛋白(G-protein)，分子由α、β、γ等3種次單元所組成，α次單元為GTP接合單元，也具有GTP分解酶活性；而β、γ次單元複合體則具有GEF活性，能將eEF-1α-GDP轉換為eEF-1α-GTP，使其重新補充能量(recharged)，eEF-1α-GTP能繼續催化轉譯反應（圖8-21）。eEF-2是原核細胞EF-G的同源蛋白，功能與EF-G類似，也是具有GTPase活性的G蛋白家族成員，eEF-2如果被激酶(kinase)磷酸化，則大幅降低eEF-2與核糖體的親和力，進而阻斷整個轉譯反應。eEF-2也是白喉毒素(diphtheria toxin)與霍亂毒素(cholera toxin)的攻擊目標，能造成eEF-2的ADP-核糖基化(ADP-ribosylation)，抑制eEF-2的活性，阻斷整個轉譯反應。

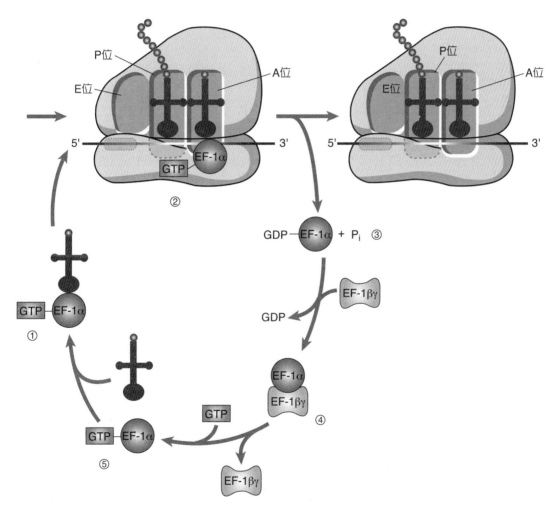

■ 圖8-21　eEF-1α-GTP的再生循環。eEF-1在構造與功能上，皆屬於典型的G–蛋白(G-protein)，分子由α、β、γ等3種次單元所組成，α次單元為GTP接合單元，也具有GTP分解酶活性；而β、γ次單元複合體則具有GEF活性。(a) EF-1α-GTP與胺基酸乙醯tRNA結合；(b) 協助新aa-tRNA進入A位；(c) EF-1α-GTP水解為EF-1α-GDP；(d)EF-1βγ加入複合體，GDP脫離；(e) GTP加入複合體，EF-1βγ脫離。

🔍 轉譯終止

　　轉譯延伸循環沿著mRNA密碼子逐步解讀，當最後遭遇終止碼UAG、UAA或UGA時，A位已經沒有能與密碼子互補的tRNA，故轉譯反應無法繼續進行，不過如何穩定此核糖體結構，且使合成好的多胜肽鏈順利脫離核糖體，仍然需要某些蛋白因子的協助。以原核細胞而言分為三個步驟：(1)由轉譯釋放因子(release factory for translation; RF)如：釋放因子–1 (release factor-1; RF-1)及釋放因子–2 (release factor-2; RF-2)負責堵塞A位，使其他胺基酸乙醯tRNA不再進入A位；RF-1及RF-2結構上類似tRNA的L型3D結構，且RF-1負責辨識UAG、UAA，而RF-2則辨識UGA及UAA，研究結果顯示，RF-1及RF-2也促使多胜肽鏈與tRNA間酯鍵的斷裂，隨後使多胜肽鏈及tRNA脫離核糖體；(2)釋放因子–3 (release factor-3; RF-3)為GTP分解酶，水解GTP釋出的能量協助包括自己的三種RF脫離核糖體；(3)核糖體回收因子(ribosome recycling factor; RRF)與EF-G參與轉譯複合體最後的解離工作，RRF與EF-G促使多胜肽鏈脫離核糖體，完成蛋白質的合成工作，也使50S次單元與30S分離。隨後，IF-3重新接合30S次單元，促使30S、tRNA、mRNA分別離開轉譯複合體。新合成的多肽鏈沿著核糖體構成的通道（約只有1~2 nm寬，10 nm長，容納約50個胺基酸的長度），延伸至50S次單元的表面。以真核細胞而言，核糖體是附著在粗造內質網的膜上，新合成的多肽鏈由50S次單元的表面延伸出來後，隨即進入內質網中進行修飾與彎疊(folding)（詳見第九章）。

8-5 🔬 轉譯的調節

　　轉譯也能受到某些機制的調節：(1)轉譯的第一步是由43S啟始複合體從m^7G-capped 5'5'-端朝向3'的方向掃描，直到遭遇轉譯啟始碼(AUG)，故5'-端帽及5'-端非轉錄區(5'-UTR)中的共識序列（如原核細胞的S-D序列，真核細胞的Kozak序列）是否完整，影響轉錄的啟動；(2)細胞內核糖體的數量是否足夠？此外各種tRNA及胺基酸乙醯-tRNA的多寡影響轉錄的速率；(3)轉譯的抑制蛋白或抑制因子能專一性的影響轉譯的每個步驟，包括轉譯的起始、胜肽鏈的合成、核糖體的移位，到轉譯是否提前終止等；(4)mRNA的次級結構與3D結構如果因突變或抑制劑等因素發生改變，也會影響轉譯的順利進行。

🔍 核糖體的聚合體

　　為了符合快速運行的新陳代謝、生長、增殖，快速感應外界環境的變化，轉譯作用經常要維持很快的速率，在37℃且營養充裕的環境下，細菌的轉錄反應速度很快，每秒

可合成約40~50的核苷酸長度的mRNA，RNA聚合酶還在繼續轉錄，核糖體已經接在5'-端開始轉譯，合成多肽鏈的速度約每秒15個胺基酸，故RNA聚合酶每分鐘可以合成一條2,500 nts的mRNA，同時合成一條分子量約90 KDa的多肽鏈。在代謝率很高的肝細胞中，平均每個核糖體每一秒鐘合成一個胺基酸，即每一秒鐘完成一個轉譯延伸循環，以含有600個胺基酸的β-actin而言，每10分鐘合成一個分子。由於大多數蛋白質皆含有數百個、甚至上千個胺基酸，如果只由單一個核糖體進行合成反應，仍然不能符合需求。解決此需求的方式為同時有多個核糖體進行反應，這種單一mRNA上同時有成串並排核糖體的結構稱為**核糖體聚合體**(ribosomal polysome)，β-actin的mRNA上可同時附上20個以上的核糖體（圖8-22）；原核細胞的轉譯速率更快，平均每秒鐘合成15個胺基酸，每分鐘平均有15個mRNA開始轉譯，每個mRNA平均由30個核糖體進行快速的轉譯（圖8-23），如此高效率的主要原因，除了配合細菌的快速分裂（平均每30分鐘分裂一次）之外，也由於mRNA的半生期約只有2分鐘，故轉譯工作如果不能配合，這種蛋白將無法完成轉譯而嚴重不足。

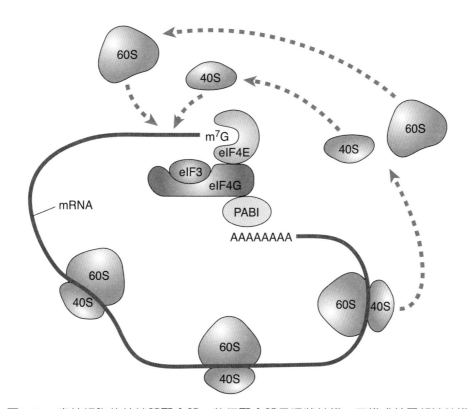

■ 圖8-22　真核細胞的核糖體聚合體。整個聚合體呈環狀結構，而構成首尾相連結構。

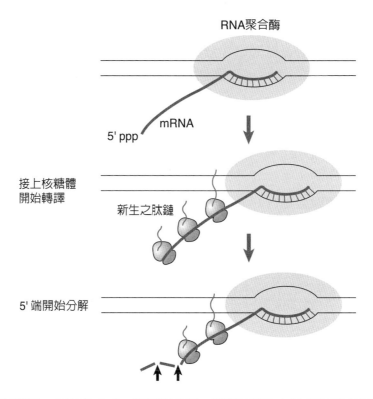

■ 圖8-23　原核細胞mRNA的合成、轉譯與分解。轉譯時呈數十個核糖體同時進行的結構。

　　由於真核細胞轉錄與轉譯是分區進行的，無法同時聚集數個或數十個核糖體，有的真核細胞以特殊方式進行轉錄，即整個mRNA呈套環狀結構，頭尾相連的結果使核糖體完成第一輪轉譯之後，不釋放到細胞質中，而是繞了一圈重頭開始（圖8-22），這種轉譯模式目前只在植物細胞及病毒產生的mRNA發現。而構成這種首尾相連結構的方式有兩種，包括：(1)接在3'-尾端Ploy(A)序列的聚腺苷接合蛋白–1 [poly(A)-binding protein-1; Pab1p]（圖8-24）；(2)一段位在3'-UTR的特殊RNA序列模組，類似IRES含有數個幹狀套環的次級結構，稱為5'–帽非依賴性轉譯元素(cap-independent translation element; CITE)。關鍵分子都是eIF4G，eIF4G具有蛋白質接合平台的功能，故除了接合eIF4E（5'端cap接合蛋白）、eIF3、eIF4A之外，還可接合mRNA 3'端的因子或特殊的RNA構造（圖8-24）。

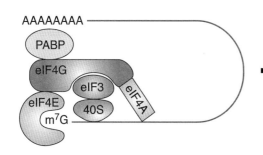

■ 圖8-24　eIF4G是mRNA的5' 端與3' 端首尾相連的平台。eIF4G具有蛋白質接合平台的功能，接合了eIF4E（5' 端cap接合蛋白）及3' 端的聚腺苷接合蛋白(Pab1p)，使mRNA呈環狀結構。

轉譯抑制因子

由於轉譯直接影響細胞的生存與增殖，故轉譯過程涉及的蛋白因子與複合體，經常是抑制細胞生長的有毒物質攻擊的目標，如多種抑制細菌生長的抗生素，其作用機制就是抑制轉譯的進行，幾種有代表性的抗生素作用機制簡述如下：

1. 鏈黴素(streptomycin)：由*Streptomyces griseus*所製造，在組合啟始前複合體時干擾fMet-tRNA$_i^{Met}$進入P位，同時也擾亂了tRNA對讀框(reading frame)的判讀。

2. 四環黴素(tetracycline)：由*Streptomyces rimosus*所製造，接合在30S次單元上，抑制aa-tRNA進入A位。

3. 綠黴素(chloramphenicol)：由*Streptomyces venezuelae*所製造，抑制50S次單元胜肽鏈轉移酶活性。

4. 紅黴素(erythromycin)：由*Streptomyces erythreus*所製造，可接合50S次單元，抑制核糖體的移位。

5. 黃黴素(kirromycin)：由*Streptomyces ramocissimus*所製造，抑制EF-Tu-GDP脫離核糖體。

6. 羧鏈孢酸(fusidic acid)：由真菌*Fusarium heterosporium*所製造，抑制EF-G-GDP脫離核糖體。

真核細胞轉譯過程也是某些抗生素與細菌毒素的攻擊目標，幾種有代表性的作用機制簡述如下：

1. 放線菌酮(cycloheximide)：由*Streptomyces griseus*所製造，抑制60S肽鏈轉移酶活性。

2. 嘌呤黴菌(puromycin)：由*Streptomyces alboniger*所製造，化學結構類似aa-tRNA，造成未完成的轉譯中斷，此抗生素可同時影響真核及原核細胞（圖8-25）。

3. 白喉毒素(diphtheria toxin)：由*Corynebacterium diphtheriae*所製造，能將eEF-2腺苷化(ADP-ribosylation)，抑制核糖體移位作用。

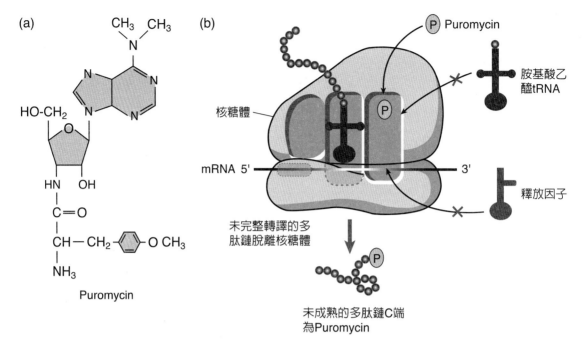

(a)

Puromycin

(b)

P Puromycin

核糖體

胺基酸乙醯tRNA

mRNA 5'   3'

釋放因子

未完整轉譯的多
肽鏈脫離核糖體

P

未成熟的多肽鏈C端
為Puromycin

■ 圖8-25　Puromycin抑制轉譯的機制。科學家利用puromycin的抑制機制，得以深入研究核糖體的功能與轉譯程序。

▶ **延伸學習**　　　　　　　　　　　　　　　　　Extended Learning

核糖體合成與細胞循環的關聯性

　　近年來有些癌症藥物研究，也希望研發藥物來抑制核糖體的合成與組合，進而抑制腫瘤細胞的生長。核糖體的產生與細胞生長有密切關係；更精確的說，核糖體次單元的合成與組合與細胞循環有明顯的相關性，如 rRNA是由RNA pol I所合成的，而細胞循環促使細胞由G2期進入M期的cyclin B週期素與週期素依賴激酶1組成的複合體(cyclin B-cdk1 complex)，就能抑制RNA pol I的活化，直到細胞有絲分裂完成，cyclin B-Cdk1被分解之後才逐漸恢復活性，且參與RNA pol I 轉錄rRNA基因的一般性轉錄因子UBF、Rrn3/TIF-IA與SL1（就位因子），也在細胞回到G1期才由G1專有的cyclin/Cdk活化。當核糖體的合成與組合受到干擾時，會產生許多閒置的核糖蛋白（60S次單元有47種，40S有33種），核糖蛋白具有自我調節能力，能抑制自身的mRNA轉譯，降低核糖體蛋白的合成量；另一方面，閒置的核糖體蛋白會與MDM2蛋白(MDM2 protein)結合，MDM2蛋白的功能是抑制p53蛋白的活化，如果核糖體蛋白與p53蛋白競爭MDM2，勢必會使部分p53蛋白(p53 protein)被釋出，p53是腫瘤抑制基因(tumor suppressor gene)，活化的p53蛋白於是啟動一系列的細胞凋亡(apoptosis)機制，使腫瘤細胞停止進入細胞循環、停止分裂生長而趨向死亡。

Molecular
Biology

09
CHAPTER

轉譯後修飾與蛋白質轉送

　　蛋白質分子相關的研究常歸類在生物化學或分子細胞學。然而轉譯不是基因完整表現的最終步驟，因為才轉譯完成的多肽鏈只具有蛋白質的初級結構(primary structure)，即忠實的將遺傳密碼轉變為胺基酸序列，不論是結構性蛋白質或功能性蛋白質，皆必須經過摺疊(folding)，呈現適當的二級結構(secondary structure)，隨後隨胺基酸之間的共價鍵與非共價鍵作用，產生特殊的三級立體結構(tertiary structure)，才能發揮其應有的功能。以許多蛋白質而言，三級立體結構還不是具有功能的完整結構，必須由一種以上的同質或異質多肽鏈依適當比例組合起來，才能發揮完整的功能，此結構稱為四級結構(quaternary structure)（圖9-1）。依照遺傳訊息合成的蛋白分子還要依據其功能，

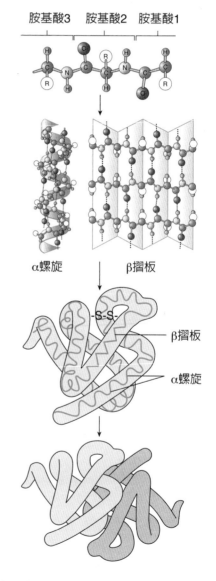

初級結構
胺基酸序列

胺基酸3　胺基酸2　胺基酸1

二級結構
由氫鍵等非共價鍵的分子內作用力構成的α螺旋與β摺板結構

α螺旋　　β摺板

三級結構
由雙硫鍵及多種分子內作用力構成的3D結構

-S-S-

β摺板

α螺旋

四級結構
兩條或兩條以上多肽鏈組成的雙倍體或多倍體結構，參與組合的多肽鏈稱為次單元

■ 圖9-1　蛋白質的結構。蛋白質依照複雜度分為初級、二級、三級與四級結構

轉送到適當的位置或區間(compartment)，才能發揮其應有的功能，例如許多細胞核內的蛋白分子（包括DNA與RNA的聚合酶、轉錄因子、核糖蛋白等），都在細胞質的核糖體轉譯合成，再以特殊的機制「進口」到細胞核中，有些會被輸送到特定的胞器（如溶酶體；lysosome），主導細胞內的同化及異化反應，帶有厭水性穿膜區的蛋白會與細胞膜結合，成為各種功能的膜蛋白，有的經由分泌途徑分泌到胞外，執行重要的生理功能（如腸胃道酵素、血液中的荷爾蒙等）。此外大多數蛋白分子還需要以共價鍵接上功能基(functional group)，以調節活性或降低被分解的機會，或經過適當的切割，由前驅蛋白(presursor)變成有活性的蛋白（胰島素分子就是最好的例子）。故這部分的知識對生物技術領域極為重要，以遺傳工程技術產生一個沒有活性的蛋白質（如前驅胰島素proinsulin），是沒有臨床應用價值的。廣義的說，蛋白質特殊結構的形成與維持、適當的修飾與正確的轉送，關係著遺傳訊息是否能正確、及時的表達，故可視為表觀調控(epigenetic regulation)的範疇。本章將扼要的討論蛋白質的修飾、轉送途徑與相關機制。

9-1 蛋白質的修飾

摺疊結構的形成與維持

大多數蛋白質在合成之後，必須快速的摺疊(folding)成適當的結構，且保持此正確結構；錯誤摺疊與無法摺疊的蛋白質，將會被細胞中特殊的蛋白分解機制所分解，或產生凝集現象(aggregation)，失去原有的活性。某些蛋白質如核糖核酸分解酶(ribonuclease)能自我摺疊為有功能的結構，但是不論是原核細胞或真核細胞中，多數蛋白質皆需要一類稱為**護送子**(chaperone)的蛋白質，協助蛋白質結構的形成與維持。護送子的功能不在於促進蛋白質正確結構的形成，而是抑制錯誤結構的產生；如蛋白質分子中厭水性區段，在自然狀態下很容易相互聚集，使蛋白質的多肽鏈形成錯誤的結構，但是在護送子的協助之下，能防止這種現象的產生。歸納起來，護送子在細胞中的工作包括：(1)防止剛從核糖體新合成的多肽鏈形成錯誤的結構；(2)協助因某些因素而變性或鬆開的多肽鏈回復原有的結構；(3)協助多肽鏈通過細胞膜（主要是核膜、內質網膜等內膜）。由於膜上的孔道不大，故多肽鏈必須將摺疊結構解開(unfold)，此時需要護送子穩定條狀結構，當穿過孔道之後，多肽鏈必須重新摺疊，恢復原有的結構，此時也需要護送子的協助。

熱休克蛋白 70 家族 (heat-shock protein 70 family; Hsp70 family) 護送子

Hsp70家族護送子(Hsp70 family chaperone)普遍存在於生物界中，從原核細胞到真核細胞，以及粒線體、葉綠體等胞器中，皆需要Hsp70家族護送子的存在。Hsp70護送子最初被發現是一群受溫度變化而誘導產生的蛋白質，故稱為熱休克蛋白(heat-shock protein; Hsp)，命名時在Hsp之後加上大略的分子量，如Hsp70分子量大約70 KDa。近年來人類全基因體分析發現13種Hsp70家族基因，在核苷酸及胺基酸序列上有40%以上的同質性，且分子結構相似度高，Hsp70家族中主要的成員如下（表9-1）：

1. *HSPA1A*編碼Hsp70（有的文獻稱之為Hsp72），具熱誘導性，廣泛存在於原生質及核質中，是最典型的Hsp70家族蛋白，在演化上高度保留，細菌細胞中的Hsp70稱為DnaK，分子結構上含N-端的ATP接合區(NTD)及C-端的受質接合區(CTD)，受質指未摺疊或未適當摺疊的蛋白，兩功能區之間夾著可彎折的厭水性連結區(flexible linker)，又稱為中央區(Middle domain; MD)（圖9-2），C-端的受質接合區可再細分為兩個次區(subdomain)，一區呈β-sheet二級結構，是多肽鏈受質接合位(polypeptide-binding domain; PPBD)，靠C-端區呈α-螺旋結構，功能上稱為「蓋子」(Lid)，協助穩定大分子蛋白受質。Hsp70需要Hsp40 (heat-shock protein 40)及Hsp110 (heat-shock

表9-1　高等生物細胞中的護送子

護送子家族	基因	護送子	細胞中的位置	主要功能
Hsp70家族	*HSPA1A*	Hsp70 (Hsp72)	原生質、核質	蛋白質摺疊
	HSPA8	Hsc70	原生質、核質	蛋白質摺疊，蛋白分子護送子
	HSPA9	Mortalin (mHsp70/Grp75)	粒線體	蛋白質摺疊，蛋白分子護送子
	HSPA5	Grp78 (Bip)	內質網	蛋白質摺疊
Hsp90家族	*HSP90AA1* *HSP90AB1*	Hsp90AA1 Hsp90AB1	原生質、核質	多種胞內傳訊因子及類固醇荷爾蒙受體的護送子，蛋白質摺疊
	HSP90B1	Hsp90B1 (Grp94)	內質網	
	TRAP1	TRAP1	粒線體	
Hsp110家族	*HSPH1*	Hsp110	原生質	護送子輔助因子，ATP交換因子
Hsp40家族	*DNAJB1/ hsp40*	Hsp40	原生質	護送子輔助因子，辨識及捕捉未適當摺疊之蛋白

NH₂－ | NTD | MD | PPBD | Lid | －COOH

ATP結合及　　　中央可彎折　　　多肽鏈受質　　　蓋子（協助
ATPase功能區　　　連結區　　　　　接合區　　　　　PPBD）

■ 圖9-2　Hsp70護送子一般分子結構，由N-端到水解C-端分別是ATP接合／水解區→中央區→受質接合區→蓋子。

protein 110)等兩種輔助護送子的幫忙，Hsp40先與受質蛋白接合，引導受質到Hsp70-ATP所在區位，Hsp40-受質蛋白複合體活化Hsp70之ATPase功能，水解ATP釋出能量，Hsp70-ATP轉變為Hsp70-ADP，Hsp40此時脫離Hsp70-ADP，Hsp70隨後進行蛋白折疊。Hsp110接著與Hsp70N-端的ATP接合區交互作用，將ADP交換成ATP，由於Hsp70-ATP與受質蛋白親和力低，故隨即釋出重整3D結構後的蛋白質，完成協助蛋白折疊的反應（圖9-3）。

2. *HSPA8*編碼Hsc70，是結構性表達(constitutive expression)基因，故是細胞中主要的非熱誘導性Hsp70家族護送子，也廣泛存在於原生質中，處理未適當摺疊的蛋白，胺基酸序列與Hsp70有75%同質性，分子結構上也含N-端的ATP接合區及C-端的受質接合區，由於是非選擇性的護送子，Hsc70能增加某些致癌蛋白(oncoprotein)的穩定性，與癌細胞分裂、轉移、入侵顯著相關。

3. *HSPA5*編碼Grp78 (Bip)，位於內質網膜上，含ATP接合區及受質接合區，非熱誘導性，但是在細胞缺乏醣類、蛋白糖化反應被抑制或胞內鈣離子水平異常時，會誘導Grp78表達增加。Bip早先在免疫細胞中發現，核糖體新轉譯並輸入內質網腔的多肽鏈，需要Grp78 (Bip)協助折疊成適當的結構，才能進行後續的修飾。

4. *HSPA9*編碼mortalin，或稱為Grp75，由於位於粒線體中，早期稱為mtHsp70，人類mortalin分子量74 KDa，胺基酸序列與Hsp70及Hsc70有46%同質性，故歸類於Hsp70家族，是粒線體基質中含量最多的蛋白(~1%)，擔任護送子及輸送子的雙重角色，護送子協助粒線體基質中新輸入的蛋白分子，協助這些蛋白恢復適當折疊結構，mortalin (Grp75)還做為輸送子，協助粒線體外蛋白通過粒線體的內、外膜。

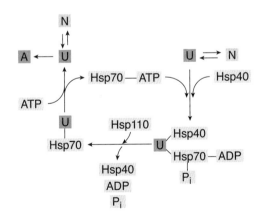

N=正常結構的蛋白質（有活性）
U=解開3D結構的蛋白質（無活性）
A=多條肽鏈聚集的蛋白質（無活性）

■ 圖9-3　Hsp70家族護送子穩定結構解開的多肽鏈需要消耗能量。Hsp70-ATP先與解開的多肽鏈接合，協同護送子Hsp40隨即接上並促使Hsp70的ATPase活化，水解ATP。Hsp70-ADP-Hsp40會持續貼附在多肽鏈上，直到Hsp110移去Hsp70上的ADP，Hsp70與Hsp40即脫離多肽鏈，使此區段得以進行摺疊，恢復正常結構。

▌ 熱休克蛋白 90 家族 (heat-shock protein 90 family; Hsp90 family) 護送子

Hsp90家族是演化上高度保留的護送子家族，大腸桿菌與人類的Hsp90，分子量約80~90 KDa之間，在胺基酸序列上有50%的同質性，人類全基因體及轉錄體分析發現17個Hsp90家族基因，可分為HSP90AA、HSP90AB、HSP90B及TRAP等四類。Hsp90參與蛋白質摺疊，以及多種胞內傳訊因子及類固醇荷爾蒙受體的傳送，故與胞內傳訊及受體功能密切相關，Hsp90在原生質中以同質雙倍體存在，且類似Hsp70家族依賴ATP水解提供能量，結構上也與Hsp70一樣含N-端的ATP接合區(NTD)，C-端的受質接合區(CTD)，兩功能區之間夾著中央區(Middle domain; MD)，NTD能接一分子的ATP，且具有ATPase活性以水解ATP→ADP＋P_i，MD能與其他護送子如Hsp70交互作用，CTD則與另一Hsp90分子形成雙倍體，Hsp90遭遇蛋白受體時會改變空間結構，使MD-CTD協同接合受體或需要傳送的蛋白。Hsp90家族在原生質中主要是Hsp90AA1（誘導型）與Hsp90AB1（結構型，持續表達），Hsp90B1 (Grp94)是內質網腔的護送子之一，TRAP1則主要在粒線體基質中，協助新輸入的蛋白分子恢復或形成適當折疊結構（表9-1）。

▌ 熱休克蛋白 60 家族 (heat-shock protein 60; Hsp60 family) 護送子

Hsp60家族護送子與Hsp70類似，也具有ATP接合功能與ATPase活性；而Hsp60也有協同護送子，如熱休克蛋白10 (heat-shock protein 10; Hsp10)分子等；不過兩者最大的區別，在於Hsp60家族護送子主要以聚合體存在，故又稱為**護送素**(chaperonin)。護送素確實提供一個獨立的區間，協助鬆開的多肽鏈產生正確的摺疊，以利隨後更複雜的結構組合。護送素也普遍存在於生物界，目前發現的護送素系統大致可分為兩群（表9-2），第一群護送素(group I chaperonin)存在於細菌細胞及真核細胞的粒線體與葉綠體中，由Hsp60與協同護送子Hsp10所構成；第二群護送素(group II chaperonin)則主要存在於古菌(*Archaea*)及真核細胞的細胞質與內質網中，這類護送素由Hsp60家族護送子組成，沒有協同護送子，不過操作的機制與第一群類似。

❖ 表9-2　HSP60護送子家族

第一群護送素	細菌細胞	粒線體及葉綠體
圓環	GroEL	Hsp60
頂蓋	GroES	Hsp10
第二群護送素	古菌	真核細胞的細胞質與內質網
	高溫體(thermosome)	Chaperon containing TCP-1 (CCT) TCP-1 Ring Complex (TRiC)

註：TCP-1是tailless complex polypeptide-1的縮寫。

　　第一群護送素以中空的圓筒狀結構存在，由兩個中空圓環上下相疊組成，每個圓環則含7個Hsp60護送子分子，Hsp60護送子分子在細菌細胞中稱為GroEL，是護送素的組成蛋白(GroEL subunit of chaperonin)，故整個護送素含14個GroEL分子（圖9-4）。Hsp60護送子分子具有向外的頂段（N端）、中段及接近兩個中空圓環接合處的赤道段（C端）。頂段朝向開口，負責接合多肽鏈，孔洞的開口具有圓頂狀的蓋子，此蓋子由6~8個Hsp10分子組成，在細菌細胞中稱為GroES，也是護送素的組成蛋白(GroES subunit of chaperonin)；赤道段則接合ATP及鄰近的次單元，且C端朝洞內突出，形成上下孔洞的間隔。整個護送素分子量約在10^6 dalton (1 MDa)左右。

　　為了方便解釋護送素的操作機制，一般將覆蓋GroES蓋子的一端稱為近端，另一對稱端稱為遠端（圖9-5）。整個作用機制必須由ATP供應能量，詳細步驟如下（圖9-6）：

1. 鬆開的多肽鏈將厭水性區段暴露在外，進入近端圓孔時，與圓孔厭水性內緣交互作用，此時每一個GroEL接合1分子的ATP。

2. GroES蓋子隨後覆蓋上來，引起GroEL結構的改變，圓孔變大，且內緣轉為親水性，迫使其中的多肽鏈進行摺疊。

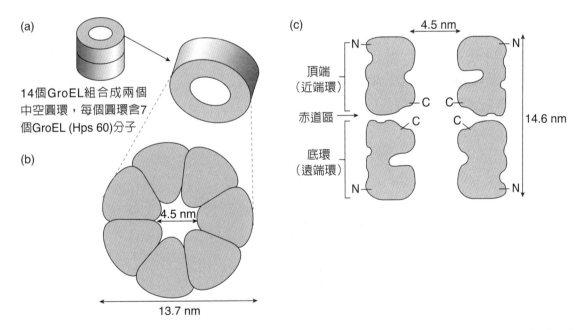

■ 圖9-4　Hsp60護送素(Hsp60 chaperonin)結構。(a)第一群護送素類似兩個中空圓環上下相疊，組成圓筒狀；(b)每個圓環含7個Hsp60 (GroEL)護送子分子，故整個護送素含14個GroEL分子；(c) N端朝向開口，稱為頂端，C端朝向赤道區，形成兩個環的間隔。

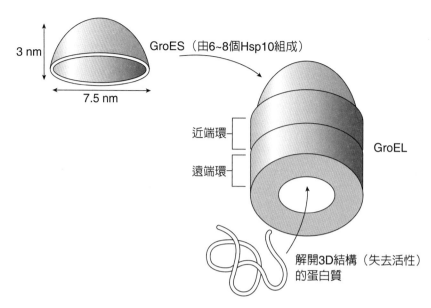

■ 圖9-5　參與護送素協助蛋白質摺疊操作機制的結構。一般將覆蓋GroES蓋子的一端稱為近端，另對
　　　　稱端稱為遠端。

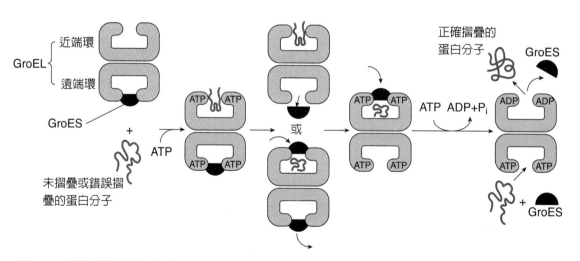

■ 圖9-6　護送素整個作用機制的詳細步驟。GroEL具有ATPase活性，能水解ATP並釋出能量，提供蛋
　　　　白分子摺疊及釋放之需。

3. GroES的覆蓋作用也誘使GroEL的ATPase活化，水解ATP並釋出能量，這份能量促使
　 遠端GroEL結構改變，準備接受新的多肽鏈及ATP，於是另一個多肽鏈摺疊循環將在
　 遠端發生。

4. 遠端接收另一個多肽鏈及ATP時，迫使近端的GroES蓋與摺疊過的多肽鏈脫離GroEL
　 聚合體。一個具有成熟結構的多肽鏈可能要進行一次以上的摺疊，故可能進出圓孔數
　 次。

第二群護送素也由兩個中空圓環上下相疊組成，但是不含有頂蓋結構。如CCT護送子(CCT chaperon)分子（見表9-2）具有頂段、中段及接近兩個中空圓環接合處的赤道段，整個圓環由8種不同的CCT護送子組成，形成異質八倍體，每個CCT頂段α螺旋突出到圓孔外，取代了GroES頂蓋的功能（圖9-7）。第二群護送素協助多肽鏈摺疊的機制也需要ATP提供能量。TRiC（見表9-2）位在內質網內腔，屬於第二群護送素，負責協助核糖體新合成的多肽鏈產生有功能的摺疊結構，這是轉譯後必要的步驟。

護送素不只與蛋白質三級立體結構有關，多種護送素肩負協助蛋白質複合體組合的任務（四級結構），如核體(nucleosome)在DNA複製過程中必須重整，DNA複製完成後組蛋白需要重新組合，這時就需要護送素的協助。組蛋白主要的護送素是染色質組合因子–1 (chromatin assembly factor-1; CAF-1)，CAF-1本身就含p150, p60 and p48等三個次單元；在酵母菌細胞中稱為Cac1, Cac2 and Cac3，抗靜止功能蛋白–1 (anti-silencing function-1 protein; ASF-1)是另一種組蛋白護送素。CAF-1直接受DNA複製因子PCNA的引導接近DNA複製區段，ASF-1則與DNA解旋酶交互作用，兩者確保DNA一旦複製完成，核體立即開始重組。ASF-1主要負責在細胞質中新合成的H3及H4，與Hsp90等其他護送子一起組合H3-H4複合體(H3-H4 complex)，再護送H3-H4複合體經由輸入子–4 (importin-4)的協助進入細胞核中。在細胞核內，CAF-1從ASF-1接手護送新合成的H3–H4，協助其組合成(H3–H4)$_2$複合體，再將複合體與H2A-H2B結合。

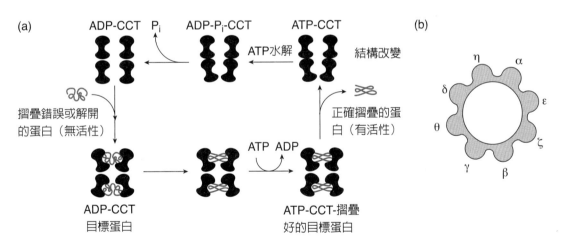

■ 圖9-7　第二群護送素的反應機制。(a)第二群護送素也由兩個中空圓環上下相疊組成，但是不含有頂蓋結構，第二群護送素協助多肽鏈摺疊的機制也需要ATP提供能量；(b)整個圓環由8種不同的護送子分子組成，形成異質八倍體。

🔍 ▶ 化學基修飾

蛋白質形成有功能的結構後，為了穩定、轉位(translocation)及活性調節，經常要經過化學性修飾(chemical modification)，即在特定胺基酸接上一個功能基(functional group)，或連接上一小段脂質或寡醣分子（寡醣側鏈）。

▍乙醯化 (acetylation; CH₃CO⁻)

此類修飾一般在乙醯轉移酶(acetyltransferase)的催化之下進行：

$$CH_3COOH + NH_2\text{-}R \rightarrow CH_3\text{-}CONH\text{-}R + H_2O$$

其中R代表蛋白質分子，NH_2-為某特定胺基酸〔經常是離胺酸(lysine; Lys)〕側鏈末端的氨基，這類酵素又稱為離胺酸N-乙醯轉移酶(lysine N-acetyltransferase)，當然精胺酸(arginine; Arg)也可能是N-乙醯轉移酶的目標。被研究得最多的是染色體上組蛋白(histone)尾端的乙醯化，組蛋白的一個或數個離胺酸被乙醯化時，會造成核體的重組，調節基因的活性。有關組蛋白功能的調控，已經在先前的章節中闡釋。核糖體蛋白(ribosomal proteins)的N-端也有被乙醯化的現象，包括大腸桿菌核糖體的bS5、bS18、bL12等核糖體蛋白會被乙醯化，尤其是細菌的生長狀況與bL12的乙醯化程度有關。此外，許多細胞內的蛋白質分子在非乙醯化狀態下，較容易被分解，如與癌症有關的腫瘤抑制因子p53分子，其C端區段的離胺酸被乙醯化後，能增進此分子的穩定性。當然有使蛋白乙醯化的乙醯轉移酶，也有去除乙醯化的酵素，如組蛋白去乙醯酶(histone deacetylase; HDAC)，抑制基因的表達；如上一節提到的Hsp90蛋白如果乙醯化反而影響其活性，如果能降低或抑制Hsp90乙醯化，則Hsp90能恢復活性，如在肝細胞中具有活性的Hsp90，能促進NO的產生，減少肝細胞的損傷。

乙醯化酵素的主要目標是離胺酸(lysine)，不過某些細菌細胞中也具有乙醯化的絲胺酸(acetylserine)，被乙醯化的功能基是-OH，故與lysine的N-acetylation不同，是O-acetylation，催化此反應的是絲胺酸O-乙醯轉移酶(serine O-acetyltransferase)，當然蘇胺酸(threonine; Thr)也可能是O-乙醯轉移酶的目標。如某些細菌的Acetyl-CoA合成酶(acetyl-CoA synthetase)的活性就受到絲胺酸乙醯化的影響，近年來的研究也發現，腦神經元細胞中的環氧化酶2 (cyclooxygenase2; COX2)，第565號絲胺酸(S565)也會被乙醯化。

脂質側鏈

脂質側鏈的修飾皆發生在附著於膜上的蛋白質，這一類與細胞膜接合的蛋白質並不是靠厭水性區段穿透脂質膜或附著在膜上，而是利用共價鍵將一段油溶性長鏈加在蛋白質分子上，使蛋白質分子能利用此油溶性長鏈「下錨」(anchor)在磷脂雙層膜的內側（鄰細胞質的一側）。油溶性長鏈主要有兩種，一種是脂肪酸，另一種是異戊二烯(isoprene)聚合鏈，如**香草脂鏈**(geranylgeranyl chain; C_{20})、**法內烯鏈**(farnesyl chain; C_{15})等，就是isoprene構成的長鏈。

一般熟知的典型GTP接合蛋白(GTP-binding protein; G-protein)就是在N-myrisyl CoA transferase的催化下，N端的甘胺酸(glycine)以NH_2接上14個C的肉豆蔻酸(myristic acid)，藉此附著在原生質膜內側。大多數G-蛋白(G-protein)在N端第3個位置的色胺酸(trypotophan; trp; W3)，還會以硫酯鍵接上一條16個C的棕櫚酸(palmitic acid)。ras蛋白也是一種G-蛋白，同時也歸屬於致癌蛋白(ras protein; a G-protein and an oncoprotein)，不過ras則以其C端的色胺酸(W186)接上一條法內烯鏈(farnesyl chain; C_{15})，定錨在原生質膜內側。這類蛋白在細胞內傳訊途徑中，具有接受胞外訊息的任務，經過一系列分段活化途徑，活化基因體上某些特定功能的基因，影響細胞循環周期等多種功能。

某些蛋白質以一種磷脂與寡醣分子組成的結構附著在原生質膜外側，稱為**醣肌醇磷脂錨**(glycosylphosphatidylinositol anchor; GPI anchor)，主要是利用肌醇磷脂的兩條脂肪酸嵌入膜內（圖9-8），如與免疫系統的補體活性調節有關的DAF (decay accelerating factor)及CD59分子等皆為此類膜蛋白，負責接上GPI錨的胺基酸為C端的小分子胺基酸，如甘胺酸、丙胺酸(alanine)、絲胺酸(serine)等，這類膜蛋白在膜上的移動性高，增加其訊息接收功能的效率。

磷酸化 (phosphorylation)

磷酸化是細胞內蛋白質最普遍的修飾反應，催化磷酸化的酵素大多數稱為激酶(kinase)，激酶以ATP為受質，將其γ–磷酸根轉接到目標蛋白質分子–OH功能基上，而被磷酸化的經常是酪胺酸(tyrosine)的–OH功能基，催化酪胺酸磷酸化的激酶稱為**酪胺酸激酶**(tyrosine kinase)；此外，另一種常見的激酶則磷酸化絲胺酸與蘇胺酸(threonine)的–OH功能基，稱為**絲胺酸／蘇胺酸激酶**(serine/threonine kinase)。

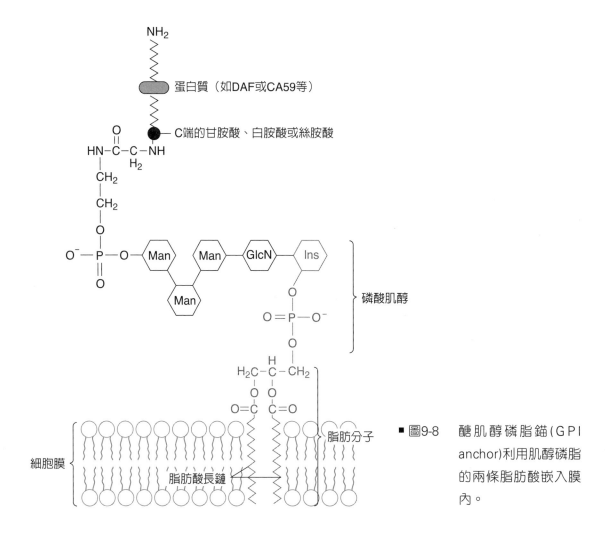

■ 圖9-8　醣肌醇磷脂錨(GPI anchor)利用肌醇磷脂的兩條脂肪酸嵌入膜內。

圖中標示：NH₂、蛋白質（如DAF或CA59等）、C端的甘胺酸、白胺酸或絲胺酸、HN-C-C-NH₂、Man、Man、Man、GlcN、Ins、磷酸肌醇、脂肪分子、細胞膜、脂肪酸長鏈

　　蛋白質磷酸化廣泛的影響細胞的代謝反應、胞內傳訊途徑（感應）以及細胞的增殖（細胞週期，cell cycle）（詳見附錄五及附錄六），可見蛋白質磷酸化是細胞維持其生命特徵（新陳代謝、生長、增殖與感應）的關鍵反應之一。第6章也提過，RNA pol II的CTD磷酸化是進行轉錄的必要條件，且組蛋白的磷酸化涉及基因的調節，雙股DNA斷裂(double-strand break; DSB)型損傷會誘導H2AX組蛋白(H2AX histone protein)磷酸化。轉譯也會受到磷酸化的調節，已經有證據顯示，當細胞受病毒感染時，包括eIF4E、eIF2A、核糖體蛋白等，皆可能被磷酸化而影響轉譯的功能。相同的基因產物，其功能應該一樣，不過蛋白是否磷酸化影響許多基因產物的功能，如肝醣合成酶(glycogen synthase)就有兩種狀態，磷酸化的肝醣合成酶稱為肝醣合成酶b，是非活化態，又稱為D型(dependent)，因為其活化需要依賴葡萄糖-6-P的存在；如果肝醣合成酶b由磷酸分解酶(phosphatase)去磷酸化，則稱為肝醣合成酶a，是活化態，又稱為I型(independent)，

因為其活化不依賴葡萄糖–6–P的存在，肝醣合成酶a可催化UDP–葡萄糖合成肝醣的反應（圖9-9）。週期素依賴性蛋白基酶(cyclin-dependent protein kinase; CDK)更是調控細胞週期循環的關鍵因子，例如G1週期素Cln3與Cdk1的複合體能磷酸化RNA Pol II次單元Rpb1，促進RNA轉錄；RB蛋白是最早被發現的腫瘤抑制蛋白之一，RB-E2F複合體抑制許多促使細胞由G1進入S期（DNA複製期）的基因，同時抑制腫瘤細胞分裂，此時RB處在低磷酸化狀態，如果RB被CDK1或CDK2高度磷酸化，則E2F與RB分離，游離的E2F家族蛋白促使染色質重整(chromatin remodeling)，活化一系列促使G1進入S期有關的基因表達，促進腫瘤細胞增生。基於蛋白質磷酸化在細胞功能與人體生理的重要性，生物資訊學門已經發展出一門磷酸化蛋白組學(phosphoproteomics)，辨識磷酸化位置的工具中，最普遍使用的是質譜儀(mass spectrometry)，配合蛋白組學(proteomics)的數據庫，判斷數據庫已知的蛋白質分子中，約有86,000個絲胺酸、50,000個蘇胺酸及約26,000個酪胺酸被磷酸化，可見蛋白磷酸化應該是最普遍的修飾，也是在演化中高度保留的反應。

醣化反應 (glycosylation)

多數膜上的蛋白質以及細胞分泌到胞外的蛋白質，皆經過醣化作用的修飾，被醣化的胺基酸為天門冬醯胺(asparagine; Asn)或絲胺酸(serine; Ser)、蘇胺酸(threonine; Thr)；即新合成的蛋白質在這些特定胺基酸上，接上一段含十餘個單醣的側鏈，與Asn的NH_2功能基連接的稱為**N–連接型醣化**(N-linked glycosylation)；而與Ser/Thr的OH功能基連接的稱為**O–連接型醣化**(O-linked glycosylation)。連接在新合成多肽鏈上的寡醣側鏈必須經過一系列的修飾，變換其單醣的種類與組成，才產生最終的醣蛋白結構，寡醣側鏈的修飾工作從內質網腔開始，直到反向高基氏體囊(trans Golgi cisternae)才完成。蛋白質的醣化增加蛋白質被特定轉送機制辨識的機會，細胞表面的某些醣蛋白也成為特定細胞的標記，分泌到胞外的蛋白質往往被高度醣化，使其不容易被胞外環境中的蛋白質分解酶所攻擊。

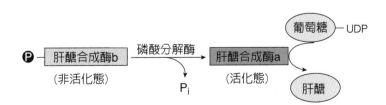

■ 圖9-9　肝醣合成酶的兩種狀態。磷酸化的肝醣合成酶稱為肝醣合成酶b（D型），是非活化態；如果由磷酸分解酶去除磷酸根，則稱為肝醣合成酶a（I型），是活化態。

較不普遍的修飾作用

將脯胺酸(proline; Pro)及離胺酸(lysine; Lys)加上氫氧根(4-hydroxyproline; 5-hydroxylysine)，在成熟的膠原蛋白分子(collagen)上是很普遍的現象，也是穩定膠原蛋白分子必需的修飾，催化氫氧化反應的酵素需要維生素C (vitamin C)作為輔酶，這是維生素C在生物體內主要的功能之一。

甲基化(methylation)也是某些蛋白質活性調節的機制之一，負責這類修飾的是甲基轉移酶(methyltransferase)，甲基的提供者幾乎都是S-adenosylmethionine (AdoMet)，最常被甲基化的位置是離胺酸(Lys)及精胺酸(Arg)，不過也發生在組胺酸(histidine; His)與麩醯胺酸(glutamine; Gln)，蛋白組學研究發現人類細胞中約有200種以AdoMet為甲基供給者的甲基轉移酶，數千個甲基化位置，不過研究最詳細的還是染色質上的組蛋白甲基化與基因調控，可參閱第6章。

泛化與分解

蛋白質和細胞中的其他大分子一樣，皆有一定的**半生期**(half-life)，由特殊的酵素加以分解為單元分子，再合成新的大分子，這種**周轉現象**(turnover)確保細胞甚至整個個體內大分子含量的恆定，也同時清除失去功能或功能降低的大分子。mRNA的半生期可能只有數分鐘，快速轉譯為蛋白質後就被分解，蛋白質也只有數小時或數天的壽命，故從基因轉錄到轉譯，必須持續不斷在進行的。胞器中的蛋白質可能隨著老化的胞器被溶酶體(lysosome)內的蛋白酶分解，細胞質中的蛋白質則大多經過稱為**泛化**(ubiquitination)的系列反應所分解。主導泛化分解機制的有兩組蛋白質複合體，一組是由酵素1 (enzyme 1; E1)、酵素2 (E2)及酵素3 (E3)構成的泛化酶複合體，負責將一段含76個胺基酸的多肽鏈接在目標蛋白質的分子上，這段含76個胺基酸的多肽鏈稱為**泛化子**(ubiquitin)，被泛化子所泛化的蛋白質，將成為**蛋白酶體**(proteosome)的分解目標，很快的被分解成小片段，故另一組複合體參與分解機制的是蛋白酶體。整個過程大致可分為五個步驟如下（圖9-10）：

1. **步驟一**：泛化子的C端甘胺酸(glycine; Gly)與E1形成硫酯鍵(thioester bond)，此一步驟需要ATP供應能量。

2. **步驟二**：E1將泛化子轉交給E2，E2也以硫酯鍵結合泛化子。此時E2與E3結合為雙倍體。

3. **步驟三**：E3負責辨識及接合目標蛋白質，使目標蛋白質分子內的離胺酸(Lys)顯露出來，於是E2將泛化子轉移給目標蛋白質，此時泛化子C端甘胺酸與Lys側鏈末端的-NH_2形成醯胺鍵。

4. **步驟四**：目標蛋白質上的泛化子第46個胺基酸為Lys，此Lys能在E3的催化下，再接合另一個泛化子長鏈，如此串聯可使目標蛋白質接上成串的泛化子。

5. **步驟五**：接上成串泛化子的目標蛋白質隨即被蛋白酶體所辨識。蛋白酶體由20S的核心及上、下兩個19S活化複合體所組成（圖9-11），活化的蛋白酶體大小為26S，分子量約2 MDa。20S的核心由α及β等兩種次單元聚合成圓筒狀，以α7-β7-β7-α7的順序結合，即每一圈含7個次單元，總分子量約為700 KDa。蛋白酶體核心的組合過程需要ATP提供能量，由20S轉換成26S也需要能量；進入圓筒狀蛋白酶體的目標蛋白質，從兩頭被迅速分解，分解目標蛋白質的過程也需要ATP（圖9-11）。

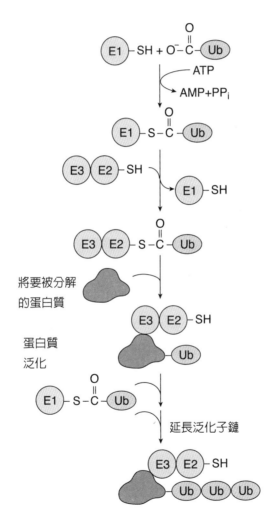

■ 圖9-10　蛋白質泛化的五個步驟。圖中顯示E1為第一護送者、E2為中繼者、E3為接合酶，將攜帶的泛化子接在目標蛋白上。

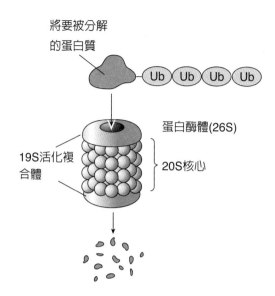

■ 圖9-11　蛋白酶體由20S的核心及上、下兩個19S活化複合體所組成。從蛋白酶體的組合到分解目標蛋白質的過程皆需要消耗ATP。

9-2 自由態核糖體的轉譯與轉送途徑

　　蛋白質要發揮其特有的功能，除了要有正確的結構與適當修飾之外，還需要到適當的位置或區間，才能有效的執行任務；如細胞膜上的蛋白質，如果錯誤的轉送到內質網膜上，則無法發揮其功能；位於溶酶體內的分解酶如果誤送到細胞外，其分解酶活性也無法發揮。可見**蛋白質目標導向**(protein targeting)或稱為**蛋白質區位化**(protein localization)的正確性，也是基因終極表達的關鍵因素。蛋白質目標導向的正確訊息是內建式的；換言之，其導向訊號為蛋白質分子中的一段序列，大部分蛋白的訊號序列位於N端，少部分位於中段或C端。

　　蛋白質的轉送途徑大致可分為兩大系統，取決於進行轉譯的位置。如果由細胞質中自由態的核糖體轉譯完成，則這類蛋白質會被轉送至粒線體、葉綠體、過氧化體(peroxisome)等胞器中，某些則留在細胞質中，協助細胞生理、生化反應的運作。部分蛋白質則由附著在粗糙型內質網(rough endoplasmic reticulum; rough ER)表面的核糖體完成轉譯，這類蛋白質轉譯完成後，可能成為膜蛋白或進入內質網內腔，循著稱為分泌途徑(secretory pathway)的轉送過程，經過高基氏複合體(Golgi complex)，轉送至特定胞器（如溶酶體）或分泌到胞外。

粒線體蛋白質

　　粒線體中含上千種蛋白質,但是只能自行合成少部分所需蛋白質,以人類細胞的粒線體而言,只有13個編碼蛋白質的基因(酵母菌粒線體只有8個編碼蛋白質基因),故大部分蛋白質皆仰賴進口。這些輸入粒線體的蛋白質,編碼基因都在細胞核內的染色體上,mRNA輸出到細胞質後,皆由自由態的核糖體在細胞質中轉譯完成,N端胺基酸具有訊號序列,稱為**先導序列**(leader sequence)。以酵母菌的細胞色素C氧化酶次單元IV (cytochrome C oxidase subunit IV)為例,N端的前25個胺基酸為先導序列,主要含有多個中性(厭水性)胺基酸(白胺酸、苯丙胺酸等)及帶正電荷的鹼性胺基酸(離胺酸、精胺酸等)(圖9-12)。事實上前12個胺基酸已經提供足夠的訊號,使具有此訊號的蛋白質被轉送至粒線體,以特殊機制通過外膜,進入粒線體的基質中,故此序列被稱為**基質導向序列**(matrix targeting sequence; MTS)。某些先導序列的MTS緊跟著另一段訊號序列,稱為**膜間區導向序列**(intermembrane space-targeting sequence),引導蛋白質進入粒線體內外膜之間的區間中(圖9-12),如細胞色素C1 (cytochrome C1) N端含有32個胺基酸為MTS,緊跟著19個胺基酸為膜間區導向序列。

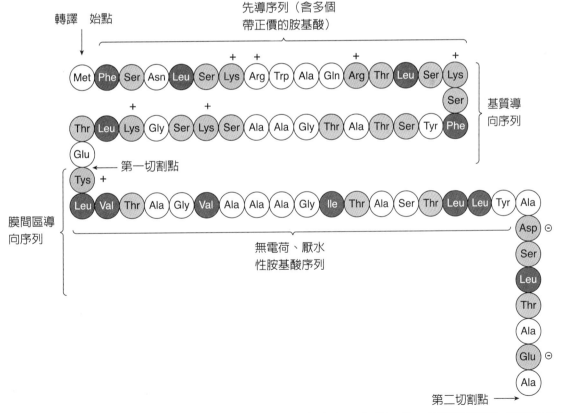

■ 圖9-12　輸入粒線體之蛋白質具有的先導序列:以細胞色素C1為例。前12個胺基酸稱為基質導向序列(MTS),能參與引導蛋白質進入粒線體基質中。某些先導序列的MTS緊跟著膜間區導向序列,引導蛋白質進入粒線體內外膜之間的空間中。

在細胞質中，輸入粒線體的蛋白質先與Hsp 70家族護送子（如Hsc 70等）及粒線體輸入刺激素(mitochondria-import stimulating factor; MSF)結合，不論是Hsp70及MSF，皆具有ATPase活性，能利用分解ATP釋出的能量，維持蛋白質結構在非摺疊狀態，以利蛋白質分子穿過粒線體膜上的孔道。MSF能辨識並接合MTS，經由護送子與MSF的協助，蛋白質停靠在粒線體外膜上的Tom複合體〔Tom為外膜輸送子(transporter of outer membrane; Tom)〕；多年來研究發現，粒線體外膜上有兩種複合體，Tom複合體含7個次單元，包括Tom 70、Tom 40、Tom 22/20等主要因子，再加上Tom 5/6/7等三種輔助膜蛋白，分子量大約400 KDa，負責組成外膜的通道，MSF攜帶輸入蛋白至外膜後，即活化ATPase活性，利用分解ATP釋出的能量脫離輸入蛋白，輸入蛋白隨即在Hsp 70/Hsc 70的協助下轉移至Tom 22/20複合體(Tom 22/20 complex)上，再經過Tom 40膜蛋白(Tom 40 membrane protein)形成的孔道，呈一長條狀通過外膜（圖9-13）。另一複合體為Sam 37與Sam 55/50、Sam 38/35組成的SAM複合體，SAM全名為Sorting and Assembly Machinary，故名思議其功能涉及膜上複合體的組合，尤其是Tom複合體主要次單元Tom 40、Tom 22的篩選與組合，Tom 40歸屬於一種來自細菌細胞膜上的β-筒狀蛋白家族（如細菌膜上的porin），包括Sam 50也是β-筒狀蛋白，這證明粒線體演化上來自寄生在真核細胞的原核生物。

　　輸入蛋白並未在膜間區停留，順勢通過Tim 23/17複合體(Tim 23/17 complex)等內膜輸送子(transproter of inner membrane; Tim)構成的內膜孔道，其實Tim 23複合體(Tim 23 complex)是個含11種次單元的大複合體；Tim 44為Tim 23/17的協同膜蛋白，Tim 44上停靠著另一種Hsp 70護送子，稱為粒線體Hsp 70（mtHsp 70；或稱mortalin）；由mtHsp 70與Tim 44及輔助因子Mge1組成的複合體具有類似拖拉機的功能，當MTS一暴露在粒線體基質中，mtHsp 70即與MTS相接合，隨即利用分解ATP釋出的能量，將欲輸入的蛋白拖入粒線體基質中。進入粒線體的蛋白質先由特殊的蛋白酶切除MTS，再依賴Hsp 60家族護送子的協助，摺疊成正確的3D結構，並與次單元聚合成蛋白質的四級結構，參與一系列代謝反應（圖9-13）。某些具有膜間區導向序列的蛋白質〔如酵母菌細胞中的major adenylate kinase (Aky2p)〕，能進一步通過特定孔道，進入粒線體內外膜之間的區間中，發揮其應有的功能。在膜間區的護送子是Tim 22複合體(Tim 22 complex)，能維持膜間區蛋白的3D結構，Tim 22複合體含Tim 18/54及Sdh3等次單元，以及輔助的Tim 8/9/10/12/13等小Tim蛋白因子。

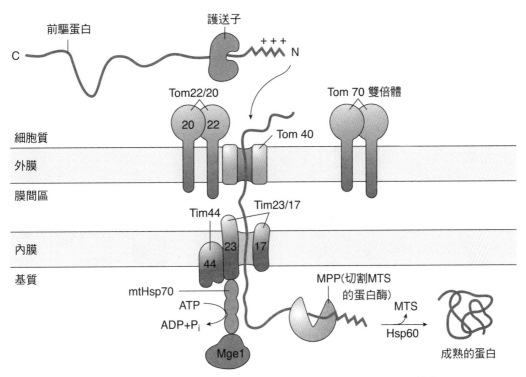

■ 圖9-13　輸入蛋白穿過粒線體雙層膜的機制。輸入蛋白通過Tim23/17內膜孔道後，Tim44-mtHsp70-Mge1組成的複合體隨即利用分解ATP釋出的能量，將蛋白拖入粒線體基質中。進入粒線體的蛋白質先由蛋白酶切除MTS，再依賴Hsp60家族護送子的協助，摺疊成正確的3D結構。

葉綠體蛋白質

　　葉綠體(chloroplast)內的基因體大致編碼100種自己所需的蛋白質分子，超過2,000種蛋白質也仰賴「進口」，這些輸入葉綠體的蛋白質分子基因編碼在細胞核內的基因體中，也像粒線體輸入蛋白一樣內建葉綠體導向訊號。如葉綠體中含量最多的酵素Rubisco (ribulose 1,5-bisphosphate carboxylase)由8個分子量53 KDa的大次單元及8個14 KDa的小次單元所構成，其中大次單元的基因在葉綠體的基因體中，自己轉錄、轉譯；而小次單元的基因則在細胞核中的基因體內，循著一般基因的表現途徑形成mRNA，再由細胞質中的游離核糖體合成。Rubisco小次單元的N端含有一段平均約50個胺基酸的先導序列，稱為**運輸肽鏈**(transit peptide; TP)，或以其功能稱為**基質輸入序列**(stromal-import sequence)，細胞質中的Hsp70家族護送子能辨識此序列，與Rubisco小次單元接合後，將此蛋白分子帶到葉綠體表面的受體上（圖9-14）。

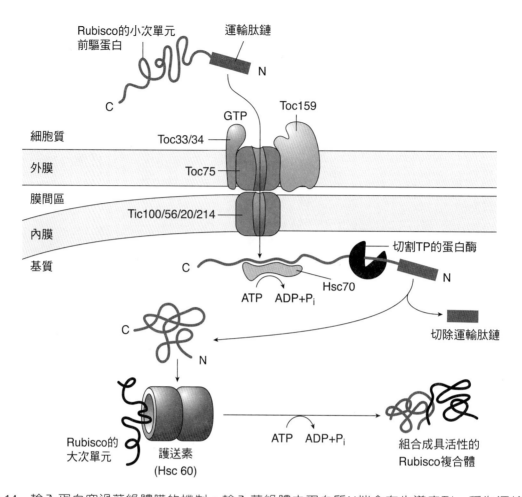

■ 圖9-14　輸入蛋白穿過葉綠體膜的機制。輸入葉綠體之蛋白質N端含有先導序列，稱為運輸肽鏈
(transport peptide; TP)，細胞質中的Hsp70家族護送子能辨識此序列，將此蛋白分子帶到
葉綠體表面的受體上。外膜上的受體為Toc75-Toc34-Toc86複合體，能使輸入蛋白停靠在外
膜上，Toc34具有GTPase活性，分解GTP釋出能量，協助輸入蛋白離開受體並進入Toc75
孔道，蛋白質隨後再通過內膜上的轉運體(Tic)進入基質中。進入基質的蛋白質由葉綠體內
Hsc70穩定結構，並由蛋白酶切除TP，隨後在Hsp家族護送素的協助下組合為具有活性的蛋
白複合體。

　　葉綠體外膜上的轉運體(translocon at the outer envelope membrane of chloroplast;
Toc)由四種蛋白質所組成，分別為Toc159、Toc75及Toc33/34，所構成的Toc複合體分
子量約800~1,000 KDa。Toc159早期被認為是Toc86，隨後的研究發現Toc86是Toc159
在純化葉綠體過程中斷裂的產物，Toc86是Toc159分子對輸入蛋白的辨識與接合區，但
是失去了具GTPase活性的原生質區。Toc159及Toc33/34為TP的受體，能使葉綠體輸入
蛋白停靠在外膜上；Toc159及Toc33/34具有GTPase活性，水解GTP釋出的能量協助葉

綠體輸入蛋白離開受體，進入由Toc75構成的孔道。蛋白質隨後再通過內膜上的轉運體(translocon at the inner envelope membrane of chloroplast; Tic)進入基質中，Tic是由Tic20/110/56/124等四種次單元組成的複合體（分子量約1 MDa），形成內膜通道，此複合體蛋白質要通過Tic，還需要Hsp93以類似拖拉機的功能(import motor)，消耗ATP釋出之能量，將欲輸入的蛋白拖入葉綠體基質中。剛進入基質的蛋白質一方面由葉綠體內Hsp70及Hsp90護送子家族穩定結構，一方面由特殊的蛋白酶切除TP（或稱為基質輸入序列）。被處理修飾過的Rubisco小次單元，在Hsp60家族護送素（如Hsc60）的協助下，與大次單元正確組合為具有活性的Rubisco，參與光合作用的暗反應（圖9-14）。

　　葉綠體含有三層膜，外膜與內膜包裝著葉綠體內的基質與葉綠餅，而葉綠餅也是由膜所構成，故位於葉綠餅膜上及腔內的蛋白質，如果由細胞質中的核糖體所合成，則需要穿過三層膜構造。如質藍素(plastocyanin)、OEC 33 (oxygen-evolving complex 33)等之N端除了具有基質輸入序列(TP)之外，還具有一段**葉綠餅導向序列**(thylakoid-targeting sequence)，當蛋白酶切除基質輸入序列之後，能辨識葉綠餅導向序列的護送子，就能引導這類蛋白質進入葉綠餅。進入葉綠餅之後，葉綠餅導向序列也會被蛋白酶切除，留下成熟的質藍素等葉綠餅蛋白。

細胞核蛋白質的輸入與輸出

　　細胞核內的所有蛋白質皆仰賴進口，核內某些蛋白質及大分子基於功能上的需要（如協助mRNA離開細胞核等）也需要離開細胞核。由於細胞核為雙層膜構造，故大分子必須經由膜上特殊的孔道進出，這種孔道稱為**核孔複合體**(nuclear pore complex; NPC)，依不同生物細胞，分別由數十種蛋白質所組成，總分子量大於110 MDa，在電子顯微鏡下清楚可見。NPC的主結構含細胞質纖維(cytoplasmic filament)、中央栓(central plug)、質環(cytoplasmic ring)、輻條(spoke)、核環(nuclear ring)及核籃(nuclear basket)等（圖9-15），有關組成核孔的結構蛋白，可參閱第7章「7-6節 mRNA經核孔輸出的機制」；分子量小於40 KDa的分子，皆能自由經由核孔進出細胞核，大於40 KDa的大分子則需要特殊機制才能進出，蛋白質的分子量多大於此限制。基本上，輸入及輸出的蛋白質分子也具有內建式訊號，分別為核輸出訊號(nuclear-export signal; NES)及核區位訊號(nuclear- localization signal; NLS)，由一群稱為karyopherin家族的特殊的因子辨識並護送通過NPC。NES由一段富含白胺酸(Leu)的厭水性胺基酸組成；而NLS則由富含正價（鹼性）胺基酸，如早期研究SV40病毒的NLS為-Pro-Lys-Lys-Lys-Arg-Lys-Val-，目前發現NLS分兩類，一類是單方序列(monopartite NLS)，含4~8個鹼性胺基酸（如Pro-Lys-

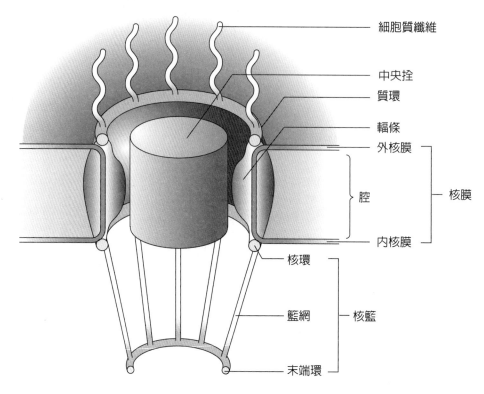

細胞質纖維

中央拴

質環

輻條

外核膜

核膜

腔

內核膜

核環

藍網 — 核籃

末端環

■ 圖9-15　核孔複合體(NPC)結構。

Leu-Lys-Arg-Gln）；另一類為二分序列(bipartite NLS)，鹼性胺基酸分為兩群，各含
2-3個鹼性胺基酸，兩群之間有約9~12個胺基酸連結，如p53接合蛋白1 (53BP1)的NLS為
GK**R**KLITSEEERSPA**KR**GRKS (K, Lysine; R, Arginine; G, Glycine)。

▋ 輸出機制

　　包括tRNA、mRNA、微RNA (microRNA; miRNA)、核糖體次單元（含rRNA及核
糖蛋白）等必須離開細胞核的大分子，皆需要特殊的蛋白因子的協助，才能順利通過核
孔，進入細胞質中執行任務，有關mRNA的Mex67/Nxf1輸出機制，已經在第7章「7-6節
mRNA經核孔輸出的機制」中詳述，　而協助蛋白質、tRNA、snRNA、miRNA及核糖體
次單元輸出，以及協助蛋白質輸入細胞核的蛋白因子統稱為核轉運蛋白(karyopherins)，
包含輸入素(importin)、輸出素(exportin)及轉運素(transportin)。協助輸出的因子稱為輸
出素(exportin)，如酵母菌細胞中已被詳細研究的輸出素稱為輸出素-1 (exportin-1)，又
稱為Crm1），其他真核細胞生物包括人類細胞，也具有Crm1同源的XPO1蛋白，是人
類細胞核中7種輸出素之一，編碼於*XPO1*基因，能辨識NES序列，負責tRNA、miRNA

及200種以上的蛋白質輸出，故蛋白質皆依賴Crm1/XPO1途徑輸出到細胞質。其他種類的輸出素(XPO)辨識及輸出的蛋白種類較為有限，如哺乳類細胞以輸出素-5 (exportin-5; XPO5)協助輸出原型60S次單元，也能協助tRNA及miRNA的輸出。

大多數mRNA皆仰賴Mex67/Nxf1輸出機制通過核孔，離開細胞核到細胞質中，不過也有少數某些mRNA也經由Crm1/XPO1途徑，如HIV-1病毒感染產生的mRNA就藉由Crm1/XPO1途徑輸出，Crm1/XPO1途徑的承接蛋白有數種，可能是human antigen R (HUR)、eIF4E或nuclear export factor 3 (NXF3)。參與組成核糖核酸蛋白(RNP)的snRNA也是藉由Crm1/XPO1途徑輸出到細胞質，輔助蛋白為 phosphorylated adaptor for RNA export (PHAX)。

Crm1/XPO1途徑有兩個特性，第一種特性為不能直接與蛋白質、RNA分子或核糖體次單元（原型40S及60S）接合，而是接在擔任承接器(adaptor)的蛋白因子上，以核糖體次單元為例，如在酵母菌細胞中，Nmd3是原型60S次單元的輸出承接器，Ltv1則是原型40S的輸出承接器，承接器一方面是核酸接合蛋白(RNA-binding protein)，一方面經由所含的NES序列與輸出素-1接合(pre-40S-Ltv1-Crm1)。哺乳類細胞以XPO5或XPO1 (Crm1)協助輸出原型60S，承接器也是Nmd3 (pre-60S-Nmd3-XPO5)，而協助原型40S輸出的只有XPO1 (Crm1)，人類的40S承接器還在研究中，晚近的報導指出PDCD2 (programmed cell death 2)可能是人類40S的輸出承接器。

Crm1/XPO1第二種特性是需要一種GTP接合蛋白的存在，這種蛋白質稱為Ran，是ras21家族的小分子GTPase，Ran-GTP使輸出素–1與貨物在通過核孔的過程中，能保持穩定的接合。當離開細胞核之後，「Ran-GTP-Crm1-貨物」複合體靠在核孔纖毛的Ran接合蛋白2 (RanBP2)上，Ran受到Ran GTPase活化因子(Ran GTPase-activating protein; RanGAP)的作用，活化了Ran的GTPase活性，隨即將所接合的GTP分解為GDP＋P_i。Ran-GDP為非活化態，故Ran與「Crm1-貨物」很快的分開，而輸出素-1 (Crm1/XPO1)也同時將貨物卸下來，釋放在細胞質中，完成輸出的程序。由於細胞質的Ran-GDP濃度高於核質，游離的Ran-GDP與輸出素-1 (Crm1)會經由核孔回到細胞核中，繼續下一輪的運輸工作，不過Ran-GDP必須在Ran核苷交換因子(Ran-nucleotide exchange factor; RCC1)的催化下，釋出GDP、換上GTP，重新恢復為Ran-GTP活化態（圖9-16），故細胞核中的Ran-GTP濃度高於細胞質，這種梯度的維持對大分子出入細胞核極為重要。

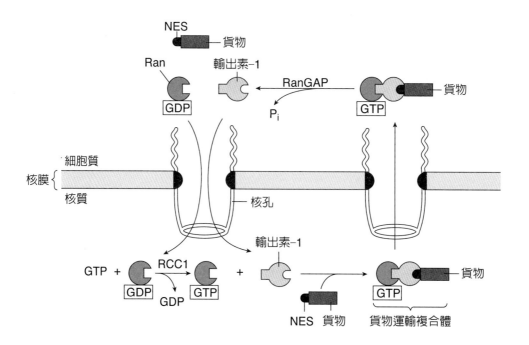

■ 圖9-16 蛋白質、tRNA、miRNA、細胞核RNA、核糖體等大分子的輸出機制。輸出素–1先接在蛋白承接器的NES序列上，大分子承接蛋白複合體成為輸出素–1的貨物。Ran-GTP穩定此結構，並護送輸出素-1與貨物通過核孔。離開細胞核後的Ran受到RanGAP的作用，由Ran-GTP水解為Ran-GDP，輸出素–1即與貨物分開，釋放在細胞質中。游離的Ran-GDP與輸出素–1會經由核孔回到細胞核中，Ran-GDP在RCC 1的催化下，釋出GDP、換上GTP，再生為Ran-GTP。

表9-3　輸出素Crm1/XPO1途徑相關蛋白因子

酵母菌細胞	哺乳類（含人類）細胞	功能
Crm1	XPO1	輸出素；主要的轉運受體，貨物包括蛋白質、tRNA、snRNA、miRNA、核糖體次單元及少部分mRNA
Ran-GTP	Ran-GTP	G-蛋白；輸出素輔助因子，能量提供者
Nmd3	Nmd3	輸出60S的承接蛋白
Ltv1	PDCD2	輸出40S的承接蛋白
Nxf3		nuclear export factor 3；輸出mRNA之承接蛋白
HuR		人類RNA接合蛋白抗原R；輸出mRNA之承接蛋白，接在mRNA 3'-UTR之富含AU元素上

▌輸入機制

　　輸入細胞核的物質主要是蛋白質，這些蛋白質具有特殊的NLS訊號，負責輸入的karyopherin家族蛋白稱為**輸入素**(importin)，其中**輸入素–α** (importin-α)負責辨識NLS，且擔任貨物的受體，輸入素–β (importin-β)則負責穩定輸入素–α–貨物複合體，並協助其

通過核孔，輸入素–β–α–貨物複合體進入細胞核之後，細胞核中的Ran-GTP隨後接合在輸入素–β上，促使輸入素–β與輸入素–α–貨物複合體分開。失去輸入素–β之後，輸入素–α也與貨物分離，將貨物釋出到細胞核中，完成輸入的程序。藉由Ran-GTP的協助，輸入素–β通過核孔回到細胞質中，再經由RanGAP的幫忙將RanGTP水解為RanGDP，使輸入素–β與Ran-GDP分開，回復游離態，在細胞質中準備接受下一次的任務；與貨物分開的輸入素–α也經由Ran-GTP與CAS蛋白因子(cellular apoptosis susceptibility protein)的協助，回到細胞質中（圖9-17）。某些細胞核內所需的蛋白因子也需要承接器的協助，才能順利輸入細胞核中，如一般型轉錄因子TFIID是TBP與13種TAF所組成的，其中TAF10本身並沒有NLS序列，必須依賴TAF8或SPT7L（SAGA的次單元之一）等因子作為承接器，一方面接合TAF10，一方面經由所含的NLS序列與輸入素–接合，由輸入素協助進入細胞核中。

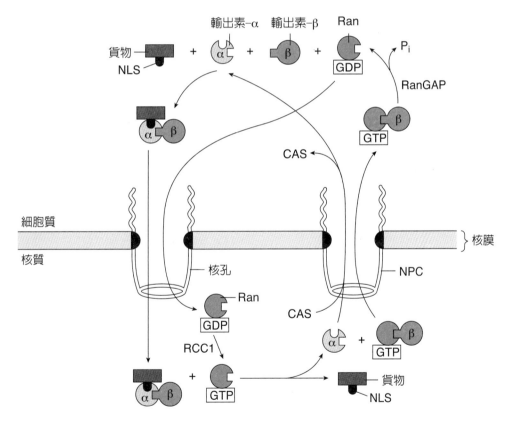

■ 圖9-17 物質輸入細胞核的機制。輸入素–α能辨識輸入蛋白的NLS，輸入素–β則負責穩定輸入素–α–貨物複合體，並協助其通過核孔。輸入素–β–α–貨物複合體進入細胞核之後，Ran-GTP隨即接合在輸入素–β上，促使輸入素–β與輸入素–α–貨物複合體分開，輸入素–α隨後也與貨物分離，將貨物釋出到細胞核中。藉由Ran-GTP的協助，輸入素–β回到細胞質中，再經由Ran-GAP的幫忙將Ran-GTP水解為RanGDP，使輸入素–β回復游離態；輸入素–α也經由Ran-GTP與CAS蛋白因子的協助，回到細胞質中。

近年來的研究發現，某些與腫瘤細胞有關的基因產物，確實能調控細胞核物質的輸出與輸入，大腸直腸癌細胞中的RanBP7有明顯上調的現象，RanBP7是細胞輸入組蛋白H1及核糖體蛋白的關鍵因子，顯然RanBP7的上調配合了腫瘤細胞的異常分裂，為DNA持續複製提供了核體組裝材料。腫瘤相關的基因也與核糖體rRNA的合成、次單元的輸出及核糖體蛋白的輸入等，有著顯著的相關性，如致癌基因產物Myc能上調多種核糖體組成蛋白基因的轉錄，還能促進*IOP7*基因（輸入素–7的基因）(*IOP7* gene; gene of importin-7)的轉錄，使細胞質轉譯合成的核糖體蛋白順利輸入細胞核中；同理，Myc也促進輸出素–1基因*XPO1*的轉錄，協助新組合成的核糖體次單元輸出到細胞質中。腫瘤抑制基因產物p53就剛好相反，p53抑制*IOP7*基因的轉錄，同時也抑制輸出核糖體次單元的機轉。

> **▶ 延伸學習**　　　　　　　　　　　　　　　　　　Extended Learning
>
> **Ran-GTP 的濃度梯度**
>
> 　　不論是輸出或輸入，Ran蛋白因子都扮演關鍵角色，Ran屬於GTPase家族，由於RCC 1只在細胞核中有，導致細胞核內外呈現Ran-GTP與Ran-GDP的濃度梯度；即細胞質中Ran-GDP的濃度高，而細胞核中Ran-GTP的濃度高。細胞核中Ran-GTP的濃度高有利輸出素與貨物間接合的穩定性；細胞質中Ran-GTP的濃度低則使輸入素-α與輸入素-β-貨物複合體保持穩定結合。此種梯度也存在於細胞有絲分裂時期，此時核膜崩解，已無核內外的區分，染色質重整為緻密結構，研究發現許多調控紡錘絲組合與細胞分裂的蛋白，也有NLS序列，故這些蛋白被聚集在染色質附近，與輸入素-Ran-GTP關係密切，換言之，染色質附近也存在Ran-GTP/Ran-GDP的梯度。

9-3 粗內質網核糖體轉譯與轉送途徑

　　從自由態核糖體合成的蛋白質，合成之後的「命運」就已經決定了，因為其分子內建有最終目標導向的訊號；而某些蛋白質分子則含另一種內建的訊號，必須由粗糙型內質網(rough ER)表面的核糖體完成轉譯，這種訊號也位於蛋白質最先合成的N端先導序列中（圖9-18），負責辨識此訊號的不是Hsp70護送子家族，而是一種稱為**訊號辨識顆粒**(signal recognition particle; SRP)的小型核糖蛋白分子。與護送子最大的不同是，SRP在先導序列合成不久後即在訊號上，並暫時中止核糖體的蛋白質合成工作，再引導核糖體到內質網膜上完成蛋白質合成工作。含有這一類先導序列訊號的蛋白質，被運送的目標及負責的功能，與前一節描述的蛋白質有明顯的不同，大多為分泌型蛋白(secretory

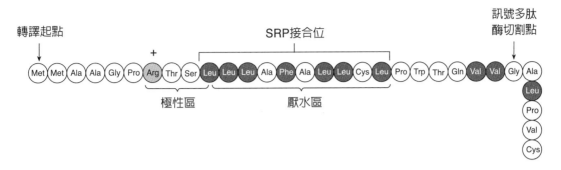

■ 圖9-18 分泌途徑導向蛋白的先導訊號序列―以牛生長激素先導訊號序列為例。

protein)，故此途徑常被稱為分泌途徑(secretory pathway)，不過此途徑的某些蛋白則是細胞膜蛋白或溶酶體蛋白。最主要的特點是，這些蛋白皆經過醣化作用的修飾，以適應富含蛋白分解酶的環境。

訊號辨識顆粒的結構與功能

　　訊號辨識顆粒(SRP)是典型的核糖核酸蛋白複合體(ribonucleoprotein complex)，在演化上受到高度的保留，從原核細胞的真細菌(eubacteria)、古菌(archaebacteria)到真核細胞，皆有類似的核糖蛋白分子。真細菌的SRP相對簡單，反而古菌的SRP與高等生物（如哺乳類）的SRP極為相似（圖9-19）。哺乳類的SRP由一段7SL RNA與6個蛋白質分子所組成，6個蛋白質分別為SRP9, SRP14, SRP19, SRP54, SRP68 and SRP72。7SL RNA含9,305個核苷酸，分子量約100 KDa，二級結構可見富含分子內互補構造，使整個分子呈Y字型（圖9-19）。如果以微球菌核酸酶(micrococcal nuclease)切割7SL RNA，可獲得兩個部分，一部分類似基因體高度重複的Alu序列，此類Alu區結合了SRP9/14異質雙倍體，負責暫時中止核糖體的轉譯工作；另一部分則稱為S RNA區，結合了SRP72/68異質雙倍體，分叉部位結合了SRP19/54（圖9-20）。SRP54的功能極為關鍵，從原核到真核生物演化中高度保留，能辨識剛轉譯的**核糖體新生鏈**(ribosomal nascent chain; RNC)及先導訊號序列，也可能經由對A位的干擾，使蛋白質合成工作暫時中斷，隨後還負責接合內質網上的SRP受體，SRP54本身具有GTPase活性，提供SRP接合RNC及SR受體所需的能量。

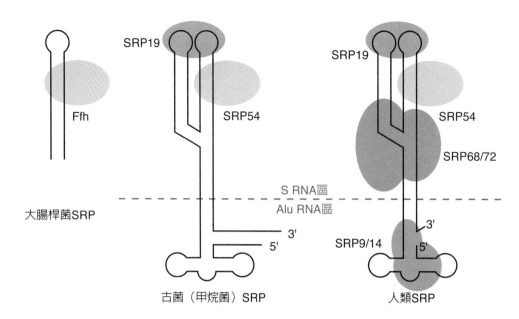

■ 圖9-19　真細菌、古菌到真核細胞SRP的比較。真細菌的SRP相對簡單，反而古菌的SRP與高等生物的SRP極為相似，整個分子呈Y字型，並分為S區及Alu區。哺乳類SRP由一段7SL RNA與6個蛋白質分子所組成。

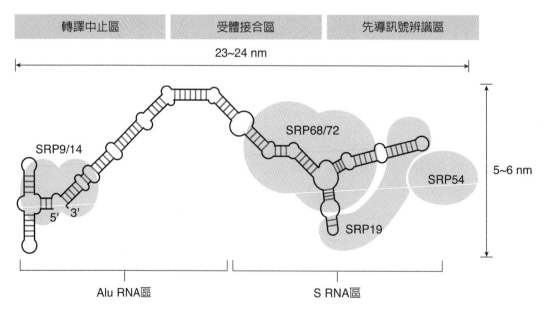

■ 圖9-20　如果以核酸分解酶切割7SL RNA，可獲得Alu序列區及S RNA區，Alu區結合了p9/p14異質雙倍體；S RNA區結合了p72/p68異質雙倍體，分叉部位結合了p19及p54。p54具有辨識訊號序列及接合SRP受體的功能。

核糖體的附著與蛋白質轉譯

　　SRP下一步的工作為引導核糖體-RNC-SRP複合體移向內質網膜，在膜上迎接此複合體的是SRP受體(SRP receptor)，哺乳類細胞的SRP受體由一對異質雙倍體構成，分別稱為SRα (69 KDa)及SRβ (25 KDa)，細菌細胞的SRP受體稱為FtsY，為單一蛋白受體，功能類似SRα，不過FtsY是附著在細菌細胞膜的內膜（細菌沒有內質網），顯然SRα在演化上也受到高度保留。核糖體-RNC-SRP複合體即藉由p54與SRα的接合作用停靠在SRP受體上。SRα及SRβ皆為**GTP接合蛋白**(GTP-binding protein)，具有**GTP分解酶**活性；SRP利用GTP水解釋出的能量，脫離SRP受體，這是很重要的步驟，因為SRP的離開才能使核糖體恢復合成蛋白質的功能。緊靠在SRP受體的膜蛋白複合體，是內質網膜上稱為Sec61內質網膜上的轉運體(Sec61 a translocon on ER membrane)，Sec61由α、β、γ等三種次單元組成，形成一個穿過內質網膜的孔道，核糖體內容納新生多肽鏈的槽構長度有限，故當多肽鏈長度超過50個胺基酸，多肽鏈開始伸展出核糖體，核糖體持續轉譯，使新生多肽鏈穿過Sec61轉運體，進入內質網腔中（圖9-21），新生多肽鏈的先導訊號序列

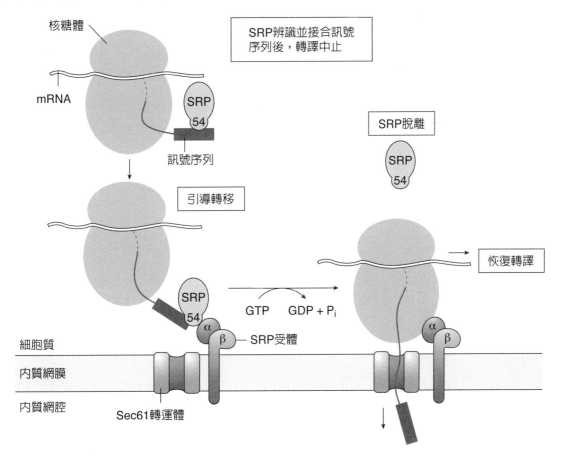

■ 圖9-21　SRP接上訊號序列後，中止蛋白質的轉譯，引導核糖體-RNC複合體移向內質網膜，停靠在
　　　　　SRP受體上。SRα及SRβ藉由GTPase活性水解GTP，釋出能量使SRP脫離SRP受體。此時
　　　　　核糖體恢復合成蛋白質的功能，使新生多肽鏈穿過Sec61轉運體，進入內質網腔中。

隨即被特殊的**訊號多肽酶**(signal peptidease)所切除（圖9-22），而陸續進入內質網腔的新生多肽鏈，也在腔內的Hsp70家族護送子協助下，形成並穩定其二級與三級結構。

🔍 內質網腔中的蛋白質修飾

　　新生多肽鏈進入內質網腔內的第一要務，就是形成正確的二級與三級結構，負責協助新生多肽鏈摺疊的腔內護送子有很多種，包括Hsp70家族及Hsp90家族（圖9-22）。Hsp70家族的Hsp78由於與葡萄糖短缺產生的內質網壓力反應(ER stress)有關，故又稱為glucose-related protein-78 (Grp78)，其胺基酸序列與Hsp70有60%的同質性(homology)。1983年科學家又發現一種能與免疫球蛋白重鏈分子接合，且護送免疫球蛋白分子進入高基氏體的Bip蛋白(Bip protein)，其實就是Grp78護送子，Grp78/Bip分子與其他護送子一樣具有ATPase活性，執行護送子功能時需要水解ATP釋出的能量。

　　蛋白質的二級結構為α-螺旋及β-摺板，其間以自由纏繞(random coil)結構相連接。構成α-螺旋及β-摺板的作用力主要是氫鍵及厭水性作用力，而雙硫鍵(disulfide bond)在多種蛋白分子的三級結構中扮演極關鍵的角色，在內質網腔中，能催化兩個半胱胺酸(cysteine)形成雙硫鍵的酵素稱為蛋白雙硫鍵異構酶(protein disulfide isomerase; PDI)。

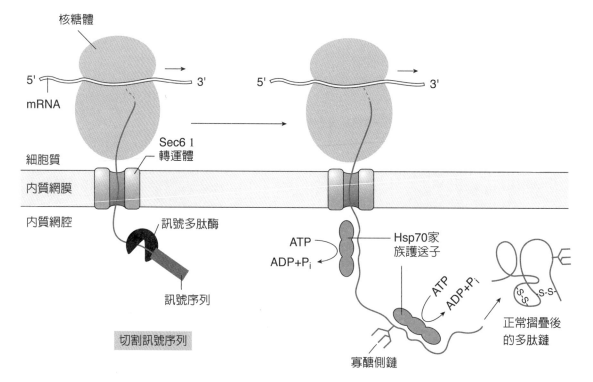

■ 圖9-22　新生多肽鏈進入內質網腔，先導訊號序列隨即被訊號多肽酶所切除，並由腔內的Hsp70家族護送子穩定其二級與三級結構。

Grp 蛋白的功能

　　變性或結構不正常的蛋白分子，會引起一系列的內質網壓力反應(ER stress)。在ER遭遇壓力(stress)時誘發的**蛋白鬆解反應**(unfolded protein response; UPR)中，Grp78扮演清除錯誤摺疊與未摺疊蛋白的工作，且有穩定並護送蛋白進入分泌途徑的任務；此外，Grp78還具有接合鈣離子(Ca^{2+})的功能，對內質網乃至整個細胞中的鈣離子恆定，具有關鍵的角色。BiP/Grp78歸類為Hsp70家族護送子，而Hsp90家族的Grp94也是內質網腔中重要的護送子，如與免疫反應有關的MHC分子，其結構上的穩定與組合，皆需要Grp94護送子的協助。

　　臨床證據顯示，Grp78與多種病毒感染有關，病毒入侵細胞的過程需要Grp78的協助，故以siRNA干擾*Grp78*基因表達，或以單株抗體抑制Grp78活性，可視為治療某些病毒感染的療法之一。Grp78可存在於腫瘤細胞的細胞核、粒線體、內質網，甚至細胞膜上，多種癌細胞內的BiP/Grp78表現明顯上調，如BiP/Grp78的高水平表現，可做為惡性皮膚癌生存率的預後因子；換言之，腫瘤細胞之BiP/Grp78高表現的病患，生存率顯著降低，且Grp78還能分泌到細胞外，影響癌細胞轉移、腫瘤的血管新生等。Grp78也會降低腫瘤細胞對化療藥物的敏感性，影響化療效果。治療癌症的策略能以Grp78為標靶，研究發現大腸癌細胞的Grp78如果乙醯化(acetylation)，會使Grp78無法分泌到胞外，因而聚集在內質網內腔中，效果是抑制了細胞生長，故能促使Grp78乙醯化的藥物，可以是未來研發抗癌症藥物的方向之一。近年來研究發現綠茶成分Epigallocatechin gallate (EGCG)能抑制Grp78的ATPase活性，也可做為治療癌症的選擇之一。

蛋白質醣化

　　對分泌型蛋白與細胞膜蛋白而言，在內質網腔中最重要的修飾就是醣化作用，這是一項複雜的反應，以N-連接型醣化而言，先在內質網腔中形成**高甘露糖寡醣側鏈**(high mannose oligosaccharide chain)，運送至高基氏複合體(Golgi complex)之後，再逐步完成第二階段的修飾。O-連接型醣化作用則在高基氏體內完成。蛋白質醣化作用是分子醫學研究的主要項目之一，一方面是與抗體及疫苗研發有關，一方面蛋白質醣化異常也與正常細胞轉型為腫瘤細胞有關（如胃癌就是很好的例子），醣化反應有關的酵素基因表現水平，可做為多種癌症的分類指標。以下以N-連接型醣化為例。

內質網腔醣化階段

1. **步驟一：**以**磷酸長醇**(dolichol phosphate)為平台，合成原型寡醣鏈（圖9-23）。原型寡醣鏈接合的順序依序為：先合成2分子的**N-乙醯葡萄糖胺**(N-acetylglu-cosamine; GlcNAc)，再合成5分子的**甘露糖**(mannose; Man)。磷酸長醇是一種脂溶性分子，可視為寡醣攜帶者。

2. **步驟二**：磷酸長醇引導原型寡醣鏈穿過內質網膜，由細胞質側翻轉至內質網腔側。到達內質網腔側後再依序加上4個Man、3個葡萄糖(glucose; Glc)，完成完整的前驅寡醣鏈。前驅寡醣鏈再轉移至蛋白質分子中的天門冬醯胺(asparagine; Asn)上，由Asn側鏈的–NH₂基與GlcNAc的–OH基反應，形成醯胺鍵。醣化的蛋白質離開內質網之前，還要經過修剪，不過形成前驅寡醣鏈是必要的步驟，因為催化寡醣鏈轉移的酵素**醣化轉移酶**(glycosyltransferase)只辨識前驅寡醣鏈。

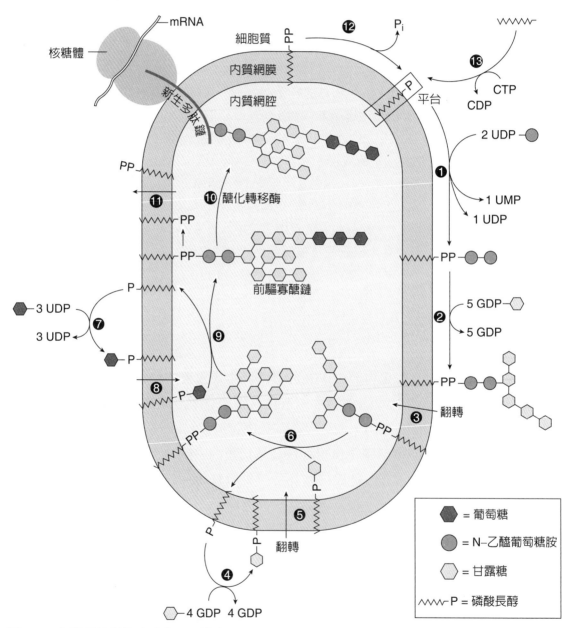

■ 圖9-23　內質網腔醣化寡醣先驅結構合成程序。以磷酸長醇為平台，合成原型寡醣鏈；磷酸長醇引導原型寡醣鏈穿過膜，由細胞質側翻轉至內質網腔側，再陸續完成前驅寡醣鏈。

3. **步驟三**：前驅寡醣鏈的修飾（圖9-24）。前驅寡醣鏈先由**ER葡萄糖苷酶I及II**（ER glucosidase I & ER glucosidase II)切除3個Glc，再以**ER甘露糖苷酶**(ER mannosidase)切除3個Man，殘餘的寡醣鏈稱為**高甘露糖寡醣側鏈**(high mannose oligosaccharide chain)。

高基氏複合體醣化階段

　　高基氏複合體(Golgi complex)以1894年發現者Camillo Golgi命名，是由一系列彼此不相通的單層膜**小池**(cisternae)組成的構造，從內質網附近向細胞膜的方向層層排列（圖9-25）。接近內質網方向的小池稱為**順向小池**(cis cisternae)；接近細胞膜的小池稱為**反向小池**(trans cisternae)；位於兩者之間的稱為**中央小池**(medial cisternae)；反向小池經常還會延伸出類似網狀結構，稱為**反向高基氏網路**(trans Golgi network; TGN)，小池間的物質轉運，有賴許多**運輸小泡**(transport vesicle)。內質網具有一套自我調節輸出系統(autoregulation of ER export; AREX)，將具有前驅寡醣鏈的醣蛋白包裝於COPII小泡後，由運輸小泡載離內質網，這些醣蛋白首先到達順向小池，再由運輸小泡向細胞膜的方向層層轉運，經過中央小池、反向小池，到達反向高基氏網路，再脫離高基氏複合體，運往目的地（圖9-25）。不同位置的小池形成各自獨立的區間(compartment)，擁有不同的酵素，進行不同的生化反應。這個離開內質網的運輸方向稱為**前行運輸**(anterograde)；反之，某些蛋白質會逆向回到內質網中，此方向稱為**逆向運輸**(retrograde)。這類醣蛋白質的護送子(chaperones) C端多具有KDEL (Lys-Asp-Glu-Leu)模組，而ER及順向小池膜上皆具有KDEL受體(KDEL receptor; KDELR)，KDELR有KDELR1/2/3三種，能在G-蛋白的GTPase提供之能量下，協助醣蛋白質由ER→順向小

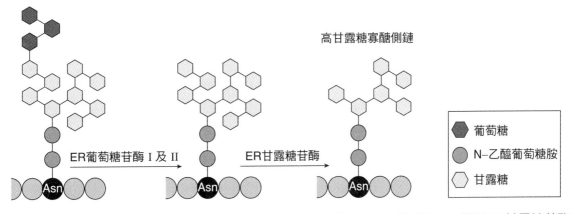

高甘露糖寡醣側鏈

ER葡萄糖苷酶 I 及 II → ER甘露糖苷酶 →

葡萄糖
N–乙醯葡萄糖胺
甘露糖

■ 圖9-24　前驅寡醣鏈的修飾。前驅寡醣鏈先經過ER葡萄糖苷酶I及II切除3個Glc，再以ER甘露糖苷酶切除3個Man，殘餘的寡醣鏈稱為高甘露糖寡醣側鏈。

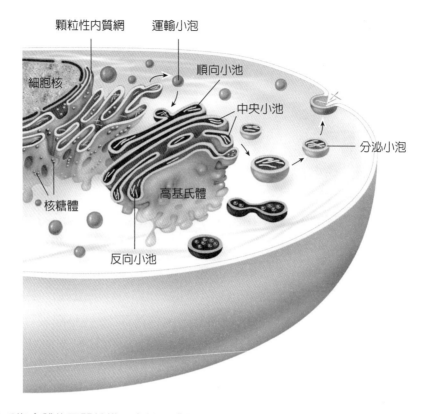

顆粒性內質網　運輸小泡

順向小池

細胞核

中央小池

分泌小泡

核糖體

高基氏體

反向小池

■ 圖9-25　高基氏複合體的區間結構。高基氏體是一系列彼此不相通的單層膜小池組成，接近內質網的
　　　　　小池稱為順向小池；接近細胞膜的小池稱為反向小池；位於兩者之間的稱為中央小池，反向
　　　　　小池延伸出類似網狀結構，稱為反向高基氏網路。

池→反向小池傳送（前行運輸），其中也需要輔以蛋白激酶SRC(protein kinase SRC)為
主的一系列梯度式磷酸化活化途徑。此外護送子-KDELR複合體也能參與逆向回到內質
網中的逆向運輸，並在ER中回收再利用。

　　在高基氏複合體中的醣化階段簡述如下（圖9-26）：

1. **步驟一**：在順向小池由**高基氏甘露糖苷酶I** (Golgi mannosidase I)移除1個Man；隨後
   由**N-乙醯葡萄糖胺轉移酶I** (N-acetylglucosamine transferase I)接上1個GlcNAc。

2. **步驟二**：離開順向小池，進入中央小池。此區間含有的**高基氏甘露糖苷酶II**
   (Golgi mannosidase II)進一步切除2個Man，完成寡醣側鏈的內部核心結構(inner
   core)，此結構只有3個GlcNAc及3個Man。再由**N-乙醯葡萄糖胺轉移酶II及IV**
   (N-acetylglucosamine transferase II & IV)依序加上2個GlcNAc。最後由海藻糖轉移酶
   (fucose transferase)在最接近Asn的GlcNAc上，接上一個海藻糖(fucose)。

3. **步驟三**：離開中央小池，進入反向小池。此區間的**半乳糖轉移酶** (galactosyltransferase)在核心結構上連接3個半乳糖(galactose; Gal)。

4. **步驟四**：在反向小池及反向高基氏網路中，由唾液酸轉移酶(sialyltransferase)連接3個唾液酸〔sialic acid；又稱為N–乙醯神經胺糖酸(N-acetylneuraminic acid)〕，完成完整的N-連接型醣側鏈。這些蛋白可能作為鑲嵌在膜上的膜蛋白，而大多數則是即將分泌出細胞外的分泌蛋白，將由運輸小泡運到細胞膜，再由胞吐作用(exocytosis)排出細胞外，完成分泌途徑。

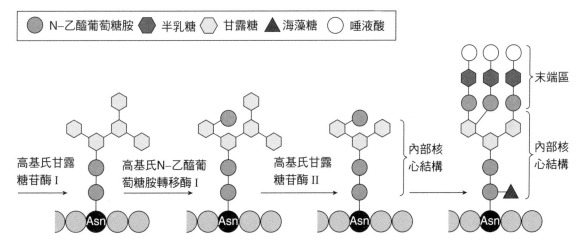

■ 圖9-26　高基氏複合體醣化修飾階段。在順向小池由高基氏甘露糖苷酶I移除1個Man，由N–乙醯葡萄糖胺轉移酶I接上1個GlcNAc。中央小池的高基氏甘露糖苷酶II進一步切除2個Man，完成寡醣側鏈的內核心結構，再由N–乙醯葡萄糖胺轉移酶II及IV依序加上2個GlcNAc。隨後由海藻糖轉移酶在GlcNAc接上一個海藻糖。反向小池的半乳糖轉移酶在核心結構上連接3個Gal。在反向小池及反向高基氏網路中由唾液酸轉移酶連接3個唾液酸，完成N–連接型醣側鏈。

Molecular Biology

10
CHAPTER

DNA複製

10-1 DNA複製的特性

DNA是分子生物學最核心的分子，從第3章到第9章，本書詳細地討論了DNA分子如何主導生物（包括原核細胞與真核細胞生物）的表型特徵與生理、生化功能。不過還有個重要的課題，就是 DNA分子的遺傳訊息如何被忠實的複製。細胞分裂的過程中，遺傳訊息必須被忠實的複製成兩套，才能使分裂產生的兩個子細胞仍然具有完整的遺傳訊息，以確保子細胞傳承母細胞的性狀與特徵。

大腸桿菌環狀的基因體DNA在營養充足時，約42分鐘就能複製一次，整條DNA含6,639,221 bp，總長度約1.4 mm，故每秒約合成1,000 bp。真核細胞有多條染色體，每條染色體上皆有一條雙股DNA，複製時以多個起點同時開始複製，以人類DNA而言，每秒鐘約合成100 bp，再加上染色體上的核體要重整，故3×10^9 bp約耗時8小時，DNA複製工作在細胞循環(cell cycle)的S期(S phase)進行，必須在進入G2、M期（有絲分裂期），染色質開始重整之前完成。雖然原核細胞與真核細胞的DNA複製酵素與過程不盡相同，不過皆具有某些共通的特性，本章將會詳細討論。

雙向同步複製

DNA複製開始的位置稱為**複製起點**(origin; *ori*)，有時以*ori*表示，因為起點具有特殊的核苷酸序列，可見DNA的複製工作不是在任意位置開始的；由此觀察也可知DNA複製的啟始如同RNA、蛋白質合成一樣，有著特殊而複雜的機轉、酵素與輔助因子。每一個DNA複製起點的複製範圍稱為一個**複製體**(replicon)，如大腸桿菌環狀的基因體DNA只有一個*ori*，此環狀DNA皆是其複製範圍，故環狀DNA即為一個複製體；大腸桿菌細胞中還含有多個基因體外的環狀質體DNA (plasmid DNA)，各自含有自己的*ori*，故一個大腸桿菌細胞中可含有多個複製體。某些古菌不只具有一個複製起點，如生長在高溫硫磺泉的*Sulfolobus*，其環狀染色體上有三個複製起點，真核細胞的線狀染色體上具有許多複製起點，故多個複製體可以同時進行複製。

從起點開始可能朝單向複製，且可能朝左或朝右進行，不過科學家證明從原核到真核細胞，其DNA皆同時朝左、右兩個方向同時複製；以大腸桿菌的環狀基因體DNA為例，DNA由*ori*分別向左、右方向複製，形成類似θ (theta)的複製DNA形狀（theta replicationg DNA，如圖10-1）。以下是證明雙向複製模式的實驗：

(a) 原核細胞環狀染色體DNA複製模式

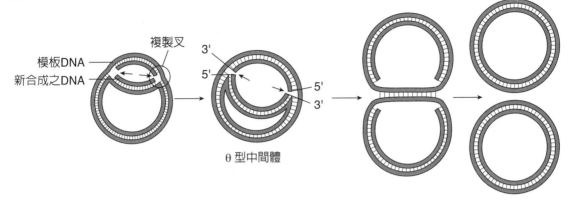

(b) 真核細胞線型染色體DNA複製模式

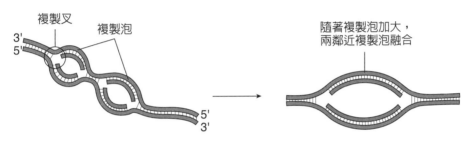

■ 圖10-1　細胞DNA複製模式。(a)以大腸桿菌的環狀基因體DNA為例，DNA由ori分別向左、右方向複製，形成類似θ的形狀。(b)真核細胞從多個ori同時朝左、右方向複製。

1. **步驟一**：科學家將複製中的環狀DNA以不同限制酶（E1、E2及E3；如以下的示意圖）切割為不同形狀的DNA分子片段，則不同複製階段的DNA混合樣本產生的2D電泳軌跡就不同（圖10-2）。

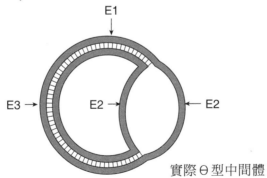

2. **步驟二**：如圖10-2所示，(a)為同時以E2及E3切割時獲得的DNA片段；(b)為以E3切割獲得的DNA片段；(c)為只以E2切割獲得的DNA片段；(d)為以E1切割獲得的DNA片段；如果DNA不以雙向模式複製，則以E3切割的片段應該會以(d)的模式朝一方擴大，以E2切割的片段也可能會以類似(a)的模式朝一方擴大。實驗結果顯示(b)及(c)的2D電泳軌跡，證明DNA以雙向模式複製。

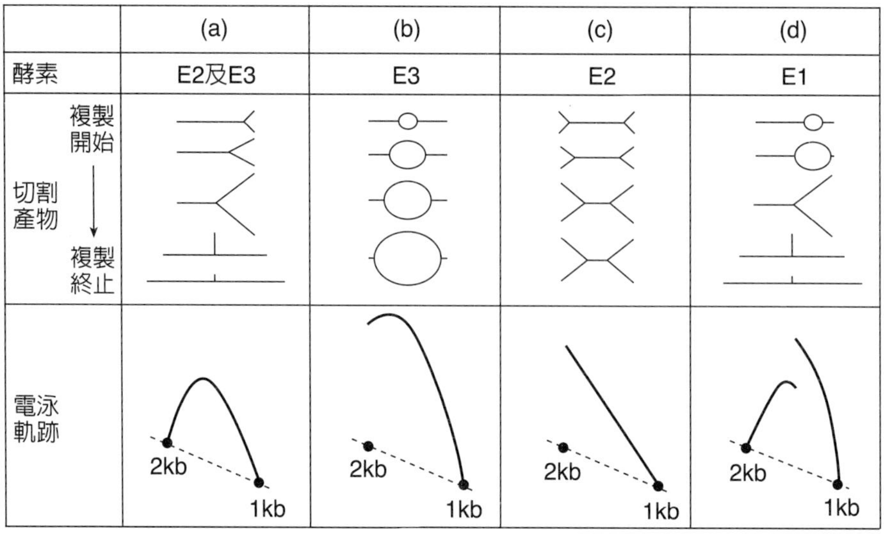

	(a)	(b)	(c)	(d)
酵素	E2及E3	E3	E2	E1
切割產物 複製開始→複製終止				
電泳軌跡	2kb ... 1kb	2kb ... 1kb	2kb ... 1kb	2kb ... 1kb

■ 圖10-2　科學家將複製中的環狀DNA以不同限制酶切割，獲得不同形狀的DNA分子片段，產生不同的 2D電泳軌跡。

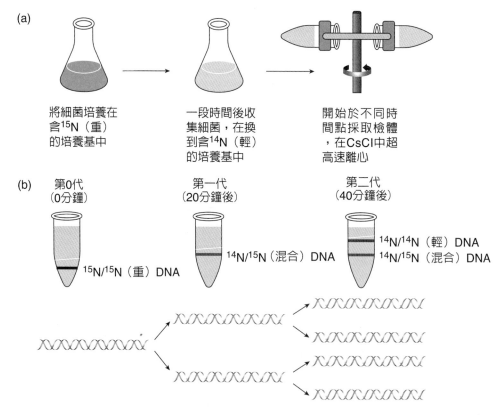

(a)

將細菌培養在含^{15}N（重）的培養基中　　一段時間後收集細菌，在換到含^{14}N（輕）的培養基中　　開始於不同時間點採取檢體，在CsCl中超高速離心

(b) 第0代（0分鐘）　　第一代（20分鐘後）　　第二代（40分鐘後）

^{15}N/^{15}N（重）DNA　　^{14}N/^{15}N（混合）DNA　　^{14}N/^{14}N（輕）DNA　^{14}N/^{15}N（混合）DNA

■ 圖10-3　如果將細菌培養在含15N的培養基中，再將此細菌細胞收集起來，改以含14N的培養基培養，每一段特定時間收集細菌細胞並萃取DNA，隨後在CsCl梯度下以超高速離心分析，可獲得如圖上之結果，證明DNA以半保留複製方式(semiconservative repliction)複製。

半保留複製

原有DNA分子是否能複製出一條全新的雙股DNA分子呢？研究的結果推翻了原先的假設。如果將細菌培養在含^{15}N的培養基中，使細胞中之DNA皆具有含^{15}N的核苷酸；再將此細菌細胞收集起來，改以含^{14}N的培養基培養，每一段時間收集部分細菌細胞，萃取DNA後在CsCl梯度下以超高速離心，發現第二代的DNA並不是產生^{14}N雙股DNA（全新）及^{15}N雙股DNA（舊的）等兩條沉澱帶，而是產生沉澱係數完全相同的一條第二代DNA，新的雙股DNA含一條^{14}N股線及一條^{15}N股線（^{14}N/^{15}N雜合DNA；圖10-3）；當第三代DNA時，產生兩條沉澱帶，一條為^{14}N/^{15}N雜合DNA，另一條為完全是^{14}N的DNA（圖10-3）。可見DNA複製時必須先使兩條股線分開，再以兩條舊股線為模板(template)，分別合成新的DNA股線，這種複製方式稱為**半保留複製**(semiconservative replication)。DNA以雙向模式、半保留複製是所有物種都遵循的原則。

複製起點 (origin; *ori*)

▌大腸桿菌（原核細胞）的 DNA 複製起點

大腸桿菌的基因體DNA上複製起點稱為*OriC*，涵蓋約246 bp，其中有3組含13 bp長度、富含AT的重複單元，稱為13-mers；隨後跟著4組9 bp長度的重複單元，稱為9-mers，這兩個特殊DNA區域是複製因子辨識*OriC*最主要的訊號。整個*OriC*序列如下：

```
         1              13  17              29  32           44
5' GATCTN TTT ATTT-----  GATCT NTT TAT TT-----  GATCTN TTTATTT----
3' CTAGANAAATAAA-----  CTAGANAAATAAA-----  CTAGANAAATAAA---
    58        66        166     174  201     209  240       248
-----TGTGGATAA----//--- TGTGGATAA--- TGTGGATAA--- TGTGGATAA 3'
-----ACACCTATT---//-----ACACCTATT --- ACACCTATT --- ACACCTATT 5'
```

DnaA是大腸桿菌DNA複製的執照因子(licensing factor)，沒有先合成DnaA（許可執照）就無法啟動DNA複製，且每一輪複製都要新合成的DnaA。DnaA的功能就是辨識9-mer，再以ATP依賴性解旋酶(ATP-dependent helicase)活性作用在13-mer，故DnaA大多攜帶ATP/ADP。有關DNA複製因子，複製因子與9-mer、13-mer的相關性，以及複製的詳細步驟，將於下一節中詳述。

每個*oriC*在每一次細胞循環只會起始一次DNA複製，故DNA開始啟動複製，新複製的*oriC*必須暫時被抑制（隱藏），以防止又立即啟動新一輪的複製，為了確保*oriC*每

一次細胞循環只會活化一次，大腸桿菌具有兩種關鍵因子，即Dam甲基酶(DNA adenine methyltransferase; DAM methylase)，以及$SeqA$基因產物SeqA蛋白(sequester protein A)。大腸桿菌的$oriC$含有11個5'-GATC-3'序列，13-mer的區間含4個GATC序列，其中的腺嘌呤(A)的N^6位置可被Dam methylase甲基化，其實GATC序列散布在整個基因體的多個位置，不過只有$oriC$的GATC序列最為關鍵。當DNA完成半保留複製後，新合成股的GATC沒有甲基化，故$oriC$形成暫時性的半甲基化狀態(hemimethylated origin)，DnaA-ATP及起始複合體啟動DNA複製時，SeqA蛋白會接在半甲基化的GATC上，掩蓋住（隱藏）$oriC$，使其不再接新的DnaA。大腸桿菌約每30分鐘分裂一次（一個細胞循環），$oriC$半甲基化狀態能維持到細胞循環進行約1/3（約10～13分鐘），此時SeqA蛋白會自然分解，或由於對全甲基化的GATC親和力顯著降低而脫離$oriC$，沒有SeqA的干擾，Dam methylase能很快的使新合成股的$oriC$全甲基化，以備下一次細胞循環之需。其實13-mer區間的SeqA接合點是DnaA親和力較低的位置，不過已足夠讓$oriC$暫時失去活性。

▎酵母菌（真核生物）的 DNA 複製起點

歸類為真菌界的釀酒酵母菌($Saccharomyces\ cerevisiae$)，其真核細胞中含有17條染色體，共含有約400個DNA複製起點，特別稱為自主性複製序列(autonomous replicating sequence; ARS)。ARS共識序列稱為元素A (element A)，含11 bp如下（A/T代表A或T；A/G代表A或G）：

5' A/T TTTAT A/G TTT A/T 3'

元素A下游有元素B（element B，約46 bp），含B1、B2、B3三區，元素A上游有元素C（element C，約200 bp）（圖10-4a）。

DNA複製的啟動複合體主要辨識元素A，此複合體稱為**起點辨識複合體**(origin recognition complex; ORC)，ORC為6種蛋白因子的組合(Orc1~6)，ORC與ARS的接合作用需要消耗ATP，且必須在細胞週期G$_1$期與另一種稱為**迷你染色體維持複合體**(minichromosomal maintain complex; Mcm complex)的因子結合，再加上半生期很短的Cdc6蛋白因子與Cdt-1蛋白因子，才能組合成複製前複合體開始複製（圖10-4b）。當DNA複製開始時，Cdc6與Cdt-1會快速分解，以確保每一次細胞分裂DNA只複製一次，每一次細胞循環都需要合成新的Cdc6及Cdt 1輸入細胞核中，故真核細胞DNA複製的執照因子是Cdc6及Cdt 1（圖10-4b）。真核細胞的細胞循環大致分為G1→S→G2→M等四期，詳細的步驟如下：(1)在G1早期，ORC就接合在複製起點，其實ORC在整個細胞循環過程中，都呈非活化態接合在複製起點上，故ORC的活化關鍵在G1期與Cdc6及Cdt 1接合；(2)在G1晚期，Cdc6誘導一個由6個MCM組成的解旋酶複合體，接在複製起點附

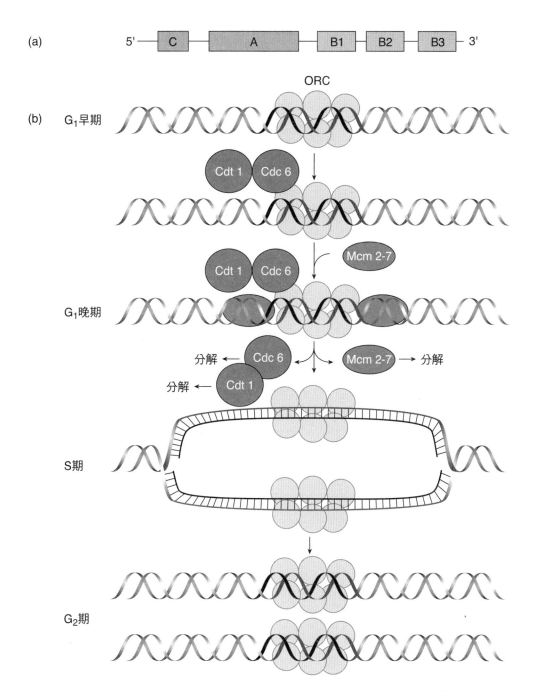

■ 圖10-4　酵母菌複製之起點辨識複合體與其運作程序。(a)酵母菌的ARS中主要影響DNA複製的4個元素分別為C-A-B1-B2-B3；(b)起點辨識複合體(ORC)為6種蛋白因子組合的複合體，辨識並接合在ARS上，不過在細胞週期G1期時，必須與迷你染色體維持複合體(Mcm complex)結合，再加上半生期很短的Cdc6因子，DNA才開始複製，此時Mcm會脫離ORC，並很快被分解，以確保每一次細胞分裂DNA只複製一次，故Mcm-Cdc6稱為DNA複製的執照因子(licensing factor)。

近，這個解旋酶複合體由MCM-2到MCM-7組成，如果沒有Cdc6及Cdt 1，MCM無法接在DNA上；(3)細胞由G1進入S期，複製起點接著一個由ORC-Cdc6-Cdt 1-MCM 2-7組成的DNA複製前複合體(DNA prereplication complex)，不過圍繞在DNA上的MCM 2-7還在非活化態；(4)細胞進入S期早期，執照因子Cdc6-Cdt 1脫離複合體，Cdc6隨即被泛化(ubiquitination)並分解（泛化機制參考第9章），細胞核中的另外兩個因子cdc45與GINS取代執照因子，來到MCM解旋酶複合體上，形成稱為CMG複合體(CMG complex; cdc45-MCM-GINS)，這時才活化MCM解旋酶，MCM 4、MCM 6、MCM 7具有解旋酶活性，MCM 2、MCM 3、MCM 5則具有調節功能。此時複製起點雙股DNA結構已經鬆解，準備迎接複製因子的到來，展開複雜的DNA的複製工作，MCM解旋酶達成階段性任務後離開，並很快的被分解。Cdc6-Cdt 1在S期早期被分解是很關鍵的步驟，這才能確保ORC每一個細胞循環只活化一次。

▎SV40（病毒）DNA 複製起點

　　SV40為感染哺乳動物細胞的病毒，屬於多瘤病毒科(polyomaviruses)，大小45 nm，含雙股環狀DNA，常用在許多分子生物學研究，由於SV40完全依賴哺乳動物細胞的DNA複製機制複製其DNA，故是研究哺乳動物細胞DNA複製的理想工具。SV40基因體含有一段65 bp長度的DNA複製起點，其中含一段反向對稱序列，以及一段富含AT序列如下：

```
    →
CAGAGGCCGAGGCGGCCTCGGCCTCTGC---//--ATAAATAAAAAAAATTA---
GTCTCCGGCTCCGCCGGAGCCGGAGACG---//--TATTTATTTTTTTTAAT---
                          ←            (AT-rich sequence)
```

　　SV40複製DNA的啟始機制由SV40自己的基因產物開始，這個負責辨識DNA複製起點的因子為SV40大腫瘤抗原(SV40 large tumor antigen; LTag)，LTag蛋白的分子結構可分為三個功能區，即起點接合區(origin-binding domain; OBDs)、鋅區(Zn domain)及AAA+區，也就是解旋酶功能區。OBD能辨識反向對稱序列，尤其是5'-半邊的一個"GAGGC"序列及3'-(lagging stranda and leading strand)半邊的一個"CGGAG"序列。故LTag蛋白是以同質雙倍體與DNA的複製起點接合，加上AAA+區的解旋酶活性，開始鬆開DNA的雙股結構，準備隨後的DNA複製因子及DNA聚合酶的工作。

▎哺乳類細胞 DNA 複製起點

　　人類細胞循環的S期（DNA複製期）約只有8~10小時，故必須多個起始點同時啟動複製，雖然研究SV40的DNA複製機制，可大致了解哺乳動物細胞DNA聚合酶及複製因

子，以及進行複製的程序，不過哺乳類（包括人類）細胞DNA複製起點沒有特殊的共識序列，不容易標定，且不像SV40基因體只有一個複製起點。直到2005年Touchon等人分析DNA新複製的雙股不對稱性(strand asymmetries associated with replication)（參閱「延伸學習」），發現哺乳類基因體中雙股不對稱性常發生在DNA複製起點及終點，以此特性估算基因體中大致有約一千個複製起始帶(replication initiation zones)。2011年Cayrou等人以微矩陣(microarray)結合定序技術，分析後生動物基因體中的短新生股(short nascent strand; SNS)（稱為SNS-seq技術），發現了13,575個潛在DNA複製起點，2015年再以染色質免疫沉澱結合高通量定序(Illumina ChIP-seq)分析小鼠胚胎幹細胞基因體，輔以數據庫軟體（如SWEMBL）解讀，辨識了65,019個潛在DNA複製起點，其中含35,512個複製起始帶。人類基因體內的複製起始帶長度約150 kb，小鼠複製起始帶平均53 kb，平均每個複製起始帶含4個複製起點。

2020年Akerman等人以Okazaki片段複製起點做定序分析(OK-seq)（參閱下一節有關Okazaki片段的描述），人類細胞基因體辨識出19,576個起點，分析了9種細胞發現彼此共有的起始帶有2,103個，稱為核心起始帶(core initiation zone)。2022年Guilbaud等人同時以SNS-seq及啟始點高通量定序(initiation site sequencing; ini-seq) 技術輔以數據庫軟體分析，分析人類膀胱癌細胞基因體，比較兩種技術，SNS-seq辨識出154,408個潛在DNA複製起始點，不過以ini-seq技術只發現23,905個複製起點，其中還含2,777個複製起點是SNS-seq未辨識出來的，顯然ini-seq對複製起點的界定較嚴謹，如ini-seq所辨識的複製起點中，約80%位於OK-seq發現的核心起始帶中，故較為可信，即人類基因體中至少超過兩萬的複製起點。

分析DNA複製起點的效率之後，發現大部分起點的起始效率都不高，效率高的複製起點有幾個特性：(1)含有較多GC序列，形成類似CpG島模組，而低效率起點含0.63 CG/0.37 AT，高效率起始位含0.75 CG/0.25 AT，且明顯有雙股不對稱性，即單位長度(1 kb)中G所站的%高於C，且T所站的%高於A，這稱之為偏斜(skew)（參閱「延伸學習」）；(2)起點富含G重複元素(origin G-rich repeated element; OGRE)是高效率起點的特色，主要是指G4四重複結構(G-quadruplexes)，核心序列為$(GGGN_{1-30})_4$，N_{1-30}代表1~30個任意核苷酸，從果蠅、小鼠到人類基因體的起點，約60%以上皆可見G4四重複結構，顯然此特殊元素能增進複製起點效率；(3)染色質組蛋白的種類及表觀修飾影響複製起點的效率，如高效率起點富含乙醯化(acetylation)的H3K9ac，而其他表觀修飾如甲基化H3K4-H3K27，能提供有利於複製起點啟動DNA複製的環境。

延伸學習

雙股不對稱性（TA 及 GC 偏斜）

　　雙股不對稱(strand asymmetry)的現象發生在DNA複製產生的領先股(leading strand)與遲緩股(lagging strand)（參閱下一節），依照DNA結構的A-T與C-G配對法則，A、T、C、G在一定長度雙股DNA中的比例應該A＝T；C＝G，未複製前之雙股DNA（模板），應該比照此法則，故以此雙股為模板複製新股線（領先股與遲緩股）之後，其新合成的DNA核苷酸比例也應該是A＝T；C＝G，可是由於領先股與遲緩股複製中或已複製之DNA的點突變各有不同，加上隨後的修補程序不一致，導致某些位置的原先核苷酸被取代，形成核苷酸比例A≠T；C≠G，如核苷酸比例G＞C、T＞A，形成GC及AT偏斜(GC skew and AT skew)，稱為股線不對稱現象，此現象已被證實在細菌細胞、粒線體DNA、病毒基因體及真核細胞中存在，尤其發生在領先股的複製股線，且較常發生在複製起始區(origin; Ori)及複製終止區(terminus)。

　　如果將此偏斜(skew)程度以數字呈現，則$S_{TA}＝(T A)/(T+A)$；$S_{GC}＝(G C)/(G+C)$，總偏斜率為在1kb長度的DNA複製起始帶內，$S＝S_{TA}+S_{GC}$。S值上調稱為S跳躍(S-jump)，兩個S-jump之間的股線S值常會降低，如果以圖表示即呈現N型變化，故兩個S-jump之間的DNA股線稱為N區(N domain)，研究顯示N區涵蓋了近四分之一的基因體。

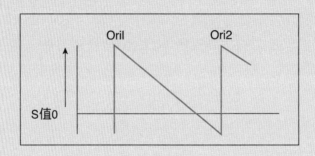

Q 遲緩股與領先股 (lagging strand and leading strand)

　　DNA分子的合成是有方向性的，即下一個核苷酸(nucleotide triphosphate; NTP)一定以5'位置的三磷酸功能基與上一個核苷酸的3'位置OH功能基反應，即由新加入之NTP的γ–磷酸分子與引子3'端-OH，或剛合成之DNA的3'端–OH形成磷酯鍵，故合成方向一定是5' → 3'，但是用來複製DNA的模板股線是呈相反的方向，故不論是原核細胞或真核細胞DNA的複製過程，皆會遭遇的相同問題是：其中一條股線合成的方向與DNA整體複製的方向不一致。

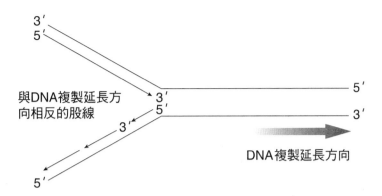

　　1968年開始，日本的Reiji Okazaki領導的團隊陸續發表了一系列文章，證明在DNA複製過程中會合成許多長度為1,000~2,000 nt左右的小DNA片段，他推論DNA的合成是一種不連續的過程，新合成的DNA片段最後由DNA接合酶連成長條DNA股線，這些新合成的小DNA片段後來通稱為**岡崎片段**(Okazaki fragments)；Okazaki當時認為兩條股線應該都以不連續的模式合成。不過隨後的一系列實驗發現，這些小DNA片段只占新合成DNA股線的50%左右，於是確認了DNA合成的方式是以連續與不連續兩種模式同時進行。領先股(leading strand)的合成方向與DNA複製的方向一致，為連續性模式；遲緩股(lagging strand)的合成方向與DNA複製的方向相反，為不連續性模式（圖10-5）。

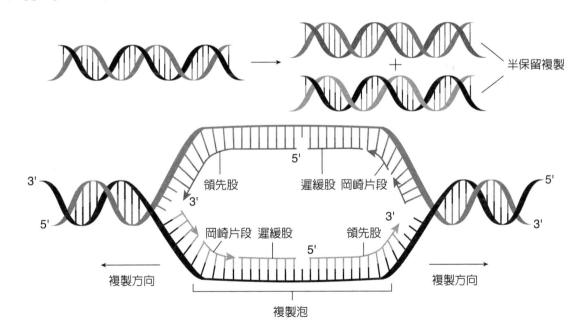

■ 圖10-5　DNA複製區的結構。DNA複製的區域呈叉形結構，一邊是與複製方向一致的領先股；一邊是合成許多岡崎片段的遲緩股，遲緩股的合成方向與DNA複製的方向相反，為不連續性模式。

引子

引子(primer)是研習分子生物與生物技術一定要知道的概念。負責合成DNA的酵素統稱為DNA聚合酶(DNA polymerase)，簡稱DNA pol。DNA聚合酶不能辨識單股核酸分子，故當雙股螺旋分離之後，單股的DNA模板就無法被DNA聚合酶所辨識。細胞在演化過程中如何克服此問題呢？RNA聚合酶就沒有這種限制，故不論是原核或真核細胞，在DNA正式複製之前，皆經由特殊的RNA聚合酶（有別於轉錄時使用的RNA聚合酶）合成一小段RNA，這段RNA與模板3'端形成一小段雙股核酸結構，引導DNA聚合酶進入DNA複製起點，啟動DNA的複製反應。這一小段RNA稱為引子，合成引子的RNA聚合酶特稱為引子酶(primase)，引子酶一般以原DNA股線為模板，合成約10~30 nt長度的RNA，末端的3'-OH基提供DNA聚合酶以磷脂鍵接下一個核苷酸。由此推論，每個領先股只需要在最初合成一條引子，而遲緩股的每條岡崎片段皆是一個DNA合成反應的開始，故需要許多引子酶的參與，約每1~2 kb的距離就要合成一小段引子（圖10-6）。引子在分子

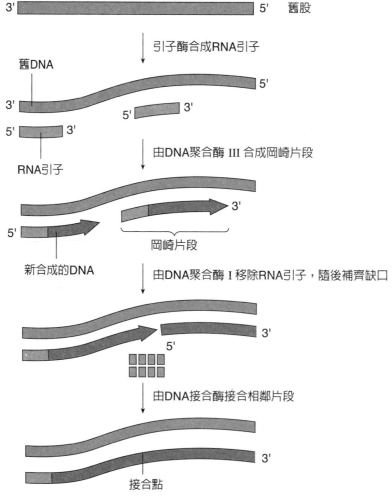

■ 圖10-6　原核細胞DNA複製時遲緩股的合成過程。

生物技術中也很重要，廣泛使用的聚合酶連鎖反應(polymerase chain reaction; PCR)或cDNA的合成反應等，皆需要先合成引子，才能使DNA聚合酶產生作用。當然引子酶不是在任意位置開始合成引子，引子酶有辨識模板的功能。

真核細胞DNA引子酶是兩個次單元的異質雙倍體，分別命名為Pri1及Pri2，事實上在細胞核中，引子酶與DNA聚合酶形成複合體(DNA polymerase α-primase complex; pol-prim complex)，此複合體含四個次單元，即Pol1、Pol12、Pri1、Pri2，顯然RNA引子合成後立即能轉換為DNA合成反應。Pri1具有催化合成引子的酵素活性，Pri2是具有調節活性的次單元，是Pri1與DNA Pol 之間的橋梁，負責穩定此複合體，Pri2的N-端區與Pri1交互作用，而C-端區由4個半胱胺酸(cysteine)夾住一個含鐵－硫分子的聚集([4Fe-4S]cluster)，此結構能穩定pol-prim複合體，促進此複合體與DNA起點接合，啟動DNA複製反應。

Pri1及Pri2在演化上高度保留，因為古菌(Archaea) DNA複製初期的引子酶也是異質雙倍體，含PriS及PriL，PriS是真核細胞Pri1的同源蛋白，具有催化合成引子的酵素活性，PriL及其輔助因子PriX組成Pri2的同源蛋白，PriX具有螺旋束二級結構功能區(helical bundle domain)，可能負責接合引子酶合成RNA引子的第一個核苷酸。其實從分子生物研究發現，古菌的基因結構與表達，DNA的複製、轉錄與轉譯，許多與真核細胞的演化關聯性，超過對細菌細胞的同質性，從上一章提到的SRP結構（參閱圖9-19），也可發現人類SRP結構與古菌細胞中的SRP相似，與歸類為真細菌(eubacteria)的大腸桿菌SRP完全不同。

細菌的引子酶稱為DnaG，與DnaB解旋酶組合為引子體(primosome)，DnaB負責解開DNA雙股螺旋結構，DnaG負責合成長度約11~20 nt的RNA引子，DnaG是分子量65.6 KDa的單一多肽鏈，不過依據功能可分為三區，N-端區含鋅接合區(zinc-binding domain)，負責辨識複製模板，中央區有催化合成引子的酵素活性，稱為RNA聚合酶功能區(RNA polymerase domain; RPD)，C-端區則負責與DnaB解旋酶交互作用，使DnaG能配合DNA聚合酶的複製步調。

10-2 原核細胞DNA複製

原核細胞中DNA需要一系列的因子依序參與、各司所職，才能完成複製的工作，涉及DNA複製的基因通稱為*dna*基因，在大腸桿菌的基因體上陸續發現了13個*dna*基因，有的參與DNA複製的啟始複合體，有的是DNA聚合酶的次單元（表10-1）。

表10-1　原核細胞的複製因子(replication factors in prokaryotic cells)

複製因子	功能	作用機制
DnaA	ATP依賴性分解酶、DNA解旋酶；DNA複製的執照因子	DnaA基因(*dnaA* gene)是大腸桿菌DNA複製的執照因子(licensing factor)，沒有先合成DnaA就無法啟動DNA複製。DnaA-ATP先接在四個9-mer序列上，DNA解旋酶活性促使三個13-merDNA區段開始解旋，使DNA雙股逐漸打開。
DnaB	ATP依賴性DNA解旋酶	DnaB基因(*dnaB* gene)須藉由DnaC-ATP的護送到達oriC。利用ATP分解釋出的能量，由5'→3'的方向，進一步解開單股DNA的二次結構。
DnaC	DnaB的護送子	DnaC-DnaB形成複合體，DnaC基因(*dnaC* gene)同時攜帶一分子的ATP。
DnaG	DNA聚合酶的引子酶(primase)	每個DnaB活化一分子的DnaG基因(*dnaG* gene)，DnaG開始啟動RNA引子的合成。
HU&IHF	DNA接合蛋白	HU或IHF (integration host factor)接合DNA之後，能促使DNA彎摺，增進鬆開DNA雙股及形成複製叉(replication fork)。
Gyrase	局部異構酶II	協助DNA複製中的區段維持單股，不會變成扭曲結構(torsional strain)，維持負向超纏繞(negative supercoil)。
SSB	單股DNA接合蛋白	穩定鬆開的DNA單股結構
Hda	ATPase輔助因子	Hda (helicase-dependent amplification)促進DnaA的ATP水解酶活性，加快DnaA-ATP（活化態）轉換成DnaA-ADP（非活化態）。

🔍 ▌ 複製啟始複合體及相關酵素

　　原核細胞DNA的複製啟始複合體的組合步驟如下（圖10-7）：

1. **步驟一**：DnaA（*dnaA*基因產物）辨識出*OriC*中的4個9-mer，DnaA具有ATPase活性，能接合一分子的ATP，於是在9-mer區聚集約20~40個DnaA-ATP分子，輔助因子DiaA能促進兩者的接合。DnaA-ATP隨後由展開結構轉換成緻密結構，活化DNA解旋酶活性，促使富含A-T序列的三個13-mer DNA區段開始解旋，導致其上游的3個13-mer區範圍內的DNA雙股(double strand DNA; dsDNA)結構的熔解（melting；詳見第1章說明），形成開放複合體(open complex)，這個作用需要ATP水解以提供能量，DiaA此時離開*oriC*，讓DnaB接手進行解旋工作。大腸桿菌沒有細胞核，DNA複製需要附著在細胞膜內側進行，故經由細胞膜上的磷酸化脂質(phospholipid)、單股DNA及輔助因子Hda的刺激，DnaA上的ATP水解並釋出能量，DnaA-ATP轉換成DnaA-ADP非活化態之後，即脫離已經逐漸鬆開的DNA。這一系列步驟有個先決條件，即DNA必須是負向超纏繞(negative supercoil)結構。負向超纏繞結構是細菌環狀DNA在一般狀況下的穩定結構，有賴局部異構酶II〔topoisomerase II，又稱為解環酶(gyrase)〕維持此特定結構（詳見第1章）。

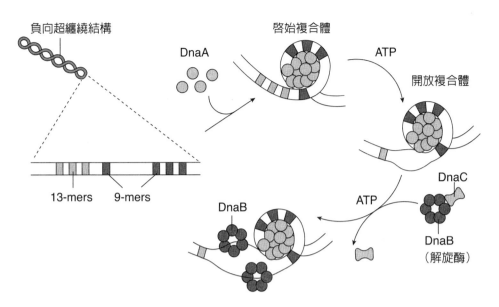

■ 圖10-7　原核細胞DNA的複製啟始複合體的組合步驟。DnaA辨識出 *OriC* 中的4個9-mer；DnaC與
　　　　　DnaB複合體會合，再引導DnaB至開放複合體；DnaB是以6倍體存在的解旋酶。

2. **步驟二**：DnaC（ *dnaC* 基因產物）類似護送子的角色，先與DnaB（ *dnaB* 基因產物）
複合體會合，再引導DnaB至開放複合體，6個DnaC與6個DnaB形成複合體，DnaC同
時攜帶一分子的ATP，ATP水解為ADP＋P_i後，DnaC也與DnaB分開。兩個DnaB六倍
體分別圈住一條分開的DNA股線，朝欲複製的方向（即5'→3'）解開DNA雙股螺旋結
構，可見DnaB的功能是解旋酶，這個步驟也需要ATP水解以提供能量。被解開的單股
DNA需要單股DNA接合蛋白(single-strand binding protein; SSB)的協助，以穩定彼此
的結構，SSB以四倍體結構成排附著在單股DNA上，使DNA股線不會自我纏繞，一般
環境條件下，每個SSB涵蓋長度約35個核苷酸。這一階段還有HU類組蛋白DNA接合
蛋白(a histone-like DNA binding protein)或IHF (integration host factor)的協助，HU
及IHF皆能促使DNA彎摺，DNA三級結構的改變，增進鬆開DNA雙股及形成複製叉
(replication fork)。

3. **步驟三**：DnaG（ *dnaG* 基因產物）是大腸桿菌的引子酶，DnaG附著在DnaB複合體
上，形成解旋酶－引子酶複合體，由DnaB活化DnaG的引子酶活性，穩定且活化的引
子酶參照模板DNA的核苷酸序列互補原則，合成一小段RNA，提供了DNA聚合酶能
辨識的雙股核酸結構，以及合成DNA所需的3'-OH基。DnaG分子N-端區還能與SSB交
互作用，穩定解旋酶鬆開的單股DNA (single strand DNA; ssDNA)。

原核細胞 DNA 聚合酶

DNA複製是所有生物細胞絕對不可缺的功能，DNA聚合酶經過至少三十億年的演化，保留了某些結構與功能，也產生某些歧異性(diversity)，不過大致可歸類為兩大家族，即原核細胞的C-家族，以及真核細胞的B-家族。原核細胞的C-家族DNA聚合酶可分為四群，即DnaE1、DnaE2、DnaE3及PolC，故菌種間的DNA聚合酶未必相同。如革蘭氏陰性(Gram negative)的大腸桿菌有五種DNA聚合酶(DNA polymerase I~V)，其中DNA聚合酶III是最主要的DNA複製酵素，DNA聚合酶III是10種次單元分子組成的大複合體，其中負責催化DNA合成的次單元是α次單元，α次單元歸屬於DnaE1群。革蘭氏陽性(Gram positive)的枯草桿菌(*Bacillus subtilis*)則需要兩種C-家族DNA聚合酶，才能進行雙股DNA的複製，編碼於*polC*基因的PolC聚合酶(162.4 KDa)負責催化領先股DNA合成反應，編碼於*dnaE*基因的DnaE聚合酶(68.4 KDa)屬於DnaE1群，負責遲緩股的複製，PolC與DnaE的胺基酸序列只有約20%相似度，兩者相似的區段保留了聚合酶酵素活性，不過PolC含3'→5'核酸外切酶活性，故具有自我校正(proofreading)能力，DnaE則無此功能。以下以大腸桿菌為例，詳細說明原核細胞的DNA聚合酶。

DNA 聚合酶 I

第一種被發現的DNA聚合酶稱為**DNA聚合酶I** (DNA polymerase I; DNA pol I)，由Arthur Kornberg於1955年從細菌細胞中分離出來，為了紀念Arthur Kornberg的成就，此酵素也稱為Kornberg酵素(Kornberg enzyme)。DNA聚合酶I的分子結構出奇的簡單，只是一條分子量103 KD的多肽鏈，在DNA模板、四種去氧核苷酸（dATP、dGTP、dCTP、dTTP，統稱dNTP）及Mg^{2+}的輔助下，由5'→3'方向逐一加上核苷酸，合成新的DNA股線。DNA聚合酶I事實上還具有兩種核酸外切酶的活性，一種為5'→3'核酸外切酶(5'→3' exonuclease)的活性，位於N端，另一種為3'→5'核酸外切酶(3'→5' exonuclease)的活性，位於分子中段（圖10-8）。

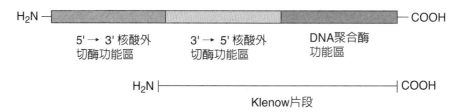

■ 圖10-8　DNA聚合酶I的分子結構與功能區。DNA聚合酶I是一條分子量103 KDa的多肽鏈，DNA聚合酶活性在C端；5'→3'核酸外切酶活性，位於N端；3'→5'核酸外切酶活性位於分子中段。

DNA聚合酶I可經由蛋白酶切割成兩個片段，分別為36 KDa及67 KDa，67 KDa稱為**klenow片段**(klenow fragment)，保留了3'→5'核酸外切酶及DNA聚合酶活性。3'→5'核酸外切酶活性的重要功能為校對新合成的DNA，如果新加入錯誤的核苷酸，則新舊兩股的雙股螺旋結構將無法維持，此時就由3'→5'核酸外切酶往回切除剛合成的片段，再由DNA聚合酶活性重新合成DNA。klenow片段由於沒有5'→3'核酸外切酶活性，不必擔心缺口前端的片段或其他DNA聚合酶合成的DNA被侵蝕，故廣泛被用在分子生物技術上。在PCR操作過程中使用的耐高溫DNA聚合酶*Taq*DNA聚合酶，在結構上也與klenow片段很相近，故其DNA聚合酶活性區特稱為KF部位(KF portion)。以X-射線結晶體學(X-ray crystallography)解析klenow片段的3D結構，獲得DNA聚合酶的典型結構，如果以右手模擬DNA聚合酶3D結構，手掌部位為聚合酶活性催化中心，手指部位具核酸分解酶活性，拇指部位負責接合DNA，也是維持複製連續性(processivity)的部位。三個部位構成一個容納DNA模板與新合成股線的凹槽(cleft)。

Paula Delucia等人於1969年分離出一株DNA聚合酶I基因(*polA* gene)突變的大腸桿菌株，此突變菌株無法合成DNA聚合酶I，但是基因體DNA照常複製，可見DNA聚合酶I不是一般基因體DNA複製時使用的DNA聚合酶。隨後科學家發現DNA聚合酶I的主要作用在於DNA分子的修補工作，以及遲緩股岡崎片段之間的組合（見圖10-6），此時DNA聚合酶I的5'→3'核酸外切酶活性就很重要了，5'→3'核酸外切酶活性負責去除最初引子酶合成的RNA引子。由於DNA聚合酶I在DNA分子修補工作上的重要性，使得*polA*⁻突變株對紫外線導致的DNA損傷非常敏感。

▍DNA 聚合酶 II

大腸桿菌的DNA聚合酶II (DNA polymerase II; DNA pol II)在1970年被發現，編碼的基因稱為*polB*基因(*polB* gene)，基因產物為分子量88 KD的多肽鏈，與DNA聚合酶I類似，具有DNA合成酶活性，依據單股DNA模板沿5'→3'方向合成新DNA股線，也具有3'→5'核酸外切酶的活性，故也具有校正功能。DNA pol II合成DNA的過程需要SSB蛋白穩定單股DNA模板，也需要DNA聚合酶III的γσ次單元複合體及β次單元的協助（有關DNA聚合酶III的結構與功能請參閱下一小節）；不過DNA pol II合成DNA的活性不受低離子強度(ionic strength)的影響，而離子強度降低會顯著抑制DNA聚合酶III的活性。

polB⁻突變株仍然能保持生長及應有的細胞功能，故DNA pol II的真正角色一直無法釐清。某些實驗證據顯示，當DNA損傷而誘發SOS反應時，有數十種基因會因而被活化（詳見第11章），其中就包括*polB*基因，與*polB*基因同時被誘導的DNA聚合酶還包括DNA聚合酶IV (DNA polymerase IV)（*dinB*基因產物，*dinB* gene）與DNA聚合

酶V (DNA polymerase V) (*umuDC*基因產物，*umuDC* gene)，這部分將在第11章介紹DNA修補時詳述。如在氮芥子氣(nitrogen mustard; HN_2)及N–2–乙醯胺基氟(N-2-acetylaminofluorene; N-2-AAF)等突變劑(mutagen)造成的DNA異常中，DNA pol II也參與了修補的工作，某些突變實的結果也證實，DNA pol II能協助DNA pol III的核對工作，矯正DNA pol III複製DNA時造成錯誤配對，類似棒球賽的救援投手。

▌ DNA 聚合酶 III

DNA聚合酶III (DNA polymerase III; DNA pol III)是大腸桿菌催化基因體DNA複製反應的主要酵素，於1971年由Gefter等人所發現，編碼於*polC*基因(*polC* gene)，不過很快的被證明DNA pol III是個由多種次單元組成的蛋白質複合體，總分子量約600 KDa左右，是細菌最主要的DNA聚合酶，全酵素(holoenzyme)所包含10種次單元如表10-1，某幾個次單元為雙倍體，故大腸桿菌DNA pol III全酵素(holoenzyme)總共由17個蛋白次單元組成，次單元以代號表示可寫成$(\alpha\theta\epsilon)2\tau2\gamma\delta\delta'\chi\psi(\beta_2)_2$。核心酵素(core enzyme)含$\alpha$、$\epsilon$、$\theta$等三個次單元，$\gamma$-複合體($\gamma$-complex)是另一具有獨立功能的複合體，全酵素除了核心酵素及γ–複合體之外，還需要加入β次單元(β subunit; beta)及τ次單元(τ subunit; tau)同質雙倍體，藉由β次單元雙倍體鉗住DNA，才能使DNA聚合酶III不至於從模板股脫落，在DNA股線上進行持續性合成工作（圖10-9），τ次單元同質雙倍體則負責栓住在領先股與遲緩股上工作的兩組核心酵素（圖10-10）。這種**持續型酵素**(processive enzyme)功能很重要，可以一次完成至少5×10^5 bp的DNA，如果沒有加入β次單元及τ次單元，DNA聚合酶活性只能維持合成10~50個核苷酸的長度，稱為**分散型酵素**(distributive enzyme)。

DNA聚合酶III的主要聚合酶活性在α次單元，$3' \rightarrow 5'$核酸外切酶的活性在ϵ次單元(ϵ subunit; epsilon)上，這是DNA pol III與其他兩種DNA聚合酶不同的地方；θ次單元的功能是輔助ϵ次單元的核酸外切酶活性，同時穩定核心複合體$(\alpha\theta\epsilon)_2$。生化學家於1976年左右純化出$\gamma\sigma$複合體，於1988年又由不同研究群發現完整的γ–複合體（表10-2）。γ–複合體可視為DNA聚合酶III的平台，負責與SSB蛋白作用，也是β次單元在DNA pol III複合體上的受體，負責將β次單元「裝載」(loading)在分開來的單股DNA上（圖10-9）；DNA合成工作完成之後，β次單元也隨著γ–複合體的離開而從DNA股線卸下(unloading)。γ–複合體活性的維持必須依賴ATP水解提供能量。τ次單元同質雙倍體則負責連住分別在領先股與遲緩股上工作的兩組核心酵素。DNA pol III的各次單元功能整理在表10-2。

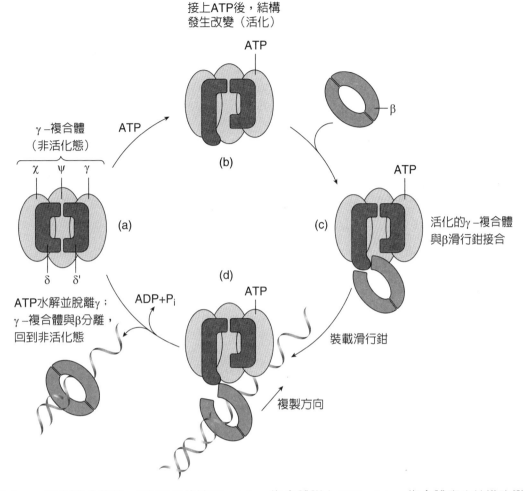

■ 圖10-9　γ–複合體「裝載」β次單元的流程。(a) γσ複合體附上ATP；(b) γσ複合體產生結構改變，得以「捕捉」β次單元；(c)誘導β次單元結構改變，打開雙倍體；(d) β次單元開口處「含入」DNA，並利用ATP水解為ADP釋出的能量，脫離γσ複合體，恢復閉鎖的環形結構，使DNA股線穿過β次單元構成的滑行鉗。

■ 表10-2　DNA聚合酶III的次單元(DNA polymerase III subunits)

次單元		基因	分子量(KDa)	主要功能
核心複合體	α	*dnaE*	129.9	DNA聚合酶活性，合成DNA股線
	ε	*dnaQ*	27.5	3'→5'核酸外切酶活性，負責校對工作
	θ	*holE*	8.6	促進ε次單元核酸外切酶活性，穩定核心複合體
τ		*dnaX*	71.1	連接核心複合體；接合γ-複合體
γ-複合體	γ	*dnaX*[a]	47.5	ATP分解酶活性，協助裝載β次單元
	σσ'	*holA&holB*	38.7/36.9	協助裝載β次單元，協助核心複合體配合遲緩股的合成
	χ	*holC*	16.6	接合SSB蛋白
	φ	*holD*	15.2	接合χ及γ
β		*dnaN*	40.6	滑行鉗(sliding clamp)

DNA 複製反應

由於領先股與遲緩股複製DNA的方向相反，如何又朝同一個方向推進？這個問題一直困擾著生物學者，目前被大多數學者接受的假說，關鍵在假設遲緩股的單股DNA模板股線，在進行複製的過程中呈套環狀，180°套環使正在複製增長的雙股DNA段落朝套環方向伸展。詳細程序如下：

1. **步驟一**：DNA pol III的核心複合體與γ-複合體結合，進入DNA複製起點。此時六倍體的DnaB解旋酶已經解開DNA雙股螺旋結構，兩條被解開的單股DNA由一連串SSB蛋白四倍體(tetramer)加以保護。DnaB解旋酶在整個複製過程中持續工作，承擔「開路先鋒」的角色。

2. **步驟二**：兩組「核心-γ-複合體」分別由δ次單元接合β次單元，γ次單元水解附著其上的ATP，釋出的能量協助β次單元雙倍體鉗住單股DNA模板（圖10-10），故γ-複合體有時被稱為鉗子裝載複合體(clamp loader complex)，此時γ-複合體與核心複合體

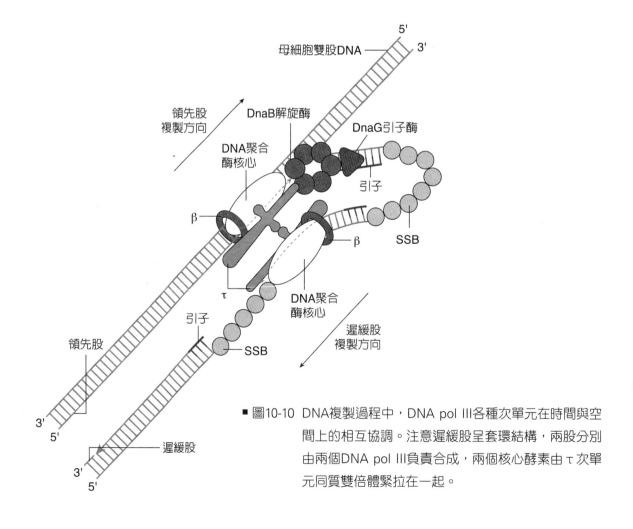

■ 圖10-10 DNA複製過程中，DNA pol III各種次單元在時間與空間上的相互協調。注意遲緩股呈套環結構，兩股分別由兩個DNA pol III負責合成，兩個核心酵素由τ次單元同質雙倍體緊拉在一起。

脫離，換由核心-β複合體繼續進行隨後的反應。γ–複合體也促使SSB蛋白脫離DNA股線，以利DNA的合成工作。

3. **步驟三**：DnaG引子酶在領先股合成一小段引子，提供3'-OH給DNA聚合酶，接上第一個DNA核苷酸，引導領先股沿5'→3'方向持續性合成DNA；而遲緩股也由DnaG引子酶合成一小段引子，再由DNA pol III的核心-β複合體合成岡崎片段。隨著DNA合成反應的進行，遲緩股增長的雙股DNA片段朝套環方向伸展，使套環增大（圖10-10）。此時分別在領先股與遲緩股上的兩個核心酵素，由τ次單元同質雙倍體緊拉在一起，在DNA複製過程中保持相鄰的相對位置。

4. **步驟四**：完成1,000~2,000 bp（岡崎片段的大約長度）之後，核心複合體接觸到原先合成的遲緩股，使合成反應終止，此時酵素核心脫離β次單元，而β次單元也無法鉗住DNA股線而脫落，套環跟著鬆弛，這個動作是遲緩股得以繼續進行合成反應的關鍵。核心與γ-複合體再度結合，由δ次單元接合β次單元，在新的引子附著點形成新的滑行鉗，啟動下一段岡崎片段的的合成工作，整體而言遲緩股的複製必須要分段進行（圖10-10），也因此減緩了整個DNA複製工作，不過能使β次單元穩定鉗住DNA股線，以及使τ次單元緊拉住領先股與遲緩股上的兩組核心酵素，維持複製的持續性(processivity)。

5. **步驟五**：複製完成之後，新舊兩股環狀DNA必須分離，不過基於DNA的超纏繞結構，造成兩環狀DNA呈現連鎖狀態(catenation)，必須由特殊機制使新舊基因體分離，或稱解連鎖(decatenation)，催化此反應的是解環酶(gyrase)，以及第一型局部異構酶的局部異構酶III（topoisomerase III; *topB*基因產物），其中局部異構酶III是分離新合成DNA的主要酵素。

🔍 ▶ 病毒與質體的 DNA 複製模式

某些病毒與細菌質體DNA分子循著特殊的模式進行複製，在此簡述兩種被詳細研究的模式。

▌末端蛋白引子模式

包括腺病毒(adenovirus)、噬菌體Φ29等之DNA基因體，皆循著這種模式複製。腺病毒的線型雙股DNA長約36 Kbp，複製反應需要三種病毒蛋白的參與，包括原型末端蛋白(pre-terminal protein; pTP)、腺病毒DNA聚合酶(adenovirus DNA polymerase; Adpol)及DNA接合蛋白(DNA binding protein; DBP)，也需要數種宿主細胞的核蛋白因子的協助，包括NF1及Oct1。複製時以兩端同時為複製起點開始複製，腺病毒DNA兩端之5'端

皆以共價鍵接合一分子的末端蛋白(terminal protein; TP)，複製之初先由宿主細胞的核蛋白因子NF1引導Adpol與游離的pTP形成異質雙倍體，此時DBP也接在此DNA啟始複合體上，促進Adpol-NF1與pTP形成複合體。pTP分子量76.5 KDa，其多肽鏈上的第580號絲胺酸(Ser580)提供-OH根，在Adpol的催化之下，一分子的dCTP與絲胺酸的-OH根形成磷酯鍵（圖10-11），形成Adpol-pTP-dCMP複合體。

此Adpol-pTP-dCMP複合體隨後在核蛋白因子引導下，與DNA末端的的TP接合（圖10-12），到達DNA複製點準備複製工作，DBP隨後使DNA雙股失去穩定，解開雙股DNA，並使一系列的DBP寡聚合體(oligomer)接在游離的替換股上，有利隨後模板股的複製工作。此時Adpol-pTP-dCMP複合體上的dCMP提供了3'-OH根，等於承擔了引子的角色，故腺病毒不需要引子酶(primase)合成RNA引子，即可進行DNA的複製反應。Adpol隨即催化合成pTP-CAT中間產物（即以ATP、TTP為原料，合成C-A-T三核苷酸片

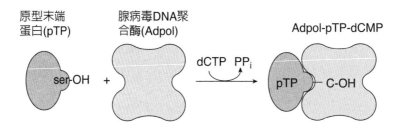

■ 圖10-11　末端蛋白引子模式－啟始。腺病毒DNA兩端之5'端皆以共價鍵接合一分子的TP，而游離態的原型末端蛋白(pTP)則在Adpol的催化之下，與一分子的dCMP形成磷酯鍵。

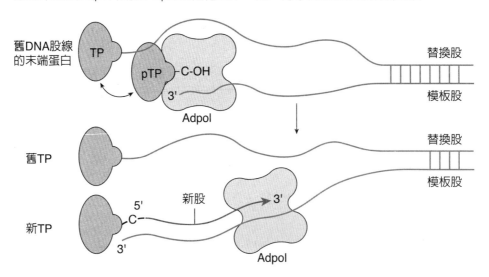

■ 圖10-12　末端蛋白引子模式－過程。Adpol-pTP-dCMP複合體隨後在核蛋白因子引導下與DNA末端的的TP接合，此時Adpol-pTP-dCMP複合體上的dCMP提供了3'-OH根，承擔了引子的角色，引導DNA聚合酶進行DNA的複製反應。

段），pTP-CAT原先接在模板DNA3'端第4個核苷酸位置上，不過複製的第一步需要「回跳」(jump back)至第1~3個核苷酸的位置，此時Adpol脫離pTP，以pTP-CAT為引子從新股5'端開始合成新的DNA股線，NF1的任務由Oct1取代。

DNA複製過程中，DBP扮演關鍵腳色，DBP分子量70 KDa，一分子的DBP能非專一性的覆蓋10-15個核苷酸。Adpol (120 KDa)的分子結構與宿主細胞中的DNA聚合酶相似，以X-射線結晶體學解析3D結構，也可以右手做為模型，手掌部位為聚合酶活性催化中心，手指部位具3′→5′核酸外切酶活性，顯然此病毒DNA聚合酶也有校正功能，拇指部位接合DNA，維持複製的連續性(processivity)。複製完成的雙股DNA包裝到殼體(capsid)之前，5'端的pTP (76.5 KDa)會被腺病毒蛋白酶(adenovirus protease)切割成37 KDa的成熟TP，故成熟的腺病毒基因體5'-端接有一分子的TP。

▌滾動環模式

包括許多細菌質體及噬菌體，其DNA基因體皆以**滾動環模式**(rolling circle model)進行複製。1970年代末期，科學家首先在ΦX174噬菌體(ΦX174 phage)雙股複製型DNA (replication form; RF)發現這種複製模式，除了宿主細胞的DNA複製酵素與蛋白之外，主導複製工作的因子是*A* 基因的蛋白產物，直接稱為**A蛋白**(A protein)，A蛋白是多功能的蛋白，利用其催化位兩個酪胺酸(tyrosine)的–OH根與DNA反應。反應步驟如下：

1. **步驟一**：A蛋白首先辨識雙股DNA複製起點(double strand origin; DSO)，接上DSO之後，立即在DSO附近切割領先股(＋)，切口產生游離的5'端與3'端（圖10-13）。

2. **步驟二**：A蛋白酪胺酸的–OH根與5'端形成磷酯共價鍵；而3'端則作為提供3'-OH的引子，開始利用宿主細胞的DNA聚合酶與蛋白因子，以另一股(－)為模板合成新的領先股（圖10-13）。

3. **步驟三**：繞一圈之後回到原先DSO的位置，合成新的DSO，此時A蛋白又可切割舊領先股，使領先股被釋出，且自己轉而接在新產生的5'端上，主導另一環狀DNA合成工作。

4. **步驟四**：被釋出的單股DNA領先股(＋)由宿主細胞的DNA接合酶接合，形成單股環狀DNA，隨後合成模板股(－)。雙股環狀DNA最後在局部異構酶(topoisomerase)催化下，形成超纏繞(supercoil)的穩定結構（圖10-13）。

此A蛋白只會針對超纏繞結構的雙股環狀DNA作用，且嚴格遵守順向反應(cis-acting)原則；即A蛋白只會作用在合成自己的基因體上，不會作用在鄰近的ΦX174噬菌體雙股環狀DNA。

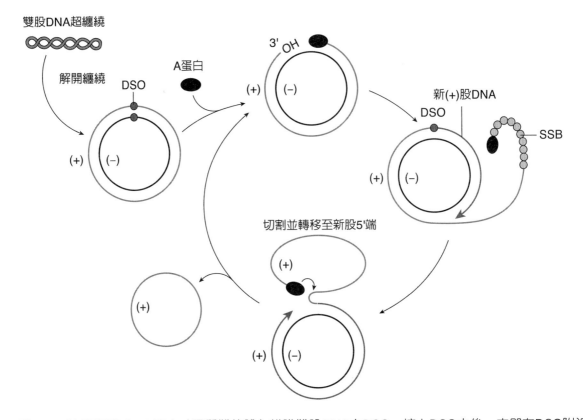

■ 圖10-13 滾動環模式。A蛋白（異質雙倍體）辨識雙股DNA之DSO，接上DSO之後，立即在DSO附近切割領先股(+)，A蛋白酪胺酸的–OH根與DNA 5'端形成磷酯共價鍵；而DNA 3'端則作為引子，開始DNA複製，另一股(–)為模板股。繞一圈之後回到原先DSO的位置，此時A蛋白又可切割舊領先股，使領先股被釋出，且自己轉而接在新產生的5'端上，主導另一環狀DNA合成工作（注意雙股DNA必須以超纏繞結構存在）。

　　細菌質體DNA進行複製的模式，除了複製一般細菌基因體的θ (theta)模式之外，許多質體也遵循滾動環模式進行複製，其機制及反應程序與ΦX174雙股DNA複製模式大致相同，不過主導複製工作的因子是啟始蛋白(initiator)，又稱為**Rep蛋白**(Rep protein)。Rep蛋白有兩個功能區，一個負責辨識DSO附近的髮夾結構區(hairpin region)，另一功能區則具有酵素活性，負責切割DNA。如A蛋白及Rep蛋白皆具有切割單股DNA、結合5'端的功能，這類酵素統稱為**鬆弛酵素**(relaxase)。

結合作用與基因轉移

　　細菌的遺傳物質可以經由三種方式轉移至另一個細菌細胞中，包括**轉型**(transformation)、**轉導**(transduction)及**結合作用**(conjugation)。轉型意指細菌細胞直接「攝取」胞外的DNA分子；轉導則藉助於噬菌體攜帶基因，於感染另一細胞時，隨著噬菌體的基因體進入新細胞中；而結合作用則有賴細菌細胞間搭起一條聯通管，由提供者

(donor)將一段DNA經由聯通管轉移至接受者(recipient)細胞內，負責提供移轉DNA的是**F質體**(F plasmid)，聯通管則是**F線毛**(F pili)，或稱為**性線毛**(sex pili)。F質體為一種**游離基因體**(episome)，有時以游離態存在於細胞質中，有時則嵌入細菌基因體，與細菌DNA整合，不過當F質體重新脫離細菌DNA時，有時會伴隨攜帶了一段細菌基因，此時稱為F'質體。故帶有F質體的細菌基因體片段會隨著結合作用，轉移到接受者(recipient)細胞內，可見具有這種F'質體的大腸桿菌，基因轉移與重組的頻率相對較高，稱為**Hfr品系**(high frequency; Hfr)。

F質體的基因體含有複製起點，稱為*oriT*，在*oriT*下游緊鄰著*traM*、*finP*及*traJ*基因，*traJ*基因的下游是一段執行結合作用的基因區，含有二十多種基因，稱為*traY-I*單元(*traY-I* unit)。*traJ*基因在不進行結合作用時，受到*finP*基因產物FinP的抑制，當抑制消失時，*traJ*基因產物TraJ負責活化*traY*及*traY-I*單元的基因，開始一系列的反應，這些基因產物涉及性線毛的產生，結合對象的辨識，單股DNA的合成，以及F質體的複製（F-plasmid replication，圖10-14）。

結合反應開始時，*traY*基因產物TraY蛋白先辨識*oriT*，並接在*oriT*之上，此作用需要宿主整合因子(integration host factor; IHF)的協助，TraI蛋白則隨即「靠岸」在TraY蛋白上，形成TraY-I異質雙倍體(TraY-I heterodimer)。TraY能活化*traM*基因，*traM*基因產物TraM是TraY-I的輔助蛋白，由於TraI蛋白是一種鬆弛酵素(relaxase)，TraM-TraI-TraY複合體稱為鬆弛體(relaxosome)。鬆弛體能切割單股DNA領先股(＋)，並且與第四型配對蛋白(Type IV coupling protein; T4CP)共同啟動單股DNA領先股(＋)的轉移，TraI結合5'游離端，經過第四型分泌系統(Type IV secretion system; T4SS)與性線毛構成的管道，進入接受者細胞。

F質體的TraY-I在功能上與ΦX174的A蛋白很類似。切割DNA產生的3'端能擔任引子的功能，提供者(donor)隨後以(－)股為模板進行複製，整個反應類似滾動環模式，原先的F質體恢復為雙股環狀DNA（圖10-15）。被新股取代的單股DNA領先股(＋)以5'-端為前導，經由性線毛的孔道轉移至接受者細胞內，此單股DNA也稱為移轉DNA (transfer DNA; T-DNA)，T-DNA受到單股DNA接合蛋白(single strand binding protein; SSB)的保護，此時接受者(acceptor)細胞內的RNA聚合酶，能以T-DNA之5'-端片段為模板，合成一段RNA引子。隨T-DNA進入接受者細胞（宿主細胞）的TraI隨即催化T-DNA環狀化，防止T-DNA被分解。宿主細胞內的DNA聚合酶辨識環狀T-DNA的DNA-RNA雙股結構，以單股DNA領先股(＋)為模板，RNA為引子，合成新的(－)股，完成環狀雙股DNA結構，此時可能帶有原提供者基因體的部分基因，包括抗生素拮抗基因等，故細菌的結合作用（有時也可視為一種交配作用），能影響細菌對藥物的敏感性，尤其與院內感染與治療密切相關。

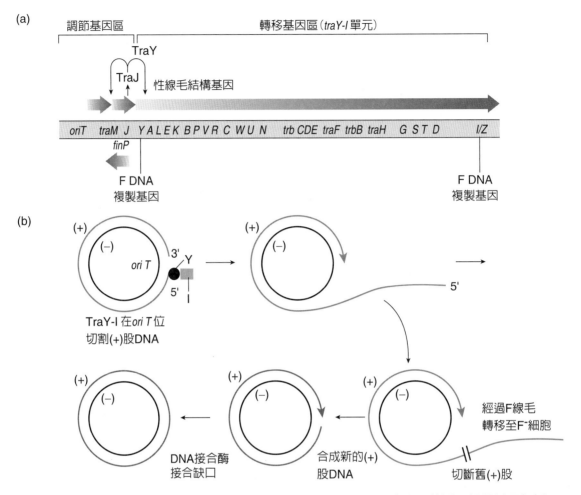

■ 圖10-14 F質體中涉及結合作用的基因區。(a)細胞遺傳物質能經由結合作用傳遞，相關基因包括*oriT*、*oriT*下游的*traM*、*finP*及*traJ*基因、*traJ*基因下游的*traY-I*單元。(b) *TraY*蛋白先接在*oriT*之上，*TraI*蛋白則「靠岸」在*TraY*蛋白上，形成*TraY-I*異質雙倍體。*TraI*蛋白切割單股DNA領先股(+)，結合5'游離端，3'端擔任引子的功能，隨後以(−)股為模板進行複製。被取代的DNA股線通過F線毛，進入F⁻細胞中，隨後再複製為雙股DNA。

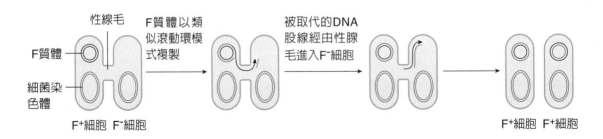

■ 圖10-15 接合作用(conjugation)傳遞遺傳物質的模式。整個反應類似滾動環模式，不過部分A蛋白的功能以TraY-I異質雙倍體取代。單股DNA領先股(+)經由性線毛的孔道轉移至接受者細胞內，再利用一般DNA複製機制合成新的F質體，使F⁻轉變為F⁺。

10-3 🔬 真核細胞DNA複製

　　真核細胞的基因體在細胞核中，且呈線型DNA結構，由於真核細胞的分裂較慢，且每一個細胞週期(cell cycle)染色體（基因體）才複製一次，故在複製速度上也不需要像細菌一樣快，伴隨著正確性也提高。初期有關真核細胞DNA複製的研究，多以SV40病毒DNA為實驗模式，同時也從酵母菌的細胞週期突變株辨識與DNA複製有關的基因。經過近二十年來的研究發現，真核細胞與原核細胞的DNA複製因子與反應程序，皆源於相同的原始DNA複製機制，且以類似方法解決遲緩股複製方向的問題；表10-3可增加此概念架構的理解，從酵母菌（單細胞真核細胞生物）發現的DNA複製因子，在果蠅、蛙類及人類細胞中皆獲得證實。

表10-3　真核細胞與原核細胞DNA複製因子(DNA replication factor)的比較

功　能	大腸桿菌	酵母菌
起點辨識因子	DnaA	ORC
解旋酶(helicase)	DnaB	Mcm 2-7
引子酶(primase)裝載因子	DnaC	Mcm10 及 Cdc45
單股DNA接合蛋白(SSB)	SSB	RPA
引子酶(primase)	DnaG	Pol α-Primase
滑行鉗(sliding clamp)	Pol III β次單元	PCNA
滑行鉗裝載因子	Pol III γ次單元	RFC
DNA聚合酶	Pol III α次單元	Pol δ（遲緩股） Pol ε（領先股）
RNA引子分解酶	Pol I	FEN1 及 Dna2
DNA接合酶(DNA ligase)	Ligase	Ligase

🔍 ▶ 真核細胞 DNA 複製因子

　　DNA複製的起點（酵母菌為ARS）在細胞週期G_1期即接合了由6個次單元組成的**起點辨識複合體**（origin recognition complex; ORC，分子量約400 KDa），進入S期之前，關鍵因子**Cdc6**及**Cdt1**的加入，使Mcm複合體得以進入起點的位置，啟動一系列的DNA複製反應。由於Cdc6是一種半生期極短（只有數分鐘）的蛋白質，故DNA複製反應的啟動只在這短暫的時機，此微妙的機制確保每一個細胞週期染色體只複製一次，故Cdc6-Cdt1被稱為是DNA複製的**執照因子**(licensing factor)（參考圖10-4）。

　　Mcm複合體具有解旋酶活性，能形成一個複製叉(replication fork)，容許隨後的複製因子與酵素進入複製點。複製蛋白A (replication protein A; RPA)是真核細胞的單股

DNA接合蛋白(single-strand binding protein; SSB)，負責穩定暴露出來的單股DNA分子。Mcm10及Cdc45蛋白因子則引導**DNA聚合酶α** (DNA polymerase α；Pol α)與**引子酶**的複合體至複製起點，啟動DNA複製反應。此時為了使DNA合成反應能持續性進行(processing replication)，一種稱為**增殖細胞核抗原**(proliferating cell nuclear antigen; PCNA)在**複製因子C** (replication factor C; RFC)的協助下，以水解ATP釋出的能量，附著在準備複製的DNA上，顯然PCNA與原核細胞的β次單元一樣，擔任滑行鉗的角色。PCNA是同質三倍體(87 KDa)，三個相同的次單元(29 KDa)圍成一個中空的環包住單股DNA，同時與DNA聚合酶交互作用，以維持DNA複製的持續性(processivity)。後續研究陸續發現，PCNA是一種多功能的蛋白因子，與DNA複製（包括協助DNA Pol σ及DNA Pol ε的複製工作）、DNA修補(DNA repair)、DNA重組(DNA recombinaton)、染色質重整(chromatin remodeling)（受到組蛋白甲基化的影響）及細胞循環的調控（與p15及p21之間的交互作用）有關。

真核細胞 DNA 聚合酶

真核細胞具有三種主要的DNA聚合酶及數種次要聚合酶（表10-4），全基因體分析發現，人類基因體中至少編碼17種DNA聚合酶，其中只有DNA聚合酶α、δ、ε主導細胞循環S期的DNA複製，而至少有11種DNA聚合酶參與DNA修補工作。DNA聚合酶α (Polymerase α; Pol α)與引子酶組成複合體(Pol α-primase complex)，含4個次單元，包括具DNA合成酶活性的Pol 12 (79 KDa)、Pol 1 (140 KDa)以及具引子酶活性的Pri 2 (58 KDa)、Pri 1 (48 KDa)（圖10-16a）。Pol α-primase分別在領先股與遲緩股合成RNA引子，長度在8~12 nt左右，隨後由Pol α接續合成約20~25 nt長度的啟始DNA (initiator DNA; iDNA)，然後PCNA-RFC進入複製起點，使Pol α-primase脫離模板股，由Pol δ（遲緩股）及Pol ε（領先股）接手，正式進行新DNA股線的合成工作。

人類DNA聚合酶δ (Pol δ; Pol δ)含4個次單元，包括具DNA合成酶活性的POLD1 (125 KDa)，以及POLD2 (50 KDa)、POLD3 (68 KDa)、POLD4 (12 KDa)等輔助次單元，POLD1具有合成DNA的酵素活性。酵母菌(*Saccharomyces cerevisiae*) Pol δ只含3個次單元，分別是Pol3 (125 KDa)、Pol31 (55 KDa)、Pol32 (40 KDa)（圖10-16b），不過裂殖酵母菌(*Schizosaccharomyces pombe*)的Pol δ有一個22 KDa的輔助因子Cdm1，其中Pol3具有合成DNA的酵素活性。Pol δ協助穩定複合體及負責與PCNA交互作用。Pol δ還具有3'→5'核酸外切酶活性，能進行合成失誤時的校正工作。多種實驗證據證實，Pol δ主要負責進行遲緩股的DNA合成工作，只有在Pol ε不足或缺乏的突變細胞中，才會輔助領先股的DNA合成，且Pol δ能協助領先股的校正工作，也能同時校正Pol α-primase產生的失誤，使真核細胞DNA複製維持高忠實度(fidelity)。

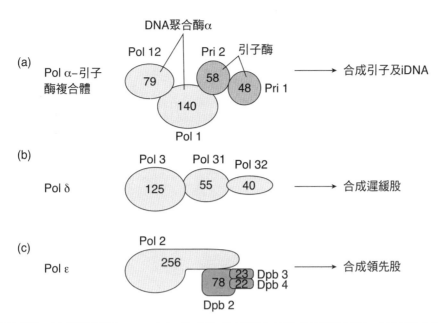

■ 圖10-16 真核細胞（以酵母菌*S. cerevisiae*為例）的三種主要的DNA聚合酶。DNA聚合酶α與引子酶複合體含四個次單元，為DNA複製啟始酵素；Pol δ含三個次單元，負責遲緩股的複製；DNA聚合酶ε含四個次單元，負責領先股的複製。數字代表次單元分子量(KDa)。

　　人類DNA聚合酶ε (Polymerase ε; Pol ε)含4個次單元，包括POLE1 (261 KDa)、POLE2 (59 KDa)、POLE3 (17 KDa)、POLE4 (12 KDa)，其中POLE1（或稱POL2A）具有合成DNA的酵素活性，其他3個輔助次單元在酵母菌稱為Dpb2-4，只有Dpb2發生突變才會影響細胞存活，不過Dpb3及Dpb4突變會造成基因體的不穩定，可能Dpb3及Dpb4與領先股的忠實度有關。酵母菌(*Saccharomyces cerevisiae*) Pol ε 4個次單元及分子量，分別是Pol2 (256 KDa)、Dpb2 (78 KDa)、Dpb3 (23 KDa)、Dpb4 (22 KDa)（圖10-16c），Pol2具有合成DNA的酵素活性。Pol ε的工作是負責領先股的DNA合成工作，也參與DNA雙股斷裂(double strand break; DSB)時的修補工作。Pol ε也具有3'→5'核酸外切酶活性，不過只能進行領先股合成失誤時的校正工作。不論是領先股或遲緩股，PCNA皆能與Pol ε或Pol δ交互作用，隨時配合合成反應的進行，維持DNA複製的持續性，這種滑行鉗的機制從噬菌體（病毒）、原核細胞到人類細胞，在演化上高度保留（參閱表10-3）。

▋ 表10-4　真核細胞的主要DNA聚合酶

DNA聚合酶	功能	分子結構
Pol α	接續引子的初期DNA複製	357- KDa；四倍體
Pol β	DNA修補（切除型）	39 KDa；單倍體
Pol γ	粒線體DNA複製	192 KDa；雙倍體
Pol δ	遲緩股的DNA複製	255 KDa；四倍體
Pol ε	領先股的DNA複製	349 KDa；四倍體

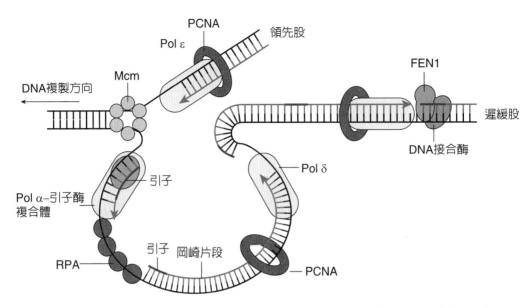

■ 圖10-17 真核細胞DNA遲緩股的複製模式。真核細胞DNA遲緩股的複製過程與原核細胞大同小異，複製蛋白A (RPA)是SSB、DNA聚合酶α與引子酶的複合體啟動DNA複製反應，增殖細胞核抗原(PCNA)在複製因子C (RFC)的協助下，附著在準備複製的DNA上，擔任滑行鉗的角色；新合成的岡崎片段與模板股形成套環。

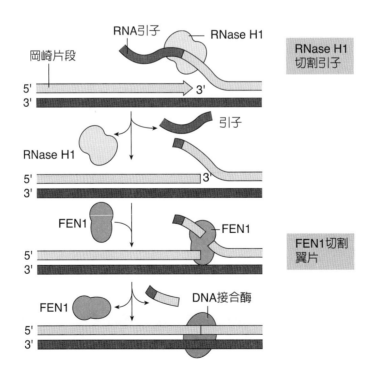

■ 圖10-18 遲緩股複製反應的終止與RNA引子的移除。Pol δ遇到引子之後仍然繼續向前合成DNA，取代了不穩定的RNA-DNA雜合結構，導致RNA引子呈懸掛的翼片。翼片由RNase H1從RNA與DNA接合點附近產生切點，再由FEN 1將翼片整段切除，最後由DNA接合酶完成接合工作。

遲緩股的複製

遲緩股在真核細胞中也是合成岡崎片段（圖10-17），以哺乳動物細胞而言，岡崎片段長度在100~200 nt之間，整個基因體的複製大約需要合成超過十萬個岡崎片段。岡崎片段延伸到接觸前一個引子時即終止，接下來的工作是移除引子，並修補留下來的缺口，此一工作在離體實驗中由**翼片核酸內切酶-1** (flap endonuclease 1; FEN1)及核糖核酸內切酶H1 (ribonuclease H1; RNase H1)完成，FEN1在酵母菌細胞中的同質因子稱為RAD27，RNase H1在酵母菌細胞中的同質因子稱Rnase H2。翼片的產生主要由於Pol δ遇到引子之後，繼續向前合成DNA，取代了不穩定的RNA-DNA雜合結構，及少部分前端的DNA-DNA片段，導致RNA引子呈懸掛的翼片，於是RNase H1從RNA與DNA接合點附近產生切點，FEN1再將翼片整段切除（圖10-18）。岡崎片段與前一片段的間隙由Pol δ補齊後，最後由DNA接合酶完成片段間的接合工作，這一系列的反應使遲緩股的雙股DNA結構延後完成。近年來的實驗證據顯示，*DNA2*基因產物Dna2也是切除RNA引子及翼片的酵素，換言之FEN1與Dna2是可以相互取代的，Dna2兼具有解旋酶活性，以利Pol δ合成的新股線取代引子與啟始DNA (iDNA)。

端粒與端粒酶

端粒(telomere)是真核細胞染色體的尾端，人類染色體的端粒長度在4~14 Kb左右，端粒的結構非常特殊，呈現重複的核苷酸序列，如早期被研究得很詳細的鞭毛蟲*Tetrahymena*染色體端粒呈現$(TTGGGG)_n$的重複序列；而人類染色體端粒則呈$(TTAGGG)_n$的重複序列。此外端粒DNA的3'端還「懸掛」一段約100~200 nt長度的單股DNA，這段DNA富含guanidine (G)，雙股DNA之5'-末端呈現回捲的套環結構，稱為T-套環(T-loop)，懸掛的3'-單股DNA延伸入原雙股結構形成D-套環(D-loop)（圖10-19）。

這種結構的目的一方面能保護DNA末端，免於受到核酸分解酶的攻擊而逐漸分解，另一方面則防止染色體之間相互融合（首尾接合），套環上的端粒染色體還附上多種蛋白組成的護鞘，稱為護鞘子(shelterin)，組成護鞘子的蛋白包括TRF1/2、RAP1、TIN2、TPP1等，早在1940年左右，Barbara McClintock就發現玉米染色體末端比較不黏(less sticky)。可見端粒是維持染色體完整的重要結構。

線型DNA合成到達染色體尾端後，領先股(5'→3')在模板股(3'→5')終止點即停止DNA合成反應，無法在3'端合成額外的單股；而遲緩股的模板股方向為5'→3'，故合成方向與複製方向相反，鄰近模板股DNA末端的是原先合成的RNA引子，當RNA引子被RNase H1去除之後，末端留下一段單股DNA，隨後會被核酸分解酶所移除；甚至在最後

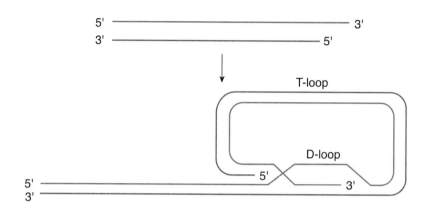

■ 圖10-19　端粒尾端形成的T–套環(T-loop)及 D–套環(D-loop)。

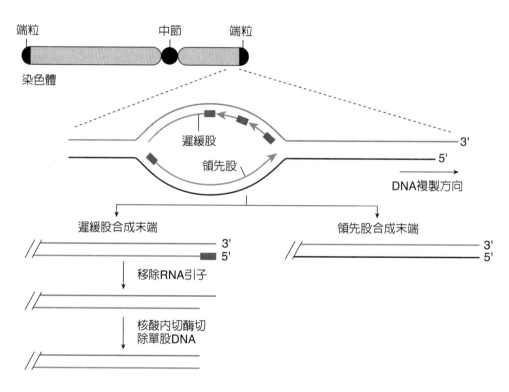

■ 圖10-20　末端複製難題。線型DNA合成到末端之後，領先股在模板股終止點即停止DNA合成反應；而
　　　　　遲緩股原先合成的RNA引子去除之後，末端留下一段單股「懸掛」DNA，隨後被核酸分解酶
　　　　　所移除；DNA末端因此很容易因某些核酸外切酶的分解而逐漸縮短，這種現象稱為「末端複
　　　　　製難題」。

一輪DNA合成反應無法完成岡崎片段。DNA末端如果沒有特殊機制加以處理，易受某些DNA的核酸外切酶所攻擊，使其逐漸縮短，這可能與細胞衰老現象有關。這種現象稱為末端複製難題(end-replication problem)（圖10-20）。在演化上，解決末端複製難題的策略之一，就是使細胞中存在一種負責合成端粒結構的酵素，稱為端粒酶(telomerase)，這種酵素首先由Elizabeth Blackburn於1985年左右在鞭毛蟲*Tetrahymena*細胞中發現，她因此在2009年獲得諾貝爾生理醫學獎的殊榮。

端粒酶是典型的**核糖核酸蛋白**(ribonucleoprotein; RNP)，基本結構包括一條RNA及一個具有反轉錄酵素活性的蛋白質次單元，端粒酶RNA (telomerase RNA) 簡稱TER（在酵母菌細胞中稱為TLC1）；端粒酶反轉錄酵素(telomerase reverse transcriptase)簡稱TERT（在酵母菌細胞中稱為Est2p）。*Tetrahymena*的TER長度159 nt，含有一段AACCCC序列，正好與*Tetrahymena*染色體端粒TTGGGG互補（圖10-21），確定位置之後，TERT的反轉錄酵素活性以此RNA為模板，合成一小段DNA（延伸）；如圖所示，端粒酶向前跳躍，重新與新合成的DNA互補（移位），啟動另一輪的DNA合成反應（延伸）。在3'端不斷延伸時，較早合成的單股DNA遵循遲緩股合成模式，由引子酶形成引子，DNA聚合酶隨後以3'端延伸出來的DNA為模板，合成新的DNA股線，完成雙股DNA結構；不過最後仍會在3'端留下一段約100~200 nt長度的單股DNA。TER在鞭毛蟲真核細胞中由RNA聚合酶III轉錄，酵母菌及脊椎動物的TER則由RNA聚合酶II轉錄，長度可從150 nts到2,000 nts，TER與某些snoRNA類似，含有特殊的H/ACA盒 (H/ACA box)髮夾(hairpin)二級結構與共識序列，在H/ACA scaRNP引導下轉移至核仁(nucleolar)的Cajal body與TERT組合成端粒酶。正常的成人體細胞中，端粒酶數量少（每個細胞中約含200~250個）且大多處在靜止狀態，不過許多癌症的腫瘤細胞中的端粒酶數量有上調且重新活化，有此現象的腫瘤可高達90%，故端粒酶一直是癌症治療策略的選項之一。

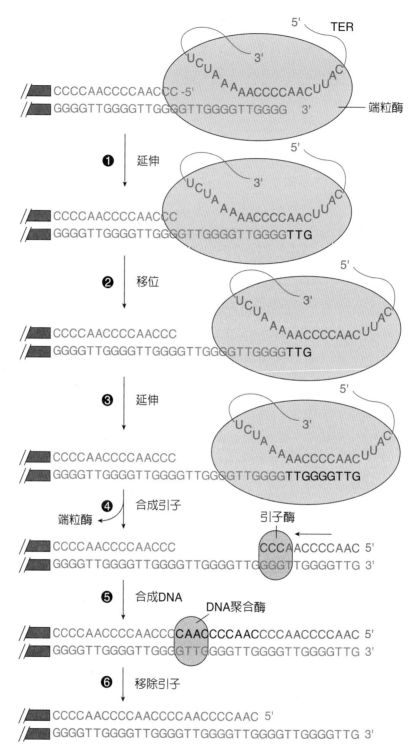

■ 圖10-21 端粒酶結構及其作用機制。端粒酶包含一條RNA (TER)及一個具有反轉錄酵素活性的蛋白質
次單元(TERT)。TER含有一段AACCCC序列，正好與染色體端粒TTGGGG互補；TERT以此
RNA為模板，合成一小段DNA（延伸）；端粒酶隨後向前跳躍，重新與新合成的DNA互補
（移位），並啟動新的DNA合成反應（延伸）。較早合成的單股DNA最後合成新的DNA股
線，完成雙股DNA結構。

11

DNA的突變與修補

11-1 DNA突變與損傷

　　DNA分子是主導一切生物性狀（或稱表型）的分子，且必須代代相傳，故DNA分子是極穩定的分子；當然，萬一DNA分子股線發生斷裂、缺損，或分子中之核苷酸序列產生改變，即使小至細菌細胞、大到一頭鯨魚，乃至自認為高等的智人(Homo sapien)，都可對此生物的正常生理狀態、生命表徵造成衝擊，如透過基因剔除(gene knock-out)技術，使特定基因突變而失去活性後，往往造成小鼠胎兒在母鼠子宮內就胎死腹中，或無法發育為成體。不過在某些環境壓力或生化反應異常下，DNA仍然會受到改變或損傷，故數十億年的生物演化過程中，產生多種修補DNA的機制，以期將損害降到最低；甚至在DNA複製過程中，就具有校對及矯正機制，減少複製時造成的錯誤，即使DNA序列異常來不及修正，到轉錄階段也有另一套校對與修補的機制。本章先描述各種不同形式的突變與染色體異常，再詳細討論幾種已知的修補機制，不過有關重組型修補(recombination repair)機制，需要先了解DNA重組(DNA recombination)的原理與詳細程序，故會在第12章再詳細討論。

突變的種類

　　DNA的突變依據其產生的效應與影響，主要有下列數種：

1. **誤意突變**(missense mutation)：因為突變導致蛋白質轉譯至此位置時，以另一種胺基酸取代原先的胺基酸；例如造成鎌型貧血症(sickle cell anemia)的突變，就是在人類血紅素β次單元（β球蛋白）基因中產生單一核苷酸的點突變，CCTGAG突變為CCTGTG，導致蛋白質轉譯至第6個胺基酸時，從原先的麩胺酸（glutamine，帶負電荷胺基酸）改變為纈胺酸（valine，非極性胺基酸）。

2. **無意義突變**(nonsense mutation)：編碼某一胺基酸的密碼子由於點突變而轉變成無意義密碼子(nonsense codon)，或稱終止碼(stop codon)，這種突變往往造成蛋白質轉譯至此位置時，發生提前終止，合成一條不完整的多肽鏈；如某些海洋性貧血(Thalassemia)患者的血紅素β球蛋白(β-globin)基因第37號密碼子由TGG突變為TAG，當轉錄為mRNA時，RNA聚合酶以反意股為模板，TAG在反意股為ATC，故此位置的mRNA序列為UAG無意義密碼子（終止碼），此無意義突變導致核糖體合成蛋白質時不正常中斷，合成一段不完整、無功能的多肽鏈。缺少完整的β球蛋白，使患者缺乏正常的血紅素(hemoglobin)，因而造成貧血。

3. **讀框轉移突變**(frameshift mutation)：這種突變導因於核苷酸的缺失，即編碼的三個核苷酸因故缺少一或兩個，或插入一或兩個核苷酸，造成由連續三個核苷酸組成的讀框(reading frame)發生改變，在轉錄時，突變點之後的胺基酸序列隨之改變；在這種情況下，常在到達正常終止碼之前即遭遇異常的無意義密碼子，使轉譯中斷。如亞洲人的海洋性貧血患者中，就有許多在第41/42號密碼子中失去4個核苷酸（5'–TTCTTT–3' → 5'–TT–3'）：

正常序列：5'–GGTT<u>CTTT</u>GAGTCCTTTGG–3'
41 42 43 44

突變序列：5'–GGTTGAGTCCTTTGG–3'
41 42 43 44

導致從41號密碼子開始，後續的密碼皆發生改變，使紅血球無法合成有正常功能的血紅素。

4. **無功能突變**(null mutation)：指突變導致基因功能完全消失，或無法產生此基因的mRNA，這種突變經常由於整個DNA片段缺失(deletion)所造成。例如肺癌細胞株H1299的p53腫瘤抑制基因，就因為具有重要功能的DNA片段發生缺失，完全不表現p53，導致肺細胞轉型為癌細胞。

5. **靜突變**(silent mutation)：某些構造基因突變並不影響個體的外表型與性狀，這種突變稱為靜突變，這種現象有時也稱為**遺漏**(leaky)。靜突變的原因很多，可能突變點並未改變編碼，可能改變的胺基酸不影響蛋白質的功能，可能基因體發生反向突變(revertant)，回到原先的密碼子；也可能在tRNA的反密碼子發生突變，產生抑制突變的tRNA，稱為**抑制性tRNA** (suppressor tRNA)（圖11-1），類似負負得正的現象。

突變的機制

以DNA突變的機制而言，突變可以是單一核苷酸的改變，稱為點突變(point mutation)；也可能是DNA分子甚至染色體結構上的改變。

點突變

單一核苷酸的改變最主要來自核苷酸的取代，依據取代的核苷酸類別，可分為**轉換**(transition)與**倒換**(transversion)。轉換只由一種嘌呤取代另一種嘌呤、一種嘧啶取代另一種嘧啶；而倒換則是嘌呤與嘧啶間相互取代（圖11-2）。某些化學物質如**亞硝酸**

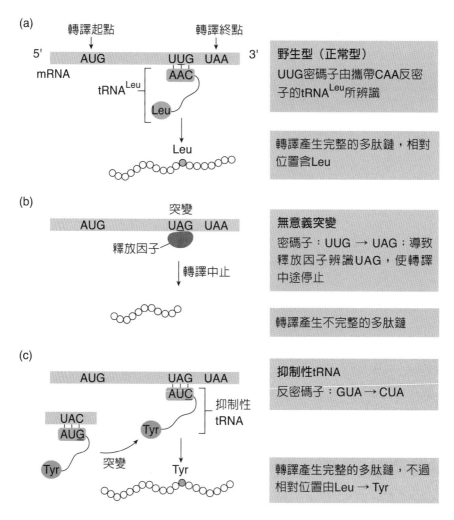

■ 圖11-1 抑制性tRNA－反向突變的例子。mRNA上的編碼由UUG突變為UAG；UAG為無意義編碼；不過相對的tyrosyl-tRNAtyr反密碼子也由GUA突變為CUA，使原先無tRNA與之互補的無意義編碼與tyrosyl-tRNAtyr反密碼子互補，在此位置接上酪胺酸，使中斷的轉譯工作得以恢復。

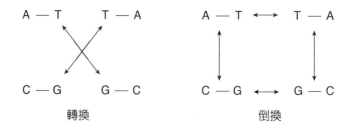

■ 圖11-2 轉換(transition)與倒換(transversion)。轉換只由一種嘌呤取代另一種嘌呤、一種嘧啶取代另一種嘧啶；而倒換則是嘌呤與嘧啶間相互取代。

(nitrous acid; HNO$_2$)就能造成點突變，稱為**突變劑**(mutagen)。HNO$_2$能與核苷酸鹼基反應，使其產生**脫氨作用**(deamination)，如圖11-3中的胞嘧啶經過HNO$_2$的作用之後，其4' C位置上的–NH$_2$根被＝O所取代，脫去氨基的胞嘧啶轉變為尿嘧啶(U)，故在隨後複製DNA時，此位置互補的核苷酸由原來的鳥嘌呤(G)「轉換」為腺嘌呤(A)（圖11-3）；當第二輪DNA複製時，新DNA股線在此位置接上與A互補的T，於是原先如果這個位置是CAG，經過轉換型點突變之後，產生TAG，轉錄之後，mRNA在此位置形成一個UAG終止碼，造成一個無意義突變。

另一種常被分子生物學家用來誘導點突變的突變劑，是帶有溴分子的**5'溴去氧尿苷**(5'-bromodeoxyuridine; BrdU)。BrdU在DNA複製時，會被誤認為是尿苷，而取代了原先的T，與A互補（圖11-4）。由於BrdU在結構上不穩定，很容易在Keto-enol間互換，當第二輪DNA複製時，如果此分子正好呈enol結構，則BrdU轉而與鳥嘌呤(G)互補（圖11-4），導致下一輪DNA複製時，原先A‧T的位置轉換為G‧C。EMS (ethylmethane sulfonate)也是突變劑，作用方式為乙基化鳥嘌呤，形成O^6-ethylguanine，造成被修飾的鳥嘌呤與胸腺嘧啶互補，當下一輪DNA複製時，原先的G‧C位置轉換為A‧T。

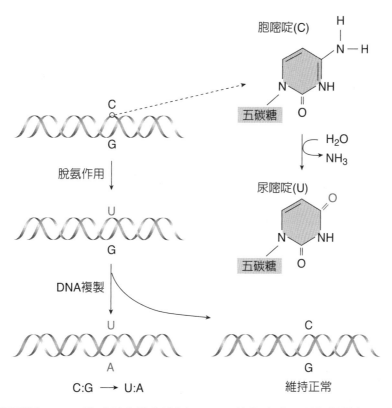

■ 圖11-3 突變劑亞硝酸(HNO$_2$)造成點突變的機制。HNO$_2$使胞嘧啶(C)脫氨轉變為尿嘧啶(U)，故在隨後複製DNA時，此位置互補的核苷酸由原來的鳥嘌呤(G)「轉換」為腺嘌呤(A)。

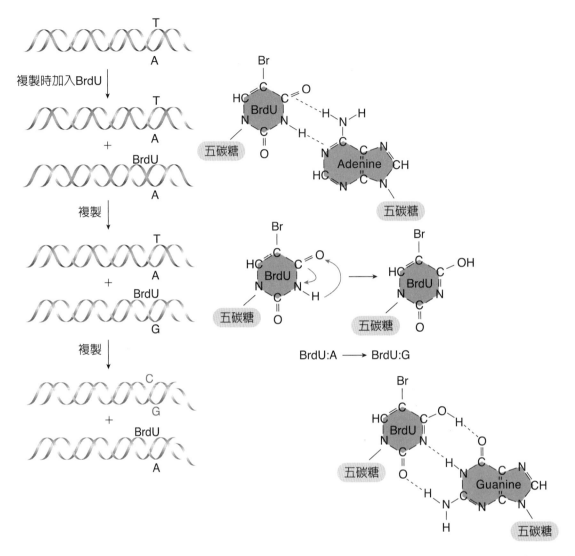

■ 圖11-4　突變劑5'溴去氧尿苷(5'-BrdU)造成點突變的機制。BrdU在DNA複製時，會被誤認為是尿苷，而取代了原先的T，與A互補。由於BrdU在結構上發生Keto-enol互換，當DNA複製時，enol結構的BrdU轉而與鳥嘌呤(G)互補，導致下一輪DNA複製時，原先A‧T的位置轉換為G‧C。

■ 圖11-5　Aflatoxin B1的結構式。Aflatoxin B1能與DNA形成共價鍵結的附加物，誘使鳥嘌呤化學結構無法維持，導致DNA的突變，進而使肝細胞轉型為癌細胞。

　　某些突變劑能嵌入DNA結構中，與DNA形成共價鍵結的**DNA附加物**(DNA adduct)，進而直接破壞DNA的結構，黃麴毒素(aflatoxin B1)與肝癌的產生關係密切。而Aflatoxin分子（圖11-5）就是一種很強的DNA附加物。許多芳香族胺(aromatic amines)、異環胺(heterocyclic amines)化合物及重金屬（如鉻離子），皆具有形成DNA附加物的特性，這些能誘發癌症的化合物統稱為**致癌物質**(carcinogens)，如DNA附加鉻離子[Cr (III)-DNA adducts]會造成突變，臨床證據顯示過量鉻離子與肺癌密切相關。

　　高能量輻射線也能為DNA結構帶來威脅，如紫外線(ultraviolet; UV light)、X射線(X-ray)及更高能量的游離輻射（如gamma射線；γ-ray）等，皆能直接破壞DNA結構，如紫外線能誘導胸腺嘧啶雙倍體化(thymine dimerization)，γ-射線則直接打斷DNA股線。此外，實驗室試管中也能以人工方式產生特定位置的點突變，最常用的原理是同質性重組(homologous recombination)，詳細的技術可參閱第12章及生物技術的專書。

DNA 股線損傷與染色體結構的改變

　　物理與化學因子引起的效應，可能不限於單一或數個核苷酸的突變，而是DNA片段的損傷或染色體異常(chromosomal aberrance)，故影響的範圍不只是單一個基因。DNA結構改變的形式包括缺失、重複、嵌入、倒位及移位等，染色體異常包括染色體結構與數量的改變。

1. **缺失**(deletion)：染色體的缺失是造成多種遺傳疾病與癌症的主因，產生缺失的原因可能是高能輻射線造成的斷裂，造成多種基因的喪失，有些則發生於減數分裂前期。當兩條姊妹染色體聯會時，有一定比例的染色體會產生互換(crossover)，造成基因的重組，在顯微鏡下可看到**交叉體**(chiasmata)。不過某些生殖母細胞聯會時，由於兩條DNA上的基因序列相似度高，形成錯誤的互補位置，當互換之後，造成有一條DNA上具有重複的基因序列，而另一條DNA則失去了一段基因，這種現象又稱為**非平均互換現象**(unequal crossing-over)（圖11-6），例如影響果蠅複眼數目的*bar*基因(*bar* gene)就會發生此現象。生殖母細胞的非平均互換現象，導致產生的子細胞有的*bar*基因增加，有的基因拷貝數減少；*bar*基因量不足時，複眼數目變多；反之，*bar*基因量增多時，複眼數目變少。基因缺失引起的遺傳疾病很多，如貓叫症(cri-du-chat syndrome)的患者即由於第5對染色體的短臂端發生缺失，影響了喉頭及聲帶的發育。不同類型海洋性貧血患者，其a或β球蛋白基因有不同程度的缺失（圖11-7），一般認為造成這些突變的機制應該是非平均互換現象。多種惡性腫瘤細胞染色體也有缺失的現象，如某些神經芽細胞癌(neuroblastoma)細胞，在第1對及第11對染色體的短臂上就有非平均互換現象，導致染色體缺失。

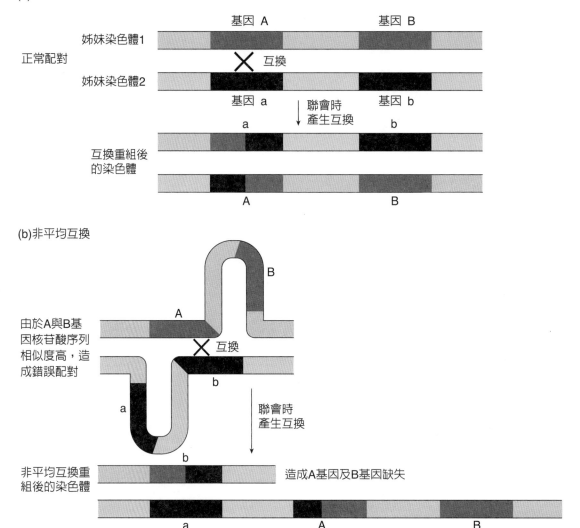

■ 圖11-6 非平均互換現象。染色體在減數分裂前期，同源染色體會產生聯會，此時同源染色體有機會產生互換（如圖a）；如果聯會時產生配對錯誤（如圖b），即造成非平均互換現象，使聯會互換後的產物有基因缺失現象。

2. **重複**(duplication)與**嵌入**(insertion)：某些染色體的片段有重複的現象，重複的片段可以緊鄰排列，或者出現在不同位置。重複現象的產生可能來自減數分裂前期的非平均互換現象，而多數基因體中的重複序列則由於轉位子的作用，尤其是反轉錄轉位子（retrotransposon，將在下一章詳述）。轉位子複製基因片段的過程中，往往涉及嵌入作用，即在既有的基因中，插入一段新的DNA序列。經過長期的演化之後，具有重要功能的重複片段被保留下來，形成蛋白質家族，如類免疫球蛋白功能區家族(immunoglobulin-like domain family; Ig-like family)、表皮生長因子受體家族

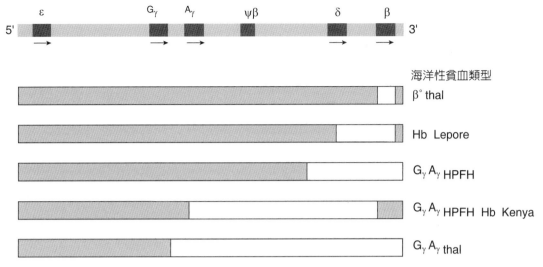

■ 圖11-7　海洋性貧血患者β球蛋白基因群缺失類型。上排為β球蛋白基因群各基因的大致位置；空白段代表缺失的範圍。不同類型海洋性貧血，其缺失的區域及基因不同。

(epidermal growth factor receptor family; EGFR family)等，這些蛋白質家族功能區（如類免疫球蛋白功能區；Ig-like domain）的基因可能複製自某一個原始基因片段。例如人類肌動蛋白基因(actin gene)具有7個核苷酸序列很相似的插入子片段，在演化過程中，其序列可能源自存在於酵母菌肌動蛋白基因的一個插入子（圖11-8）。不過DNA序列重複及基因拷貝數變異(copy number alternative或copy number variation)也與某些腫瘤密切相關，如高加索人種女性(Caucasian women)族群中，如果雄性素受體(androgen receptor; AR)基因中"CGA"序列重複次數過大（如重複超過22次；人類族群中AR gene "CGA"序列重複次數在8~35次之間），罹患乳癌的機率是重複次數少之女性的1.4倍，AR gene "CGA"序列重複次數過大也與大腸癌、攝護腺癌顯著相關。原型致癌基因(proto-oncogene)的拷貝數變異，也與腫瘤的產生和患者的預後(prognosis)有密切相關，如位於第8號染色體長臂(8q)的c-MYC基因，每個細胞核拷貝數(copies/nuclear)超過4的大腸癌患者，往往有不良的預後(poor prognosis)。

3. **倒位(inversion)**：指染色體產生兩處斷裂點，斷裂的片段隨後呈180度倒轉接回斷面上，使斷裂片段上的基因呈顛倒排列。人類族群基因庫中，具有倒位的染色體約有2%左右，由於倒位突變並不造成基因流失，故通常不會影響個體生存。不過如性聯遺傳的A型血友病(hemophilia A)就是由於X染色體上的第八號凝血因子基因產生基因倒位突變所致，一般認為造成染色體倒位的原因主要是非對偶基因間的同質型重組(nonallelic homologous recombination)或同一條染色體上的同質型重組（圖11-9），這部分將在第12章詳述。

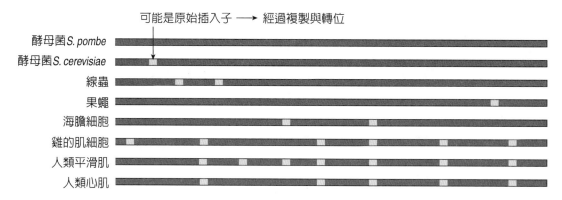

可能是原始插入子 ⟶ 經過複製與轉位

酵母菌*S. pombe*

酵母菌*S. cerevisiae*

線蟲

果蠅

海膽細胞

雞的肌細胞

人類平滑肌

人類心肌

■ 圖11-8　肌動蛋白基因插入子的自我複製與嵌入。如人類平滑肌的肌動蛋白基因具有7個核苷酸序列很相似的插入子片段，這些插入子在演化過程中，可能源自存在於酵母菌肌動蛋白基因的一個插入子。圖中上排為最原始無插入子的基因，淡藍線段代表插入子。

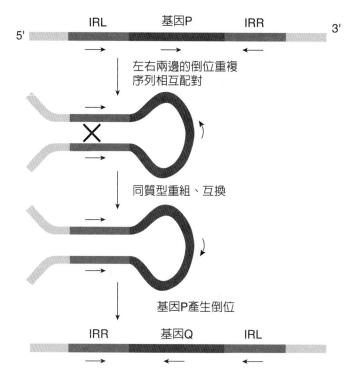

■ 圖11-9　基因的倒位現象。同一條染色體上的同質型重組會造成基因的倒位。箭頭代表轉錄方向。

4. **移位**(translocation)：移位是經由未知機轉，使原先屬於兩條不同染色體的片段交換位置。移位的過程必定涉及DNA的斷裂與重組。在白血球轉型的腫瘤細胞中經常發現移位的現象，如導致慢性骨髓性白血病(chronic myelogenous leukemia; CML)的費城染色體(Philadelphia chromosome)就是第22對染色體長臂移位至第9對染色體長臂所產生（圖11-10），斷裂與重組的結果使第22對染色體上的*c-bcr*基因部分片段與第9對染色體上的*c-abl*基因片段融合，致癌基因(oncogenes)由於失去原先的調控模組，

活性大幅增強，進而高度活化*c-ras*致癌基因(*c-ras* oncogene)，終使細胞轉型為腫瘤細胞。另一種稱為Burkitt's淋巴瘤(Burkitt's lymphoma)的B淋巴球腫瘤也是由於染色體移位所致，這種癌細胞中的第8對染色體與第14對染色體長臂末端產生互換現象（圖11-10），第8對染色體上的*c-myc*致癌基因(*c-myc* oncogene)轉移到免疫球蛋白重鏈基因附近，緊鄰重鏈基因的促進子(enhancer)，導致*c-myc*不正常的高度表現，促使B淋巴球轉型為腫瘤細胞。大多數Burkitt's淋巴瘤B淋巴球皆受到Epstein-Barr病毒(Epstein-Barr virus; EBV)感染，可見B淋巴球的轉型應該也與EBV產生的致癌蛋白(oncoprotein)有關。

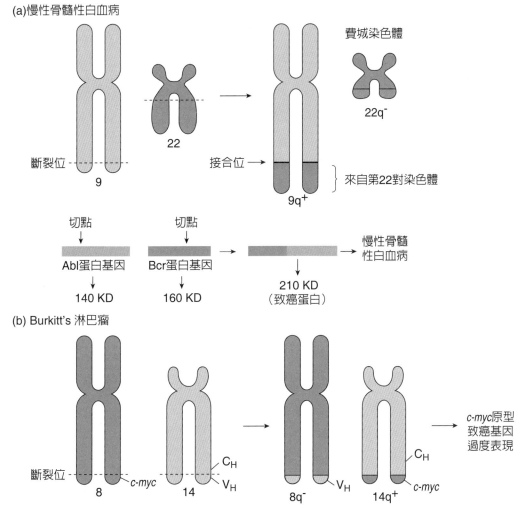

■ 圖11-10　染色體移位。(a)慢性骨髓性白血病患者第22對染色體的*c-bcr*基因在染色體移位後，與第9對染色體的*c-abl*基因異常融合。(b) Burkitt's淋巴瘤的B淋巴球中，第8對染色體與第14對染色體長臂末端產生互換現象，致使第8對染色體上的*c-myc*基因移位到免疫球蛋白重鏈基因促進子(enhancer)下游，導致*c-myc*不正常的高度表現。

DNA 複製過程校正機制

　　大腸桿菌的DNA聚合酶I或III皆具有自我校對(proofreading)的機制，以移除複製DNA過程中偶爾造成的錯誤配對，以大腸桿菌而言，每合成10^4個核苷酸就可能發生一個錯誤。修正的方式為利用$3' \to 5'$核酸外切酶活性，逆向切除一段已經合成的DNA股線，再重新恢復DNA合成反應。DNA聚合酶I本身就具有$3' \to 5'$核酸外切酶活性；DNA聚合酶III的核酸外切酶活性則在e次單元上。真核細胞的DNA聚合酶α及聚合酶δ等，也具有校對的功能，可見在生物演化過程中，聚合酶的自我校對功能是不可缺失的。

錯誤配對的修補 (mismatch repair)

　　如果複製時產生錯誤配對，又未被DNA聚合酶校正過來，則大腸桿菌細胞會利用另一種機制來修補錯誤的配對，此機制的關鍵包括特殊核苷酸模組GATC，以及三種蛋白質因子MutH、MutS及MutL，簡稱MutS/L修補系統。修補的程序如下：

1. **步驟一**：DNA複製合成的新股線上，GATC並未甲基化，在新DNA股線合成不久，GATC中腺嘌呤C6位置上的−NH₂基，才在Dam甲基轉移酶(Dam methyltransferase)的催化之下甲基化（參閱第10章有關大腸桿菌複製起點的描述）；不過在尚未被甲基化之前的短暫半甲基化狀態階段（約細胞循環進行至1/3）（圖11-11a），細胞進行了一系列的錯誤配對修補工作，主要藉由MutH辨識無甲基化的GATC模組的能力；MutH本身是一種核酸內切酶。

2. **步驟二**：MutS雙倍體的功能主要在辨識錯誤的配對。當MutS接在錯誤配對的位置後，促使MutL進入需要修補的部位；約在同時，MutH接在無甲基化的GATC模組上。MutL能利用分解ATP獲得的能量，使MutSL複合體(MutSL complex)移位到MutH旁邊，活化了潛伏期的MutH。

3. **步驟三**：活化的MutH從GATC位置將DNA股線切斷，並由UvrD解旋酶(UvrD helicase)打開雙股螺旋，以利隨後的核酸外切酶工作（圖11-11b）。

4. **步驟四**：參與的核酸外切酶可能是$5' \to 3'$核酸外切酶（$5' \to 3'$ exonuclease，如RecJ、核酸外切酶 VII等），或是$3' \to 5'$核酸外切酶（如核酸外切酶I等），核酸外切酶從GATC位置一路將剛合成好的DNA分解，直到移除錯誤配對為止。留下的缺口則由

DNA聚合酶III負責重新合成，再由DNA接合酶(DNA ligase)接合切口。新合成股線上的GATC模組隨後仍會被Dam甲基轉移酶甲基化，使MutH不再附著在DNA股線上（圖11-11c）。

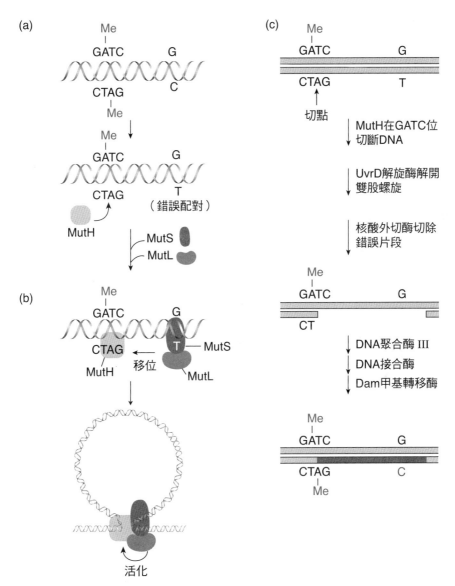

■ 圖11-11　錯誤配對的修補機制。(a)錯誤配對的修補與GATC中的A甲基化有關，MutH能辨識半甲基化GATC模組；(b)當MutS接在錯誤配對的位置並接合MutL後，MutSL複合體移位至GATC模組，並活化MutH；再由MutH啟動修補工作。(c)由MutH切斷DNA後，經由核酸內切酶、DNA聚合酶、DNA接合酶，最後由Dam甲基酶恢復雙股甲基化。

真核細胞也有類似細菌的MutS/L系統，稱為MSH/MLH系統(MutS homolog, MSH; MutL homolog, MLH; MSH/MLH repair system)，以矯正因突變或複製錯誤等因素產生的錯誤配對。真核細胞的MSH/MLH系統對複製過程相關錯誤的修補特別重要，不論是錯過、誤置、多加單核苷酸，都需要在複製後立即修正。人類細胞的MSH/MLH系統修補因子稱為hMSH2 (human MutS homolog 2)及hMLH1 (human MutL homolog 1)，提供一個平台給後續參與修補的因子，陸續到達發生錯誤配對的位置，包括MSH3與MSH6修補因子，人類細胞的MSH2-MSH6異質雙倍體（又稱hMutSα複合體）(hMutSα complex)能辨識1~2個核苷酸錯誤配對。MSH2-MSH3異質雙倍體（又稱hMutSβ複合體）(hMutSβ complex)則負責辨識2~10個核苷酸錯誤配對。hMLH1與hPMS2組成異質雙倍體，稱為hMutLα複合體(hMLH1-hPMS2 heterodimer; MutLα complex)，hMutLα類似大腸桿菌的MutL，能支援hMutSα及hMutSβ複合體。

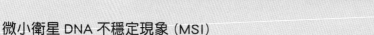

延伸學習　　　　　　　　　　　　　　　　　　　　　Extended Learning

微小衛星 DNA 不穩定現象 （MSI）

　　單核苷酸缺失(deletion)或嵌入(insertion)，以及異常複製形成的錯誤配對，往往會因為配對異常而產生套環，人類細胞的MSH2-MSH3異質雙倍體（又稱MutSβ複合體）能辨識較長的錯誤配對產生的套環，如第2章提到的微小衛星DNA (microsatellite DNA)就常發生複製過程的失誤，微小衛星DNA是一段短DNA片段多次重複所構成，散布於整個基因體之中，微小衛星DNA呈排重複的序列，使DNA聚合酶易於回頭又複製一次重複的序列，導致新合成的DNA股線多出一組重複序列，在與原股線互補配對時，多出來的一組重複序列會呈套環突出DNA雙股之外，負責修補的因子是hMSH/hMLH系統。有一種遺傳性非瘜肉大腸癌（hereditary nonpolyposis colorectal cancer; HNPCC；家族性遺傳稱為lynch syndrome I）的患者，就是因為錯誤配對修補系統的缺失(mismatch repair system defciency; MMRD)，最常見的基因異常是hMSH2及hMLH1基因突變，導致微小衛星DNA有核苷酸缺失／嵌入，甚至形成套環的異常序列與結構，稱為微小衛星DNA不穩定現象(microsatellite instability; MSI)，除了HNPCC患者之腫瘤細胞有MSI之外，MSI現象與多種癌症密切相關，如肝癌細胞(hepatocellular carcinoma)中有10~43%產生MSI現象，甲狀腺癌有MSI的細胞可達63%。

單一核苷酸異常的修補

　　細胞對單一核苷酸異常的修補機制大致有四種：

（一）尿嘧啶移除與修補 (uracil remote and repair)

　　去嘌呤化及去嘧啶化是原核細胞及真核細胞皆會遭遇的問題，嘌呤或嘧啶等鹼基與核糖C1的糖苷鍵(glycosidic bond)有時會自然斷裂，有時則因為酵素作用而斷裂。去嘧啶化經常與胞嘧啶(cytosine C)脫氨變成尿嘧啶(U)有關，此時會形成不當的G‧U配對，細胞為了移除不當配對的U，具有相當數量的尿嘧啶–N–糖苷酶(uracil-N-glycosidase)專門清除G‧U配對的U，清除後產生一個無鹼基的位置(apurinic/apyrimidinic site; AP site)。無鹼基的位置的修補由AP內切酶(AP endonuclease; APE)負責切除，人類的同源蛋白為APE1，在去嘌呤化或去嘧啶化位置形成缺口之後，由核酸外切酶擴大缺口，再以DNA聚合酶修補之，並由DNA接合酶接合切口，完成修補工作。

（二）極短補丁修補 (very short patch repair)

　　由糖苷酶(glycosylases)先切除異常的鹼基之後，有些糖苷酶也具有裂解酶(lyase)活性，能再進一步切斷核糖結構，核酸內切酶APE1 (APE1 endonuclease)隨後切除被破壞的核苷酸，再由DNA pol β補上一個正確的核苷酸，最後由DNA接合酶XRCC 1/ligase III (XRCC 1/ligase III DNA ligase)將切口銜接起來。

（三）短補丁修補 (short patch repair)

　　短補丁修補由糖苷酶(glycosylases)先切除異常的鹼基之後，由核酸內切酶APE1從5'方向切除一段DNA，再促使DNA pol δ/ε與協同因子合成2~10個核苷酸，被取代的原DNA股線則由FEN 1核酸內切酶移除，最後由DNA接合酶將切口銜接起來。

（四）異常氧化核苷酸的移除與修補

　　DNA不正常氧化也是原核與真核細胞皆會產生的現象。在DNA複製時，存在8-OH-dGTP或8-OH-dATP皆會使細胞的DNA突變率顯著增加。以8-OH-dGTP為例，DNA複製時，8-OH-dGTP會取代正常的G，形成8-OH-G‧C，如再複製時，8-OH-G錯誤地與腺嘌呤配對（8-OH-G‧A），當下一輪複製時，此位置就會由原先的G‧C倒換為T‧A（圖11-12）；同理，原先為T‧A的位置在DNA複製時，也可能形成8-OH-G‧A，當下一輪複製時，此位置就會由原先的T‧A倒換為G‧C。在大腸桿菌中，基因mutY的產物具有去除腺嘌呤的酵素活性（腺嘌呤DNA糖苷酶；adenine DNA glycosylase），使與8-OH-G錯誤配對的腺嘌呤被切除，並經過MutS的機制修補錯誤的配對；人類細胞中mutY的同質蛋白為MUTYH，不過人類細胞中還有多種DNA糖苷酶，其中OGG1的酵素活性類似MUTYH，是清除8-OH-G錯誤配對的主要酵素。經過DNA糖苷酶去除鹼基之後，由APE1接手後續的切除型修補(excision repair)程序。

　　大腸桿菌清除DNA或核苷酸不正常氧化的機制還包括MutT使8-OH-dGTP變為8-OH-dGMP，失去參與DNA合成的能力，從源頭防止8-OH-G・C的配對；MutM則直接從錯誤配對中移除8-OH-G的OH根（圖11-12）。人類與MutT同功能的酵素稱為hMTH1 (human MutT homologue 1)，不過人類的hMTH1會廣泛地分解被氧化的鳥嘌呤與腺嘌呤(8-oxo-dGTP, 2-oxo-dATP, 2-oxo-ATP, and 8-oxo-dATP)，這些不正常的氧化核苷酸是細胞中活性氧物質(reactive oxygen species; ROS)與dNTP反應的產物，人類細胞中依賴hMTH1將8-OH-dNTP分解為8-OH-dNMP＋PPi，防止錯誤配對的產生。不過近年來hMTH1成為治療癌症的標靶之一，因為腫瘤細胞中ROS水平顯著高於正常細胞，故更容易產生8-OH-dNTP，如果能抑制hMTH1活性，會造成快速生長的腫瘤細胞在複製DNA時發生錯誤配對，基因體失去穩定，導致腫瘤細胞停止分裂或死亡，達到抑制腫瘤細胞生長的效果。

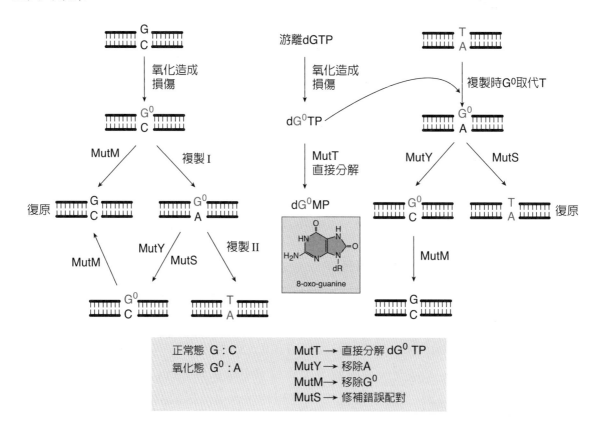

■ 圖11-12　8-OH-dGTP錯誤配對的產生與修補機制。修補機制包括MutT使8-OH-dGTP變為8-OH-dGMP，失去參與DNA合成的能力；基因mutY的產物去除腺嘌呤(A)，並經過MutS的機制修補錯誤的配對；MutM則直接從錯誤配對中直接移除8-OH-dGTP的OH根。

11-3 結構損傷的修補機制

切除型修補

　　DNA結構上的異常或損傷，往往涉及較大範圍的修補，前一節討論的點突變及錯誤配對修補稱為**極短補丁修補**(very short patch repair; VSP)；涉及約10~12個核苷酸的修補稱為**短補丁修補**(short patch repair)；若涉及平均1,500個核苷酸長度的修補則稱為**長補丁修補**(long patch repair)，這類修補或稱之為核苷酸切除修補(nucleotide excision repair; NER)。如果只有單股DNA異常或損傷，一般以**切除型修補**(excision repair)的機制來處理。切除型修補在大腸桿菌（原核細胞）中，皆由UvrABC系統執行，其中90%修補的區段在12個核苷酸長度左右，故屬於短補丁修補，其餘10%切除型修補，修補後被新DNA取代的區段可達1,500個核苷酸，甚至有的長達9,000個核苷酸，故屬於長補丁修補，造成長補丁修補的原因還不清楚。以下將詳細介紹UvrABC系統。

原核細胞

　　在大腸桿菌細胞中，被研究得最詳細的是修補因紫外線造成的**胸腺嘧啶雙倍體**（cyclobutane pyrimidine dimers; CPDs；或簡稱thymine dimer）（圖11-13），以紫外線照射菌落是誘導細菌非專一性突變最方便的方法，早期微生物、生物化學及分子生物學家經常以紫外線照射獲得突變株。為何紫外線照射能引起基因的突變？其原因與能量、波長有關，在適當波長之下，紫外線會誘導相鄰的胸腺嘧啶形成雙倍體，這種結構使胸腺嘧啶無法正常的與腺嘌呤配對，造成DNA結構的異常。科學家隨後發現四種大腸桿菌基因與紫外線引起的突變有關，分別命名為*uvrA*基因(*uvrA* gene)、*uvrB*基因

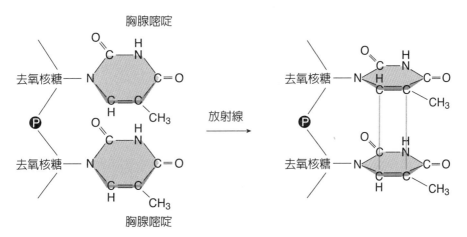

■ 圖11-13　胸腺嘧啶雙倍體分子結構。這種由紫外線引起的結構，扭曲了DNA的正常雙股結構。

(*uvrB* gene)、*uvrC*基因(*uvrC* gene)、*uvrD*基因(*uvrD* gene)，如果這些基因發生突變，則大腸桿菌對紫外線特別敏感，在紫外線下的突變率明顯高於正常菌株〔野生型(wild type)〕。隨後證實這些基因的產物涉及切除型修補機制，亦可稱為切除型修補相關基因(excision repair-related gene)，進行的步驟如下（圖11-14）：

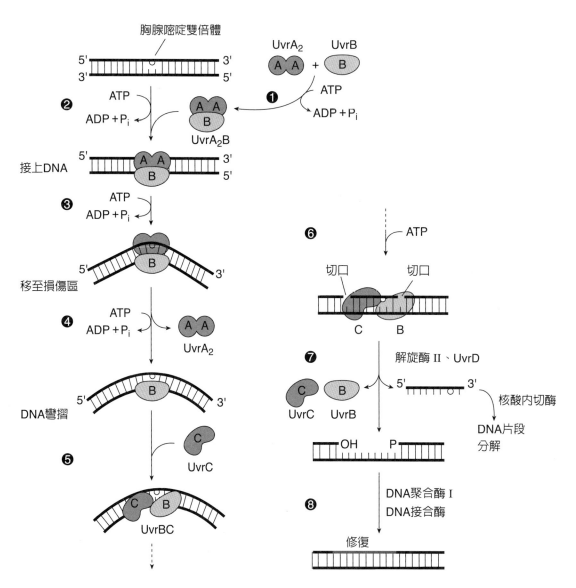

■ 圖11-14　切除型修補機制。(1)兩分子的UvrA消耗ATP與1分子UvrB結合成三倍體；(2)此UvrA$_2$B複合體再附著於DNA上；(3) UvrA$_2$B沿著DNA股線轉移到雙股螺旋結構扭曲的位置；(4) UvrA雙倍體脫離DNA，UvrB再消耗能量使整個DNA彎摺；(5) UvrC得以靠近DNA損傷的區域；(6) UvrC是單股核酸內切酶，在損傷區域兩端造成單股切口；(7) UvrD解旋酶使兩個切口之間的片段脫離；(8)切除後的缺口由DNA聚合酶I及DNA接合酶負責重新補齊。

1. **步驟一**：兩分子的UvrA消耗1分子ATP，提供能量使UvrA$_2$與1分子UvrB結合成三倍體；此UvrA$_2$B複合體(UvrA$_2$B complex)再附著於DNA上，附著的位置鄰近DNA損傷區，而不直接與DNA損傷結構接合，此一步驟也需要消耗能量。某些研究發現大腸桿菌也可能以UvrA$_2$B$_2$四倍體進行切除型修補。

2. **步驟二**：UvrA$_2$B沿著DNA股線轉移到雙股螺旋結構扭曲的位置，轉移的動作也需要消耗能量。UvrB是ATP依賴型解旋酶，故也具又ATPase活性，不過需要與UvrA及損傷的DNA交互作用，才能增強解旋酶與ATPase活性。

3. **步驟三**：UvrA雙倍體脫離DNA，UvrB再水解ATP釋出能量，使整個DNA扭曲的位置形成彎曲結構，以利UvrC的辨識，且使UvrC得以靠近DNA損傷的區域。UvrC是一種典型的單股核酸內切酶，能在DNA損傷的區域兩端造成兩個切口，即切斷離損傷點3'方向第4或第5個雙磷脂鍵(phosphodiester bond)，及離損傷點5'方向第8個雙磷脂鍵。UvrC蛋白結構N-端含核酸內切酶活性區，負責3'方向的切口，C-端含另一核酸內切酶活性區，負責5'方向的切口，兩者之間含UvrB交互作用區，可見解旋酶UvrB能促進UvrC的內切酶活性。

4. **步驟四**：UvrD隨後加入修補工作，促使UvrC脫離修補複合體，UvrD是DNA修補工作不可缺少的解旋酶(helicase)，水解ATP並解開損傷片段的雙股結構之後，兩個切口之間的片段隨即脫離DNA股線，且很快的被分解；此時DNA刪除了損傷部位，同時在此產生一個缺口。期間UvrB仍然與UvrD的C-端區交互作用，不過缺口形成時，UvrB隨即被DNA聚合酶I (DNA polymerase I; DNA Pol I)所取代。

5. **步驟五**：切除受損DNA後所留下的缺口，最後由DNA Pol I負責重新合成缺口的DNA（長度約12~13 nts），最後由DNA接合酶(DNA ligase)結合新舊DNA，完成修補工作。

　　除了切除型修補機制之外，原核細胞還具有一種由*phr*基因編碼的酵素稱為**CPD光解酶**(CPD photolyase)，能辨識胸腺嘧啶雙倍體(CPD)，並直接修正胸腺嘧啶間的異常連結。UV也可能使兩個相鄰T以第6及第4個碳位置產生鍵結，形成結構扭曲的雙倍體(pyrimidine 6-4 pyrimidone)，此時就需要6-4- photolyase參與修補。

真核細胞

　　切除型修補機制存在於所有生物細胞中，作用程序皆大同小異，不過真核細胞中的切除型修補機制涉及的蛋白因子相對複雜，真核細胞的切除型修補研究源起於酵母菌，科學家沿用大腸桿菌的研究技術，以放射線(radiation)誘導酵母菌突變，再尋找與突變修補有關的基因，這些基因皆稱為*rad*基因(*rad* gene)，基因產物以RAD命名。真核

細胞DNA受到紫外線或X光、高能游離輻射的損傷之後，主要有兩大修補系統，一種為RAD3 (*rad3* gene)群因子主導的切除型修補系統，一般稱為**核苷酸切除型修補**(nucleotide excision repair; NER)；另一種為RAD52上位基因群(*rad52* epistasis gene group)主導的同質性重組型修補系統(homologous recombination repair; HR repair)，重組型修補是DNA雙股斷裂(DNA double-strand break; DSB)的重要修補機制，故在演化上RAD52上位基因群被高度保留，重組型修補機制將在第12章中詳述。有關RAD蛋白在NER的角色與功能，可參閱表11-1，RAD修補因子基於功能的需求，常形成複合體，研究證實先前發現的NER因子(nucleotide excision repair factors; NEF)是某些RAD的複合體，如NEF1是Rad14與Rad1-Rad10的複合體，NEF2是Rad4-Rad23複合體，NEF3是Rad2與轉錄因子TFIIH的複合體，NEF4是Rad7-Rad16複合體。

有關人體細胞DNA損傷修補的研究，得利於幾種遺傳疾病，其中**色素性乾皮症**(xeroderma pigmentosum; XP)患者的細胞提供了許多寶貴的資料，這種患者對紫外線特別敏感，在陽光之下產生皮膚癌的機率是正常人的2,000倍以上。藉由XP患者的異常基因，研究者得以進一步了解真核細胞切除型修補機制，XP病患的細胞無法清除因紫外線產生的嘧啶雙倍體(pyrimidine dimers)，以及其他分子較大的DNA附加物(DNA adducts)。研究者陸續找到至少八個相關的基因，命名為XPA (*XPA* gene)、XPB (*XPB* gene)到XPG (*XPG* gene)，這八個基因產物都參與不同階段的NER。早期在數種哺乳動物細胞中發現的NER因子，命名為ERCC (excision repair cross complementation group)因子，後來發現某些ERCC因子與XP屬同一種蛋白，某些ERCC因子則與XP結合為複合體，協同進行DNA修補。如表11-1，哺乳動物細胞核苷酸切除型修補(NER)涉及多種因子。

NER修補機制皆依循五個主要步驟：(1)辨識DNA損傷或結構異常位置；(2)確認損傷種類並鬆解雙股螺旋；(3)組合修補複合體；(4)由核酸內切酶在損傷位置之5′-方向與3′-方向形成雙切口；(5)移除損傷之DNA片段，由DNA聚合酶填補缺口，DNA接合酶銜接新舊DNA。

1. **步驟一**：辨識DNA損傷或結構異常位置大致分為兩種途徑，一種是泛基因體切除型修補(global genome NER; GG-NER)，意指能辨識基因體上任何位置的DNA損傷，並引導修補複合體進行修補。第二種途徑是與轉錄協同修補(transcription-coupled repair; TC-NER)類似，負責偵測到DNA損傷的是RNA pol II，RNA pol II延著模板股轉錄遭遇障礙，即啟動修補機制，主導此辨識與確認的是轉錄期間一直跟RNA pol II在一起的TFIIH，TFIIH是含有10個蛋白次單元的複合體，某些次單元是DNA修補的關鍵因子。

表11-1　核苷酸切除型修補因子

功　能	人　類	酵母菌	大腸桿菌
DNA損傷辨識及接合	XPC-hHR23B- centrin2複合體	RAD4-RAD23複合體, RPA	UvrA
接合損傷DNA及複合體支架	XPA	RAD14	UvrA
解旋酶活性，打開損傷區的雙股螺旋	XPB(ERCC3) XPD(ERCC2)	TFIIH複合體中的 SSL2(RAD25) RAD3	UvrB
單股DNA接合蛋白	RPA70 RPA32 RPA14	Rfa1 Rfa2 Rfa3	SSB
結構專一性核酸內切酶	ERCC1-XPF XPG	RAD1-RAD10複合體 RAD2	UvrC
解旋酶負責移除損傷片段	?	?	UvrD

GG-NER：

(1) 酵母菌細胞的GG-NER由RAD4-RAD23複合體開始，RAD4-RAD23複合體掃描DNA，辨識出損傷的位置，隨後徵召RPA及RAD14（編碼於*rad14* gene）至損傷位置，RAD14能確認並接合DNA損傷位置，類似原核細胞的UvrA，RPA是單股DNA接合蛋白（參閱表10-3）。以NER修補紫外線引起的DNA損傷，在辨識上較為困難，經UV處理的酵母菌細胞中，RAD7（編碼於*rad7* gene）與RAD16（編碼於*rad16* gene）組成GG-NER複合體(GG-NER complex)，負責接合在UV照射下產生的胸腺嘧啶雙倍體(thymine dimer)位置上，Rad16屬於SWI/SNF蛋白家族，RAD7、RAD 16皆能促使組蛋白H3乙醯化，造成染色質重整，以利隨後之DNA的修補。酵母菌細胞中也有光解酶(photolyase)基因，可見UV產生的胸腺嘧啶雙倍體也能經由光解酶直接修正，事實上光解酶基因存在於許多種真核細胞中，不過哺乳動細胞無此基因。

(2) 人類的NER在初期的損傷辨識與確認階段，也有GG-NER及TC-NER兩種途徑，XP基因產物中的XPC (*XPC* gene)是GG-NER的啟動者，與酵母菌RAD23的同質性蛋白hHR23B (human homologs RAD23; hHR23)形成XPC-hHR23B異質雙倍體(XPC-hHR23B heterodimer)，再加上輔助因子centrin2（一種中心體的組成蛋白），組合成損傷DNA的辨識複合體(XPC-hHR23B-centrin2)。某些損傷位置不易被察覺（如UV造成的胸腺嘧啶雙倍體; thymine dimer），此損傷則先由DDB1-DDB2複合體負責辨識，並造成此區段的DNA彎折(kink)，以利隨後徵召XPC。損傷DNA接合蛋白(damaged DNA-binding protein; DDB)有DDB1及DDB2兩種，由於是DNA受到紫外線損傷後，接合在thymine dimer位置的蛋白，故又稱為UV-DDB，DDB1-

DDB2複合體即是早期發現的XPE，與酵母菌的RAD7-RAD16複合體類似，是UV損傷感應器。

TC-NER：

(1) 轉錄協同修補(transcription-coupled excision repair; TC-NER)在原核細胞與真核細胞中，都是重要的修補機制，UvrABC複合體(UvrABC complex)主導的修補系統，也能用在轉錄的過程，其實這是快速分裂生長的細菌，細胞內最有效的DNA損傷修補方法。DNA如果發生損傷，RNA聚合酶的轉錄會因遭遇阻礙而停止運作，此時RNA聚合酶會被Mfd蛋白因子所取代。Mfd一方面促使RNA聚合酶脫離DNA，一方面引導UvrABC複合體來到DNA發生損傷的位置，損傷的DNA經過UvrABC系統修補之後，再由新的RNA聚合酶重新完成基因的轉錄。

(2) 真核細胞（如酵母菌）事實上最常利用的機制也是轉錄協同修補(TCR)機制，因為細胞並不常遭遇高能輻射的照射，除了皮膚細胞之外，也很少暴露在紫外線下，故DNA結構最常發生錯誤的時機，是在DNA複製的過程發生失誤，以及細胞中過氧化物過多時產生的自由基，造成DNA損傷，於是細胞利用轉錄時一併修補基因，即立即發現→立即修補，不必等到DNA合成RNA後，再找機會修補。酵母菌細胞中，負責偵測到DNA損傷的是RNA pol II，RNA pol II延著模板股轉錄遭遇障礙，即會受到阻擋，以酵母菌細胞而言，RAD 26能辨識停滯的RNA pol II，RAD 26屬於Swi2/Snf2蛋白家族(Swi2/Snf2 protein family)，能水解ATP釋出能量，促進染色質重整，有利修補因子接近損傷的DNA，RAD 26隨後徵召RAD28，共同辨識DNA損傷或結構異常位置。RAD28基因*rad28*發生突變並不會增加細胞對UV的敏感性，故RAD28在TC-NER的角色尚待研究，不過*rad28*突變會使*rad26*突變細胞（雙突變）對UV更敏感。

(3) 人類TC-NER的研究與Cockayne氏症候群(Cockayne syndrome; CS)關係密切，CS是一種造成生長及發育缺陷的遺傳疾病，患者類似XP對紫外線也高度敏感，科學家發現這種疾病的患者有兩種基因發生突變，分別命名為Cockayne syndrome A及B (*CSA and CSB gene*)，這兩種基因的產物（CSA及CSB）是XP基因產物之外，另一類與NER密切相關的因子，CSB (ERCC6)具有ATP依賴型染色質重整因子(ATP-dependent chromatin remodeling factor; ACF)活性，CSB在功能上類似酵母菌的RAD26。在TFIIH參與轉錄協同修補時，包括CSA、CSB及核酸內切酶XPG等因子相繼與TFIIH核心結合，組成TCR複合體(TC-repair complex)，TFIIH-CSB緊跟著RNA Pol II的轉錄，沿著模板DNA往3′-方向前進，當遭遇DNA損傷或因UV產生的胸腺嘧啶雙倍體，RNA Pol II遭遇障礙而停頓，此時CSB一方面與RNA Pol II緊密接合，阻止RNA Pol II繼續轉錄，一方面水解ATP消耗能量重整染色質，使損

傷部位DNA脫離核體，方便TCR複合體接近損傷的DNA片段。CSB同時徵召CSA (ERCC8)、XPC、XPE及p300等到達DNA損傷位置，p300是組蛋白乙醯轉移酶 (histone acetyltransferase)，協助DNA暫離核體，CSA具有蛋白質泛化子E3接合酶 (ubiquitin-E3 ligase)活性，與DDB1形成複合體，能泛化並促使CSB分解，以利隨後的切割與修補。

2. **步驟二：**此階段確認損傷種類並鬆解雙股螺旋，酵母菌細胞由RAD14確認並接合DNA 損傷位置之後，活化TFIIH次單元中的RAD3 (*rad3* gene)及SSL2 (RAD25)，RAD3是 5′→3′解旋酶，而SSL2是3′→5′解旋酶，兩者負責鬆解雙股螺旋結構，以利隨後的切 割與修補。人類細胞NER的解旋酶是XPB (ERCC3)及XPD (ERCC2)，也是屬於轉錄 因子IIH (TFIIH)的核心次單元，XPB-XPD循著DNA找到使DNA損傷的區段，形成約 20~30 nts長度的修補泡(repair bubble)，以利隨後的切割與修補。

3. **步驟三：**不論是GG-NER或TC-NER的DNA損傷辨識途徑，此階段由特殊的NER因子 接手，RNA Pol II及TFIIH扮演平台的角色，組合修補複合體。酵母菌細胞由TFIIH引 導RAD14及RPA到達損傷位置，RAD14活化TFIIH次單元中的解旋酶，形成修補泡之 後由RPA接在單股DNA上，穩定修補泡結構。RNA Pol II除了接合RAD 26之外，還 徵召了RAD1-RAD10複合體及RAD2等兩種核酸內切酶。人類細胞中，XPA隨後接合 DNA損傷部位，擔任整個NER複合體的平台，組合修補複合體，XPA接在修補泡的5′- 端，與TFIIH、RPA、PCNA、XPC、DDB2交互作用，同時徵召XPG及XPF (ERCC1) 等兩種核酸內切酶。

4. **步驟四：**此階段開始切割與修補工作，由核酸內切酶在損傷位置之5′-方向與3′-方向形 成雙切口。酵母菌細胞由RAD1-RAD10負責5′方向的切口，含有損傷位置的DNA片段 開始脫離正常股，RAD2負責3′方向的切口，使損傷的DNA片段完全脫離，產生22~30 nts長度的缺口。人類細胞中則由XPF (ERCC1)先在5′方向造成切口，損傷的DNA片 段開始脫離正常股，XPG負責3′方向的切口，使損傷的DNA片段完全脫離，產生約 25~30 nts長度的缺口。XPG類似FEN 1核酸內切酶(FEN1 endonuclease)，能切除修補 過程剔除的單股DNA。

5. **步驟五：**缺口的修補工作，由DNA聚合酶重新合成(de novo synthesis)，DNA接合 酶銜接新舊DNA。酵母菌細胞，先由RPA負責穩定正常股（模板股）的單股DNA， DNA合成依照正常機制（參閱第10章），包括RFC裝載PCNA，DNA Polδ、Polκ或 Polε主導合成反應，完成之後由CDC9 DNA接合酶(ligase)銜接新舊DNA。近年來也 發現某些真核細胞的最後修補步驟，由9-1-1複合體(RAD9-RAD1-HUS1-complex)取 代PCNA，扮演滑行鉗(sliding clamp)的角色，負責裝載9-1-1複合體的是RAD17。人

類細胞中的缺口填補機制與酵母菌類似，研究發現複製中的細胞，NER修補由Polε主導DNA新合成反應，非複製中的細胞由Polδ、Polκ負責合成，最後由DNA接合酶III (DNA ligase III)銜接新舊DNA。

先前在GG-NER提到的人類XPC-hHR23B也能偵測到異常纏繞的DNA股線，不過辨識異常纏繞的DNA後由其他修補機制接手修補。此外從XP患者中發現一種變異型，與此變異相關的基因稱為XPV (xeroderma pigmentosum variant)，基因XPV編碼了一種DNA聚合酶，命名為 DNA polymerase η(DNA pol eta)，這種DNA聚合酶遭遇因紫外線產生的嘧啶雙倍體時，會掠過結構異常部位繼續複製DNA，稱為跨損傷DNA合成(translesion DNA synthesis; TLS)，不過損傷的核苷酸最後還是有賴其他機制修補過來。

🔍 非同質性末端接合 (non-homolegous end-joint; NHEJ)

▌DNA 雙股斷裂與修補途徑

在一般生理狀態下，細胞會發生DNA雙股斷裂(double-strand breakage; DSB)現象，不過皆在特殊酵素的控制下形成，是酵素反應的中間產物，如局部異構酶(topoisomerase)在ATP提供足夠的能量之下，由酵素催化雙股斷裂反應，目的在改變DNA超纏繞結構；而DNA複製過程受阻及端粒保護機制異常也可能造成雙股斷裂；在T淋巴球與B淋巴球中，抗原受體基因及免疫球蛋白基因重組過程，也涉及雙股斷裂步驟。此外細胞如遭遇內、外物理與化學因素，會引起異常的DNA雙股斷裂，如代謝反應產生的活性氧物質(ROS)，可能造成DNA結構異常而斷裂，在遭遇高能游離輻射（如γ射線）時，直接造成DNA結構斷裂，有時癌症患者接受反應力強的抗癌藥物時（如cis-platinum (II) diammine dichloride (Cisplatin)、Doxorubicin），這些藥物會引起DNA雙股斷裂。雙股斷裂如果不進行修補，會擾亂基因正常表達，甚至促使染色體結構的改變，引起一系列DNA損傷反應(DNA damage response)，包括中止細胞循環、活化DNA修補機制、抑制DNA複製的啟動、控制dNTP數量，乃至啟動細胞凋亡(apoptosis)。

不論是原核或真核細胞，皆有修補DNA雙股斷裂的機制，這類機制主要分為同質性重組(homologous recombination)機制、非同質性末端接合(non-homologous end-joint; NHEJ)及單股並排修補(single strand annealing; SSA)等三大類，如UV、Cisplatin就明顯增加細胞的基因重組機率。NHEJ與損傷區核苷酸序列無關，不會涉及DNA重組，當然也不會造成基因互換(crossover)，主要發生在細胞循環的G1期，以及G2期複製叉(replication fork)以外的DSB，同質性重組(HR)則以同源染色體上未損傷的同質拷貝(homologous copy)為模板，常發生在S/G2期及有絲分裂期，尤其在減數分裂期，是主要的DSB修補機制。

　　DNA雙股斷裂發生後，如何決定依循哪個途徑進行修補？取決於損傷的程度及辨識雙股斷裂的複合體。DNA斷裂產生的鈍端(blunt end)很快的受到53BP1-RIF1複合體的保護，盾素家族(sheildin family)蛋白與REV7組成的複合體隨後接手保護工作，此時修補途徑趨向NHEJ，由Ku70-Ku80複合體（酵母菌為Hdf1p-Hdf2p）辨識並接合在斷裂端。如果在DNA複製期或細胞分裂期發生DSB，則DNA雙股斷裂處由Mre11-RAD50-Nbs1 (MRN)複合體（酵母菌為Mre11-RAD50-Xrs2；MRX複合體）辨識並接合在斷裂端。Mre11與其輔助因子CtIP（酵母菌同源蛋白為Sae2）使Ku70-Ku80脫離斷裂端，防止NHEJ的發生，並由Mre11啟動一系列同質性重組修補機制。此外MRN經由ATM及CHK1-ATR途徑（酵母菌為Tel1及Chk1-Mec1），活化CHK2（酵母菌為RAD53），啟動一系列DNA損傷反應。

非同質性末端接合修補機制

　　同質性重組機制及單股併排修補模式將在第12章中詳述，本節聚焦在NHEJ。與NHEJ機制有關的因子，最先是在真核細胞中發現，2001年左右才陸續證明原核細胞NHEJ機制的存在。類似機制的修補過程大致分為辨識→聯會(synapsis)→修剪→接合等步驟（圖11-15）：

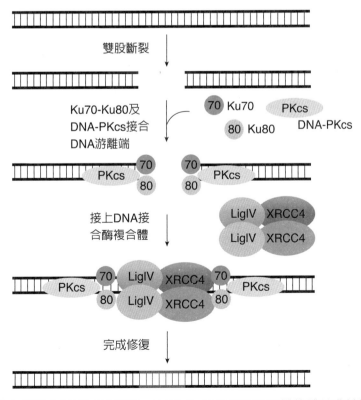

■ 圖11-15 非同質性末端接合(NHEJ)的機制。Ku70-Ku80組成的異質雙倍體辨識並接合兩個游離的DNA末端；Ku70-Ku80接合Artemis:DNA-PKcs，修齊切口；Ligase IV-XRCC4雙倍體與某些DNA聚合酶參與修補複合體，負責連接兩個DNA末端，完成修補工作。

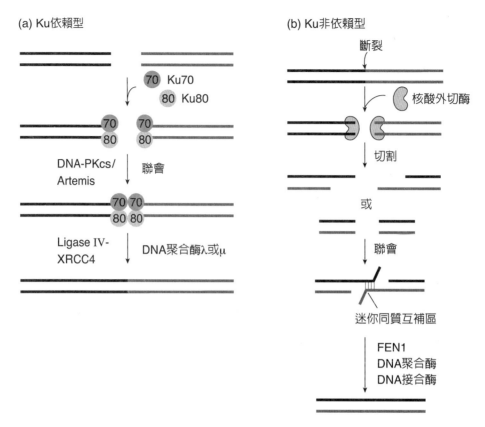

■ 圖11-16 Ku依賴型與Ku非依賴型雙股斷裂的修補。(a) Ku70-Ku80啟動雙股斷裂的修補；(b)酵母菌等低等真核細胞，先由核酸外切酶形成5'端或3'端懸掛片段之後，形成迷你同質互補結構，再以FEN 1等核酸內切酶修齊缺口，最後由DNA聚合酶及接合酶完成修補工作。

1. **步驟一**：Ku70-Ku80等兩種因子組成的異質雙倍體辨識並接合兩個因斷裂而游離的DNA末端。Ku蛋白是細胞核中含量很高的蛋白質，每個細胞核中可高達40萬個Ku70-Ku80分子，當DNA發生雙股斷裂時，游離端很容易接合Ku70-Ku80。

2. **步驟二**：斷裂的雙股可能在分離狀態，需要將兩對分離股拉近，斷裂之端與另一個斷裂端會合，此聯會工作有賴兩種因子的協助，即類XRCC4因子(XRCC4-like factor; XLF)與XLF的旁系同源蛋白(paralogue of XRCC4 and XLF; PAXX)，XLF能與XRCC4及Ku80交互作用，PAXX能與Ku70交互作用，拉近接合在兩斷裂端的Ku70-Ku80複合體，同時也促進兩斷裂端的聯會。Ku70-Ku80作為修補平台，接合DNA接合酶Ligase IV-XRCC4，以及特定的核酸內切酶複合體，稱為Artemis:DNA-PKcs（圖11-15），Artemis：DNA-PKcs能切割因雙股斷裂產生的5'端及3'端懸掛片段(overhang)、髮夾構造(hairpin)、環套構造(loop)及翼片(flap)等突出物，將「傷口」修剪整齊，以利隨後的修補工作。Artemis具有5'-端核酸外切酶活性，以及5'-與3'-端DNA片段的內切酶

活性，是NHEJ主要的修剪酵素，Artemis會在3′-端留下約4個核苷酸長度的短懸掛片段，或許為微同質性互補(microhomology)提供互補序列。

3. **步驟三**：Ku70-Ku86修補平台還能附著包括DNA聚合酶μ (DNA polymerase μ)及**DNA聚合酶λ** (DNA polymerase λ)等酵素（酵母菌細胞中稱為DNAPol IV），以5'端或3'端懸掛片段為模板，合成互補片段，補齊兩斷裂端切口，故DNA Polμ也具協助聯會的功能（圖11-16a）。哺乳類細胞中的末端去氧核苷酸轉移酶(terminal deoxynucleotidyl transferase; TdT)是一種不依賴模板的寡核苷酸合成酵素，在斷裂端的修補上也有其功能。

4. **步驟四**：Ligase IV-XRCC4負責連接兩個DNA末端，完成修補工作（圖11-15及圖11-16a）。

　　在酵母菌等低等真核細胞中，如果遭遇Ku蛋白不足的現象，細胞會以不依賴Ku的替代方式進行DNA雙股斷裂的修補，包括形成微同質性互補序列（microhomology，由2~4個互補核苷酸組成），以及翼片核酸內切酶(FEN 1)的參與（圖11-16b）這與下一章要討論的單股並排修補(SSA)類似。

🔍 易發生錯誤型修補

　　易生錯誤型修補(error-prone repair)模式與人類細胞切除型修補一節提到的DNA Polη跨損傷DNA合成(TLS)類似，會掠過DNA損傷位置留下異常的核苷酸或結構損傷的DNA。可見這種修補系統是在非常時期，作為備胎來使用。大腸桿菌具有一套感應DNA損傷的系統，稱為**SOS修補系統**(SOS repair system)，這套系統包括數十種與DNA修補與重組有關的基因，統稱為**損傷誘導性基因**(damage-inducible genes; *din* gene)，而細胞DNA在無損傷狀態時，*din*基因活性受到**LexA蛋白抑制子**(LexA suppressor)的抑制（圖11-17），LexA蛋白以同質雙倍體接合在*din*基因的一段含20 bp長度的特殊序列上，稱為SOS盒(SOS box)，干擾*din*基因的轉錄。當DNA發生結構損傷時，DNA斷裂產生的單股DNA片段會活化稱為RecA的蛋白因子（正常細胞存在少量RecA蛋白），附著在單股DNA片段3'-端的RecA，能誘使LexA蛋白自我切割、分解，使LexA蛋白失去活性，導致超過40種*din*基因從LexA的抑制中解脫而活化，包括*uvrA*、*uvrB*、*uvrC*、*recA*、*recN*、DNA Pol II（DNA聚合酶II基因）、*RuvABC*操縱組(*RuvABC* operon)、*UmuDC*操縱組(*UmuDC* operon)等，RecA的增加更促進SOS反應。*lexA*基因自己都屬於*din*基因，可見細胞遭遇危機時，一系列DNA修補工作會動員起來，不過由於*lexA*基因也跟著活化，故細胞會在快速修補之後，恢復正常狀態，這種自我節制的機制在細胞中屢見不鮮。

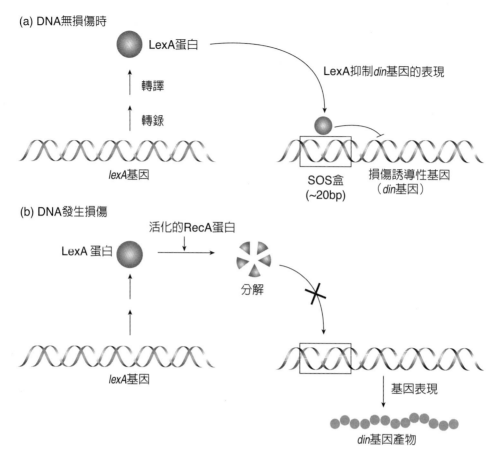

(a) DNA無損傷時

LexA蛋白

LexA抑制din基因的表現

轉譯

轉錄

lexA基因

SOS盒
(~20bp)

損傷誘導性基因
（din基因）

(b) DNA發生損傷

活化的RecA蛋白

LexA 蛋白

分解

lexA基因

基因表現

din基因產物

■ 圖11-17　SOS修補系統LexA蛋白抑制子的功能。(a) LexA在DNA無損傷狀態時，接在SOS 基因上，抑制數十種與DNA修補與重組有關的基因(din gene)活化；(b)當DNA發生損傷時，LexA被活化的RecA分解，不再能接在SOS 盒上，使din 基因群得以擺脫LexA的抑制而活化。

　　SOS修補系統的優點是對DNA損傷的快速反應與修補，缺點是容易造成錯誤，故稱為**易生錯誤型修補**(error-prone repair)機制。如SOS系統活化的*Umu*操縱組（Umu是unmutable的縮寫），其蛋白產物能組合成UmuD'$_2$C複合體(UmuD'$_2$C complex)，UmuD'是UmuD蛋白受活化的RecA誘導後，自我切割的產物，UmuC是具有DNA聚合酶活性的次單元，UmuD'2C複合體又稱為DNA聚合酶V (DNA Pol V)，完整活性的DNA Pol V是UmuD'2C-RecA-ATP複合體。DNA Pol V能略過如胸腺嘧啶雙倍體等不正常結構，而繼續合成DNA，不過這種結構損傷部位將會由UvrABC系統修正過來。其實如參與修補雙股斷裂DNA的DNA聚合酶μ及DNA聚合酶λ也有忠實度(fidelity)的問題，容易忽視錯誤配對，或合成錯誤配對，故這些修補機制也歸類為易生錯誤型修補機制；而同質性重組修補機制則為**無錯誤型修補**(error-free repair)機制。

Molecular Biology

12 CHAPTER

DNA的重組與轉位

12-1 DNA重組

不論是原核細胞或真核細胞，DNA重組作用都是基因體變異的主要機制，例如重組可使原先對四環黴素無抗性的細菌獲得具有抗藥性，亦可使真核細胞在減數分裂時獲得基因互換的機會，基因體任何兩點發生重組的或然率與兩點間之距離有關，多種病毒也經由重組程序進出宿主的基因體，與宿主DNA一起複製。此外，DNA突變或損傷，也可依賴重組作用完成修補。每條染色體有其自己的雙股螺旋DNA分子，可見其重組互換過程必定相對複雜，DNA重組(DNA recombination)大致分為**同質性重組**(homologous recombination)及**非同質性重組**(non-homologous recombination)。這是本書的最後一章，也是相對複雜的一章，沒有人真正「看見」DNA重組的過程，不過科學家經由許多間接的證據，推論DNA重組的模型與可能的重組形式。DNA重組在許多現代遺傳工程中具有關鍵角色，尤其是DNA同質性重組，是產製基因轉殖動物(transgenic animal)及重組蛋白製劑（如基因重組疫苗、細胞激素、生長素等）的關鍵步驟，也是基因剔除(gene knock-out)技術及修正突變基因的主要原理。有關DNA重組技術與應用，可參閱第13章及晚近的分子生物技術專書。

同質性重組

同質性重組發生在兩段核苷酸序列相同或相似度很高的染色體之間，主要有四種方式（圖12-1）：(1)染色體間單點互換；(2)染色體間雙點互換；(3)染色體內同向互換；(4)染色體內反向互換。重組過程必須有一條或兩條DNA股線發生斷裂，這兩條股線可能在相對的染色體上，兩條雙股螺旋結構各斷一條；也可能在同一條染色體上，雙

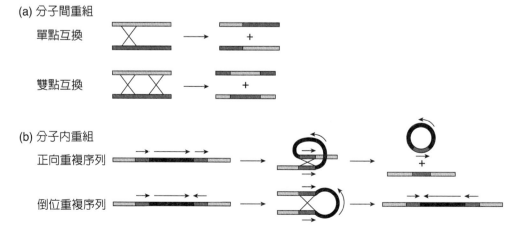

(a) 分子間重組
單點互換
雙點互換

(b) 分子內重組
正向重複序列
倒位重複序列

■ 圖12-1　同質性重組的四種方式。(1)染色體間單點互換；(2)染色體間雙點互換；(3)染色體內同向互換；(4)染色體內反向互換。

股螺旋結構的兩條DNA同時斷裂，如果發生在雙股斷裂的DNA損傷反應(DNA damage response)之後，這種同質性重組也是一種無錯誤型DNA修補機制，也無遺傳訊息流失。

Holliday 模式

不論是在何種狀況下發生同質性重組，其過程的中間產物皆很類似，1964年由Robin Holliday提出一種模式，直至目前為止仍為學術界所接受，稱為**Holliday模式**(Holliday model)或Holliday交叉(Holliday junction)（圖12-2），普遍用來描述原核細胞與真核細胞的同質性重組過程。以同質染色體上各有一條單股DNA斷裂為例，Holliday模式的四個要件包括：(1)參與重組的DNA屬同質性；(2)DNA股線斷裂端相互侵入同質雙股結構；(3)會形成四條DNA股線的中間結構，稱為Holliday交叉(HJ)中間體；(4)解開交叉結構時需經過切割（核酸內切酶）與接合反應（DNA接合酶）。整個Holliday模式的同質性重組反應分為四個步驟如下：

1. **聯會**(synapsis)：兩同質性染色體相互靠近並排，隨後由核酸內切酶分別產生單股斷裂。

2. **侵入**(invasion)：由解旋酶(helicase)與局部異構酶(topoisomerase)部分解開切點附近的DNA股線，單股DNA由單股接合蛋白(SSB)加以保護；斷裂的游離端隨後在特殊因子（可能是類似RecA的蛋白）引導下侵入對方雙股結構中，由DNA接合酶形成異股接合，此時產生了交叉點的Holliday交叉結構。

3. **交叉點遷移**(branch migration)：在前頭解旋(unwinding)及後頭迴旋(winding)的交互作用下，交叉點向前遷移。此時鹼基配對數量沒有變少，不過交叉位置改變了（圖12-2參考一般文獻，將此Holliday交叉結構旋轉約180°，方便理解）。

4. **解套**(resolution)：以核酸內切酶產生兩個對稱的切點，再由DNA接合酶形成接合，最後由解旋酶鬆開交叉結構，局部異構酶解連鎖(decatenation)，完成修補與重組。切開Holliday交叉的核酸內切酶稱為鬆解酶(resolvase)，由於核酸內切酶產生的切點可能橫向對稱，也可能縱向對稱，所以產物有兩種可能（圖12-2），一種除異質配對(heteroduplex)之外，不發生重組；另一種除異質配對之外，還產生染色體片段的重組互換(crossover)。

雙股DNA斷裂後的同質性重組修補，整個重組過程與上述的步驟類似，不過在過程中產生雙Holliday交叉結構(double Holiday junction; dHJ)，鬆解酶也可能有兩種切割方式，以真核細胞而言，以何種途徑切割?是否產生重組互換？是受到調控的，這部分將在後續詳述。

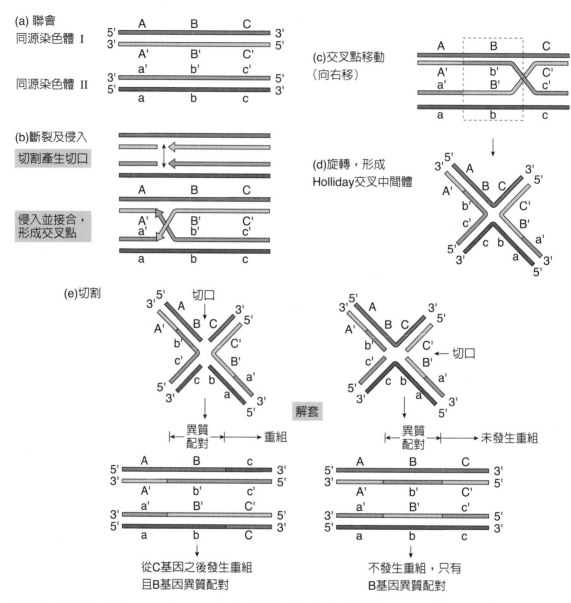

■ 圖12-2　Holliday模式。Holliday DNA重組模式包括五個主要步驟：(a)同質性DNA聯會；(b)對稱的兩條DNA股線斷裂、相互侵入對方雙股結構，隨即與相對股接合；(c)交叉點遷移；(d)形成四條DNA股線的Holliday交叉中間體；(e)切割（核酸內切酶）與接合（DNA接合酶）；其中可能有兩種切割方式，產生兩種結果。

單股斷裂重組型修補

同質性重組型修補(recobinational repair)常發生在DNA複製過程中，當模板股DNA帶有損壞的核苷酸鹼基時，幾種忠實度不高的DNA聚合酶，會跳過錯誤的核苷酸繼續合

成DNA，但在新合成的DNA單股留下一個缺口，此時細胞利用同質性重組進行修補，即藉由細胞分裂過程中呈聯會狀態下，以姊妹染色體上無損傷的同質性雙股DNA進行重組修補，重組的中間產物也類似Holiday交叉，最後將缺口補齊。過程中需要多種酵素與因子的參與，而修補的第一步仍然是辨識與確認錯誤配對或損傷位置。

原核細胞單股斷裂修補

I. RecFOR辨識系統

RecFOR系統(RecFOR system)是原核細胞協助單股斷裂修補(single-stand breakage repair)的辨識系統（圖12-3），事實上RecFOR也參與雙股斷裂的單股並排修補模式，這部分會在下一小節說明。RecF是ATP依賴型DNA接合蛋白(ATP-dependent DNA binding protein)，RecF先與一分子ATP結合，隨後形成雙倍體(RecF-ATP)$_2$，此雙倍體能辨識並接合在單股斷裂位的雙股DNA (dsDNA) →單股DNA (ssDNA)銜接處。在RecF接上ssDNA-dsDNA銜接處之前，需要RecQ-RecJ的協助，RecQ是3′→5′ATP依賴型解旋酶，RecJ與解旋酶結合後，能發揮5′→3′核酸內切酶活性，擴大斷裂的缺口，缺口中只有「包上」SSB的正常單股DNA。RecQ是演化上高度保留的蛋白，在真核細胞如酵母菌細胞中的Sgs1是RecQ的同源蛋白，人類細胞中有五種RecQ同源蛋白，參與人類細胞中的同質性重組修補。伴隨RecFOR的前期準備工作，還有幾種酵素是不可缺的，如解開DNA超纏繞(supercoil)的解環酶(gyrase)及局部異構酶I (topoisomerase I)，負責局部解開DNA的超纏繞結構。

此時RecR加入修補前複合體，有活性的RecR呈四倍體，其任務是提供修補前之平台，RecR能與RecF交互作用，使RecF-ATP穩定接在緊鄰缺口的dsDNA上，同時接合RecF及RecO，並引導RecO接手取代RecF接合SSB-ssDNA的工作，使SSB-ssDNA附上一層RecR-RecO複合體，準備迎接RecA，此時RecF-ATP-RecR仍然附著在dsDNA→ssDNA銜接處（圖12-3）。

II. 修補機制

單股斷裂修補(single-stand breakage repair)如何進行？可能產生何種重組後的產物？Meselson與Radding於1975年提出Meselson-Radding模式(Meselson-Radding model)解釋了可能的過程，Radding於1982年做了部分修正如下（圖12-4）：

1. **聯會與辨識**：兩同質性染色體(A/a)相互靠近並排，其中一條染色體(a)因核酸內切酶造成DNA單股斷裂，或UV、游離輻射、活性氧物質、藥物等環境因素造成單股斷裂，此DNA損傷處隨即由RecQ-RecJ複合體所辨識，並擴大斷裂的缺口，且RecQ解旋酶將單股DNA從雙股結構游離出來，接著由RecF-RecR-RecO辨識系統接手，單股缺口中

的正常單股DNA由SSB加以保護，RecR-RecO複合體則附在SSB-ssDNA上。緊鄰缺口的RecR-RecF-dsDNA結構以及RecR-RecO複合體，皆能活化RecA因子，使其接合在游離的ssDNA上。當侵入反應開始進行時，RecF-ATP水解成RecF-ADP+Pi，使RecF脫離dsDNA，以利隨後的反應。。

2. **侵入**：由解旋酶部分解開切點附近的DNA股線，缺口3′-端單股DNA游離出來，呈懸掛片段(RecA-ssDNA)，隨後在RecA的引導下，侵入無損傷的雙股結構中（染色體

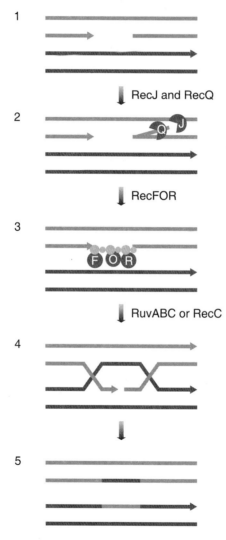

■ 圖12-3　單股重組型修補(sigle-strand breakage recombinant repair)機制：(1) RecQ-RecJ的協助，RecQ是ATP依賴型解旋酶，RecJ為5' 3'核酸內切酶活性；(2) RecF先辨識單股斷裂並同時接上游離單股DNA，RecR引導RecO接手；(3)&(4) 塗上一層RecO的游離單股DNA入侵至目標股線，由RuvAB或RecG啟動交叉點遷移；(5)在RuvC鬆解酶的協助下解開Holliday交叉，完成重組修補。

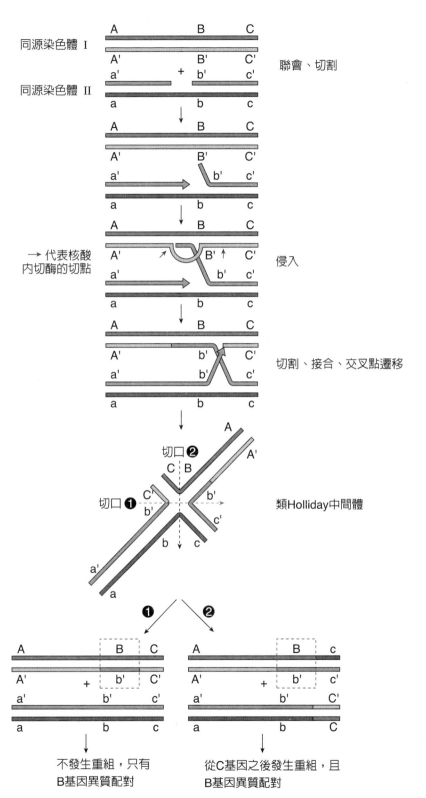

■ 圖12-4 Meselson-Radding模式。Meselson-Radding重組模式只涉及單股斷裂，過程與Holliday模式類似。

A），形成部分解旋的套環稱為取代環套(displacement loop; D-loop)，由核酸內切酶造成染色體A中的DNA單股斷裂，此時再由核酸外切酶修剪染色體A的缺口，DNA接合酶隨後將染色體a的5'-游離端與染色體A切割產生的3'-游離端接合，形成異股接合結構。

3. **Holliday交叉**：染色體a殘留的3'游離端在DNA聚合酶催化下，朝3'方向修補缺口，並與染色體A缺口的5'端接合，形成類似Holliday交叉結構的中間體（圖12-4 比照相關文獻，將Holliday交叉結構旋轉約180°，以利解讀）。

4. **交叉點遷移**(branch migration)：在前頭解旋(unwinding)及後頭迴旋(winding)的交互作用下，交叉點向前遷移，此步驟需要RuvAB解旋酶協助。RuvB (37 KDa)是歸類於AAA⁺ATP水解酶家族的解旋酶，類似DNA合成時的β-clamp，由六倍體組成一個中空的環，讓DNA股線穿過，以進行Holliday結構的交叉點遷移，當然這個過程需要水解ATP提供能量（圖12-4）。

5. **解套**：以核酸內切酶產生兩個對稱的切點，再由DNA接合酶形成異股接合，Holliday交叉結構的解開需要RuvC核酸內切酶的協助，RuvC (19 KDa)是Holliday交叉結構的鬆解酶(resolvase)。最後由RuvAB或RecG解旋酶解開Holiday交叉，完成修補與重組。不過由於核酸內切酶產生的切點可能橫向對稱，也可能縱向對稱，所以產物有兩種可能（圖12-4），一種除異質配對之外，不發生重組；另一種除異質配對之外，還產生染色體片段的重組互換。

▌真核細胞單股斷裂修補

在真核細胞也有相對應的系統，如酵母菌細胞中的RAD50是RecF的同質蛋白，RAD52/59是RecO的同質蛋白，RAD54是RuvAB的同質蛋白，RAD51是RecA的同質蛋白（參閱表12-1）。如真核細胞的單股DNA缺口(ssDNA gap/nick)也往往發生在DNA複製過程中，當細胞遭遇UV照射、治癌藥物、活性氧物質(ROS)時，模板股DNA常帶有損壞的核苷酸鹼基或結構，為了不使複製中斷，幾種忠實度不高的DNA聚合酶，如DNA Polη (RAD30)、Polζ會跳過錯誤的核苷酸繼續合成DNA，稱為跨損傷DNA合成(TLS)（參閱第11章核苷酸切除修補），TLS突變的細胞在UV照射下，會顯著增加單股DNA缺口，影響基因體的穩定性。多數ssDNA缺口會由核苷酸切除修補(NER)機制加以填補，不過在細胞循環S期複製叉繼續往前複製時，未能修補的損傷會受到如Exo1核酸切酶的切割，而擴大損傷處（可大到500 nts），在新合成的DNA上留下一個ssDNA缺口，此時細胞就需要依賴同質性重組進行修補。

　　真核細胞的ssDNA重組修補機制與過程，也大致遵循Meselson與Radding提出的模式（參閱圖12-4）：(1)從兩同質性染色體聯會開始，缺口中的完整單股DNA上很快的附上一層RPA(SSB)，負責辨識RPA-ssDNA的是RAD52重組媒介子(recombination mediator)，BRCA1也可能參與損傷位置的辨識與接合；(2) RAD52與BRCA1/2隨後徵召RAD51到ssDNA缺口，RAD51是真核細胞的重組酶(recombinase)，先是2-5個RAD51附在ssDNA上，RAD51隨即促使RPA及RAD52脫離損傷部位，導致更多RAD51附在ssDNA上，BRCA1/2也是ssDNA重組修補的媒介子，能增強RAD51重組酶的活性；(3)缺口3'-端單股DNA游離呈懸掛片段，隨即在RAD51的引導下，遵循Meselson與Radding模式侵入無損傷的同源染色質雙股結構中，形成D-loop以及Holiday junction，並產生交叉點遷移；(4)解套時需要鬆解酶(resolvase)，酵母菌細胞的鬆解酶主要是Mus81-Mms4或Yen1，哺乳類細胞則是MUS81-EME1或GEN1，這些鬆解酶歸屬於結構選擇性核酸內切酶(structure-selective endonuclease)。鬆解酶切割的方式不同，也可能有兩種結果，一種除異質配對之外，不發生重組；另一種除異質配對之外，還產生染色體片段的重組互換（參閱圖12-4）。與原核細胞同源的酵素、重組媒介子可參閱表12-1。

　　近年來的研究發現，真核細胞的ssDNA重組修補可有替代途徑，不依賴RAD51及BRCA2，以類似單股並排修補模式(single strand annealing repair model; SSA model)進行修補，SSA model將在下一節詳述。

表12-1　單股DNA同質性重組修補之酵素、重組媒介子

大腸桿菌	酵母菌	人類	功能
RecF	RAD50	RAD50	辨識並接合ssDNA缺口；RAD50用在雙股DNA修補
RecO	RAD52/59 BRCA1/2	RAD52 BRCA1/2	單股DNA接合蛋白；徵召RecA/RAD51並增強活性
RecQ	Sgs1	BLM	解旋酶；Sgs1/BLM用在雙股DNA修補
RecJ	Dna2	DNA2	5'→3'核酸內切酶；Dna2/DNA2用在雙股DNA修補
RuvAB	RAD54	RAD54	解旋酶
RecR			RecF與RecO之間的承接蛋白
RecA	RAD51	RAD51	重組酶
RuvC	Mus81-Mms4； Yen1	MUS81-EME1； GEN1	鬆解酶

雙股斷裂重組型修補

以雙股DNA斷裂(DNA double-strand break; DSB)而言，目前已知的修補機制有三種：非同質性末端接合(NHEJ)、同質性重組型修補(homologous recombination; HR)及單股並排型修補(single-strand annealing; SSA)，NHEJ在上一章已經介紹過；HR型修補是DSB最常使用的修補模式，主要發生在細胞循環的S期即G2期，以維持遺傳訊息穩定的角度來看，HR型修補最不會失去DNA上的訊息，破壞基因結構，而NHEJ及SSA型修補的修補過程皆涉及核酸外切酶，難免需要尚失一小段DNA，且造成錯誤的機會相對高(error-prone repair)。總之，不論是單股或雙股斷裂，DNA重組修補的機制：(1)只有在核苷酸序列相同的同源染色體相互靠近時才能進行重組；(2)每一個步驟都需要消耗能量，提供能量的主要是ATP。能量是很寶貴的，不過DNA的完整更是細胞乃至個體生存的要件。

原核細胞雙股斷裂修補

I. RecBCD DNA系統(RecBCD DNA repair system)

負責DNA重組的酵素與因子必定是以過渡性的複合體，且在時間與空間的充分配合下完成工作，研究得最詳細的是大腸桿菌的同質性重組修補。大腸桿菌中與DNA重組有關的基因通稱為rec基因（名稱來自recombination）；rec基因中與同質性重組最相關的是recA基因、recB基因、recC基因及recD基因，後三者的基因產物形成RecBCD複合體，兼具有雙股DNA解旋酶及核酸外切酶活性，在大腸桿菌雙股斷裂修補過程中，主導DNA股線的切割與3'-端游離單股DNA的形成；RecA則是多功能的單股DNA接合蛋白(SSB)，且引導3'-端游離單股DNA侵入重組對象的DNA（未損傷的 DNA）結構中。RecA對DNA的接合需要消耗ATP水解的能量，因為平均每三個核苷酸（單股）或鹼基對（雙股）就接上一個RecA分子，可見在DNA股線上的密度很高，所以有些文獻以「塗上一層RecA」(coating RecA)來形容。

RecBCD是DNA重組型修補的第一階段，啟動之後大致與單股修補程序類似。RecBCD系統的的反應過程如下（圖12-5）：

1. **解旋與分解**：RecBCD複合體辨識斷裂點，並接合在斷裂的雙股DNA切點上，由RecB負責3'→5'方向的解旋與分解工作；RecD則負責5'→3'方向的解旋與分解。不論是解旋或分解，皆需要ATP水解供應能量。

2. **Chi位效應**：Chi位(crossover hotspot instigator, Chi; χ)是一段具有特定核苷酸序列的位置，單股序列為：

$$5'-GCTGGTGG-3'$$

當RecBCD複合體移動到Chi位時,由RecC辨識Chi位,並將訊息傳到RecD,促使RecD的酵素活性受到抑制,於是5'-端游離單股DNA的解旋與分解產生暫停效應。本來RecD的解旋與分解速率較快(5'→3'方向),此時RecD已經超越Chi位數個核苷酸;而RecB的解旋與分解速率較慢(3'→5'方向),尚未到達Chi位,不過RecBC隨後同時接合Chi位的兩端,在RecB前方單股DNA形成一個套環。

3. **產生重組生成端**(recombinogenic end):RecD脫離複合體,但RecB以其核酸內切酶活性,在離χ位下游3'-端數個核苷酸的位置(在套環上),切割3'-端ssDNA股線,3'端游離單股DNA形成懸掛的尾端(圖12-5),這條單股DNA並不穩定。此時RecA開始參與重組的工作,RecBCD能促進RecA的活性,RecA分子不大,每一個RecA覆蓋3 bp的範圍,在單股DNA上每一螺旋約附著6個RecA分子,使一般每一螺旋含10~11 bp長的雙股螺旋結構,因而拉長至每一螺旋含18 bp。此一附著RecA的3'端游離單股DNA尾端稱為重組生成端。

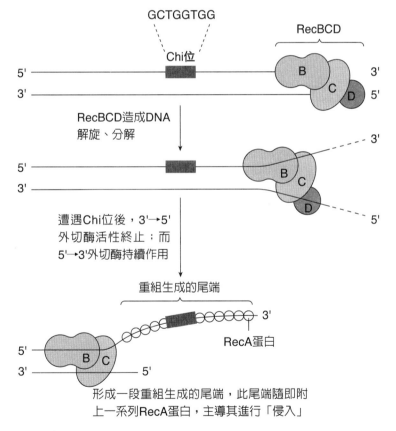

■ 圖12-5 RecBCD主導的雙股斷裂修補系反應啟始步驟。(1) RecBCD複合體接合在斷裂點,RecB負責3'→5'方向的解旋;RecD負責5'→3'方向的解旋與分解;(2) 當RecBCD複合體移動到Chi位時,由RecRecC辨識Chi位,促使RecD的酵素活性受到抑制產生暫停效應;(3) RecD脫離複合體,但RecB的解旋與分解工作持續進行,3'端游離單股DNA形成「重組生成端」。

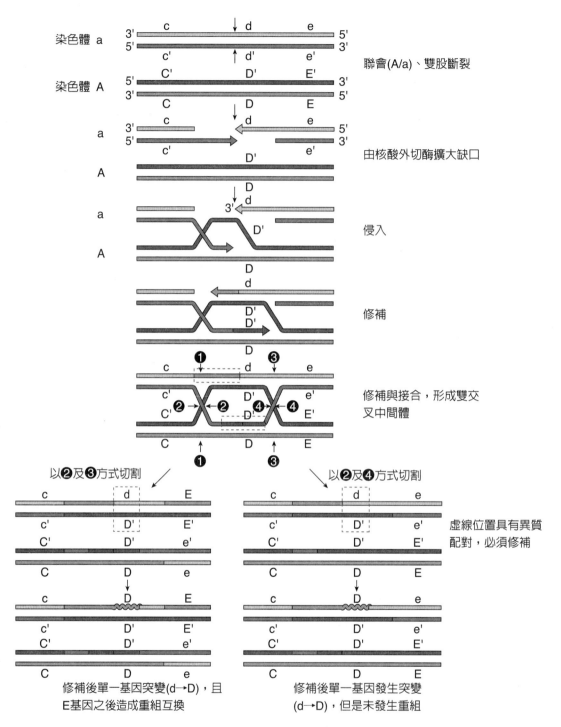

■ 圖12-6　雙股斷裂修補。雙股斷裂修補過程涉及五個主要步驟：(1)同質性(A/a) DNA聯會，其中一條
（染色體a）發生雙股斷裂；核酸外切酶從切點5'端向3'端方向擴大缺口；(2)染色體a的一條
3'游離端侵入染色體A；(3)分別以染色體A為模板修補染色體a缺口；(4)朝5'→3'方向修補的
染色體a的3'端重新接回染色體a的5'端切口，形成雙交叉結構中間體；(5)由鬆解酶以核酸內
切酶活性產生兩個切點，再由DNA接合酶形成異股接合，完成修補與重組。不過經由兩種切
割方式，可能只產生單一基因的互換但無重組；也可能產生單一基因互換且造成染色體片段
的重組互換。

4. **侵入**：由RecA引導重組生成端侵入目標染色體雙股結構中，形成三股中間體，開始一系列重組型修補反應。此時由於股線中嵌入許多RecA分子，互補DNA股線幾乎彼此平行排列（圖12-6），而不是正常的雙股螺旋排列，稱為平行結合體(paranemic joint)；平行結合體並不穩定，隨著RecA脫離DNA股線以及D-套環結構的產生，DNA恢復成雙股螺旋狀態的穩定相纏繞結合體(plectonemic joint)。

II. 重組DNA修補機制

重組DNA修補機制的主要任務之一是修補整條斷裂的染色體（雙股同時斷裂）。這種現象往往發生在染色體移位(translocation)或染色體重排(rearrangement)的過程中。重組的步驟如下（圖12-6）：

1. **聯會**：兩同質性染色體(A/a)相互靠近並排，其中染色體a發生雙股DNA同時斷裂。第一步是由RecD核酸外切酶從切點5'端向3'端方向切除DNA股線，擴大缺口。

2. **侵入**：由RecBCD解旋酶部分解開切點附近的DNA股線；染色體a的3'游離端（重組生成端）隨後在RecA的接合與引導下，侵入對方（染色體A）雙股結構中，三股中間體形成D-套環(D-loop)結構，染色體A的一股成為染色體a修補缺口的模板。

3. **形成雙Holiday交叉**：染色體a殘留的兩個3'游離端在DNA聚合酶催化下，朝5'→ 3'方向修補缺口，修補時分別以染色體A的其中一股為模板；侵入染色體A結構的3'端並回頭與染色體a缺口的5'端接合，形成雙交叉結構中間體，稱為雙Holiday交叉(double Holiday junction; dHJ)。

4. **解套**：以核酸內切酶產生兩個對稱的切點，再由DNA接合酶形成異股接合，完成修補與重組。不過由於核酸內切酶產生的切點可能橫向對稱，也可能縱向對稱，且兩個交叉點切割方式相反，所以產物有兩種可能（圖12-6），一種修補異質配對後，不發生重組；另一種修補異質配對後，產生染色體片段的重組互換(crossover)。

▎真核細胞雙股斷裂修補

真核細胞雙股斷裂修補(DSB repair)，也是要遵循辨識→聯會→切割→侵入→Holiday交叉→解套的程序，不過真核細胞的重組因子與酵素，以及形成3'-端游離入侵ssDNA的機制，與原核細胞不同。真核細胞的同質性重組型修補(HR repair)主要的重組因子與酵素，來自RAD52上位基因群(*rad52 epistasis* gene group)，以下先以酵母菌細胞為例，說明HR修補的步驟：

表12-2   真核細胞雙股斷裂同質性重組修補酵素與因子

酵母菌細胞	人類細胞	功能
MRX複合體 (Mre11-RAD50-Xrs2)	MRN複合體 (Mre11-RAD50-Nbs1)	辨識雙股斷裂位置
Mre11	Mre11	兼具核酸內切酶及3′→5′核酸外切酶活性
RAD50	RAD50	ATPase
Sae2	CtIP	MRX/MRN輔助因子
Exo	EXO	核酸外切酶
Dna2	DNA2	核酸外切酶
Sgs1	BLM/RECQ/WRN	解旋酶
RPA	RPA	ssDNA接合蛋白
RAD52	RAD52	接合RPA，RAD51的媒介子
	BRCA1	與MRN及CtIP交互作用，協助辨識DSB
	BRCA1-BAND1 BRCA2-PALB2	協助裝載RAD51至ssDNA上
RAD51	RAD51	重組酶，與ssDNA形成RAD51-ssDNA重組纖維（RecA的同源蛋白）
RAD54	RAD54	D-loop解旋酶
Sgs1-Top3-Rmi1	BLM/TOPIIIα-RMI1/2	交叉遷移
Mus81-Mms4; Yen1	MUS-81-EME1; GEN1	Holiday junction之鬆解酶

1. **聯會**：待修補的DNA與帶有同質基因（或DNA片段）之同源染色質聯會，隨即由Mre11-Rad50-Xrs2 (MRX)（人類細胞為Mre11-RAD50-Nbs1; MRN）複合體辨識並接合在斷裂端。Mre11兼具有3→5′核酸外切酶及核酸內切酶活性，Mre11先以核酸內切酶活性切除DSB附近之5′-端，這需要RAD50的ATP水解酶(ATPase)提供能量，加上其輔助因Sae2（人類同源蛋白為CtIP）的活化，Mre11隨後以其3′→5′核酸外切酶活性擴大斷裂缺口。Xrs2/Nbs1與人類的BRCA1皆具有辨識DSB的功能。

2. **擴大斷裂缺口**：核酸外切酶Exo1（人類細胞為EXO1）或Sgs1-Dna2複合體進一步從5′→3′分解DNA股線，擴大雙股斷裂缺口。Sgs1是解旋酶（人類細胞為BLM/RecQ），由於DSB鄰近的DNA可能成超纏繞結構，Sgs1也可能與局部異構酶3(Topoisomerase3; Top3)相互協助；Dna2（人類細胞為DNA2）為5′→3′核酸外切酶，這些酵素皆需要ATPase提供能量。

3. **形成重組纖維**：5′→3′核酸外切酶使DSB的3′-端呈單股DNA(DNA)游離片段，單股接合蛋白RPA與ssDNA親和力很強，故ssDNA隨即「塗上一層」RPA(RPA-coated ssDNA)。此時RAD52開始加入重組修補複合體，RAD52以多倍體(oligomer)存在，能直接與RPA及RAD51交互作用，RAD51是重組酶(recombinase)，是原核細胞RecA的同

源蛋白。除了RAD52之外，在人類細胞中能徵召RAD51的是BRCA1/2，以及其輔助因子BAND1、PALB2，BRCA1-BAND1及BRCA2-PALB2還能協助將RAD51「裝載」上3′-ssDNA股線，形成RAD51-ssDNA重組纖維（RAD51-ssDNA recombinant filament；類似原核細胞的3′-重組生成端），此時RAD52及BRCA1/2皆脫離重組複合體。

4. **侵入**：RAD51-ssDNA重組纖維侵入同源染色體雙股結構中，在RAD54解旋酶的協助下，形成部分解旋的D-套環(D-loop)（圖12-6），此時RAD51脫離ssDNA，以利DNA的合成反應。與圖12-6原核細胞所述之程序類似，經過3′-端以DNA Polδ修補並結合5′-端，形成雙交叉Holidy結構。

5. **交叉遷移與解套**：在Sgs1-Top3解旋下進行交叉遷移(branch migration)，輔助因子為Rmi1，人類細胞為BLM-TopoIIIα，輔助因子為RMI1-RMI2。最後由鬆解酶(resolvase)解套，真核細胞的鬆解酶為Mus81-Mms4（人類細胞為MUS81-EME1），同質性重組後之產物可參閱圖12-6。

▌ 雙股斷裂單股並排修補模式

單股並排修補模式(single strand annealing repair model; SSA model)相對簡單，不需同質基因或同源染色質的聯會，不過這種雙股斷裂修補模式，只發生在具有多組重複序列的DNA股線。第2章有提到，真核細胞的基因體中有相當比例是重複序列，重複序列產生互換、重組的機率很高，酵母菌基因體穩定性低的重複序列DNA，在高能量放射線短暫暴露下，可能形成上百個雙股DNA斷裂位置，成為研究雙股DNA斷裂修補模式的絕佳材料，研究者由DNA修補缺失的突變中，發現了這個與同質性重組修補系統不同的機制。SSA修補模式在演化上也被高度保留，從原核細胞的大腸桿菌到酵母菌、哺乳類的真核細胞，皆存在SSA修補系統。

大腸桿菌基因體的DNA發生雙股斷裂時，也能被RecFOR系統所辨識，引導至SSA修補途徑。RecFOR系統與RecBCD系統最主要的不同，在於使用不同方式穩定重組過程中產生的游離單股DNA，RecBCD系統以RecA接合準備入侵目標DNA（正常的雙股DNA）的游離單股DNA；而RecFOR系統則先以RecF接上游離單股DNA，隨後由RecO接手接合單股DNA，準備與另一股的重組序列並排(annealing)，修補過程不涉及RecA。修補工作首先要從DNA雙股斷裂位置，由DNA外切酶分別朝不同方向，從兩股DNA分別切除一組重複序列，此時會產生游離單股DNA，分別帶有一個重複序列組；此時RecF密集加上游離單股DNA，隨後由RecR引導RecO接手接合單股DNA，準備與另一股的重組序列並排(annealing)。兩股DNA上的重複序列互補並排，使原先的單股DNA呈游離翼片(flapping ssDNA)，游離翼片隨後由核酸內切酶移除。並排呈雙股DNA之後能為DNA聚

合酶所辨識，DNA聚合酶以原有的單股DNA為模板催化合成新的DNA，再由DNA接合酶銜接雙端，完成修補工作（圖12-7），不過修補之後少了一組重複序列。

　　真核細胞的SSA模式用在DNA重複序列區段的雙股斷裂修補（圖12-8），首先由解旋酶鬆開雙股DNA，5′→3′核酸外切酶隨即從5′-端切除損傷位置附近的單股DNA，直到切除重複序列，留下3′-游離DNA，其中含一段重複互補序列，隨後RAD52與ssDNA結合，且徵召RAD59至修補複合體，RAD59的功能類似DSB修補過程的RAD51重組酶，促進並穩定兩互補重複序列的並排(annealing)，3′-端翼片由RAD1-RAD10（哺乳類細胞是XPF-ERCC1）核酸內切酶切除，最後由DNA接合酶銜接新舊DNA，完成雙股斷裂修補工作，SSA能處理的重複序列長度約200 bp，不過修補之後會失去一套重複互補序列。

　　單股DNA斷裂或缺口修補，也可用RAD51/BRCA2非依賴型修補模式(RAD51/BRCA2- independent homology-directed repair)（圖12-9），修補途徑類似SSA模式，不過需要額外提供重複序列ssDNA片段(donors repetitive sequences)，與缺口3′-端之游離ssDNA呈互補並排，再經由DNA Polα以提供之ssDNA片段為模板，合成填補缺口所需的ssDNA，提供之ssDNA片段完成使命後離開修補複合體，新合成的ssDNA補上缺口，最後經翼片核酸內切酶(FEN1)及DNA接合酶(Ligase)的修飾與銜接，完成修補工作。

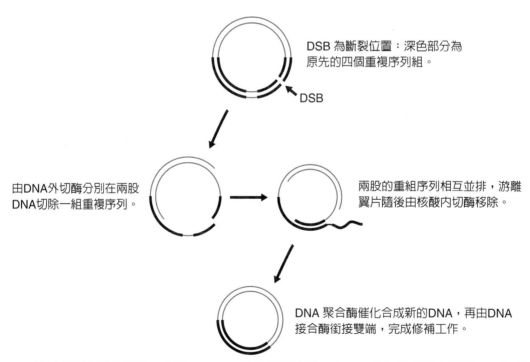

DSB 為斷裂位置；深色部分為原先的四個重複序列組。

由DNA外切酶分別在兩股DNA切除一組重複序列。

兩股的重組序列相互並排，游離翼片隨後由核酸內切酶移除。

DNA 聚合酶催化合成新的DNA，再由DNA接合酶銜接雙端，完成修補工作。

■ 圖12-7　單股並排修補的程序。步驟一：DNA雙股斷裂位置，由DNA外切酶分別在兩股DNA切除一組重複序列，此時會產生游離單股DNA；步驟二：RecF開始一整排加上游離單股DNA，隨後由RecO接手接合單股DNA；準備與另一股的重組序列並排(annealing)；步驟三：兩股DNA上的重複序列互補並排，由DNA聚合酶以原有的單股DNA為模板催化合成新的DNA，再由DNA接合酶銜接雙端，完成修補工作。

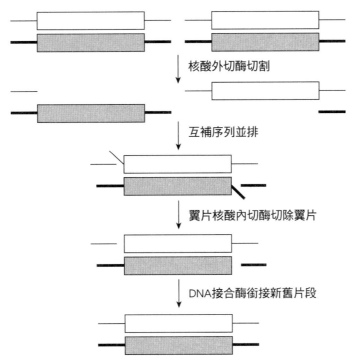

■ 圖12-8　真核細胞單股並排修補模式。重複互補序列並排形成中間結構。

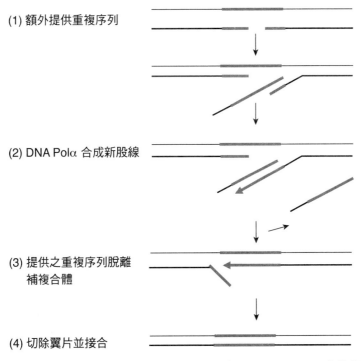

(1) 額外提供重複序列

(2) DNA Polα 合成新股線

(3) 提供之重複序列脫離補複合體

(4) 切除翼片並接合

■ 圖12-9　單股DNA斷裂同質導向修補機制。此種修補方式為RAD51/BRCA2非依賴型模式，藍色股線代表同質性DNA序列。

位置專一性重組

位置專一性重組(site-specific recombination)是一種非同質性重組，主要是噬菌體基因體及隨後將詳述的轉位子運用的重組機制，因為負責催化重組反應的酵素只能辨識特定的DNA序列故稱為位置專一性重組。最為人所熟知的是λ噬菌體與宿主基因體整合(integration)時的重組機制，λ噬菌體之基因體編碼的整合酶(integrase)辨識λ基因體上的POP'位及大腸桿菌基因體上的BOB'位，以O序列為切割點，進行重組反應，其中需要宿主的基因產物IHF的協助。當環境不利於細菌生長或DNA損傷時，λ噬菌體會反向操作，同樣以Int酵素活性及IHF，再輔以來自λ噬菌體的Xis與來自宿主的Fis，切割並脫離宿主基因體（詳細內容請參閱第4章4-4節「基因體的整合與誘發」）。λ噬菌體對90年代以前的分子生物學及生物技術貢獻很大，能有效的將外來基因轉染(transfection)到大腸桿菌，不過λ噬菌體能攜帶的基因有一定的長度，λ噬菌體基因體長度為48.5 Kbp，能維持噬菌體正常繁殖的長度範圍是78~105%，故能嵌入基因體的外來基因(foreign gene)，最長不能超過13 Kbp，晚近的Lambda載體已經過修飾，建構成噬菌體lambda展現平台(bacteriophage lambda display platform)。

現代遺傳工程技術中廣泛使用的機制是P1噬菌體的Cre-LoxP重組系統(Cre-Loxp recombination system)及酵母菌的Flp-FRT重組系統(Flp-FRT recombination system)。Cre、Flp與Int都是酪胺酸重組酶家族(tyrosine recombinase family)的成員，催化重組反應需要酪胺酸的參與（圖12-10a），Cre-LoxP及酵母菌的Flp-FRT基因重組系統已經廣泛的用在原核細胞、酵母菌、植物、果蠅及哺乳類上，進行許多基因遺傳工程研究。P1噬菌體頭部裝填有一段線狀雙股DNA，這段DNA進入宿主細胞後，必須轉變為環狀結構，此時則有賴P1噬菌體基因體中的cre基因(cre gene)產物，主導P1 DNA上兩個LoxP位(LoxP site; cre recognition site)之間的重組反應（圖12-10a），而且反應是可逆的，P1噬菌體基因體複製過程往往產生環狀雙倍或多倍體，也需要靠LoxP-Cre重組機制分開為單套基因體（圖12-10b）。

LoxP序列長34 bp，含兩段13 bp的反轉重複序列(invert repeat)，中間以8 bp的隔間(spacer)分開如下：

$$\longleftarrow$$

ATAACTTCGTATA　ATGTATGC　TATACGAAGTTAT
TATTGAAGCATAT　TACATACG　ATATGCTTCAATA

$$\longrightarrow$$

Cre能辨識LoxP的特殊核苷酸序列，同時接合兩個LoxP位，聯會之後由Cre催化位的酪胺酸(tyrosine)與DNA分子的磷酸根形成磷酸化酪胺酸(phosphotyrosine)，切斷股線的同時形成5'游離端（圖12-10a）；5'游離端隨後與相對LoxP位的磷酸化酪胺酸反應，

形成新的磷酯鍵，此類似Holliday交叉的中間體，再因為另一組磷酸化酪胺酸的形成而鬆解，最後完成位置專一性的重組反應（圖12-10b）。

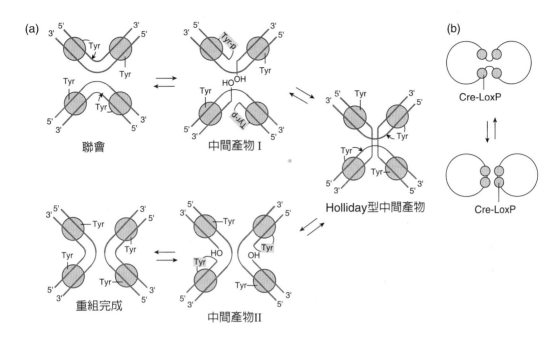

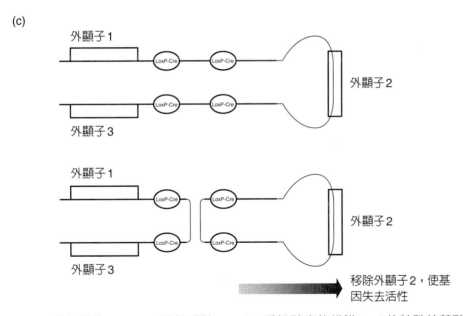

■ 圖12-10 P1噬菌體的LoxP-Cre重組系統。(a)Cre重組酵素能辨識LoxP的特殊核苷酸序列，接合兩個LoxP位且聯會之後，由Cre與DNA分子形成磷酸化酪胺酸，切斷股線的同時形成5'游離端；5'游離端隨後與相對LoxP位的磷酸化酪胺酸反應，形成新的磷酯鍵，此類似Holliday交叉的中間體再因為另一組磷酸化酪胺酸的形成而鬆解，最後完成重組反應。(b)如圖中所示，LoxP-Cre重組的結果，使雙倍體分解成單倍體。(c)Cre-LoxP系統使gene B的外顯子2被移除，導致gene B失去活性。

利用Cre-*LoxP*重組系統，可產生組織專一性的基因剔除，例如希望只在肝臟中剔除gene X（使gene X在肝臟失去活性，但是如腎臟或肌肉組織中的gene X仍然正常表達），則研究者可以(1)先將gene X的外顯子2 (exon 2)兩邊植入–LoxP序列，再將帶有此修飾過的基因轉殖到小鼠中（X*LoxP* transgenic mice）；(2)同時將*cre*基因5'–端植入肝臟細胞專一性的啟動子，如白蛋白基因(*Alb*)啟動子，再將帶有此修飾過的基因轉殖到小鼠中(*Alb-Cre* transgenic mice)。當兩種轉殖鼠交配產出子代，部分子代全身細胞都同時攜帶這兩種修飾過的基因，由於*cre*基因只會在肝臟細胞轉錄、轉譯，產生Cre重組酶(Cre recombinase)，當肝臟細胞中的Cre重組酶辨識loxP位置，並進行如圖12-8a所示的反應時，gene X的外顯子2即被移除，導致肝臟的gene X失去活性（圖12-10c），完成組織專一性基因剔除(gene-knockout)。

Flp (*flp* gene)是釀酒酵母菌*Saccharomyces cerevisiae*細胞中的酪胺酸重組酶，在酵素催化中心也有關鍵的酪胺酸，在DNA磷脂鍵斷裂時磷酸化，機轉與Cre類似（圖12-10a），辨識的核苷酸序列直接稱為Flp重組目標(Flp recombination targets; FRTs)，FRT上有三個含13 bp的Flp辨識區(a, b, c elements)，其中a區與b區相互反向對稱，符合Flp四倍體接合的需求。

將目標基因上、下游分別植入LoxP序列或FRT序列，需要先克隆(clone)目標基因及酪胺酸重組酶辨識序列，再以限制酶(restriction enzyme)進行試管內的DNA重組，基因轉殖技術也很繁複，故以Cre-LoxP系統做基因剔除，不能符合目前高通量的生技術世代。導引RNA (gRNA)的短反序對稱聚集重複序列(clustered regularly interspaced short palindromic sequences; CRISPR)技術（參閱第7章RNA編輯的描述）則操作相對簡單，而且已經商品化，CRISPR-Cas9系統利用目標序列的導引RNA (gRNA)，攜帶Cas9核酸內切酶，導向目標基因，利用Cas9造成雙股斷裂，基因如果經過同質性重組修補，能產生無失誤修補，不過大多細胞利用易生錯誤(error-prone)的NHEJ修補途徑，經過轉錄、轉譯後，極可能合成無功能的蛋白產物，直接產生基因剔除效果。CRISPR-Cas9系統已成為晚近基因操作的黃金標準技術(gold standard)，CRISPR-Cas9系統也常與Cre-LoxP位置專一性重組系統配合使用，詳細的原理與操作可參閱生物技術專書或論文。

12-2 轉位子(transposon; Tn)

　　最早發現生物界基因體存在轉位元素(transposable elements)的，應該是Barbara McClintock，McClintock在研究玉米遺傳的過程中，在1951年首次發表了關於跳躍基因(jumping genes)的論文，不過當時並不知道其分子基礎，故未引起太大的重視；1963年，Austin L. Taylor在*PNAS*發表了一篇有關噬菌體Mu (μ)任意插入大腸桿菌基因體的文章，也未引起太多注意；1972年幾個實驗室同時報導，在半乳糖操作組及噬菌體中，存在有能移動的短DNA序列，稱為嵌入序列(insertion sequence; IS)，多種嵌入序列陸續被發現。IS與噬菌體Mu的功能類似，也能轉位到基因體其他位置上，或轉位至其他質體上，這些研究為跳躍基因提供了理論基礎，不過跳躍基因在生物界的重要性仍不清楚。1970年代中期，多種與拮抗藥物（主要是抗生素）有關的轉位子(transposon; Tn)被證實與細菌抗藥性迅速蔓延有關，尤其是R質體(antibiotic resistant plasmid; R plasmid)；帶有拮抗抗生素基因的質體，大多帶有轉位子。且拮抗基因在轉位子上，顯然轉位子為生物體帶來一種快速改變外表型的機制。1983年，Barbara McClintock以其跳躍基因的先驅研究獲得諾貝爾生理醫學獎。

　　晚近對跳躍基因的研究已經很詳細，跳躍基因統一稱為移動遺傳元素(mobile genetic elements; MGEs)，指一群會移動或轉移位置的DNA片段，MGE大致可分為兩大類，一類是可以在細菌與細菌之間傳播的DNA分子，主要是噬菌體DNA與質體DNA；另一類無法自行傳播到細胞外，稱為胞內移動遺傳元素(intracellular MGEs)或轉位元素(transposable elements)，轉位元素包含轉位子(transposons; Tn)及嵌入序列(insertion sequences; IS)，Tn攜帶有其他與轉位無關的基因，又稱之為乘客基因(passenger gene)，而IS結構較簡單，DNA序列中只編碼轉位酶(transposase)，不過陸續發現某些IS也帶有輔助基因，且真核細胞的轉位子某些序列源於細菌的IS，所以Tn與IS不是兩種互不相干的MGE，近年來從大量的DNA序列數據庫分析，發現不少IS其實也帶有乘客基因，包括抗生素拮抗基因、甲基轉移酶基因、轉錄調節因子基因及其他未知功能的基因，可見IS與Tn的界線已經愈來愈模糊。

嵌入序列

　　嵌入序列(insertion sequence; IS)是最基本的轉位元素（圖12-11），主要存在於原核細胞（如大腸桿菌、枯草桿菌等）基因體與質體，真核細胞沒有典型的IS，只有真核細胞第二類轉位子中的Cryptone，簡單的結構類似細菌的IS。IS在5'及3'端各有一組特

殊序列，大多數IS的這兩組序列互為反轉重複(inverted repeat; IR)，依照其位置分別命名為左反轉重複序列(IRL)及右反轉重複序列(IRR)，兩個IR中間為轉位酶(transposase)基因，基因產物具有核酸內切酶活性，負責催化轉位反應，而轉位酶的辨識序列就在兩個IR序列中。轉位酶分別辨識IR及目標位置，再以其核酸內切酶活性在目標序列產生切口，IS隨後嵌入被切開的目標序列中（圖12-12），這種模式稱為「剪貼模式」(cut-and-paste model)，嵌入後產生的缺口由DNA聚合酶補齊，目標序列此時會產生複製，即在IS兩端分別有一段序列完全相同的正向重複序列(direct repeat sequence; DR)（圖12-12），這兩段DR來自嵌入目標區DNA，不屬於IS。真核細胞的Cryptone也只含一個酪胺酸重組酶(tyrosine recombinase)，兩端各有一個IR序列。

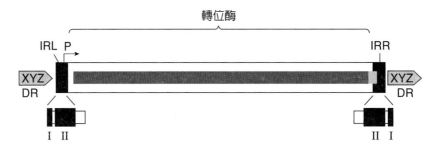

■ 圖12-11 嵌入序列的典型構造。P＝轉位酶基因的啟動子；IRL & IRR＝左反轉序列及右反轉序列；I & II＝反轉序列中兩個能被轉位酶辨識與作用的區段；XYZ－IS嵌入後產生的正向重複序列。

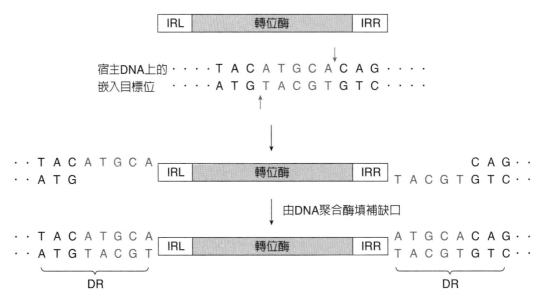

■ 圖12-12 剪貼轉位模式(cut-and-paste model)。轉位酶分別辨識IR及目標位置，再於目標序列產生切口，IS隨後嵌入被切開的目標序列中；嵌入後產生的缺口由DNA聚合酶補齊，目標序列此時會產生複製，形成IS兩端的正向重複序列。

　　IS以四種特徵來分類：IR的長度、DR的長度、開放讀框（編碼基因）的結構及嵌入的目標序列。由於近年來經由高通量DNA定序技術(high-throughout DNA sequencing)，產生大量的微生物基因體DNA序列，生物資訊機構陸續建立了幾種針對IS的數據庫，只要輸入關鍵特徵，即能快速註解(annotation) DNA序列所代表的基因、元素及功能，如ISfinder嵌入序列數據庫(database for IS; ISfinder)就是專為註解IS序列而建立的數據庫，ISfinder是藉由BLAST (The Basic Local Alignment Search Tool)數據庫，以基本的轉位子序列為「詢問序列」而比對出來的，截至2021年的分析結果，被發現的IS超過4,600種，歸類至29個家族，其他如OASIS (Optimized Annotation System for Insertion Sequences; OASIS)或ISscan嵌入序列數據庫(database for IS; ISscan)的家族的分類有些差異，2007年發表的ISscan將IS分為20個家族，2012年發表的OASIS將IS分為26個家族，包括超過6,800種IS。近年來研發的IS數據庫panISa則直接以短讀序片段(short reads)，經由高通量DNA定序技術辨識IS，與Isfinder的結果相對照，同一種IS在細菌基因體中經常有多個拷貝，嵌入不同位置。

　　IS依照所編碼的轉位酶結構，大致可分為四大群（表12-3）：

1. DDE群是最早被發現的IS種類，也是家族最多的一群（含21個家族），這群IS編碼DDE型轉位酶(DDE transposases)，轉位酶催化位含的關鍵胺基酸為Asp (D)、Asp (D)及Glu (E)組成DDE模組(DDE motif)，這群IS長度約700~2,500 bp，是相對較短的IS，攜帶一至兩個轉位酶，兩端是不完整的IR (imperfect IRs)，DR也相對的短。依照結構上的差異，DDE群還可細分為五類：

　　I. 含轉位酶，平均1,410 bp，包括IS4、IS5、IS30、IS4、IS982等家族。

　　I-1. 含轉位酶，尾端IR與轉位酶重疊，平均1,162 bp，包括IS701家族。

　　II. 含雙轉位酶，不過相對短，平均764 bp，包括IS1家族。

　　III.含轉位酶， IRL與IRR核苷酸序列相異，平均1,469 bp，包括IS66家族。

　　IV. 含轉位酶，無DR序列且相對短，平均806 bp，包括IS6、IS26家族。

2. DEDD群IS編碼DEDD型轉位酶(DEDD transposases)，催化位含的關鍵胺基酸為Asp (D)、Glu (E)、Asp (D)及Asp (D) 組成DEDD模組(DEDD motif)，目前只發現IS110、IS492家族屬於這群IS，長度約1,200~1,550 bp，兩端沒有IR且嵌入目標區DNA後不產生複製的DR。DEDD轉位酶的特點是與Holiday交叉結構的鬆解酶RuvC，在分子結構與作用機轉上相似，屬於Piv（piv基因產物）位置專一性反轉酶(invertase)家族，換言之Piv家族蛋白都具有DEDD模組。IS1111家族轉位酶沒有典型的DDE模組，不過有部分家族中的IS具有類似Piv反轉酶的DEDD模組，此家族的IS末端含有IR序列。

3. HUH群IS所攜帶的轉移酶屬於HUH核酸內切酶超家族（HUH endonuclease superfamily；H代表組胺酸His，U代表分子較大的厭水性胺基酸）。目前發現的成員包括IS200/IS605家族（IS200/IS605 ISfamily，含IS200、IS1341、IS605等次家族）與IS91家族，IS200/IS605家族約600~750 bp長，編碼Y1轉位酶（催化區含有一個酪胺酸），不過除了轉位酶A之外，還編碼一個tnpB基因，功能還不清楚；IS91家族約1,500~2,000 bp長，編碼Y2轉位酶（催化區含有兩個酪胺酸），家族中的某些成員還編碼另一個Y轉位酶基因，功能類似噬菌體的整合酶。此外這群IS兩端不具有IR及DR序列，故轉位的機制應該與其他家族有很大的差異，轉位重組機制類似圖12-10a所示，轉位酶之酪胺酸(tyrosine; Y)與DNA分子的磷酸根形成磷酸化酪胺酸(phosphotyrosine)，同時切斷DNA股線，形成類似Holiday junction中間結構，再由IS編碼的鬆解酶(relaxase)解開HJ結構。此外HUH類IS還編碼Rep(replicaton)蛋白，參與質體或噬菌體的滾動環複製(rolling circle replication)，功能類似圖10-14中的traY-I雙倍體。

4. S群IS編碼催化位含絲胺酸(serine)的轉位酶，代表性的IS是IS607家族(IS607 family)，長度約1,700~2,500 bp，含絲胺酸的轉位酶在功能上歸類為絲胺酸重組酶(serine recombinases)，與Tn3轉位子的鬆解酶屬同一類的酵素。

5. 有一種攜帶位置專一性酪胺酸轉位酶的轉移元素，一般與結合性轉位子(conjugative transposon)聯合轉位，其攜帶的轉移酶功能類似噬菌體整合酶(integrase)（參閱圖4-15），有學者將其視為T群IS（第5類），不過目前未發現任何獨立轉位的IS攜帶此轉位酶。還有少數未能規入此四大群的IS，包括ISL3 (1,300~2,300 bp)、ISAs1 (1,200~1,500 bp)等，兩端皆具有IR及DR (8~10 bp)序列，故轉位的機制應該與其他家族類似。

依據Isfinder資料庫的數據，較大的數種IS家族之主要特性摘要於表12-3。

IS3家族(IS3 family)是DDE群中較大的家族，含五個次家族分別是IS2、IS3、IS51、IS150、IS407，這類IS的長度大約1,000~1,750 bp，IR長度約20~41 bp，尾端皆為5′-CA-3′雙核苷酸序列，但DR相對短，大多在3~4 bp，只有IS2的DR長度為5 bp，除了編碼轉位酶之外，有的家族中的IS還編碼重組酶或類似鬆解酶。其中IS2在早在1972年即被發現，故早期文獻中自成一家族，IRL及IRR之長度分別為42 bp及41 bp，中間含兩個開放讀框(open reading frame; ORF) orfA及orfB，orfAB編碼轉位酶。

⊞ 表12-3　嵌入序列主要家族之特性

IS家族	次家族成員	長度(bp)	IR (bp)	DR (bp)	轉位酶基因數
DDE群					
IS1	單一ORF ISMuh11	740~1,180 bp 800~1,200 bp	23	8~9 bp 0~9 bp 0~10 bp	2 1 2
IS3	IS2 IS3 IS51, IS150, IS407	1,300~1,400 bp 1,150~1,750 bp 1,000~1,600 bp	20~41	5 bp 3~4 bp 3~4 bp	2
IS4	IS4 IS10 IS50 ISPepr1, IS4Sa, ISH8 IS231	1,400~1,600 bp 1,200~1,350 bp 1,350~1,550 bp 1,500~1,800 bp 1,450~5,400 bp	20~23	10~13 bp 9 bp 8~9 bp 7~10 bp 10~12 bp	1
IS5	IS5 IS427 IS903 ISL2, ISH1, IS1031	1,000~1,500 bp 800~1,000 bp 950~1,150 bp 850~1,200 bp	16~18	4 bp 2~4 bp 9 bp 2~8 bp	1
DEDD群					
IS110	, IS1111	1,200~1,550 bp	0	0	1
Y群					
IS200/ IS605	IS200 IS605 IS1341	600~750 bp 1,300~2,000 bp 1,200~1,500 bp	0	0	1 2 1
IS91	IS91	1,500~2,000 bp	0	0	1
S群					
IS607		1,700~2,500 bp	0	0	2
其他					
ISL3		1,300~2,300 bp	23~28 bp	8 bp	1
ISAs1		1,200~1,500 bp	19~22 bp	8~10 bp	1

　　IS4家族含有兩種與轉位子密切相關的IS，分別為IS10R及IS50R（圖12-13），因為這兩種IS分別為轉位子10 (Tn10)及轉位子5 (Tn5)的5'端及3'端。IS10R的5'端具有內轉錄啟動子(P_{in})及外轉錄啟動子(P_{out})，內轉錄啟動子負責轉錄轉位酶基因；外轉錄啟動子轉錄了一段轉位酶mRNA的反意RNA (anti-sense RNA)，能干擾轉位酶mRNA的穩定性與轉譯，故這是IS10R的調控機制之一；此外宿主整合因子(integration host factor; IHF)能接合在IRL中的IHF接合位，抑制轉位酶基因的表現。IS50也有兩個啟動子P1及P2，P1轉譯轉位酶基因，P2轉譯一段抑制蛋白基因，故這也是IS50R的調控機制之一。

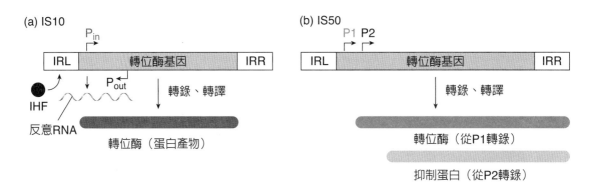

■ 圖12-13 IS10及IS50的基本構造。(a) IS10R的5'端具有內轉錄啟動子(P_{in})及外轉錄啟動子(P_{out})，
內轉錄啟動子負責轉錄轉位酶基因；外轉錄啟動子轉錄了一段轉位酶mRNA的反意RNA
(antisense RNA)，能干擾轉位酶mRNA的穩定性與轉譯；(b) IS50也有兩個啟動子P1及P2，
P1轉譯轉位酶基因；P2轉譯一段抑制蛋白基因。

轉位子

　　轉位子(transposon)在分子生物學中居於很關鍵的地位，不論是物種演化的適應
（如拮抗環境中的抗生素與重金屬）、致病力(pathogenicity)與多樣性（如基因複製與
突變），都與轉位子息息相關；而近代生物技術以人工轉位子轉型或轉染宿主細胞，使
遺傳工程能精確設計並操縱特定基因的表現。晚近的分子生物學者將轉位子大致分為兩
大類，第一類是以反轉錄機制轉移的轉位子，中間需要經過DNA反轉錄為RNA；第二
類是以雙股DNA轉位機制轉移的轉位子，由轉位酶主導進行類似DNA重組的轉移。還
有一類特殊的轉位子，以滾動環模式(rolling circle model)進行轉移，其中間產物是單股
DNA，轉位酶具核酸內切酶活性，能切割宿主基因體上的目標序列，讓此單股DNA嵌入
基因體中，如原核細胞的IS91、IS801及IS1294等嵌入序列，以及真核細胞中的*Helitron*
transposons等，都以這種方式轉位，因為*Helitron*轉位子(*Helitron* transposons)編碼滾
動環複製酶（轉位酶）與解旋酶，甚至能協助其他轉位元素以滾動環模式進行轉移，由
於這類轉位元素相對少數，在此將不作詳述。反轉錄轉位機制涉及反轉錄病毒（第一
類），故下一節再詳述。

　　本節先討論雙股DNA轉位機制的第二類轉位子，原核細胞的轉位子主要以嵌入序列
所攜帶的轉位酶基因為轉位工具，故幾乎是以雙股DNA轉位機制進行，真核細胞也有部
分轉位子用此機制轉位。轉位方式有兩種模式，即剪貼模式(cut-and-paste model)及複製
模式(copy-and-paste model)，簡述如下：

雙股 DNA 轉位機制

I. 剪貼模式轉位子

剪貼模式轉位子與嵌入序列的關係密切，結構上在3'端及5'端各有一個IS；換言之，這一類轉位子的轉位完全依賴兩端的IS，轉位的調控也受兩端IS轉位的調控。以下以原核細胞的轉位子為例，如圖12-14a的轉位子為Tn9，兩端各有一個IS1，且彼此呈方向一致的排列。每個IS1模組的兩端還各有一組正向重複序列(DR)，來自轉位子的宿主DNA目標位；以此轉位子為例，短重複序列(DR)只有5 bp長。IS1的長度在750~770 bp之間，兩組IS之間是乘客基因，Tn9的乘客基因是長度約1,100 bp的抗綠黴素基因 (chloramphenicol resistance gene)，故此轉位子能從R質體轉位到無抗藥性的質體或細菌基因體，使此質體或無抗藥性細菌轉變為具有抗藥性，不過由於IS主導的轉位是一種**非複製模式轉位**(non-replicative model translocation)，也就是剪貼模式(cut-and-paste model)，故原來的R質體會因為失去轉位子變成無抗藥性的質體（圖12-15）。

包括Tn10及Tn5皆為剪貼模式（圖12-14b），以Tn10為例，Tn10總長度約為9,300 bp，兩端各有一個IS10R，呈反轉排列，中間則是一段抗四環黴素基因，當然具有Tn10的質體能使細菌拮抗四環黴素；Tn10的轉位也受到由P_{out}轉錄的反意RNA及IHF的調控

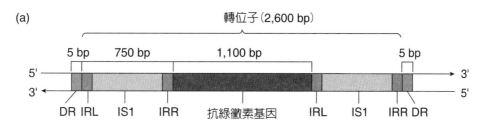

(a)

轉位子（2,600 bp）

5 bp | 750 bp | 1,100 bp | 5 bp

5' → 3'
3' ← 5'

DR IRL　IS1　IRR　抗綠黴素基因　IRL　IS1　IRR DR

(b)

轉位子	IS	遺傳標記	IS	長度(bp)
Tn5	IS50L	Kan^r	IS50R	5,700
Tn9	IS1L	Chl^r	IS1R	2,500
Tn10	IS10L	Tet^r	IS10R	9,300
Tn903	IS903L	Kan^r	IS903R	3,100

Kan=Kanamycin；Chl=Chloramphenicol；Tet=Tetracycline

■ 圖12-14 剪貼模式轉位子基本結構。(a)轉位子的轉位完全依賴兩端的IS，兩端各有一個方向相反的 IS；(b) Transposon5 (Tn5)及Transposon10 (Tn10)皆為剪貼模式轉位子，兩端分別含IS50及 IS10，兩端的IS呈反轉排列。

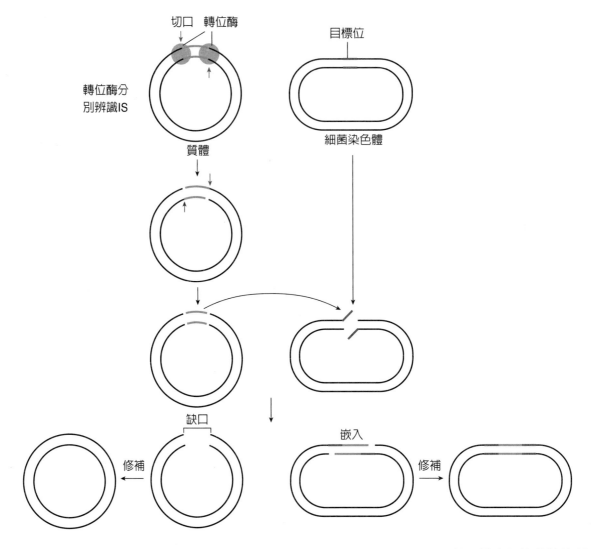

切口　轉位酶

轉位酶分
別辨識IS

目標位

質體

細菌染色體

缺口

修補

嵌入

修補

■ 圖12-15　非複製轉位模式，也就是剪貼模式，故原來的R質體會因為失去轉位子變成無抗藥性的質
　　　　　體。

（參考圖12-13）；IS10R的P_{in}與IR還具有Dam甲基酶的辨識序列(GATC)，"A"能被甲基化，抑制兩種啟動子的活性（參閱第10章有關大腸桿菌$oriC$的描述）。

　　此類轉位子可能攜帶不同種類的抗藥性基因，如兩端為IS26的Tn6020轉位子就可能攜帶抗綠黴素基因或抗四環黴素基因(tetracycline resistance gene; Tet^r)，也可能同時攜帶一種以上的抗藥性基因，如Tn5能同時攜帶抗四環黴素基因、抗鏈黴素基因(streptomycin)及抗博來黴素(bleomycin)基因（bleomycin是一種癌症治療藥物）。

真核細胞的雙股DNA轉位子大多數以剪貼模式嵌入宿主基因體，尤其是轉位酶具DDE模組的第二類轉位子，皆以此模式轉移，包括果蠅的**P元素**(P-element)，以及近年來被廣泛用在遺傳工程研究的昆蟲轉位子*piggyBact*。真核細胞的轉位子將在下一節說明。

II. 複製模式轉位子

以複製模式(copy-and-paste model)轉移的轉位子，最大的特點是不含IS模組，兩端具有自己的反轉重複序列，自己具有轉位的功能，且循著**複製模式**進行轉位。以下以原核細胞的轉位子為例，最典型的是TnA家族轉位子，以轉位子3 (transposon; Tn3)為例：

| IR | *TnpA* | res | *TnpR* | Amp^r | IR |

Tn3總長度為4,957 bp，5′端及3′端各有一段長38 bp的反轉重複序列，是轉位酶辨識的位置；中間含有三個開放讀框，分別編碼*TnpA*、*TnpR*及Amp^r（抗安比西林基因；安比西林是青黴素衍生的抗生素）等三種基因。*TnpA*編碼的轉位酶主導的複製模式轉位（圖12-16）能使原先的轉位子保留在原位，而在目標位置複製一組完全相同的轉位子；非複製模式轉位與複製模式轉位的轉位點反應過程詳見圖12-17。可見複製模式轉位過程中，轉位子雙股DNA與目標位雙股DNA成反向接合，再以轉位子為模板，各複製一股DNA，最後形成與目標質體協同整合(cointegrate)的雙倍體。*TnpR*編碼的蛋白因子稱為抑制子(repressor)或鬆解酶(resolvase)，顯然此蛋白具有雙重功能，協同整合雙倍體需要TnpR的鬆解酶解開，此反應涉及核酸內切酶與同質性重組。有關TnpR的功能與相關機制，請詳見附錄九。

真核細胞的第一類轉位子，以反轉錄機制轉移時，以轉位子DNA為模板轉錄RNA，RNA再反轉錄產生cDNA，而原轉位子DNA仍然保留，故可視為複製模式的轉位子，滾動環複製機制轉移的*Helitron*轉位子，也可歸類於此種轉位子，因為這類轉位子在轉移拷貝之後，仍然保留原轉位子。真核細胞的移動遺傳元素(MGE)中，少數攜帶DNA聚合酶，故有自我複製的能力，包括Polinton家族的轉位子(Polinton family transposon)，也可歸類於複製模式轉移的轉位子。

🔍 真核細胞的第二類轉位子

前文已大致說明，第二類轉位子是以雙股DNA轉位機制轉移，由轉位酶主導進行類似DNA重組的轉移。以下為早期發現且被深入研究的真核細胞第二類轉位子。

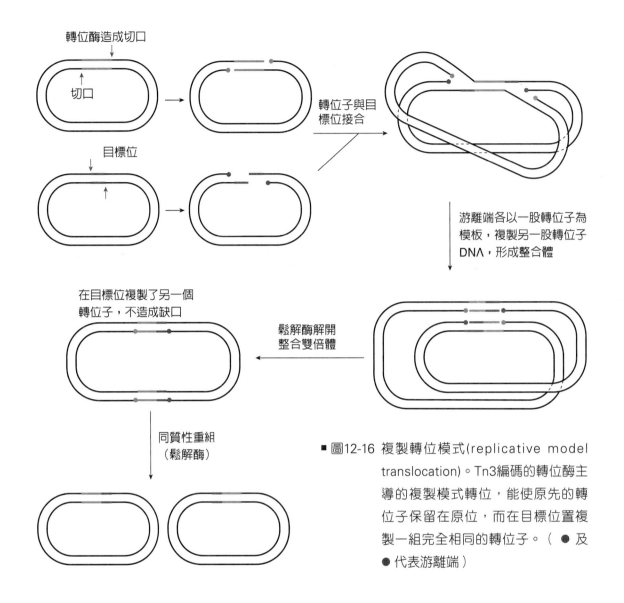

■ 圖12-16 複製轉位模式(replicative model translocation)。Tn3編碼的轉位酶主導的複製模式轉位，能使原先的轉位子保留在原位，而在目標位置複製一組完全相同的轉位子。（ ● 及 ● 代表游離端）

I. 玉米轉位子

　　玉米轉位子(corn transposable element)是最早發現的真核細胞轉位子，Barbara McClintock起先將玉米基因體中的轉位片段稱為**控制元素**(controlling elements)。野生型玉米具有紫色顆粒；而突變型玉米具有白色顆粒，她觀察到的現象是植株間在野生型與突變型間的轉換速率並不一致；換言之，某些植株的轉換速率特別快，她將誘導植株快速轉換的元素稱為**活化元素**(activator element; *Ac* element)；而造成轉換速率遲緩的元素稱為**解離元素**(dissociation element; *Ds* element)。後來的研究發現，*Ac*元素事實上是一種真核細胞中的轉位子；而*Ds*元素其實是刪除部分DNA片段的不完全*Ac*轉位子。*Ac*轉

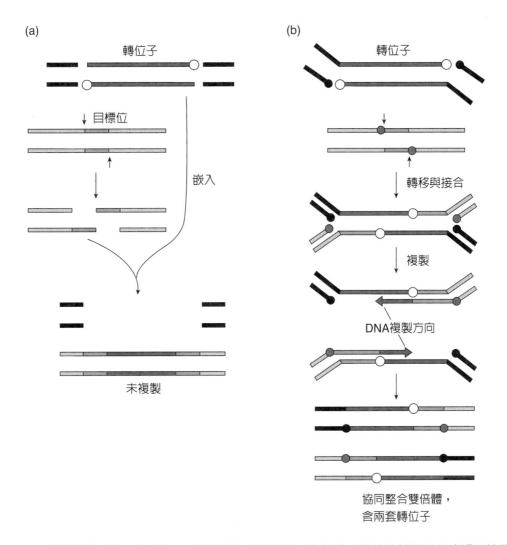

■ 圖12-17　兩種轉位模式之示意圖。(a)非複製模式轉位與(b)複製模式轉位的轉位點反應過程簡圖。

位子能在體細胞發育過程中，經由改變特定基因的結構或基因表現，達到影響個體外表型的目的，這種現象稱為**雜色化現象**(variegation)。

　　遺傳學家陸續在玉米基因體中，發現至少有12個轉位子家族，大致分為有轉位功能的**自主型元素**(autonomous elements)；相對的，有缺損的元素、無法自行轉位的元素稱為**非自主型元素**(nonautonomous element)，參照表12-4。非自主型轉位元素的特徵是不編碼任何蛋白或酵素，需要依賴自主型元素產生的轉位酵素，才能進行轉位，不過一般在基因體中，非自主型元素比自主型元素數量超出很多。玉米轉位子以非複製模式(cut-and-paste)進行轉位。

簡要介紹Ac (activator)的分子結構（如圖12-18）：這是一個具有五個外顯子結構的轉位酶功能性基因，長度約4.6 kb，轉譯為3.8 kb的mRNA，轉譯為807個胺基酸的轉位酶，5′端與3′端是11 bp的互補IR，接上具有特殊核苷酸序列(8 bp)的重複目標位(target site duplication)，是轉位酶的辨識點。圖下方呈現三種解離元素，DS9被刪除了外顯子III；DS2d1被刪除了外顯子II；DS6被刪除了外顯子II、III、IV。顯然這三種解離元素的基因產物皆是有缺陷的蛋白分子，不過由於還具有5′端與3′端的轉位酶的辨識點，如果細胞基因體中仍存在Ac轉位子，製造有功能的轉位酶，則還是可以進行轉位，由於需要依賴Ac轉位子，故稱為非自主元素。Ds普遍存在於玉米基因體，如某品系玉米之基因體中，含有331個DS1，39個DS2，不過解離元素要等到有Ac存在時，才能轉位，轉換速率當然比較慢。Ac轉位子以非複製模式進行轉位。故這種剪貼模式的轉位子轉位機制會造成原先位置的缺口，在DNA修補之後，染色體往往形成不正常結構，包括缺失、重複、倒位等現象（圖12-19），這就是Ac/Ds轉位子系統造成玉米突變的原因。

表12-4 玉米基因體中的轉位子

自主型元素	非自主型元素
Ac (activator)	Ds (dissociation)
Spm (suppressor-mutator)	dSpm (defective Spm)
En (enhancer)	I (inhibitor)
Mu (mutator)	Mu1~5、Mu7/rcy、Mu8

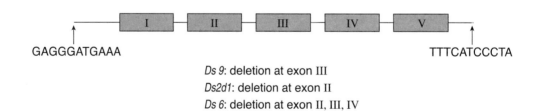

Ds 9: deletion at exon III
Ds2d1: deletion at exon II
Ds 6: deletion at exon II, III, IV

■ 圖12-18 活化元素(Ac)的分子結構。

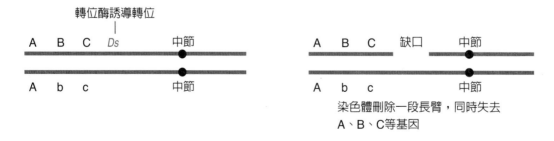

■ 圖12-19 解離元素(Ds)造成染色體斷裂，部分基因被刪除。

Mu轉位子(Mutator transposon)也被詳細研究過，玉米的正向重複突變子(mutator; MuDR)自成一個系統，在玉米基因體中普遍存在，經常嵌入5′-非轉譯端(5′-untranslated region; 5′-UTR)，不影響基因表達。一般Mu都具有9 bp的正向重複序列(DR)，來自目標DNA序列，歸類為自主型轉位元素，DR的序列不一致顯示Mu有多種目標序列。不過隨後陸續又發現至少有七種非自主型Mu元素（如Mu1~5、Mu7/rcy、Mu8），雖然序列不完整，但是具有Mu特有的末端反轉重複序列(IR)，約含215 bp，如自主型元素Cy產生的轉位酶，就能協助非自主型Mu轉位。

II. 果蠅轉位子

遺傳學家從果蠅(Drosophila melanogaster; fruit fly)中也發現遺傳異常性狀(dysgenic traits)，影響層面包括基因突變、染色體構造異常、減數分裂時同源染色體分離異常，甚至產生不孕(sterility)的子代，不孕的原因是生殖腺發育不全(gonadal dysgenesis)。隨後的研究發現，某些遺傳異常性狀與果蠅基因體中的一種轉位子有關，稱為**P-元素**(P-element)，果蠅可依據是否有轉位功能的P-元素，分為**P-品系**(P-strain)及**M-品系**(M-strain)，P-品系具有功能完整的P-元素，稱為**P-細胞型**(P-cytotype)；M-品系細胞中沒有P-元素，稱為**M-細胞型**(M-cytotype)。如果M-品系的雌果蠅與P-品系的雄果蠅交配，子代會有遺傳異常性狀，稱為P-M雜交發育不全(P-M hybrid dysgenesis)，主要產生不孕子代。發生P-M異常性狀的原因是，P-品系雄果蠅的P-元素具有功能完整的轉位酶，P-元素轉位造成細胞分裂時同源染色體分離異常。P-M系統的交配實驗結果如表12-5，如果P細胞型雄果蠅與P細胞型雌果蠅交配，則子代細胞中來自雄果蠅的P元素會被抑制，無法產生轉位現象，子代沒有不孕現象；如果P細胞型雄果蠅與M細胞型雌果蠅交配，則子代細胞中的P元素會具有轉位子活性，此時遺傳異常性狀的比率隨著增加，包括增加不孕的比率；如果M細胞型雄果蠅與P細胞型雌果蠅交配，則子代細胞中沒有功能正常的P-元素，子代生殖腺正常，沒有不孕現象。

表12-5　果蠅基因體P元素相關的質型及其影響

雄果蠅細胞型 × 雌果蠅細胞型	P-基因產物	外表型
P × P	66 KDa（抑制子）	正常
P × M	87 KDa（轉位酶）	遺傳異常性狀
M × P	66 KDa（抑制子）	正常

如何解釋以上的交配實驗結果？為何P-品系雌果蠅P-基因產物，反而抑制了子代不孕現象的發生？P元素造成遺傳異常性狀的原因與Ds及Ac的機制相似，也是產生不完整的轉位酶，不過其機制不是因為DNA刪除(deletion)造成基因突變，而是在轉錄後的

替代型剪接。P元素完整長度為2.9 kb，兩端各具有31 bp長度的反轉重複序列（IRR及IRL），目標位則是含8 bp的模組，IRL與轉位酶接合位之間含21 bp的間隔，IRR與轉位酶接合位之間含9 bp的間隔，L轉位酶接合位下游及R轉位酶接合位上游還有一個11 bp的次IR序列(sub-terminal IR)（圖12-20a），兩次IR序列中間夾一段編碼轉位酶的基因（圖12-20b），轉位酶含4個開放讀框(open reading frame; ORF)，即ORF 0、ORF1、ORF2、ORF3，類似4個外顯子（圖12-20b），經過插入子剪接(splicing)後，轉譯為87 KDa轉位酶。此基因的插入子剪接(splicing)是受到調控的（圖12-21）。

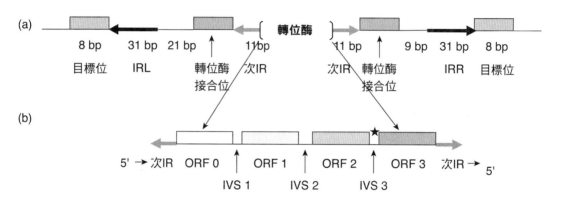

■ 圖12-20 P元素基因結構：(a)轉位酶左右兩端之重複序列；(b)轉位酶基因結構。
　　★代表轉譯終止碼；IVS代表插入子。

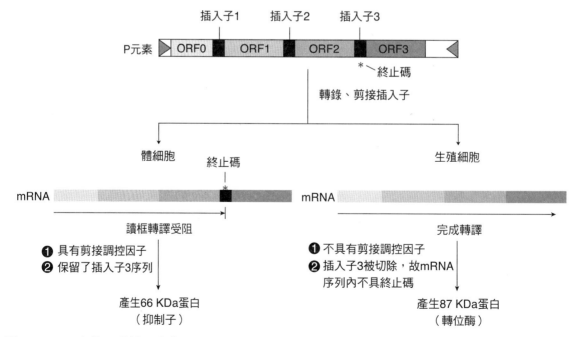

■ 圖12-21 P元素的兩種基因產物。66 KDa的基因產物無轉位酶活性，但是能接在目標位的辨識序列
　　上，是轉位子的抑制子；完整轉位酶是一條87 KDa長的多肽鏈。

　　雌性生殖細胞（卵；oocyte）中存在一種mRNA剪接調控因子，是一種小干擾RNA (small interfering RNA; siRNA)，由於此siRNA必須與PIWI蛋白結合成複合體，才能發揮其干擾mRNA的功能，故稱為piRNA (piwi-interacting RNA; piRNA)，piRNA是由前驅RNA（約200nt）經過修剪處理而來，長度約20~30nt，編碼piRNA的DNA序列聚集在卵細胞的X-染色體端粒區，當P-元素轉移到piRNA聚集區時，PIWI-piRNA複合體會接合在轉位酶mRNA的互補序列上，干擾插入子3 (IVS3)的正常剪接，使成熟的mRNA帶有插入子3的核苷酸序列，由於插入子3的核苷酸序列中帶有終止碼(stop codon)，故此mRNA輸出到細胞質中轉錄時，只能轉譯出一條66 KDa長的多肽鏈（圖12-21），66 KDa的多肽鏈無轉位酶活性（像玉米的Ds），不過能接在辨識序列上，卻無法催化P-元素的轉位，故66 KDa多肽鏈成了P-元素的轉位抑制子(suppressor)。

　　果蠅交配實驗結果（表12-5）闡釋如下：

1. 當P細胞型雄果蠅與P細胞型雌果蠅交配時(P×P)，P細胞型雌果蠅細胞質中攜帶的66 KDa多肽鏈（抑制子），抑制P細胞型雄果蠅X-染色體中的P-元素轉位，當然也不會造成細胞分裂時同源染色體分離異常，故抑制了不孕(sterility)子代的產生。

2. 當P細胞型雄果蠅與M細胞型雌果蠅交配時(P×M)，M細胞型雌果蠅卵細胞中沒有P-元素，當然不會產生66 KDa的抑制子，也無PIWI-piRNA複合體干擾，則雄性染色體中的P-元素所產生的mRNA，插入子3都會被剪接(splicing)，並轉譯為一條87 KDa長的完整轉位酶（圖12-21），使P元素充分表現轉位子的功能，誘導同源染色體分離異常，產生不孕(sterility)子代。

　　當M細胞型雄果蠅與P細胞型雌果蠅交配時(M×P)，M細胞型雄果蠅精細胞中沒有P-元素，P細胞型雌果蠅細胞質中攜帶的66 KDa多肽鏈（抑制子），受精卵中無功能完整的轉位酶，細胞分裂時同源染色體分離不受干擾，故沒有不孕(sterility)子代的產生。

　　*Piwi*基因及*piRNA*基因屬於組織專一性基因，只在生殖細胞(germline)中表達，那麼在體細胞中的P-元素的轉位酶mRNA是否不受影響，正常剪接並轉譯為有功能的轉位酶？答案是否定的，體細胞的細胞質中含有的轉位酶基因產物，是66 KDa多肽鏈，顯然體細胞中轉位酶mRNA的IVS3剪接也受到抑制，IVS3中帶有的終止碼使此mRNA轉錄時，只能轉譯出一條66 KDa長的多肽鏈，當然此抑制子促使P-元素無法正常轉位。

　　體細胞中抑制IVS3剪接的是PSI-hrp48複合體，具有外顯子剪接靜止子(exon splicing silencer; ESS)活性，P-元素體細胞抑制子(P-element somatic inhibitor; PSI)是分子量97 KDa的蛋白，含有4個RNA接合模組，能與U1 snRNP 70K核糖蛋白交互作

用，U1 snRNP是插入子剪接體的次單元之一；hrp48是異質核糖核酸蛋白(heterogenous ribonucleoprotein; hnRNP)，能接在外顯子3′-端與IVS3之5′-端接點附近，與U1 snRNP的接點相近，PSI-hrp48複合體(ESS)干擾剪接體的運作，抑制IVS3剪接，轉譯後產生66KDa的抑制子。經過高通量全基因體分析，在人類細胞基因體中至少有50種DNA轉位元素，其中也有P-元素的同源轉位子，命名為THAP9基因，其實多種生物真核細胞基因體中，皆含有P-元素的同源轉位子基因。在實驗室的轉位系統中，THAP9編碼的轉位酶能催化果蠅P-元素的轉位，顯示THAP9轉位酶屬於演化上高度保留的重組酶家族(recombinase family)。

其實果蠅基因體中最多的轉位元素是DINE-1轉位元素(DINE-1 transposable element)，歸類在非自主型轉位元素，結構與功能上歸類為HINE蛋白家族。因為DINE-1轉位元素不帶有編碼蛋白質或酵素的基因，不過其構造符合一般轉位子的要件，包括5′-端及3′-端皆有13 bp的次末端反轉重複序列(subterminal inverted repeat; subTIR)，在5′-端離subTIR下游約3~22 bp的位置，還有一個反轉重複序列，中間夾有一段微衛星重複序列，3′-端則有一小段幹狀套環(stem loop)，與某些轉位子類似（如IS200/IS605家族、Tn10等）。DINE-1轉位元素不依賴轉位酶或反轉錄酵素轉移位置，而是以滾動環模式(rolling circle model)進行移轉，輔助DINE-1元素轉移的是Helitron轉位子(helitron transposon)，Helitron轉位子編碼核酸內切酶、DNA接合酶與5′→3′解旋酶，符合進行滾動環模式所需的酵素（參閱第10章圖10-13）。

🔍 反轉錄轉位子

反轉錄反應基本上違反早期分子生物學的中心規範(central dogma)，也就是遺傳訊息的流向是由DNA→RNA→蛋白質，反轉錄現象首先在某些RNA病毒發現，當RNA病毒感染宿主細胞之後，以RNA編碼的基因體不得不反向操作，以RNA為模板合成單股DNA (RNA→DNA)，再繼續以單股DNA為模板合成雙股DNA。由於分生學家發現依賴反轉錄反應的不只是反轉錄RNA病毒，多種轉位子、反轉錄序列（retrotranscripts，如哺乳類基因體中的Alu-元素）、原核細胞的反轉子(retron)等，都涉及反轉錄反應，故統稱之為反轉錄元素(retroelements)。

延伸學習 Extended Learning

RNA 依賴型 RNA 聚合酶

違反分子生物學中心規範的基因體複製模式，還包括以RNA(+)為模板合成單股RNA(-)(RNA→RNA)，例如造成COVID-19的病原體SARS-CoV-2，基因體是單股RNA(+)，以表面刺突蛋白(spike protein)接合宿主細胞表面受體後，注入的單股RNA(+)，利用宿主細胞之核醣體，轉譯出RNA依賴型RNA聚合酶(RNA-dependent RNA polymerase; RdRP)（RNA→蛋白質），再以單股RNA(+)為模板合成單股RNA(-)(RNA→RNA)，最後RdRP以單股RNA(-)為模板合成單股RNA(+)基因體，中間不涉及DNA合成反應。SARS-CoV-2詳細生活史(life cycle)可參閱相關文獻。

反轉錄複製機制

反轉錄複製DNA的機制涉及複雜的過程，在此以反轉錄RNA病毒(retrovirus)為例。反轉錄RNA病毒包括疱疹病毒(HSV)、人類免疫缺失病毒(HIV)等，HIV病毒基因體的基本結構如圖12-22a，5′端與3′端各有一段長約10~80 bp的終端重複序列(R)；5′端R的下游是一段長約80~100 bp的5′端非轉譯序列(U5)；3′端R的上游則是一段長約170~1,260 bp的3′端非轉譯序列(U3)；中間區域含有多個開放讀框，每個開放讀框都可編碼一種蛋白質基因，不過反轉錄病毒(retrovirus virus)共有的基因是*gag gene*、*pol gene*及*env gene*。*gag*編碼有關病毒基質蛋白與殼體(capsid)蛋白；*pol*編碼與增殖有關的蛋白，如反轉錄酶(reverse transcriptase; RT)、整合酶(integrase; IN)等；*env*則編碼外層套膜(envelope)上的蛋白，如HIV的gp120蛋白。RT是一種RNA依賴型DNA聚合酶(RNA-dependent DNA polymerase)。

當RT以RNA基因體為模板合成雙股DNA型基因體(vDNA)之後，5′端及3′端各有一段由U3-R-U5組成的相同重複序列，稱為長終端重複序列(long-terminal repeat; LTR)（圖12-22b），LTR的長度在240~1,400之間。vDNA轉錄產生RNA，再由vRNA轉譯出*env*基因產物的結構蛋白與*gag-pol*基因產物的Gag-Pol多肽鏈，包裝→出芽→釋出之後，Gag-Pol多肽鏈經由病毒的蛋白酶切割成多種基質蛋白與殼體蛋白，以及RT、IN兩種與複製有關的酵素，故成熟的HIV殼體中含兩條RNA基因體及RT、IN。當HIV感染新的宿主細胞時，RT與IN同時進入細胞，整合酶(IN)具核酸內切酶及接合酶活性，經由整

合酶的催化，vDNA嵌入宿主基因體的目標位上，並複製含4~6 bp的目標位(target site duplication; TSD)，TSD一般被視為反轉錄元素的腳印（圖12-22c）。由於嵌入機制的關係，兩條DNA股線的3'-端會被整合酶切割各喪失2 bp (5'-CA-3')。

反轉錄作用的步驟如下（圖12-23）：

1. **步驟一**：RNA基因體為(+)股，由未接胺基酸的無裝載tRNA (uncharged tRNA)附著在U5下游的pbs (primer binding site)，提供一段18 bp的引子，於是RT以5'端R-U5為模板，以此18 bp為引子，催化合成一小段R-U5 DNA，這段DNA含(−)股序列。

2. **步驟二**：由核酸外切酶移除與DNA互補的RNA模板之後，R-U5 DNA進行第一次跳躍，轉移到RNA基因體3'端，RT隨即沿著RNA基因體，合成所有結構基因的(−)股DNA序列。

3. **步驟三**：殘留的RNA基因體隨即被分解。以殘留的RNA基因體3'端為引子，(−)股U3-R-U5 DNA-pbs為模板，合成U3-R-U5 (+)股DNA序列加一小段pbs。

4. **步驟四**：(+)股U3-R-U5-pbs進行第二次跳躍，使U3-R-U5-pbs轉移至(−)股DNA 3'端，以pbs序列互補序列相接合。

5. **步驟五**：(+)股與(−)股互為模板，合成完整的雙股DNA結構，兩端各有一段LTR。

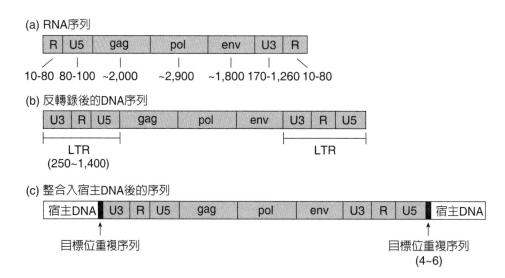

■ 圖12-22　反轉錄病毒基因體在病毒顆粒中、反轉錄後及嵌入宿主DNA後的基本結構。

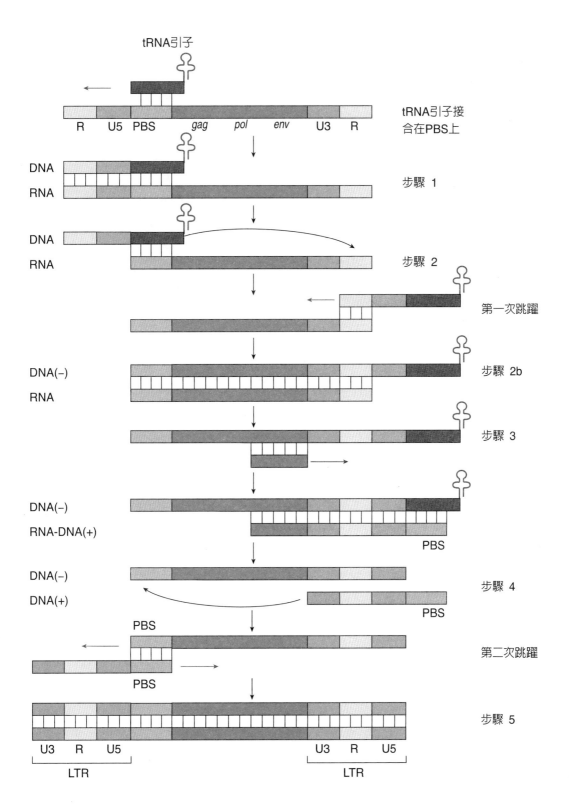

■ 圖12-23 反轉錄酶催化的反轉錄作用(retrotansposition)。反轉錄作用大致可歸納為5個步驟；其中tRNA引子及DNA股線兩次的跳躍移位是關鍵。箭頭代表DNA複製方向。

反轉錄轉位子

反轉錄轉位子(retrotransposon)主要存在於真核細胞的基因體中，研究上歸屬於第一類轉位子，原核細胞中也存在反轉錄轉位子，不過還是以IS及剪接複製模式的Tn為主。符合反轉錄轉位子的條件是，轉位的過程中存在有一段時期是RNA，由於必須經過RNA階段，為了再嵌入基因體DNA中，勢必要以反轉錄方式將RNA回復為雙股DNA轉位子，才能嵌入另一DNA區段的目標位（可能是編碼轉譯區或非編碼轉譯區，也可能是序列重複區），完成轉位子的轉移（圖12-24）。反轉錄轉位子攜帶有RT及整合酶基因，反轉錄作用機制與反轉錄病毒類似。以下為幾種已被深入研究的反轉錄轉位子（圖12-25）：

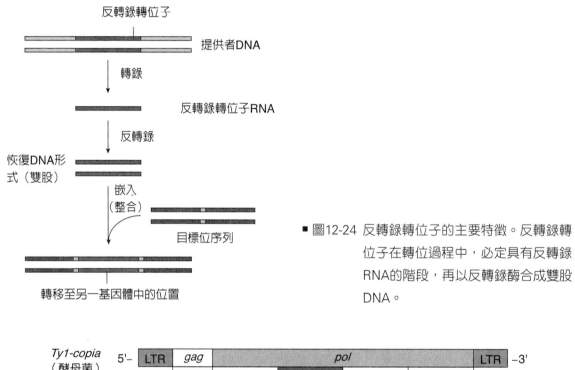

■ 圖12-24 反轉錄轉位子的主要特徵。反轉錄轉位子在轉位過程中，必定具有反轉錄RNA的階段，再以反轉錄酶合成雙股DNA。

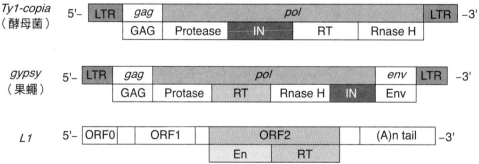

■ 圖12-25 反轉錄病毒基因體與真核細胞反轉錄轉位子的比較。基因下方標示此基因的蛋白產物及酵素。

I. 酵母菌

　　酵母菌的反轉錄轉位子有五種，分別為*Ty1*至*Ty5*，這些反轉錄轉位子在細胞內形成類病毒顆粒(VLP)，依照其結構可歸類於*gypsy*及*copia*家族，*Ty1*、2、4、5為*copia*家族，*Ty3*基因結構略有不同，歸類為*gypsy*家族，*Ty*類似反轉錄病毒基因體，反轉錄後的cDNA皆具有LTR，故基因體中的*Ty*皆有LTR。*Ty1*是數量最多的反轉錄轉位子，長度為5.9 kb，兩端加上334 bp的LTR，轉位子含有*gag*及*pol*基因等兩個開放讀框(ORF)，*gag*基因編碼VLP的結構蛋白，*pol*基因編碼一條前驅多肽鏈，再由蛋白酶切割處理成4種蛋白，分別是Ty蛋白酶、IN、RT、核糖核酸內切酶H(ribonuclease H; RNase H)（圖12-25）。*Ty3*長度為5.4 kb，兩端加上340 bp的LTR，轉位子含有*gag*及*pol*基因，*gag*基因編碼VLP的結構蛋白，*pol*基因編碼一條前驅多肽鏈，不過在順序上Ty蛋白酶基因緊跟著RT及RNase H等酵素的基因，IN的基因在*pol*基因的3'-端。高通量全基因定序分析發現，*Ty1*及*Ty3*在DNA目標位上也有所不同，兩者主要皆嵌入由RNA Pol III轉錄的基因，不過目標位在基因的5'-側翼序列(5'-flanking sequence)，RNA Pol III轉錄的基因包括5S rRNA基因、tRNA基因，以及如U6 snRNA、小核RNA (snRNA)等核內RNA基因，不過*Ty1-copia*的目標位在RNA Pol III啟動子上游約1,000 bp的範圍內，而*Ty3-gypsy*的目標位離RNA Pol III轉錄起點只1~4 bp，*Ty1*及*Ty3*皆能與RNA Pol III的轉錄複合體因子交互作用。

II. 果蠅

　　高通量全基因定序分析果蠅基因體，發現36個家族的LTR反轉錄轉位子，可分為*Gypsy*、*BEL*及*Copia*三大分支系(clade)，其中*BEL*支系含5個家族，*Copia*支系含4個家族，其餘27個家族皆屬於*Gypsy*支系。*Copia*支系反轉錄轉位子結構與酵母菌的Ty1相似，5'端及3'端各含有一段長276 bp的LTR，轉位子帶有類似反轉錄病毒的*gag*基因及*pol*基因等兩個開放讀框(ORF)，*pol*基因編碼蛋白酶-IN-RT-RNase H等複製相關酵素基因（圖12-25）。*Gypsy*支系反轉錄轉位子結構與酵母菌的*Ty3*相似，不過某些*Gypsy*支系及*BEL*支系的反轉錄轉位子，其*pol*基因下游還多一個開放讀框(ORF)，是編碼外套蛋白(envelop protein; Env)的*env*基因，其功能還有待釐清，某些實驗顯示，帶有*env*基因的反轉錄轉位子具有橫向感染力(horizontal infection)，能轉移到其他果蠅品系。

III. 植物細胞

　　多種植物細胞LTR反轉錄轉位子存在於基因體中，大小與功能各異，長度從4 kb到大於23 kb不等，如菸草細胞中稱為*Tnt1*的菸草反轉錄轉位子(tobacco retrotransposon)，已經被深入研究，*Tnt1*歸類於*Ty1-copia*家族，故與*Ty1*結構類似，具有一般反轉錄轉病

毒的長終端重複序列(LTR) (610 bp)，轉入的位置造成5 bp的TSD，兩個LTR之間含兩個ORF，即*gag*基因與*pol*基因，*gag*基因編碼類病毒與殼體蛋白，*pol*基因依序編碼蛋白酶-IN-RT-RNase H等四種酵素。由於*Tnt1*反轉錄轉位子具有高頻率的轉位能力，*Tnt1*被用在多種作物（如玉米、小麥、黃豆、馬鈴薯等）的植物遺傳工程研究中，做為誘導嵌入式基因突變(insertion mutagenesis)的工具，分析基因功能的同時，也能篩選適當的品種。與果蠅的*Gypsy*支系反轉錄轉位子類似，某些植物LTR反轉錄轉位子也具有*env*基因。植物細胞中也有幾種不攜帶基因或缺少*pol*基因的非自主型轉位子（如TRIM、BARE-2等），需要依賴結構完整的自主型轉位子（如*Tnt1*、*Tto1*等）協助，才有轉位功能。植物細胞基因體中也有少量的無LTR反轉錄轉位子(non-LTR retrotransposon)，包括LINE自主型轉位子與SINE非自主型轉位子，這類反轉錄轉位子將在下一小節描述。

IV. 哺乳類

哺乳類（包括人類）基因體中，反轉錄轉位子約占有48%，反轉錄轉位子也分為LTR反轉錄轉位子(8~10%)以及無LTR反轉錄轉位子(17~20%)，LTR反轉錄轉位子數量相對少且未必在活化狀態，這類轉位子可能是哺乳類細胞早期受反轉錄病毒感染之後，遺留下來的病毒基因體，如內生性反轉錄病毒(*endogenous retrovirus*; *ERV*)轉位子超家族就是證據，ERV超家族的反轉錄轉位子都保留末端LTR，結構上類似Gypsy支系，有些含有缺陷或突變的*env*基因。

無LTR反轉錄轉位子是酵母菌等單細胞真核生物所沒有的，只存在於演化上較高等的真核生物基因體中。人類基因體的無LTR反轉錄轉位子主要歸類為三大家族，分別是LINE家族(LINE family)（圖12-23）、Alu家族(Alu family)及基因體定序後確定的SVA家族(SVA family)，這三大類轉位元素都屬反轉錄轉位子，在轉位複製的過程中，皆存在RNA的時期，但是只有LINE轉位子是自主型轉位元素，編碼轉位所需的基因，包括反轉錄酵素(RT)及核酸內切酶基因，Alu及SVA家族都需要依賴LINE編碼的反轉錄酶才能轉位。

LINE的全名是長散布型元素(long interspersed nuclear element)，約占人類基因體的17%，含約51萬個拷貝，每個LINE長度在4~7 kb之間，LINE1轉位子（簡稱*L1*）是數量最多，分布最廣，轉位頻率最高的的LINE，在人類基因體中含有大量的L1轉位子，然而真正具有轉位功能的約只有80~100個拷貝，*L1*在小鼠(mice)細胞中活性很強，具有轉位功能的約有3,000個拷貝，稱為轉錄活躍次群(transcribed-active subset; Ta-subset)。每個*L1*之3'端為聚腺苷序列(Poly A tail)序列，中間含三個開放讀框ORF0、ORF1及ORF2，ORF1編碼的40 KDa蛋白為RNA接合蛋白，具有護送子(chaperone)的功能，ORF2編碼

*En*與*RT*基因，產生的150 KDa蛋白含核酸內切酶(endonuclease)；*RT*基因產物為反轉錄酶（圖12-25）。

　　*L1*由RNA聚合酶II轉錄為RNA，RNA輸出到細胞質，由核糖體轉譯成En與RT，這些關鍵酵素再輸入到細胞核中，由RT合成RNA：DNA中間產物，轉移至基因體的其他目標位時，先由核酸內切酶(En)在目標位產生切點，暴露出3′-OH的目標位DNA股線，隨即作為RT的引子(primer)，以RNA為模板合成另一條DNA股線，RNA脫離後完成*L1*的轉位嵌入動作，這種機制稱為目標引子反轉錄機制(target-primed reverse transcription; TPRT)。

　　SINE約占人類基因體的13%，含超過1百萬個拷貝， SINE長度約在150~500 bp左右，人類基因體中最多的SINE是一種稱為*Alu*的序列，占人類基因體的10%，另一種SINE稱為*MIR*，占人類基因體約3%，都是非自主型轉位子，需要*L1*等自主型轉位子的協助。*Alu*因為能被*Arthrobacter luteus* 產生的限制酶Alu I所辨識而得名，*Alu*長度約280 bp，由兩個重複序列構成，稱為左臂與右臂（圖12-26a）。此重複序列與訊號辨識顆粒(SRP)所含的7SL RNA序列有很高的同質性（參閱第9章圖9-21）。左臂（5′-端）含A box及B box等兩個演化保留序列，是RNA聚合酶III轉錄因子TFIIIC的接合點，右臂（3′-端）沒有RNA pol III的接合點，不過含聚腺苷尾端。*Alu*由RNA聚合酶III轉錄為RNA，再以反轉錄方式合成雙股DNA型，嵌入基因體的其他目標位。*MIR*長度約280 bp，結構上也可分為左臂與右臂，不過兩臂之間有一段70 bp的SINE核心區(core SINE sequence)，左臂（5′-端）含tRNA衍生的序列，右臂含LINE衍生的序列，左臂也含有RNA pol III的接合點的A box及B box等兩個演化保留區（圖12-26b），故也由RNA聚合酶III轉錄為RNA，不過由於*Alu*及*MIR*廣泛嵌入許多RNA聚合酶II轉錄的基因，這些SINE拷貝也能與目標基因一起被RNA聚合酶II轉錄，SINE的嵌入也能透過對啟動子與促進子(enhancer)的影響，調節目標基因的轉錄。

　　SVA是最晚發現的人類反轉錄轉位元素，因為結構中含SINE、VNTR和Alu而得名(SINE-VNTR-Alu)，研究上也常與*Alu*歸類為SINE的一種，長度約2,000 bp，在人類基因體中約有2,700個，占基因體的0.2%，分為6個次家族，分別命名為SVA A至SVA F。結構中不含編碼蛋白質的開放讀框(ORF)，由5′-端到3′-端為：(1) CCCTCT六核苷酸重複序列；(2)類*Alu*反轉重複序列；(3)富含GC的VNTR（參閱第2章圖2-16）；(4) SINE-R序列(SINE-R sequence)；(5) CPSF接合點與聚腺苷poly (A)尾端（圖12-26b）。*L1*在演化上約在六千5百萬年以前出現，*Alu*約在3千萬年以前出現，不過SVA出現得晚，約在2千5百萬年以前出現在哺乳類的基因體中，依照*Alu*的豐富度，SVA可能是*Alu*轉位至SINE-R附近產生的反轉錄轉位元素。

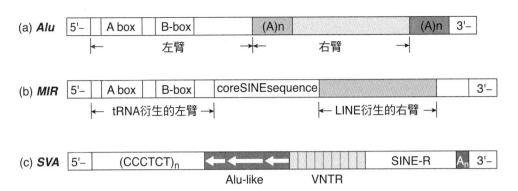

■ 圖12-26 Alu及SVA的轉位子結構。(a) Alu結構呈雙倍體，左臂含A box及B box，右臂含poly (A) tail；(b) MIR含SINE核心區，左臂tRNA衍生序列，右臂LINE衍生序列；(c) SVA轉位子結構，含SINE、VNTR及類似Alu的重複序列。

　　哺乳類基因體中數量最多，涵蓋的物種最廣的反轉錄轉位元素，除了LINE家族的 *L1* 之外，就屬 *Bov-B* 最為普遍，*Bov-B* 從牛(bovine)基因體中分離出來，結構上證實是LINE家族的成員，具有兩個開放讀框(ORF)，ORF2編碼核酸內切酶及反轉錄酶。Bov-B隨後被發現在多種昆蟲基因體中，且證明 *Bov-B* 藉由昆蟲、寄生蟲為載體，橫向轉移(horizontal transfer)至多種脊椎動物基因體內（魚類、爬蟲類、兩棲類、哺乳類等），反轉錄轉位子的橫向轉移最先在果蠅品系之間發現，現在發現橫向轉移現象普遍存在於演化過程中（早在一億六千萬年前），是物種演化的驅動因子之一。

V. 原核細胞（細菌）

　　原核細胞的轉位子主要以轉位酶主導轉移反應，只有兩種涉及反轉錄酶的轉位子，一種是反轉子(retron)，一種是第二群插入子(group II intron)。近年來在原核細胞中還發現其他反轉錄元素，如歧異性生成反轉錄元素(diversity-generating retroelement; DGR)、CRISPR-Cas系統等，不過並非典型的轉位子，在此不詳述。

1. **反轉子**：反轉子普遍存在於多種細菌基因體內（如大腸桿菌的retron Ec48、霍亂弧菌的retron Vc81等），占原核細胞基因體反轉錄轉位元素的25%，常與DNA中的前驅噬菌體(prophage)有關連。反轉子本身是個完整的轉位子，長度約2,000 bp，編碼一個 *RT* 基因(*ret* gene)，加上一段連續反轉序列的msr區段，與一段編碼多重拷貝單股DNA(multicopy ssDNA; msDNA)的msd區段，msr與msd區段轉錄為RNA分子，msr與msd區的RNA具有特殊的二級結構（如套環、髮夾彎等），RT基因也轉錄→轉譯產生RT反轉錄酶，RT能辨識此二級結構，接合msd之後，以msd的RNA為模板，以msr上高度保留的鳥嘌呤G提供2′-OH根為引子(primer)，反轉錄合成一段單股DNA，做為模板的

msdRNA片段則由RNase H分解刪除，此msDNA的5'-端能與msr區的RNA接合，即與RNA分子內一個鳥苷(guanosine)形成2'-5'磷脂鍵，構成特殊的cDNA-RNA聚合體。在細菌細胞中含有至少數百個反轉子，是細胞中msDNA的主要製造者。目前發現的原核細胞retron有13型，25種次型，但是功能還不清楚，msDNA可能涉及重複序列的複製或是基因體自然突變，也可能參與抗噬菌體的機制。

2. **第二群插入子**：第二群插入子(group II intron)是真核細胞粒線體與葉綠體DNA中常見的插入子，具有RNA酵素(Ribozyme)活性，能自我剪接，不過約30年前科學家在多種原核細胞基因體中，也發現了類似第二群插入子序列。在細菌與古菌基因體中的類group II 插入子結構可分為6個功能區，Domain IV具有開放讀框，編碼的蛋白稱為插入子編碼蛋白(intron-encoded protein; IEP)，group II 插入子編碼的IEP也具有RT功能區(RT domain)、X 功能區及DNA接合區(D domain)，少數group II 插入子的D功能區還具有核酸內切酶活性，是原核細胞主要的自主型反轉錄轉位元素，group II 插入子約占原核細胞反轉錄轉位元素的50%，類似*L1*使用目標引子反轉錄機制進行轉位，如果沒有核酸內切酶活性，則利用DNA複製時的引子進行反轉錄轉位。group II 插入子如果嵌入功能基因，會危害細菌的生存，故group II 插入子大多位於質體，少數留在細菌染色體中。

**Molecular
Biology**

分子生物學研究方法簡介

13-1 DNA重組與克隆技術

在原核與真核細胞超過二十億年的演化歷程中，DNA重組現象是驅動演化與遺傳變異的主要機制之一，故小至病毒DNA，原核細胞之基因體與質體DNA，大到真核細胞體細胞及生殖細胞DNA，皆有DNA重組現象。不過以人為操作的目的導向重組，是從1971年美國史丹佛大學的Paul Berg在實驗室完成雙倍體的SV40重組DNA開始。經過50餘年的研發與廣泛應用，DNA重組技術已經是分子生物研究、遺傳工程操作與生物製劑研發的核心技能。「克隆」一詞直接來自原文Clone，從其含意與操作面向而言，應該翻譯為「選殖」，即從基因體中篩選目標基因，加以複製、繁殖，增大到實驗室可操作的量，其中主要的工具是基因載體(gene vector)，又稱為克隆載體(cloning vector)，而將基因體片段或目標基因嵌入載體中，則有賴DNA重組技術。有關DNA重組技術與克隆已有許多專書及上網可讀的文獻，在此僅做簡要描述。

基因克隆的要素包括切割與接合DNA之酵素、載體、基因體片段、宿主細胞（原核或真核細胞），當然在找到帶有重組基因載體的群落(colony)之後，還有幾項工作，包括確認(identification)目標基因，分離(isolation)並放大(amplification)目標基因的量，最後是定序與分析其結構與功能。DNA重組技術簡述如下（圖13-1）：

DNA 片段的製備

含目標基因的基因體太大，不可能嵌入載體後，還能保持活性，故用來克隆基因的片段有長度上的限制。欲使DNA斷裂成小片段（如10 Kb）有兩種方式，一種是以機械性處理（如超音波；sonication）將DNA任意震斷成小片段，主要用於建構基因體文庫(genomic library)；另一種是以核酸內切酶切割DNA，用於基因克隆的核酸內切酶是限制酶(restriction endonuclease; restiction enzyme; RE)。Hamilton Smith於1968年觀察到嗜血性流感菌(*Haemophilus influenzae* Rd)萃取液中含有切斷噬菌體T7 (phage T7) DNA的核酸內切酶活性，隨後從萃取液中純化出*Hin*dII及*Hin*dIII等兩種酵素，這類酵素「限制」了噬菌體在宿主細胞中繁殖，多種限制酶陸續被發現（如大腸桿菌的*Eco*RI），廣泛的應用在分子生物、基因工程研究上，Hamilton Smith與其同事Daniel Nathans於1978年同時獲得諾貝爾生理醫學獎。

目前被發現的限制酶超過350種，可從限制酶數據庫(The Restriction Enzyme Database)查閱(rebase.neb.com/rebase/rebase.html)。限制酶有四大型，Type I RE切割點無專一序列，Type III RE是位置專一性內切酶，不過切割點不是反序對稱

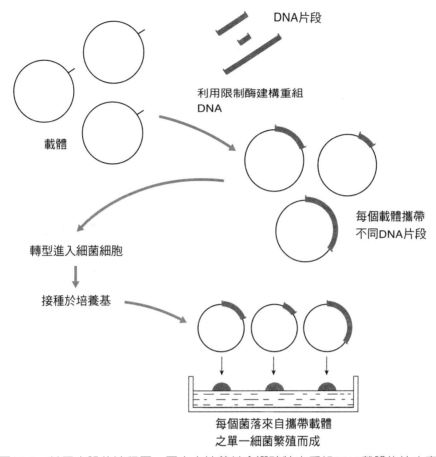

DNA片段

利用限制酶建構重組DNA

載體

每個載體攜帶不同DNA片段

轉型進入細菌細胞

接種於培養基

每個菌落來自攜帶載體之單一細菌繁殖而成

■ 圖13-1　基因克隆的流程圖。圖中之培養基含選殖特定重組DNA載體的抗生素。

(palindrome)，無法形成黏著端(sticky end)，Type IV RE主要辨識修飾過的DNA（如甲基化胞嘧啶、甲基化腺嘌呤），只有Type II RE適用於DNA重組操作（表13-1），其辨識位呈反序對稱，如下圖所示產生黏著端（以*Eco*RI為例），如果DNA片段與被切割的載體DNA以相同的RE切割，能產生核苷酸序列互補的黏著端，方便含有目標基因的DNA片段與載體DNA重組。

5' —— G↓AATT C —— 3' ⟹ 5' —— G　　　AATTC —— 3'
3' —— C TTAA↑G —— 5'　　　 3' —— CTTAA　　　G —— 5'

限制酶辨識與切割位可以簡稱為限制位(restriction site)，或許有人會質疑，細菌基因體DNA序列中也應該含有限制位，為何限制酶只切割噬菌體DNA，而不傷害宿主DNA？原因是細菌基因體DNA會經由甲基轉移酶(methyltransferase)，將腺嘌呤(A)與胞嘧啶甲基化，使限制酶無法辨識限制位。當然也有少數特定的限制酶（如*Msp*I、Type IV RE）能切割甲基化的DNA。

表13-1　Type II限制酶範例

來源之菌種	限制酶	辨識與切割位(5′→3′)	產物之尾端
Escherichia coli	*Eco*RI	G ↓ AATT C C TTAA ↑ G	5′-端懸掛黏著端
Bacillus amyloliquefaciens	*Bam*HI	G ↓ GATCC CCTAG ↑ G	5′-端懸掛黏著端
Arthrobacter luteus	*Alu*I	AG ↓ CT TC ↑ GA	鈍端
Bacillus globigii	*Bgl*I	GCCNNNN ↓ NGGC CGGN ↑ NNNNCCG	3′-端懸掛黏著端
Haemophilus influenzae Rd	*Hind*III	A ↓ AGCTT TTCGA ↑ A	5′-端懸掛黏著端
Proteus vulgaris	*Pvu*II	CAG ↓ CTG GTC ↑ GAC	鈍端

　　Type II RE也可依據辨識位／切割位以及酵素分子結構的差異，細分為8種亞型，如 Type IIS RE (BsaI) 辨識位與切割位不在同一序列上，辨識位為5′-GGTCTC-3′，切割位在下游5′-NNNN-3′（N代表任一種核苷酸）：

載體

　　載體是基因克隆技術的核心，從最早期建構的質體pBR322到晚近用來研發基因療法 (gene therapy)的載體，目的皆為了攜帶目標基因進入宿主細胞並增加其拷貝數，目標基因必須能完整表達。故不論是如何複雜的載體設計，皆需滿足幾個必要條件：

1. **能在宿主細胞中自我複製**。基於此要件，任何用來克隆基因的載體，必定含有DNA複製起始點(*ori*)。pBR322（含4,363 bp）具有自己的質體DNA複製起始點(*ori*)，在 *E. coli*細胞中是能夠自我複製，一般數量約15 copies/cell，pBR327刪除了pBR322與連接作用(conjugation)有關的基因片段，且質體拷貝數增加到約45 copies/cell（圖13-2a），線狀噬菌體M13 (M13 phage)拷貝數可達100 copies/cell，且一個世代循環能產生約1,000個新噬菌體。不過隨著攜帶的克隆DNA片段增大，增加拷貝數可能影響DNA的完整性，以細菌人造染色體(bacterial artificial chromosome; BAC)為例，BCA最高能攜帶300 kb克隆DNA（表13-2），是pBR322的30倍，而BAC的前身是F 因子

（F factor；一種能誘發連結作用，使細菌間傳送遺傳物質的質體），F 因子能自我控制拷貝數在1~2 copies/cell，確保克隆之DNA保持穩定，人類基因體計畫(Human Genome Project)已採用BCA建構了人類基因體文庫(human genomic library)。

2. **限制酶辨識與切割位**。這是載體與欲克隆之基因（或DNA片段）產生重組的必備條件，且需符合操作目的的需求，如圖13-2a所示，以*Eco*RI切割的DNA片段（含目標基因）嵌入*Eco*RI限制位，則克隆基因的過程不影響對抗生素ampicillin與tetracycline的拮抗(resistance)；如果以*Bam*HI克隆目標基因，則tetracycline的拮抗基因(*tet*R)被阻斷，此重組質體轉型(transformation)的宿主細胞將對tetracycline極為敏感，此特性可用來辨識含重組載體的菌落(colony)，不過如目標基因序列中也含有*Bam*HI限制位，則此克隆設計就需要做修改。圖13-2b所示之載體為pUC8，在*Lac Z*基因中建構了一個特殊的核苷酸序列，包含了多種限制酶切割位，用來與克隆基因重組，稱為多重克隆位(multiple cloning site; MSC)，pUC8的MCS含9種限制酶的限制位（如*Hind*III、*Bam*HI、*Eco*RI、*Sal*I等），此MCS還能與噬菌體M13載體的MCS相同，故利用此MCS能將pUC8上的克隆基因轉移到M13載體，有關M13載體的特性將在下文討論。此外能以兩種限制酶分別在5′-端（如*Eco*RI）與3′-端（如*Bam*HI）切下目標基因，則此DNA片段嵌入pUC8時會具有方向性，有利此目標基因的轉錄與表達，故MCS卡夾(MCS cassette)往往還含有啟動子(promoter)。MCS的概念已經廣泛的用在各種載體的設計上。

表13-2　常用的載體

載體	宿主細胞	重組DNA之最大容量
質體	大腸桿菌	10 kb
λ 噬菌體	大腸桿菌	18 kb
M13噬菌體	大腸桿菌	1.5~3.0 kb
Cosmid	大腸桿菌	37~52 kb
P1噬菌體	大腸桿菌	95 kb
P1衍生之人造染色體(PAC)	大腸桿菌	100~300 kb
細菌人造染色體(BAC)	大腸桿菌	300 kb
酵母菌人造染色體(YAC)	酵母菌	100~1,000 kb
哺乳類人造染色體(MAC)；人類人造染色體(HAC)	哺乳類細胞 人類細胞	大於300 kb

註：BAC, bacterial artificial chromosome; PAC, P1-derived artificial chromosome; YAC, yeast artificial chromosome; MAC, mammalian artificial chromosome; HAC, human artificial chromosome.

3. **報導者基因**(reporter gene)。載體是否攜帶目標基因或DNA片段，需要經由報導者基因的變化而得知，故功能上也可稱之為通報者基因，告知研究者哪個菌落(colony)含有重組DNA片段，不過要確認此菌落是否含目標基因，則需要進一步分析，如pBR322/327還需要另一基因作為標籤(marker)，方便在第一階段篩選出質體轉型成功的菌落，ampicillin拮抗基因就具有此功能，如由轉型成功的大腸桿菌增殖形成的菌落，才能在含有ampicillin培養基中存活。將這些菌落「轉印」到含tetracycline的培養基中培養，則只有無重組基因的大腸桿菌才能形成菌落，兩者對照即可辨識出具重組載體的菌落。pUC8的優點在於報導者基因與抗生素拮抗無關（圖13-2b），故只要在培養基中同時加入ampicillin及X-gal＋IPTG，找出呈白色的菌落，即能辨識出具重組載體的菌落，不需要分兩次進行，也減少操作時產生的汙染與複雜度。此時的報導者基因為乳糖操作組的LacZ基因（參閱第3章3-3節），基因產物為β-半乳糖酶，能分解／切割半乳糖，此時β-半乳糖酶的受質為X-gal（全名為5-bromo-4-chloro-3-indolyl β-D-galactopyranoside），被β-半乳糖酶切割後產生深藍色產物，*LacZ*基因受到誘導子(inducer)的調控，此系統的誘導子為IPTG（全名為isopropyl β-D-1-thiogalactopyranoside）。*LacZ*基因中含有MCS（有時稱之為*LacZ'*），故目標DNA經由MCS與*LacZ*重組之後，*LacZ*基因即無法正常表達，加入IPTG無法產生有活性的β-半乳糖酶，故X-gal無法被分解，菌落呈白色；反之無重組DNA的pUC8，*LacZ*基因不受影響，有活性的β-半乳糖酶將X-gal被分解，產生深藍色產物，呈現深藍色菌落。*LacZ*基因篩選系統至今還被廣泛使用，pBR322/327的tetracycline的拮抗基因(tet^R)也具有報導者基因的功能，其他如*neo*基因（Neomycin phosphotransferase

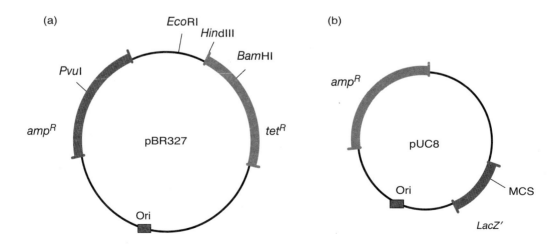

■ 圖13-2　pBR327及pUC8載體的結構，MCS為多重克隆位，amp^R 為ampicillin拮抗基因，*tet*^{R}為tetracycline的拮抗基因。*LacZ*'為插入MCS的*LacZ*基因。

gene; kanamycin拮抗基因）及*cat*基因（Chloramphenicol acetyltransferase gene; chloramphenicol拮抗基因）等，也是常被使用的報導者基因。螢火蟲螢光素酶(luciferase)，刺絲胞動物(renilla reniform; cnidaria)螢光素酶是真核細胞基因克隆與基因表達研究常用的報導者基因，用來辨識攜帶有目標基因的載體。

4. **噬菌體載體的需求**。細菌傳送遺傳物質的方法有三種，包括轉型(transformation)、連接作用(conjugation)及轉染(transduction or transfection)，轉型是讓經過處理的細胞直接攝取DNA分子（如質體），連接作用是提供者(donor)經由性線毛(sex pili)將DNA傳到接受者(acceptor)細菌細胞中，而轉染是以攜帶宿主DNA的噬菌體與病毒(virus)為媒介，在感染另一宿主細胞時，將原宿主之DNA注入新宿主細胞中。故噬菌體與病毒基因體也是很適當的載體，從原核細胞到真核細胞，噬菌體與病毒載體(viral vector)皆被廣泛應用在遺傳工程與基因治療上。然而如λ噬菌體能攜帶之重組DNA片段最多18 kb，M13噬菌體的最大攜帶容量為1.5~3.0 kb（表13-2），為了擴充噬菌體載體(phage vector)容量，基因克隆設計利用了λ噬菌體的凝聚端(cohesive end)形成的*cos*位(cos site)，*cos*位的功能之一是使剛被注入宿主細胞的線狀基因體環狀化(circularized)，以利隨後與宿主基因體整合；另一功能是協助當原型噬菌體(prophage)被誘發脫離宿主基因體時，噬菌體DNA以滾動環模式複製，產生多拷貝的噬菌體基因體，這些基因體拷貝以*cos*位相互串聯，形成串聯體(catenane)，不過包裝時每一個新噬菌體只能裝一條基因體，故包裝前需要經由能辨識*cos*位的核酸內切酶，將串聯體裁剪成一條條λ基因體。換言之，核酸內切酶只辨識*cos*位，應該不會受兩*cos*位之間DNA長度的影響，於是研究者在離體(*in vitro*)（試管內）將含有cos位的λ噬菌體DNA與質體重組，建構成cosmid（含有*cos*的plasmid）（圖13-3），cosmid與目標DNA以相同限制酶切割（如*Bam*HI），再重組接合成串聯體，當加入λ噬菌體包裝所必需的組成分與酵素後，核酸內切酶從*cos*位裁剪，在試管內包裝合成重組噬菌體，並轉染細菌細胞（圖13-3）。以cosmid克隆設計能使λ噬菌體能攜帶之重組DNA片段，增加到37~52 kb。

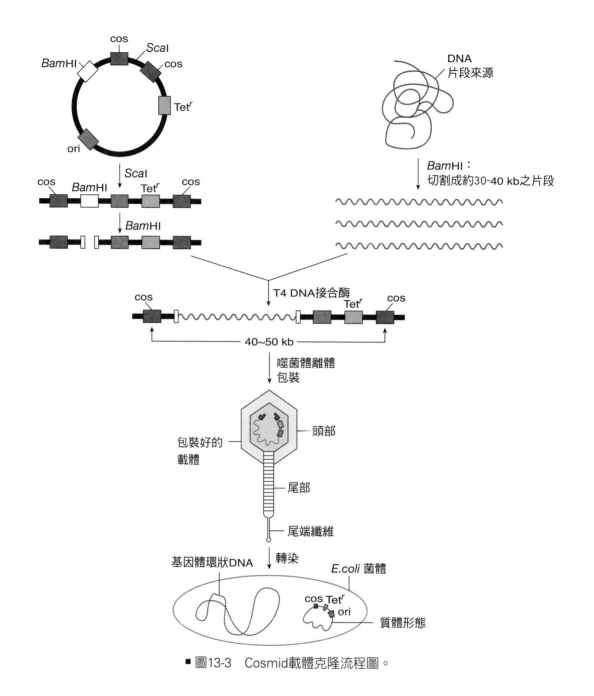

■ 圖13-3　Cosmid載體克隆流程圖。

　　表13-2提到的人造染色體中，BAC源於大腸桿菌之F因子(F factor)，PAC源於P1
噬菌體之基因體與BAC重組而來，含兩個Lox-P位，能與同樣含有Lox-P位的DNA進行
Lox-P-Cre重組；YAC源於酵母菌基因體，含有中節(centromere)與端粒(telomere)，能參
與有絲分裂；MAC/HAC皆衍生自染色體，老鼠人造染色體衍生自第11對染色體，HAC
衍生自第21對染色體，故皆有中節與端粒，能參與有絲分裂。這幾種人造染色體已被用
來建構多種生物的基因體文庫(genomic library)，也被用在醫學研發與臨床基因治療上，

至於如此大的重組載體如何轉送至宿主細胞中？目前文獻中使用多種不同的基因傳送系統(gene delivery system)，如經由病毒載體系統（如HSV1）轉染，或被廣泛使用的微細胞媒介之染色體傳送技術(microcell-mediated chromosome transfer; MMCT)等，有關醫學研發使用的載體與基因傳送系統，可參考專書及網站相關文獻。

13-2 聚合酶連鎖反應

　　自1985年Kary Mullis發表了聚合酶連鎖反應(polymerase chain reaction; PCR)之後，經過30多年的廣泛應用與研發，不論是試劑、儀器、定量分析軟體，已經完全商品化，不論是操作速度與成本價格，已經與80年代第一台PCR儀器（Cetus Corporation於1986研發的PCR Thermal cycler）不可同日而語，1990年左右我訂了一台Thermal cycler需要等10個月才到貨。PCR技術突破的關鍵是使用了嗜溫菌(thermophilic bacteria) *Thermus aquaticus* 純化出來的DNA聚合酶(Taq DNA polymerase)，這種蛋白酵素在高溫下（約70~75℃）能保持高活性，93~95℃仍不會變性(denaturation)，使高溫下維持單股的模板DNA，得以在引子(primers)的前導下合成新的DNA股線，反應結果由一條雙股DNA複製成兩條雙股DNA。如此目標基因或DNA片段不需依賴載體複製等實驗操作，即能在短時間內增加2的z次方拷貝，"z"代表PCR循環次數。PCR步驟簡述如下（圖13-4）：

1. 將模板DNA、引子、Taq DNA聚合酶、dNTPs（四種去氧核糖核苷酸聚）與適當之緩衝液(buffer)充分混合，放置入Thermal cycling block的小洞中，block材質要能均溫導熱，這是PCR儀器的專利特性之一。模板DNA長度一般約在1 kb以下，以不超過3 kb為標準。緩衝液中的$MgCl_2$濃度也是重要因素之一。

2. 模板DNA變性(DNA denaturation)。不論是活體（*in vivo*；細胞中）或是離體狀態下（*in vitro*；試管內） 複製雙股DNA，首要步驟就是將雙股DNA分開成單股，細胞內是以解旋酶(helicase)分開雙股DNA，試管內需在高溫下（約90℃）才能產生DNA熔解（參閱圖1-13），故PCR的第一步就是將試管環境升溫至~90℃，不同模板DNA的熔解溫度（*Tm*值）略有不同，需要做微調，DNA 熔解反應的時間約在30~40秒之間。*Taq* DNA聚合酶雖然是蛋白質，不過能耐此高溫。

3. 引子與模板DNA序列互補並排(annealing)。30~40秒後降溫至50~60℃，使寡核苷酸引子與模板DNA序列互補並排；這是PCR的關鍵步驟之一，引子的設計需要考慮幾個條件，包括在此溫度下，寡核苷酸序列是否能適當與模板單股3'-端互補並排，形成模板股-primer-DNA polymerase的穩定複合體？引子序列是否潛在有不適當雜合非目標

DNA的可能，或自我形成引子雙倍體(primer dimer)的機會，尤其是引子雙倍體對PCR反應的干擾不容忽視。引子互補並排反應約30秒即可。目前已有數種協助設計引子的軟體（如Primer3；https://primer3.ut.ee/）。

4. 合成新DNA股線。溫度再上調至72~74℃，使Taq DNA聚合酶活化並合成新DNA股線，完成模板DNA的複製，此步驟依據反應條件及模板DNA長度而異，一般約在1~2分鐘之間。反應從90℃→50~60℃→72~74℃完成一次溫度循環，如此重複25~30次循環，應該可獲得可分析的DNA量。*Taq* DNA聚合酶含3個功能區，依序為DNA聚合酶區，3′→5′外切酶活性區（無活性），以及5′→3外切酶活性區，故不具有校對能力(proofreading)，每一次循環平均會發生1/10,000~20,000個核苷酸個錯誤配對。

5. 確認PCR產物。標準操作是以膠片電泳法，依據DNA長度分析PCR循環放大後的產物，DNA帶可以ethidium bromide染色觀察到（UV光照射下散發波長605 nm的橘光），正常反應下應該只有一條DNA光帶，這是典型的定性分析(qualitative analysis)。

6. 定量分析(PCR quantitative analysis)。目前最常用的定量分析PCR (quantitative PCR; qPCR)是即時PCR (real-time PCR)，關鍵試劑為SYBR綠色螢光劑，能與新合成的DNA股線結合，以螢光探測儀即時且定量PCR反應中DNA的複製量。另外一種是TagMan螢光遮蔽系統(quenching)，需要額外添加一種5′-端(FD)與3′-端(quencher)分別標定兩種螢光染劑的引子，接在*Taq* DNA聚合酶必經的模板股3′-區段，*Taq* DNA聚合酶未到達前，3′-端螢光染劑(quencher)會遮蔽5′-端螢光染劑(FD)，當*Taq* DNA聚合酶接觸到此額外引子時，*Taq* DNA聚合酶的5′→3外切酶活性將此引子快速分解，釋放出5′-端螢光染劑(FD)，即可被螢光探測儀偵測到。結果可以染體繪圖分析如圖13-5。縱座標一般為相對螢光強度(relative fluorescence units; RFU)，橫座標為循環次數，圖13-5有一條無模板DNA控制組的曲線，故縱座標為樣本螢光強度扣除基準線（控制組）螢光強度(RFU)。Ct值代表螢光強度到達閾值時的循環次數，與樣本中模板DNA的拷貝數相關，拷貝數高則RFU較快達閾值，故Ct值低（如＜20）；反之如樣本中拷貝數低，則需較多循環次數RFU才達閾值，故Ct值高（如＞20）。新冠肺炎流行期以Ct值≤25為高病毒量，Ct值≥30為低病毒量，由於新冠肺炎病原體為SARS-CoV2病毒，基因體為一條~30 kb的單股RNA，故所用的檢測技術為RT-PCR。

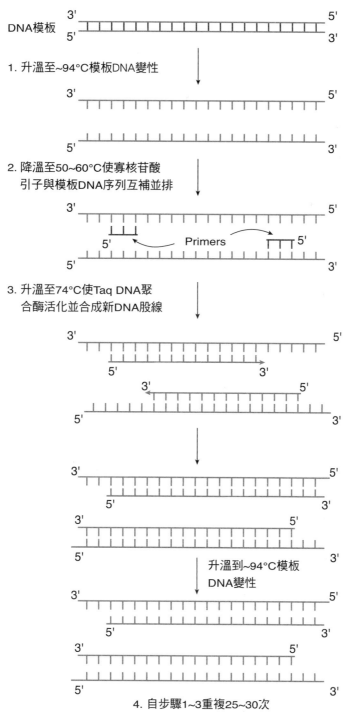

■ 圖13-4 聚合酶連鎖反應(PCR)流程圖。

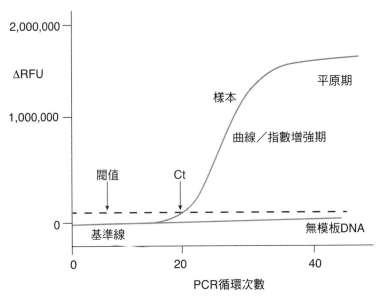

■ 圖13-5　即時PCR (real-time PCR)分析圖。ΔRFU＝每一時間點的螢光強度－基準線之螢光強度；Ct
　　　　＝螢光強度到達閾值時的循環次數。

　　PCR反應以DNA為模板，不過研究或檢測樣本可能是RNA，如研究目標基因在某組
織細胞中的表達水平，可分析其轉錄的mRNA量，如前一段提到的SARS-CoV2基因體為
RNA，此時PCR可結合RNA→DNA的反轉錄機制(reverse transcription; RT)，此技術稱
為RT-PCR，RNA以反轉錄酶(reverse transcriptase)合成的是互補DNA (complementary
DNA; cDNA) (參閱圖2-7)，RT過程中也需要引子，如果模板是mRNA，由於mRNA皆
有聚腺嘌呤尾部(polyA tail)，故引子主要用聚胸腺嘧啶(polyT)，如新冠肺炎RT-PCR檢
測，引子可來自不同基因，如RNA依賴性RNA聚合酶基因(*RdRp* gene)，或用核殼蛋白
基因(nucleocapsid N gene)序列，RNA基因體RT產生的cDNA隨後做為PCR的模板，以定
量PCR分析樣本中RNA的量。RT的詳細實驗設計，可參考專書及網站相關文獻。

　　Jeffrey Chamberlain於1988年發表了多重PCR (multiplex PCR)技術，即在同一試管
中同時以數種引子放大數種DNA片段，一方面提升PCR的效率，一方面能使不同DNA片
段在完全相同的實驗狀態下相互比較，當然PCR完成後如何辨識不同模板DNA放大的產
物，以及反應期間如何避免引子雙倍體的發生，皆是此技術的關鍵，例如以不同螢光劑
標定引子、使引子放大產物長短各異等設計，皆可辨識不同DNA產物。多重PCR已經廣
泛應用在臨床診斷及法醫學鑑定上。

13-3 微矩陣分析

微矩陣(microarray)檢測技術在分子醫學及藥品研發上，廣泛的被用來分析基因表達、基因突變與多樣性（包括SNP基因型），也能與染色質免疫沉澱法(chromatin immunoprecipitation; ChIP)結合，分析轉錄因子在DNA上的接合位，並配合高通量次世代定序，分析目標基因的變異或DNA序列的拷貝數。微矩陣分析的工具是附著超過上萬個寡核苷酸鏈的玻片(glass slide)或矽晶片(silicon wafer)，以最早商品化的Affymetrix-GeneChip而言，一個20×20 mm的小晶片上，可附著1~5萬個寡核苷酸鏈，每個寡核苷酸長度約20~30 nt，作為檢測的探針(probe)，樣本DNA/RNA注入晶片之後，核苷酸能與其互補的探針雜合(hybridization)，單股DNA/RNA有標示螢光物，在充分洗清未雜合的樣本之後，即可用螢光偵測儀分析樣本中的DNA/RNA種類與特徵。

基於廠牌與使用需求的差異，晶片上設計成(20×20)、(26×26)不等的小洞(well)，可分別植入不同基因的寡核苷酸，每一個目標基因依照其DNA序列，可設計多個寡核苷酸小段涵蓋整個基因，小段間允許相互重疊，確保含有目標基因的DNA/RNA樣本能與某小洞中的寡核苷酸（探針）雜合，目標基因序列可由多種基因庫（如GenBank、GSDB等）獲得。製造微矩陣晶片主要的技術是光刻(photolithography)技術（圖13-6），如圖所示以遮光片調控哪個位置加上何種核苷酸，圖13-6所示只是光刻製程的基本原理，其中涉及的材質、儀器、光源與化學物質更為複雜，當然從製程到結果判讀與分析，皆需要特殊軟體的輔助。

微矩陣檢測最適合用來分析基因的表達，然而基因活化的直接指標，就是轉錄合成mRNA的量，故mRNA首先以反轉錄酶合成cDNA，雙股RNA-DNA分子再以RNaseH分解RNA，此單股cDNA可加上螢光標示（如綠色的Cy3或紅色的Cy5），準備用在微矩陣實驗。近年來之文獻逐漸改用單股cRNA (complementary RNA)做為與探針雜合的樣本，即mRNA以RT合成cDNA → RNaseH處理 → 加入DNA聚合酶 → 雙股cDNA → 以T7 RNA polymerase在試管中轉錄 → 合成cRNA，同時使cRNA結合biotin，cRNA-biotin準備用在微矩陣實驗，雜合反應完成後加入帶有螢光劑的streptoadivin，cRNA-biotin-streptoavidin即能散發螢光，以進行結果分析。此技術的關鍵是T7 RNA polymerase離體轉錄，又稱為Eberwine mRNA amplication procedure，從雙股cDNA可以轉錄成多條cRNA，過程無疑又放大了樣本拷貝量，不過cRNA的長度一般會調整到50~100 nt。

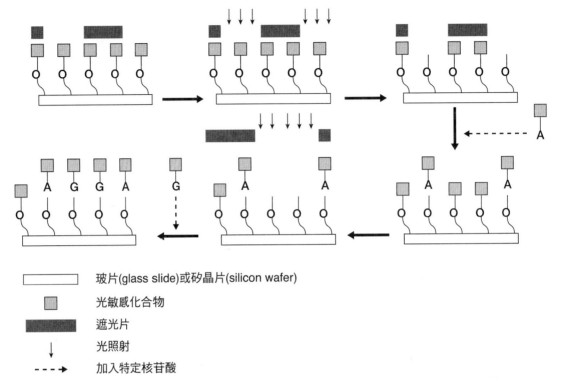

玻片(glass slide)或矽晶片(silicon wafer)

光敏感化合物

遮光片

↓ 光照射

- - -→ 加入特定核苷酸

■ 圖13-6　製作微矩陣晶片之光刻(photolithography)技術簡圖，過程中以遮光片調控哪個位置加上
　　　　　何種核苷酸，反覆操作數十個循環之後，合成約20~30個特定核苷酸序列的寡核苷酸探針
　　　　　(probe)。

　　以微矩陣比較某些基因在正常細胞與腫瘤細胞的表達水平，是文獻中很常用的方法
（圖13-7）。顯示基因轉錄水平的mRNA先以RT反轉錄成cDNA，正常細胞與腫瘤細胞
單股cDNA以不同顏色的螢光染劑標示，隨後與微矩陣晶片上來自多種基因的寡核苷酸
序列探針雜合(hybridization)，在螢光偵測儀之下，癌細胞產生的cDNA呈紅色螢光(Cy5;
532 nm)、正常細胞呈綠色螢光(Cy3; 632 nm)，紅色代表只在癌細胞中活化的基因，綠
色代表正常細胞表達的基因，但是在癌細胞中被抑制，橘黃色的訊號代表此基因在兩種
細胞中皆能表達，有某些基因是結構基因（又稱持家基因；house-keeping gene）（正
控制組），是存活細胞不可缺的基因，螢光呈現橘黃色。晶片設計時也會加入靜止基因
(silent gene)或異種基因為負控制組，則來自兩種細胞的cDNA皆無雜合，螢光呈現背景
值（圖13-7）。

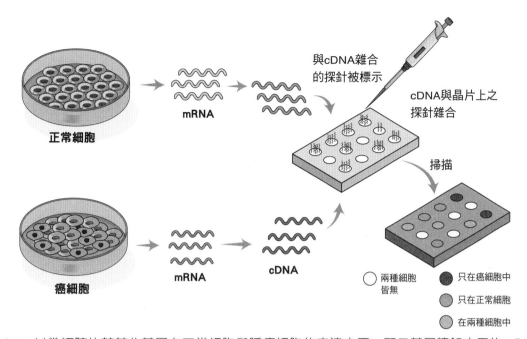

與cDNA雜合
的探針被標示

cDNA與晶片上之
探針雜合

正常細胞

mRNA

掃描

癌細胞

mRNA   cDNA

兩種細胞
皆無

只在癌細胞中

只在正常細胞

在兩種細胞中

■ 圖13-7 以微矩陣比較某些基因在正常細胞與腫瘤細胞的表達水平。顯示基因轉錄水平的mRNA先
以RT反轉錄成cDNA，正常細胞與腫瘤細胞cDNA以不同顏色的螢光染劑標示，隨後與生物
晶片上來自不同基因的寡核苷酸序列探針雜合(hybridization)，在螢光偵測儀之下，癌細胞
（紅）、正常細胞（綠）呈現不同螢光色，紅色代表只在癌細胞中活化的基因，綠色代表癌
細胞中被抑制的基因。

13-4 DNA定序

　　從第一代DNA定序法發表到現在，已將近50年，為了生物學研究與醫藥研發的大
量與快速需求，傳統DNA定序法已經不符使用，故DNA定序法已經演進到次世代定序
(Next-generation sequencing; NGS)，乃至第三代定序(Third-generation sequencing)，
DNA定序法的演進簡述如下：

傳統 DNA 定序法

　　傳統DNA定序法依據發明者命名為Maxam-Gilbert定序法及Sanger定序法，是1977
年發表的定序法，到80年代中期，Pal Nyren研發了新的DNA定序法，稱為焦磷酸定序法
(pyrosequencing)，這三種傳統DNA定序技術簡述如下：

I. Maxam-Gilbert定序法

Maxam-Gilbert定序技術，基本原理是以化學方法選擇性切斷DNA股線，操作步驟如下：

1. 將準備定序的雙股DNA片段5'-端以放射性物質(^{32}P)標示。

2. 雙股DNA片段在10% Dimethyl sulfoxide (DMSO)溶液中加熱至90℃，DMSO促使DNA解開二級結構及超纏繞，90℃高溫促使雙股分離成單股DNA，這些單股DNA的5'-端皆標示了^{32}P。

3. 如果是多重DNA片段，則需要以膠片電泳法依據長短分開，取其中一條開始定序。

4. 試管#1：用Dimethyl sulfate (DMS)處理DNA樣本，此時會使鳥嘌呤(G)及腺嘌呤(A)甲基化(N^7-methylguanine; N^3-methyladenine)，再置入含0.1M NaOH (pH 9.0)溶液中加溫至90℃、30分鐘，結合N^7-mG的磷脂鍵會斷裂，雖然N^3-mA的磷脂鍵也會斷裂，不過N^7-mG的磷脂鍵斷裂的速度比N^3-mA快5倍。也可以直接將DMS處理的DNA樣本，溶於1.0 M piperidine中加熱至90℃、30分鐘，冷卻後置於0.1M NaOH中準備膠片分析。

5. 試管#2：DMS處理的DNA樣本先置入酸性的0.5 M HCl溶液，在0℃、2小時，中和酸性之後再置入含0.1M NaOH (pH 9.0)溶液中加溫至90℃、30分鐘，此時主要斷裂的是N^3-mA的位置。

6. 試管#3：甲基化的DNA樣本溶於水中，先以95% (30 M) hydrazine處理，之後溶於稀釋過的0.5 M piperidine，加熱至加熱至90℃、30分鐘，此時胞嘧啶(C)及胸腺嘧啶(T)的位置皆會斷裂。

7. 試管#4：與試管#3相同的處理，不過一開始即將甲基化的DNA樣本溶於2 M NaCl中，NaCl能抑制胸腺嘧啶(T)與hydrazine反應，於是此試管中只斷裂胞嘧啶(C)的位置。

8. 將4根試管分別注入膠片的小洞中，進行膠片電泳分析，DNA片短會依照長短分離開來，以X-光底片感應^{32}P放射線之後，底片上由下而上讀出核苷酸序列。試管#1較濃的黑帶為 "G"，試管#2較濃的黑帶為 "A"，當然試管#3與試管#4重複的黑帶為 "C"，只在試管#3出現的是 "T"。

II. Sanger定序法

Sanger的研究團隊於Maxam-Gilbert發表其化學斷裂定序法的同年（1977年），接續發表了不同策略的定序法，其關鍵在使用了雙去氧核苷酸(dideoxyribonucleotide; ddNTP)（圖13-8），DNA聚合酶合成DNA的原料如添加了ddNTP，則由於ddNTP 2'-及3'-皆缺少 OH根，DNA聚合酶如使用了ddNTP加在延伸中的新股線時，下一個dNTP

因為無法找到3′-尾端的3′-OH根，無法產生磷脂鍵，故合成反應會因此中斷。如果試管#1加入ddATP，則任何模板DNA核苷酸序列中有 "T" 的位置，新合成股DNA3′-尾端就可能接上ddATP，合成反應會在此中斷（圖13-9）；試管#2、試管#3、試管#4依序加入ddTTP、ddCTP、ddGTP，則各試管中斷的位置會以加入的ddNTP相對應。Sanger使用的DNA聚合酶是DNA I的Klenow片段，以φX174噬菌體DNA互補股（反意股）為模板，一小段引子啟動合成反應，還有[α-^{32}P] dATP使合成之DNA片段帶放射性。Sanger的定序法在各試管反應完成後，仍然是以膠片電泳法依據合成之DNA片段長度分離開來，以X-光底片感應^{32}P放射線之後，底片由下而上讀出核苷酸序列。試管#1的黑帶代表 "A" 的位置，以此類推試管#2、試管#3、試管#4的黑帶代表T、C、G的位置。

膠片電泳法每次只能跑有限的樣本，兩種傳統定序法也無法處理過長的DNA片段，整條基因體DNA需要以限制酶切成小片段，如1976年Maxam-Gilbert定序的片段只有64 bp長。毛細管電泳技術(capillary electrophoresis)的使用是一大突破，加上4種ddNTP可分別標示不同顏色的螢光劑（如ddATP－綠；ddTTP－紅：ddGTP－黃；ddCTP－藍），自動螢光偵測儀輔以結果分析軟體，使處理之樣本數及DNA定序長度大幅提高，定序速率也大為增加，不過每一根毛細管電泳只能處理一個DNA片段，一台DNA定序儀能設置的毛細管電泳裝置還是有限，故DNA定序技術已經無法滿足新世代的生物技術。

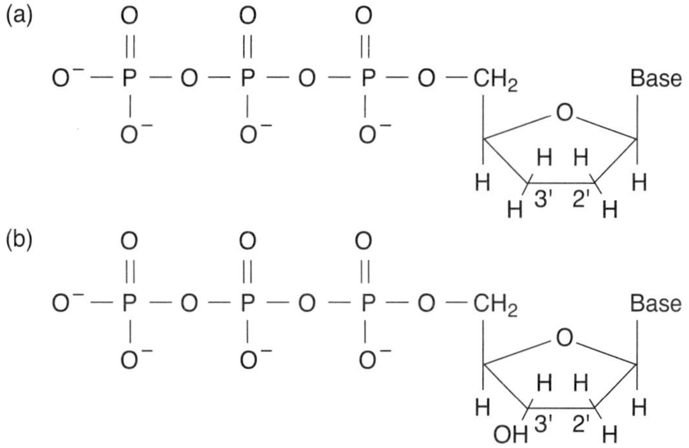

■ 圖13-8　(a)雙去氧核苷酸(ddNTP)之2′-及3′-皆為-H根，2′-及3′皆缺少-OH根；(b)去氧核苷酸(dNTP)之2′-為-H，3′-OH根，故只有2′-缺少-OH根。

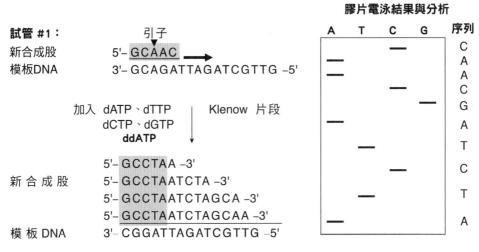

■ 圖13-9　Sanger定序法的原理。

III. 焦磷酸定序法(pyrosequencing)

　　兩種傳統定序法沿用了10年後，瑞典皇家技術學院的Pal Nyren研發了新的DNA定序法，稱為焦磷酸定序法(pyrosequencing)，焦磷酸定序法(pyrosequencing)的名稱來自PPi(pyrophosphate)：

$$dNTP + (DNA)_n\text{-}3'\text{-}OH \rightarrow (DNA)_{n+1} + PPi + H^+$$

　　當新的dNTP加入正在延伸的DNA股線時，三磷酸跟會與DNA 3′-OH尾端形成磷脂鍵，同時釋出PPi，PPi能與反應液中的硫化腺苷(adenylyl sulfate; APS)，在ATP去硫化酶(ATP sulfurylase)催化下合成ATP (PPi + APS → ATP)，ATP隨即在螢光素酶(luciferase)催化下水解提供能量，使螢光素(luciferin)轉變成氧化螢光素(oxyluciferin)，同時釋出螢光，儀器中的螢光偵測儀能感光後分析定量，繪出波狀圖形。測試盤中48個小洞可同時注入48個待定序的DNA樣本，如以含有dATP的測試劑淹蓋48個小洞，在DNA聚合酶催化下，只有模板股（反意股）下一個核苷酸是T的小洞，才會釋出螢光；充分清洗之後換含有dGTP的測試劑淹蓋小洞，同理只有模板股（反意股）下一個核苷酸是C的小洞，才會釋出螢光。

　　臨床採樣或法醫現場採樣的DNA可能極微量，目前商品化的測試組皆以乳化PCR(emulsion PCR)增大DNA的操作量，此時待定序的DNA片段先接上承接小段(adaptor)，在乳化水滴中與表面塗上引子的小珠(2.8 μm bead)及PCR試劑混和，此時DNA之承接小段與小珠上的引子以互補序列相互接合（參閱PCR的描述），[小珠-primer]與[DNA片段-adaptor]的比例為1：1，理論上希望每一個小珠只接上一段DNA。隨後以接在小珠上

的DNA片段為模板進行PCR約50次循環,附著大量DNA片段的小珠被分離出來,DNA再經過熔解變性(denaturation),使小珠上的DNA成為單股DNA,準備下一步的DNA定序。乳化PCR放大的DNA產物不只用在pyrosequencing,且用在多種次世代DNA定序法的樣本製備。90年代後pyrosequencing逐漸商品化,其操作過程不涉及ddNTPs、化學反應及膠片電泳／毛細管電泳,定序長度可達400 bp,一次可定序多個樣本,多數商品化的設計,一個測試盤可同時定序48~96個樣本,最快在4小時左右完成,這種效率已超過傳統定序法,對臨床病理檢驗已經足夠,不過要進行全基因體相關研究(genome-wide association study; GWAS),還是有所不足。

次世代 DNA 定序技術

為了支援全基因體定序、外顯子定序(exome sequencing)、表觀修飾、轉錄體分析等研究的需求,DNA定序必須能快速處理大量的DNA樣本,且需要盡量抑制讀序的錯誤率與費用,產生的大量數據還需要適當的軟體分析與解讀,這些皆是次世代定序(next-generation sequencing; NGS)的特色。討論NGS之前,必須釐清幾個NGS專書及文獻常用的名詞:(1)讀序小段(reads),是指基因體或大段的DNA經由數種限制酶切割,或是「散彈式」(shotgun)斷裂法,產生大量的DNA小段,一般長度約100~200 bp,故讀序小段的英文往往以複數呈現。讀序小段也可來自mRNA反轉錄的cDNA,或來自染色質免疫沉澱法(ChIP)獲得的DNA片段。這些讀序小段會接上承接序列(adapter),以方便隨後以PCR放大數量,然後輸入NGS定序儀讀序。不要忘了DNA斷裂時的切割點是無選擇性的,成千上萬個DNA分子各有其切割點,故同一個DNA片段可能產生多個reads,且reads之間彼此頭尾重疊如下圖:

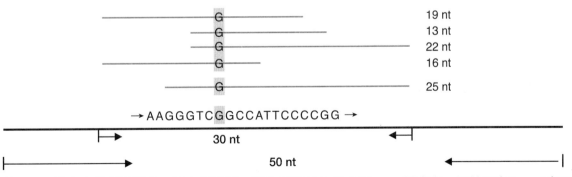

■ 圖13-10 讀序小段與覆蓋率。圖中假設某一段參考DNA片段含50 nt,其中有一個基因座(locus)含30 nt,藍色短序列為讀序小段(reads),所有reads都讀到灰底標示的"G"。

依照圖13-10的範例，此基因座的**覆蓋率**(coverage)＝5段reads讀到的總鹼基(base)數／基因座鹼基(base)數，故95/30＝3.17倍：此基因座包括G等序列的**覆蓋深度**(sequencing depth)為讀此序列的總reads數量，此範例為5；以此參考DNA片段為例，reads含蓋60%的序列，這5段reads組成一個重疊組(contig)，經由軟體處理刪除多餘的重疊序列，可獲得此基因座的實際核苷酸序列。覆蓋率及覆蓋深度愈高，準確度可隨之提升，以全基因定序而言，覆蓋率在15~30x左右是可以接受的。

兩種代表性的NGS技術為Illumina定序系統及Ion Torrent定序系統，皆承襲Sanger定序法的「以DNA合成定序」(sequencing by synthesis)原理，且融入了PCR反應及微矩陣的探針固定技術，其特性與操作原理簡述如下：

I. Illumina定序系統

Illumina是一家生技公司，研發出這套定序系統的原始廠商是Solexa and Lynx Therapeutics，其關鍵反應是橋式擴增(bridge amplification)，不過Illumina接收此技術後，在儀器、反應（可逆型終結者）與偵測分析上做了改良。其關鍵設計是格式化流動小室(Patterned flow cell)，在微流動空間中，設計了數以十億(billion)計奈米級的小洞(nanowell)（詳細說明可網路搜尋Illumina Sequencing Technology），每個小格中固定了特定序列的寡核苷酸鏈做為探針(probes)（類似微矩陣晶片的設計），能與待定序的DNA讀序小段(reads)的承接序列(adaptor)雜合，由於reads在注入定序儀之前，兩端皆已接上承接序列，當兩端皆同時與小格表面的探針雜合時，DNA讀序小段會呈現拱橋狀。

此時與reads同時注入小格中的還有PCR所需的dNTPs、聚合酶與反應劑，探針做為引子開始複製並擴增DNA讀序小段，數個循環後，相同序列的reads自然形成聚集(cluster)，此時即可一邊以PCR系統合成新股reads，一邊同時進行讀序。能同時進行合成與定序的關鍵是可逆型終結者(reversible terminator)，可逆型終端dNTP與Sanger毛細管電泳定序法所用的終端dNTP類似，4種dNTP分別標示不同顏色的螢光劑（如dATP－綠；dTTP－紅；dGTP－黃；dCTP－藍），不過dNTP的3′-OH端雖然不像Sanger定序法去氧(3′-H)，但是將3′-OH端以化學反應修飾為3′-O-azidomethyl，阻斷3′-端與其他dNTP形成磷脂鍵的機會，故此化學修飾的dNTP稱為終結者(terminator)。為何稱之為可逆型終結者(reversible terminator)？當此化學修飾且帶螢光的dNTP接在DNA片段尾端時，反應經過幾個步驟：(1)充分洗清未接合DNA的dNTPs；(2)螢光偵測儀測讀dNTP螢光，依據釋出的螢光分辨出種類（A、T、C或G）；(3)測讀完成後終端dNTP隨即以TCEP處理；(4) TCEP同時去除終端dNTP上的螢光染劑與3′-O-azidomethyl上的azidomethyl，使其恢復成3′-OH端，故此終結者稱為可逆型終結者（TCEP是一種化學物質，全名為tris

(2-carboxyethyl) phosphine）；(5)充分洗清游離的螢光染劑與azidomethyl、TCEP等化學物質；(6)加入另一輪反應試劑包括結合螢光染劑與3′-O-azidomethyl的4種dNTPs。故Illumina系統不必像其他定序法，需將dATP、dTTP、dGTP、dCTP分別在不同試管依序加入反應。

II. Ion Torrent定序法

離子流(ion torrent)定序法的原理與pyrosequencing相似，也是利用dNTP與正在延伸的DNA 3′-OH尾端形成磷脂鍵時釋出的分子，偵測到dATP、dTTP、dGTP、dCTP等4種dNTP中，哪個接上了3′-OH尾端，不過離子流定序法是偵測釋出的氫離子（質子；proton）。

$$dNTP + (DNA)_n\text{-}3'\text{-}OH \rightarrow (DNA)_{n+1} + PPi + H^+$$

讀序小段(200~1,500 bp)接上承接序列(adaptor)之後，以商品化pyrosequencing所用的乳化PCR (emulsion PCR)一樣放大讀序小段的量，附著大量讀序小段的小珠被分離出來，DNA再經過熔解變性(denaturation)，使小珠上的DNA成為單股DNA，小珠隨後分布到含有百萬以上顯微小洞(microwell)的測試盤上，理論上每個小空間只容納一個小珠，此時注入定序試劑、DNA聚合酶及dATP混合液，定序反應開始。顯微小洞中含有半導體晶片，數百萬像素(millios pixels)的靈敏度將微弱的H^+訊號傳到分析儀中，產生訊號的顯微小洞，代表所含的reads核苷酸互補序列中，此位置為A；隨後之反應循環依序加入含dTTP → dGTP → dCTP的定序試劑，含有半導體晶片的顯微小洞如偵測到微弱的H^+訊號，即傳到分析儀中記憶、分析，最終同時讀出上百萬個reads序列。大量的reads序列需要依據研究目的與對象，以特殊的軟體讀出基因體、染色體片段或目標基因序列，研究過程中當然需要與生物資訊學（或稱生物訊息學）相結合。

🔍 第三世代定序法

NGS已經充分商品化，且使定序所需的時間與費用顯著降低，不過生物技術研發不能停下腳步，第三世代定序法(Third-generation sequencing)的研發重點在單一分子定序，任何NGS定序法操作的第一步，就是要放大readsDNA片段的量，不論是傳統PCR、橋式擴增、乳化PCR，皆需要耗費許多時間、勞力與經費，如果能夠不需要放大reads的拷貝量，直接定序單一DNA分子，則將大幅降低定序所需的時間與費用，甚至能研發出手提式定序儀，廣泛用在醫學診斷、法醫鑑定、田野研究上。目前有少數三世代定序法已經商品化，包括Pacific biosciences生技公司（2011年）的SMART定序法(single-

molecule-real-time)，Oxford Nanopore Technologies生技公司（2014年）的Nanopore定序法等。另一項希望突破的是reads的長度，SMART定序法能定序15 kb長度的單一read，Nanopore定序法可增加到4 Mb以上。詳細說明可參閱相關網站，如：

1. https://doi.org/10.3390/life12010030

2. https://dnatech.genomecenter.ucdavis.edu/pacbio-sequencing/

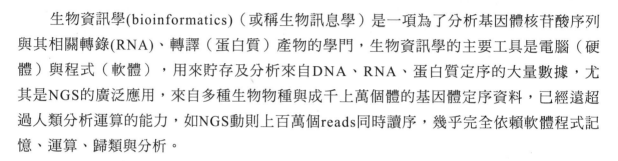

13-5 🔬 生物資訊學

　　生物資訊學(bioinformatics)（或稱生物訊息學）是一項為了分析基因體核苷酸序列與其相關轉錄(RNA)、轉譯（蛋白質）產物的學門，生物資訊學的主要工具是電腦（硬體）與程式（軟體），用來貯存及分析來自DNA、RNA、蛋白質定序的大量數據，尤其是NGS的廣泛應用，來自多種生物物種與成千上萬個體的基因體定序資料，已經遠超過人類分析運算的能力，如NGS動則上百萬個reads同時讀序，幾乎完全依賴軟體程式記憶、運算、歸類與分析。

　　生物資訊學不是只讓研究者了解基因體結構，某些軟體能進行物種之間、同種不同品系(strain)之間的系統發生學(phylogenetics)研究，同種個體間的核苷酸變異與多型性，也是生物資訊學研究的重要課題，如SNP、半套型(haplotype)與人類疾病診斷、治療與預後密切相關。得力於cDNA微矩陣與NGS的研發與應用，mRNA的轉錄組學(transcritomics)也快速發展，基因編碼的蛋白質胺基酸序列數據庫是基因體學的一部分，自成蛋白組學(proteomics)，依據外顯子定序所建構的數據庫包括Exome Aggregation Consortium (ExAC)等，自成一個領域稱為外顯子組學(exomics)；此外運用基因體數據庫(genome database; GenBank)，以生物反應途徑(Biological process)（包括生化代謝反應、胞內傳訊途徑等）為主題的研究領域，也稱為代謝組學(metabolomics)。故生物資訊學衍生的各種組學(omics)，各有其專屬數據庫與運算法(algorithm)。

　　基因的辨識(identification)、系統歸類(classification)與註解(annotation)，是生物資訊數據庫(database; Bank)與其相關網站必備的功能，每個基因在數據庫都有序號與編碼。多種主要數據庫都能做基因間的並排比較(alignment)，辨識出DNA與蛋白質模組(motif)、調控元素(regulatory elements)、演化高度保留序列與結構，為演化、生態、遺傳、微生物與醫學帶來深遠的影響，如BLOSUM (Blocks Substitution Matrix)提供了alignment的模型（矩陣）。某些數據庫著重於表觀遺傳、修飾與調控，經由特殊設計的

NGS操作，可針對全基因做表觀修飾研究，包括CpG甲基化，如whole genome bisulfite sequencing (WGBS)、reduced representation bisulfite sequencing (RRBS)等，所獲得的資訊收集在特殊數據庫如DeepBlue、ENCODE等。

生物資訊學可以是一本數百頁的書，在此只概略做了入門的簡介，序列收集最完整的是美國National Center for Biotechnology Information (NCBI)下屬的數據庫，幾個主要的網站可參閱表13-3，其他特殊功能的網站如SNP數據庫dbSNP，motif數據庫SALAD、SMART等，可在網路上搜尋。

表13-3　生物資訊學主要的網站

數據庫名稱	序列數據	功能
GenBank	核苷酸序列與胺基酸序列	DNA，RNA，蛋白質註解
EMBL (European Molecular Biology Laboratory)	核苷酸序列與胺基酸序列	DNA，RNA，蛋白質註解
DDBJ (DNA Data Bank of Japan)	核苷酸序列與胺基酸序列	DNA，RNA，蛋白質註解
Swiss-Prot	蛋白質胺基酸序列	蛋白質命名、家族、功能區等完整資訊
Ensembl	核苷酸序列	真核細胞基因體
SAGE (Serial analysis of gene expression)	RNA序列	基因表達
GEO (Gene Expression Omnibus)	RNA序列	基因表達
ARCHS4	RNA序列	RNA-seq獲得的序列數據；基因表達

附 錄 ⚙️
APPENDIX

MOLECULAR BIOLOGY

一、媒介子 (Mediator)

　　媒介子是一群協同調控因子（co-activator或co-repressor），其中的組成分子在1990年代以後陸續被發現，最早來自對酵母菌細胞CTD接合蛋白的研究，發現了第一種媒介子蛋白，稱為RNA聚合酶B（也就是RNA pol II）抑制因子(suppressors of RNA polymerase B; SRB)，酵母菌的媒介子(mediator)由三種模組所構成，分別是Srb4模組(Srb4 motif)、Gal11/Sin4模組(Gal11/Sin4 motif)及Med9/Med10模組（Med9/Med10 motif，附錄圖1及附錄表1），Gal11/Sin4模組(GalII/Sin4 motif)是直接與活化因子接合的部位，Srb4模組則與RNA聚合酶的CTD實體接觸，也能與TFIID的TBP分子以及TFIIB交互作用，將促進子的訊息經由活化因子→Gal11/Sin4模組→Srb4模組，一路傳給RNA聚合酶，Med9/Med10模組(Med9/Med10 motif)除

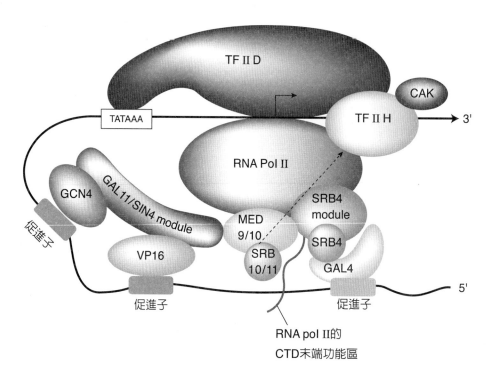

- 附錄圖1　酵母菌的媒介子由三種模組所構成，分別是Srb4模組、Gal11/Sin4模組及Med9/Med10模組，Srb4模組及Med9/Med10模組直接與RNA聚合酶接觸，Gal11/Sin4模組則與接在上游調控元素上的活化因子交互作用（虛線箭頭代表負面調控）。

附錄表1　人類及酵母菌的媒介子

酵母菌		人 類	
模　組	次單元	次單元	模　組
Gal11/Sin4	Gal11	MED130	CRSP
	Rgr1	MED150	CRSP
	Sin4	MED95	ARC-L
	Pgd1	—	—
	Med2	MED70	CRSP
Srb4	Srb2	—	—
	Srb4	CRSP78	CRSP
	Srb5	MED28b	ARC-L
	Srb6	Surf5	ARC-L
	Rox3	—	—
	Med8	—	—
	Med11	—	—
Med9/Med10	Med6	MED33	ARC-L
	Med1	MED150	CRSP
	Med4	MED36	CRSP
	Med7	MED34	CRSP
	Srb7	MED17	ARC-L
	Med9	MED105	ARC-L
	Med10	MED10	ARC-L
未界定之模組	Srb8	MED230	ARC-L
	Srb9	MED240	ARC-L
	Srb10	CDK8	ARC-L
	Srb11	Cyclin C	ARC-L

註：1. 人類ARC-L複合體中還含有MED100及MED97，在酵母菌媒介子中無相似的次單元。
　　2. 未界定之模組含Borggrefe等人於2002年發表的4種次單元，可能歸屬於另一尚未界定之模組。

了具有Srb4模組的功能之外，還能與TFIIF交互作用。人類的媒介子含有兩大複合體，分別是分子量2 MDa（2百萬道爾頓）的ARC-L複合體及分子量500 KDa的CRSP複合體（附錄表1），CRSP複合體的功能與酵母菌媒介子類似，能傳達轉錄因子的調控訊息給RNA聚合酶，不過ARC-L複合體的功能還不清楚。

RNA聚合酶最大次單元（在酵母菌的RNA pol II中稱為Rpb1）的C端功能區(C-terminal domain; CTD)具有多重複的七肽模組(heptapeptide motif)，七肽模組含Tyr-Ser-Pro-Thr-Ser-Pro-Ser (YSPTSPS)，如酵母菌的CTD有26個七肽模組重複，果蠅有45個七肽模組重複，哺乳類有52個七肽模組重複。CTD一般會被磷酸化，而磷酸根主要接

在第2及第5個絲胺酸(Ser)上，磷酸化的程度隨著轉錄的開始會顯著增加。CTD在起始期能與轉錄因子（如TBP）接合，也藉由稱為媒介子(mediator)的大蛋白複合體，接收來自活化因子的調控訊息。

二、組蛋白乙醯轉移酶

多種組蛋白乙醯轉移酶(histone acetyltransferase; HAT)在近十年中陸續被發現，有代表性的乙醯轉移酶簡述如下：

1. TAF130/250：TFIID含有TBP及十餘種TBP附屬因子(TBP-associated factor; TAF)，TAF130 /250就屬於TFIID所含的TAF，TAF130/250具有組蛋白乙醯轉移酶活性，在轉錄起始期扮演重要的角色。

2. CBP/p300：CBP (CREB-binding protein)為CREB (cAMP response element binding protein)的接合蛋白，與CBP高度相關的是p300蛋白(p300 protein)，p300最先被認為是一種與病毒蛋白E1A接合的因子。進一步研究發現，包括AP-1、myoD、Jun、Fos、NF-κB、STAT等轉錄因子，皆以CBP/p300為協同活化因子，CBP/p300除了能與TBP、TFIIB等一般性轉錄因子及RNA pol II作用之外，本身具有組蛋白乙醯轉移酶的活性。

3. ACTR及SRC-1：ACTR (activator of transcription of nuclear receptors)及SRC-1 (steroid receptor coactivator-1)皆為細胞核類固醇荷爾蒙受體(NR)協同活化因子p160/SRC家族(p160/SRC family)的成員，ACTR又稱為AIB1，在老鼠細胞中稱為SRC-3及p/CIP；SRC-1又稱為NcoA-1，是哺乳動物細胞中第一個被純化的p160家族蛋白。構造與功能分析發現，p160家族蛋白皆具有組蛋白乙醯轉移酶活性的功能區。ACTR及SRC-1除了能與NR接合之外，還能與多種協同活化因子形成複合體，包括CBP/p300、P/CAF (p300/CBP-associated factor)及CARM 1 (coactivator-associated arginine methyltransferase 1)等。

4. P/CAF：P/CAF聯合因子與CBP/p300一樣，也具有組蛋白乙醯轉移酶活性，且能與ACTR及SRC-1形成多次單元的複合體，多種組蛋白乙醯轉移酶的聚合體有效地修飾組蛋白結構，誘導染色質的重整。

5. Gcn5：酵母菌細胞中的Gcn5是第一種被發現的組蛋白乙醯轉移酶，能乙醯化H3及H2B組蛋白，與Gcn5結構相似的蛋白隨後在幾乎所有真核細胞中發現。其實Gcn5是大蛋白複合體SAGA（Spt-Ada- Gcn5 acetyltransferase；分子量高達1.8 MDa）的一個次單元，SAGA的其他次單元參與酵母菌基因的轉錄，而Gcn5負責乙醯化組蛋白，促進轉錄的順利進行。SAGA廣泛的影響多種基因的轉錄（參考第六章，圖6-6）。

附錄表2　組蛋白乙醯轉移酶的家族與命名

家族	HAT（範例）	統一系列命名	參與之複合體	物種
Gcn5 家族	Gcn5 GCNSL PCAF	KAT2A KAT2B	SAGA, ATAC PCAF複合體	酵母菌 哺乳類 哺乳類
MYST	Sas2 Tip60 HBO1 MOZ MORF	 KAT5 KAT7 KAT6A KAT6B	SAS-1 NuA4 HBO1複合體 BRPF1, MORF-MORF MOZ-MRF	酵母菌 哺乳類 哺乳類
P300/CBP	CBP P300	KAT3A KAT3B		哺乳類 哺乳類
轉錄因子	TAFII250 TFIIIC90	KAT4 KAT12	TFIID TFIIIC	哺乳類 哺乳類
類固醇受體協同因子	SRC-1 ACTR	 KAT13A KAT13B		哺乳類 哺乳類

資料來源： KAT, lysine acetyltransferase; ATAC, Ada Two A-containing; PCAF, p300/CBP-associated factor; HBO1, HAT binding origin recognition complex-1; MOZ, monocytic leukemic zinc finger; MORF, MOZ-related factor.

三、SR 蛋白的作用模式

　　SR蛋白對插入子剪接工作的輔助機制有賴位於插入子5'-端上游的外顯子（外顯子#1）與3'端下游的外顯子（外顯子#2）的參與；如果外顯子#1過短，SR必須以不依賴外顯子的方式進行。外顯子#2序列中含有一段促進子，為SR蛋白接合位，接在促進子的SR蛋白能徵召U2AF至3'-端鄰近的接合位，如SF2/ASF (splicing factor 2/alternative splicing facor)等，皆為參與輔助機制的SR蛋白（附錄圖2）；接合在外顯子#2上的SR蛋白還透過對SRm160/300複合體(SRm160/300 complex)等接合協同因子，間接促進U1 snRNP、U2 snRNP等因子的接合與催化功能（附錄圖2）。不依賴外顯子的輔助方式，有賴某些SR蛋白能同時與U1-70K及U2AF作用，使插入子的5'端及3'端相互靠近，促進剪接反應的進行。

四、核糖體結構與功能的關聯性

1. 大次單元的23S RNA與小次單元的16S rRNA共同組成核糖體的P位及A位（附錄圖3），23S可依據構造與功能分為七個功能區，肽鏈轉移酶活性中心(peptidyl transferase center; PTC)在第五功能區，A位的胺基酸乙醯-tRNA與P位的多肽

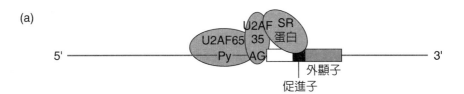

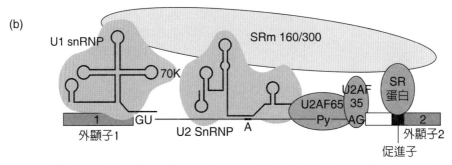

■ 附錄圖2　SR蛋白輔助剪接反應的機制。(a)外顯子#2序列中含有一段剪接促進子，為SR蛋白接合位，接在促進子的SR蛋白能徵召U2AF至3'端鄰近的接合位；(b)接合在外顯子#2上的SR蛋白還透過對SRm 160/300等協同因子，間接促進U1 snRNP、U2 snRNP等因子的接合與催化功能。

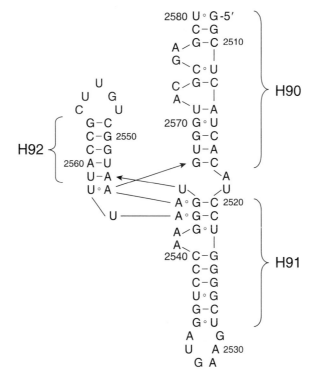

■ 附錄圖3　細菌23S rRNA的髮夾套環結構H90、H91及H92，其中H92具有組成肽鏈轉移酶活性中心的關鍵核苷酸，圖中的數字代表核苷酸從rRNA5'一端算過來的位置。

鏈-tRNA，直接以tRNA與構成P位及A位的23S rRNA區段接觸，尤其是A位及P位上的tRNA，以C74-C75-A76與23S rRNA構成PTC的核苷酸交互作用。23S的第92號髮夾幹狀套環(hairpin stem loop92; H92)含U2552-C2556等五個關鍵核苷酸（附錄圖3），直接與A位的tRNA交互作用，故參與構成A位PTC，U2554-U2555與tRNA的C74成鹼基配對，U2555的U如果發生突變為A或G時，肽鏈轉移反應無法進行；鄰近的G2553則是A位的一部分，能與胺基酸-tRNA的C75成鹼基配對，這幾個核苷酸能穩定A位的胺基酸乙醯-tRNA。構成P位PTC的關鍵核苷酸為23S rRNA的A2451、U2506、U2585，P位的tRNA以A76與A2451交互作用，U2506與也能與A76形成氫鍵，U2585能穩定P位的多肽鏈-tRNA，參與肽鏈轉移反應。

2. 具有肽鏈轉移酶活性的區域純屬rRNA (23S RNA)，周圍約1.8 nm的範圍內沒有蛋白分子，可見23S rRNA是個典型的核酸酵素(ribozyme)。23S rRNA的C2394是構成E位的關鍵核苷酸，這在物種演化過程保留性很高。23S rRNA的G2655是EF-G接合的位置，G2655C突變是致死突變（G2655位置的G突變為C），造成核糖體無法移位，不過較不影響GTPase的水解酶活性。C2658G x G2663C雙重突變更嚴重影響蛋白質的合成。

3. 16S rRNA可依據構造與功能分為七個功能區，當A位及P位有tRNA時，16S rRNA的空間結構會產生明顯的改變，16S rRNA參與構成A位的部分有兩個，一個是530套環，一個是1,400~1,500區，其中A1492及A1493參與組成A位，腺嘌呤(A)的N1位置如果被修改，會使tRNA無法穩定的接在A位上，而其他的1,400區是構成P位的一部分。

4. 5S rRNA可視為50S次單元rRNA的第八個功能區，5S的A960U、A960G、A960C突變，對轉譯有顯著的影響，尤其是A960C 5S rRNA突變會造成5S rRNA二次結構的D–套環(D-loop)結構重整，5S rRNA的D-套環可能協助協調催化中心肽鏈合成反應與隨後的核糖體移位，如果5S rRNA的D-套環空間結構改變，轉譯無法進行。

5. 與原核細胞類似，真核細胞的28S與18S大次單元rRNA共同組成核糖體的P位及A位，真核細胞核糖體28S rRNA的次級結構複雜，大致可以分為7個功能區，含94個主要幹狀雙股套環(stem loop)結構，占整個28S rRNA的57%。其中與肽鏈轉移酶活性中心有關的是第五功能區(domain V)，與這個區有關的關鍵核醣蛋白是L8（新統一命名是uL2），L8接在28S的H93位置（第93號髮夾套環結構），導致U4532及C4447改變結構，U4532緊鄰演化保留性很高的U4531（細菌23S rRNA中的相對位置為U2585），U4531是構成肽鏈轉移酶活性中心的核苷酸之一；C4447本身就是演化保留性很高的核苷酸，緊鄰A4397及C3909等兩個參與肽鏈轉移酶活性中心的核苷酸。

6. 18S rRNA的次級結構與28S相較相對簡單，大致可以分為4個功能區，含45個主要幹狀雙股套環(stem loop)結構，雖然小次單元的18S rRNA也需要與大次單元的28S合作共組A位與P位，不過18S rRNA最主要的工作還是組成轉譯啟動複合體，18S rRNA與mRNA相互作用的主要區段為第16號螺旋套環(helical loop; H16)，從核苷酸540~543的四個核苷酸(UUUC)是關鍵序列，此外核苷酸26~30 (AAGGG)能與H16的核苷酸540~543 (UUUC)形成鹼基配對，在40S次單元構成的mRNA通道入口處，與mRNA交互作用。除了rRNA之外，40S次單元所攜帶的核糖蛋白也是關鍵因子，如核糖蛋白S12參與mRNA–tRNA codon–anticodon的組成，並確認其是否正確配對，而核糖蛋白S19與S9/S13雙倍體能與tRNA的反密碼環(anticodon stem-loop)相互作用，穩定進入A位及P位的胺基酸乙醯-tRNA。核糖蛋白S7/S11則負責與E位的無裝載tRNA作用。

五、胞內傳訊途徑

胞內傳訊途徑(intracellular signal transduction)是細胞對於胞外環境變化及胞外刺激物的反應機制，透過胞內傳訊途徑，細胞選擇性的活化或抑制某些基因的表現。某些細胞膜上接受刺激的受體（如荷爾蒙、細胞激素受體等），本身或協同蛋白因子就是酪胺酸激撬，能以循序的磷酸化，啟動胞內一系列的胞內傳訊因子（附錄圖4）。

胞內傳訊途徑經常以分段活化現象(cascade)依序活化，如分裂素活化蛋白激酶(mitogen-activating protein kinase, MAPK)途徑就是典型的例子（附錄圖5），某些生長因子〔如表皮細胞生長因子(epidermal growth factor; EGF)〕的受體本身是酪胺酸激酶，EGF接合在受體時，會誘導受體自我磷酸化，磷酸化的受體隨後透過GRB2、SOS等承接器活化ras致癌蛋白(ras oncoprotein)，活化的ras蛋白〔一種絲胺酸／蘇胺酸激酶(rafprotein; a serine (threonine kirase)〕會活化raf，raf具有絲胺酸／蘇胺酸激酶活性，raf磷酸化MEKK，磷酸化的MEKK再磷酸化MEK (MAPK/ERK kinase)，活化的MEK最後磷酸化MAPK，磷酸化的MAPK會先組合成同質雙倍體，才利用特殊攜帶體(carrier)轉移到細胞核中，調控轉錄因子或其他酵素的活化。目前發現的MAPK激酶家族(MAPK kinase family)分段活化途徑(cascade)有4種，分別為p38-MARK、extracellular signal-related kinase (ERK 1/2)、Jun amino-terminal kinase (JNK 1/2/3)以及ERK5途徑，影響層面很廣。

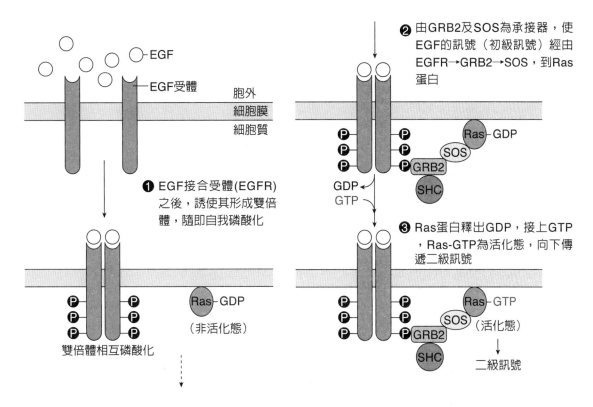

■ 附錄圖4　某些細胞膜上接受刺激的受體本身或其協同蛋白因子就是酪胺酸激酶(tyrosine kinase)，能經由依序磷酸化，啟動胞內一系列的胞內傳訊因子。圖中以EGFR為例。

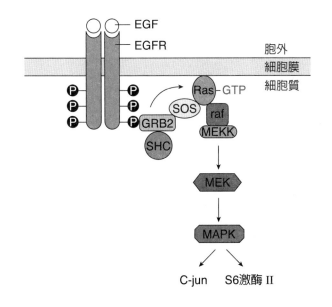

■ 附錄圖5　分裂素活化蛋白激酶(MAPK)途徑。這是胞內傳訊途徑依層次磷酸化，逐步分段活化的典型例子。

六、細胞週期的調控

　　細胞週期(cell cycle)包括G1期（準備期）→S期（DNA合成期）→G2期（有絲分裂準備期）→M期（有絲分裂期）等期，分裂後的細胞隨即進入G1期，準備下一次的分裂（附錄圖6），2001年的諾貝爾生理醫學獎就頒給三位研究細胞週期調控的科學家，Leland Hartwell發現與控制細胞週期有關的基因"start"，他也提出細胞週期過程中存在有「細胞循環管制點」(checkpoint in cell cycle)的觀念。Paul Nurse發現細胞週期的關鍵調節因子－週期素依賴性蛋白激酶(cyclin-dependent protein kinase; CDK)，CDK利用其催化磷酸化反應的功能，活化週期素或促成週期素的分解。Timothy Hunt發現週期素(cyclin)，週期素的濃度隨細胞週期而消長。

　　科學家發現細胞週期受到週期素(cyclin)及週期素依賴性激酶(CDK)的調控。如附錄圖7中的Cdc2為一種CDK (Cdc2 a cyclin-dependen t kinase; CDK)，Cdc13則為週期素B (cyclin B)，兩者結合的雙倍體稱為成熟促進因子(maturation promoting factor, MPF)，從非活化MPF到完全活化的MPF，過程中涉及Wee1酪胺酸激酶(Wee1 a tyrosine kinase)磷酸化Y15 (tyrosine 15)，Cdc2活化激酶〔Cdc2-activating kinase (Cdc2-CAK)；一種絲胺酸／蘇胺酸激酶〕磷酸化T161 (threonine 161)，Cdc25為磷酸分解酶(Cdc25 a phosphatase)，移除Y15上的磷酸根（附錄圖7）。細胞週期不是本書的範疇，暫時不深入探討。

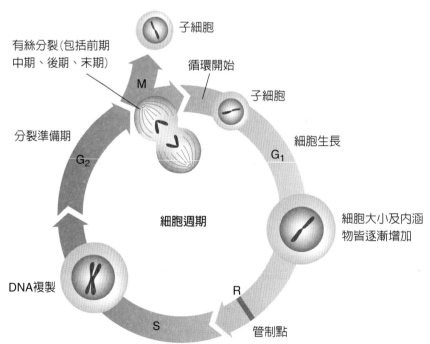

■ 附錄圖6　細胞週期。細胞週期包括G1→S→G2→M等期，分裂後的細胞隨即進入G1期，準備下一次的分裂。

七、過氧化體蛋白的轉送

J. Rhodin在1954年，於其博士論文中描述了一種特殊的胞器，稱之為微體(microbody)，生物學家陸續證實這是一種有別於其他胞器的胞內單膜構造，由於含有分解H_2O_2的觸酶(catalase)，隨後被命名為過氧化體(peroxisome)。過氧化體是有氧代謝細胞必備的胞器，幾乎存在於所有真核細胞中；以哺乳動物而言，肝臟與腎臟細胞中含最多的過氧化體，且具有促進過氧化體分裂增生的酵素；此外，過氧化體內還具有脂肪酸β–氧化反應(fatty acid β-oxidation)、嘌呤代謝反應及胺基酸代謝反應等所需的酵素。由於這些過氧化體的特性，大多數生物學家相信，過氧化體與粒線體、葉綠體一樣，都是在十多億年前原核細胞進入真核細胞的內共生現象(endosymbiosis)產生的胞器（參考第一章，圖1-14），且比粒線體、葉綠體更早進入真核細胞內。

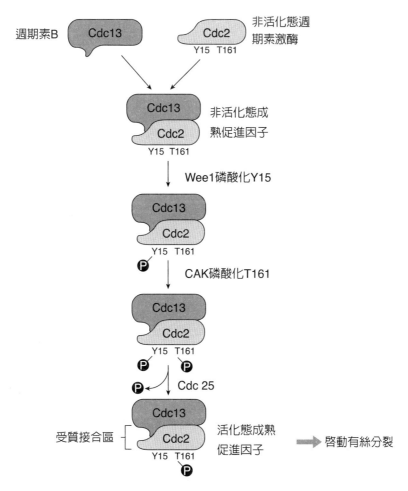

■ 附錄圖7　Cdc2為CDK，Cdc13則為週期素(cyclin B)，兩者結合為成熟促因子(MPF)。MPF完全活化過程中涉及Wee 1、CAK及Cdc25催化一序列的磷酸化及去磷酸化。

過氧化體內沒有DNA，故所有蛋白質皆仰賴進口，細胞質中合成的蛋白質如觸酶、β–氧化反應酵素等，皆內建過氧化體導向訊號(peroxisome targeting signal; PTS)，C端末端具有由絲胺酸—離胺酸—白胺酸(serine-lysine-leucine; SLK)組成的PTS 1訊號；接近N端的序列內含有另一由9個胺基酸構成的內建訊號R/K-L/V/I- X5-H/Q-L/A，稱為PTS 2訊號，這兩種訊號序列皆能在細胞質中與護送蛋白接合，PTS 1的護送蛋白稱為PTS 1R。近年來科學家陸續發現約20種pex基因，其中Pex5p即PTS 1R，負責辨識並接合PTS 1；Pex7p則負責辨識並接合PTS 2，Pex5p及Pex7p引導過氧化體基質蛋白，停靠在過氧化體膜的受體上，受體是由Pex17p/14p/13p組成的複合體(Pex17p/14p/13p complex)，基質蛋白再經由其他Pex膜蛋白的協助下進入過氧化體基質中（附錄圖8）

八、溶體酵素的轉送

只能在酸性環境下才有活性的溶體酵素，如何由眾多蛋白質中篩選出來，並導向溶體中？經由Sly及Kornfeld等研究團隊在1980年前後的努力下，終於解開這個謎。整個導向機制的關鍵是，溶體酵素（如Cathepsin D等）的醣側鏈含有6–磷酸甘露糖(mannose-

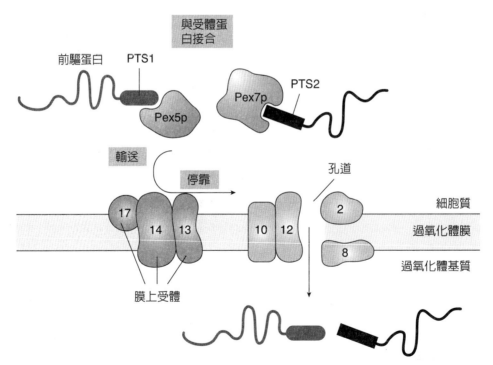

■ 附錄圖8 輸出蛋白穿過過氧化體膜的機制。過氧化體輸入蛋白內建過氧化體導向訊號(PTS)，最C端具有PTS 1訊號；接近N端的序列內含有PTS 2訊號，其中Pex5p即PTS 1R，辨識並接合PTS 1；Pex7p辨識並接合PTS 2，Pex5p及Pex7p引導過氧化體基質蛋白停靠在過氧化體膜上的Pex17p/14p/13p複合體上，再經由其他Pex膜蛋白協助進入過氧化體中。

6-P)；此外，這類酵素還具有數個胺基酸序列很相似的小區段，應該是酵素辨識部位。負責使甘露糖磷酸化的關鍵酵素是N–乙醯葡萄糖胺磷酸轉移酶(N-acetylglucosaminyl phosphotransferase; GlcNAc-P-transferase)，此酵素具有兩個關鍵功能區，一個是溶體酵素辨識區，另一個是UDP–N–乙醯葡萄糖胺(UDP-GlcNAc)接合區（附錄圖9），此酵素集中在高基氏複合體的順向小池中。

溶體酵素的N–連接型醣側鏈為高甘露糖寡醣側鏈，隨運輸小泡進入高基氏複合體的順向小池之後，即由此區間的GlcNAc–P–轉移酶所辨識，當溶體酵素接合在溶體酵素辨識區之後，即在GlcNAc–P–轉移酶的催化下，將UDP-GlcNAc接合區中的GlcNAc-P轉移至溶體酵素寡醣側鏈的甘露糖6'位置上，等於在溶體酵素身上黏貼一個標籤。含有GlcNAc-P的溶體酵素隨後脫離GlcNAc–P–轉移酶，由另一個酵素GlcNAc–P–雙酯酶(GlcNAc-P-diesterase)移除GlcNAc，留下被磷酸化的高甘露糖寡醣側鏈（附錄圖9）。這兩階段的反應皆在順向小池中完成。

被黏貼上標籤的溶體酵素隨後被依序運送至反向高基氏網路(trans golgi network; TGN)區間，在那裡存在著特殊的甘露糖–6–P受體(mannose-6-P receptor)，具有甘露糖–6–P的酵素隨即與此受體接合，並向外凸出成運輸小泡，運往溶體。

九、Tn3 編碼的蛋白因子 TnpR

TnpR編碼的蛋白因子稱為抑制子(repressor)或鬆解酶(resolvase)，因為此蛋白（TnpR，含185個氨基酸）具有雙重功能：

1. TnpA與TnpR間的轉位子3的res模組(*res* motif on Tn3)具有三個TnpR蛋白接合位（附錄圖10），如果接合在res模組接合位I (28 bp)上，TnpR的功能是鬆解酶，作為鬆解複製過程產生的協同整合雙倍體(cointegrate intermediate)的酵素（如附錄圖11），使雙倍體恢復成兩個質體，完成轉位反應；此時R質體與目標質體各有一個轉位子。此鬆解酶是催化一種雙股重組反應，故涉及核酸內切酶活性，其切點在res模組的第I抑制子接合位。TnpR蛋白的N–端功能區（胺基酸1~140）具有酵素催化活性，C–端（胺基酸141~185）負責與res接合。

$$\downarrow$$
$$5'-\text{TTATAA}-3'$$
$$3'-\text{AATATT}-5'$$

鬆解酶TnpR以四倍體結構接在res I位置，利用催化位上的絲胺酸(S10)攻擊切割位的DNA，當磷脂鍵斷裂後，絲胺酸與游離5'–端暫時形成磷脂鍵，待協同整合體翻轉後，

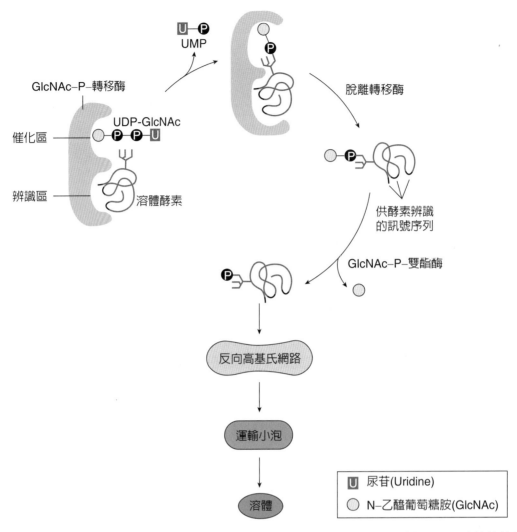

■ 附錄圖9　N–乙醯葡萄糖胺磷酸轉移酶(GlcNAc-P-transferase)及其作用機制。N–乙醯葡萄糖胺磷酸
轉移酶具有溶體酵素辨識區及UDP–GlcNAc接合區。當溶體酵素接合在溶體酵素辨識區之
後，即在GlcNAc–P–轉移酶的催化下，將UDP-GlcNAc分子中的GlcNAc-P轉移至溶體酵素
寡醣側鏈的甘露糖6′位置上，含有GlcNAc-P的溶體酵素隨後脫離GlcNAc–P–轉移酶，由
GlcNAc–P–雙酯酶移除GlcNAc，留下含甘露糖–6–磷酸的高甘露糖寡醣側鏈。

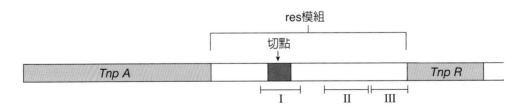

■ 附錄圖10　Tn3的res模組。第二類轉位子res模組中的三個鬆解酶接合位，分別標示為I、II及III。鬆解
酶接合在TnpA與TnpR間的res模組時，即抑制TnpA與TnpR的轉錄；在I區中的「切點」代
表鬆解酶的切割點。

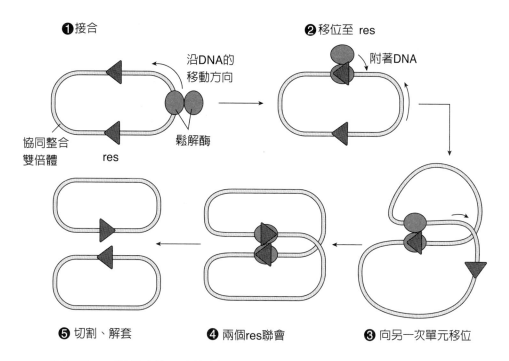

❶接合

沿DNA的
移動方向

協同整合
雙倍體

res

鬆解酶

❷移位至 res

附著DNA

❺ 切割、解套　**❹ 兩個res聯會**　**❸ 向另一次單元移位**

■ 附錄圖11　鬆解酶的反應機制。三角形代表res模組，鬆解過程涉及重組。

引導游離5'-端與鬆開的DNA3'-OH重新形成磷脂鍵，整個催化過程可以參考第12章圖12-8，只是將酪胺酸換成絲胺酸。可見鬆解酶TnpR也是催化進行位置專一性重組，不過鬆解酶TnpR歸類於絲胺酸重組酶家族(serine recombinase family)。

2. 如果接合在res模組的接合位II (34 bp)及接合位III (25 bp)上，TnpR的功能是抑制子，抑制TnpA與TnpR的轉錄；而且抑制子在細胞質中散布，使具有Tn3的質體不易再接受其他Tn3的轉入，因為其他Tn3的TnpA及TnpR的轉錄，也受到抑制子反式作用(trans-activation)而抑制，這種現象也稱為免疫力(immunity)。

十、精準醫學範例

　　精準醫學(precision medicine)的界定是透過個人基因背景(genetic background)，決定疾病治療的治療方式，故基因體定序與生物資訊學的快速發展，引導著精準醫學許多前瞻性研究與臨床應用，例如比較癌細胞與正常細胞，以及病患與病患之間的基因表達與DNA序列的變異（如增加並排重複序列的拷貝數），發現個人基因體多型性（如SNP）與基因表達的差異，是罹患某種癌症的危險因子(risk factor)，或使用某種藥物治療後的預後因子(prognostic factor)。"1,000 Genomes Project" (1KGP)就是比較人類個體之間基因背景的差異，至2015年的數據，此跨國際化涵蓋全球26個種族，已經收集了

超過2,500人的基因體序列，辨識出8千8百萬個個體間的基因變異，逐漸建構了人類基因體間歧異性的全貌。

　　表皮細胞生長素受體(epidermal growth factor receptor; EGFR)的基因是精準醫學的範例子之一，EGFR與多種癌症關係密切，在腫瘤細胞中產生突變的機率頗高，如在高加索人種(Caucasians)族群的肺腺癌(adenocarcinomas)患者中，有約15~20%患者的腫瘤細胞EGFR基因產生突變，不過在東亞蒙古利亞人種(Mongolia)族群的肺腺癌患者中，有50%左右患者的腫瘤細胞EGFR基因產生突變，最常見的突變是第19個外顯子缺失(Del19)（被刪除；deletion），以及第21個外顯子編碼的858號胺基酸由離胺酸(lysin; L)換成精胺酸(arginine; R) (L858R)，這兩種約占所有EGFR基因突變的90%。以EGFR細胞質尾端酪胺酸激酶(tyrosine kinase; TK)為標靶的藥物(TK inhibitor; TKI)，已經有多種在臨床上治療肺癌病患，包括gefitinib、erlotinib、afatinib等，腫瘤對這些藥物的客觀反應率(objective response rates; ORRs)約為60%，不過臨床研究發現攜帶Del19突變的患者，對TKI的反應率與整體存活率比攜帶L858R突變的患者高。其他某些攜帶較少見突變基因（如L861Q）的患者，對gefitinib或erlotinb的反應不如afatinib佳，而攜帶T790M突變基因的患者，往往對TKI藥物產生抗性(drug resistence)。運用NGS定序資料，醫師充分了解病患EGFR基因突變種類與不同TKI標靶藥物間的關係，則醫師就能針對個別病患對症下藥，帶動精密醫學世代的來臨。

Q

R

U

New Wun Ching Developmental Publishing Co., Ltd.

New Age · New Choice · The Best Selected Educational Publications — NEW WCDP

新文京開發出版股份有限公司

NEW WCDP 新世紀・新視野・新文京 — 精選教科書・考試用書・專業參考書